水木珞研考研系列

新编全国高校电气考研真题精选大串讲（2024 版）

水木珞研教育培训　编著

电子工业出版社

Publishing House of Electronics Industry

北京·BEIJING

内 容 简 介

本书是电气工程专业研究生入学考试"电路原理"课程的复习用书。全书共 18 章，按照知识框图及重点和难点、内容提要及学习指导等模块讲述基础知识，针对各章知识点提供多家院校历年考研真题，并在附录 A 中给出习题答案及详细的解题思路，力求实现讲练结合、灵活掌握、举一反三。

本书针对性强、科学设计、逐级提升，可作为参加电气工程专业研究生入学考试的复习用书，也可作为相关专业学习"电路原理"课程的辅导用书。

图书在版编目（CIP）数据

新编全国高校电气考研真题精选大串讲：2024 版/水木珞研教育培训编著．—北京：电子工业出版社，2023.3

（水木珞研考研系列）

ISBN 978-7-121-45114-0

Ⅰ．①新…　Ⅱ．①水…　Ⅲ．①电工技术-研究生-入学考试-自学参考资料　Ⅳ．①TM

中国国家版本馆 CIP 数据核字（2023）第 033169 号

责任编辑：柴　燕　　　特约编辑：刘汉斌
印　　刷：三河市华成印务有限公司
装　　订：三河市华成印务有限公司
出版发行：电子工业出版社
　　　　　北京市海淀区万寿路 173 信箱　邮编　100036
开　　本：787×1 092　1/16　印张：24　字数：614.4 千字
版　　次：2023 年 3 月第 1 版
印　　次：2023 年 3 月第 1 次印刷
定　　价：88.00 元

凡所购买电子工业出版社图书有缺损问题，请向购买书店调换。若书店售缺，请与本社发行部联系，联系及邮购电话：(010)88254888，88258888。

质量投诉请发邮件至 zlts@phei.com.cn，盗版侵权举报请发邮件至 dbqq@phei.com.cn。

本书咨询联系方式：(010)88254418。

前　　言

电气工程是国家电网的对口专业，是历史悠久的老牌传统工科专业。电气职业的较高要求使得该专业的考研难度远大于其他专业。作为电气工程专业的基础性学科——"电路原理"是全国绝大部分工科院校的考研初试科目，也是后续专业课程的必备基础知识。如何提升电路学科的学习效果、培养科学的电路思维方法和解题能力、增强考研竞争力，成为广大学生亟待解决的问题。针对上述问题，电气考研第一大团队——水木珞研团队结合多家院校历年考研真题的特点、命题规律，组织编写了《新编全国高校电气考研真题精选大串讲（2024 版）》。本书由具有 10 年授课经验的清华电路哥和武大菩提哥编写，水木珞研电路教务组等众多顶尖电路高手协助，主要面向考研学生，以及正在学习或者即将学习"电路原理"的学生，希望他们能受益于相关名师丰富的教学经验，把握解题技巧，加深课程理解，提高电路分析和求解能力。

考虑到学习过程中不同阶段的需要，本书分三个层次讲述。

第一层次，知识框图及重点和难点，以框图形式呈现电路知识架构，帮助学生厘清知识脉络。

第二层次，内容提要及学习指导，针对考研知识点进行总结性复习，帮助学生科学备考。

第三层次，习题，帮助学生巩固知识。

本书具有以下特点：

【针对性强】针对不同学习阶段的学生进行科学安排，使学生快速掌握知识，提高应试能力。

【经验丰富】名师伴学，充分挖掘优秀教师资源，覆盖基础知识及其重点、难点，扫清学习盲点和易错点。

【科学设计】根据学习特点和要求，设计不同模块，加深学生的认知，达到熟练掌握所学知识并能灵活应用的目的。

【逐级提升】遵循由浅入深、由易到难、由简到繁的原则，对习题设置科学、合理的梯度，兼顾不同层次的学生，逐步提高能力。

希望本书的出版能帮助学生掌握电路知识，提高电路分析能力，助力备考研究生初试！

由于作者水平有限，加之时间仓促，书中错误之处在所难免，欢迎各位学生批评指正。

扫码→下载→注册激活→2024 年大串讲视频

北京学研在线教育科技有限公司

水木珞研教育培训

目　　录

第 1 章

电路模型和电路定律

1.1 知识框图及重点和难点

本章建立了电路模型的概念，介绍了电路的基本概念和基本定律，是电路分析的基础。深刻理解电压、电流的参考方向或参考极性是本章的重点之一。正确理解电压、电流的实际方向与参考方向的关系，能够根据电压、电流的参考方向是关联还是非关联，正确判断元件是吸收功率还是发出功率是本章的一个难点。

本章在电路图论的基础上，重点介绍了基尔霍夫电流定律（KCL）、基尔霍夫电压定律（KVL）及元件的电压、电流关系（VCR），正确列写 KVL、KCL 方程及熟练掌握电阻、独立电源和受控电源等特性是本章的另一个重点，可使学生在了解支路、节点、网孔、回路等电路图论基本概念的基础上，深刻理解电路的拓扑约束 KCL 和 KVL 方程，并能够正确运用 KCL、KVL、VCR 进行电路分析和计算。

由于本章包含有关电路的概念、名词较多，因此将本章的知识总结为电路变量、电路基本概念、电路拓扑图等三个约束关系的知识框图，分别如图 1-1、图 1-2、图 1-3 所示。

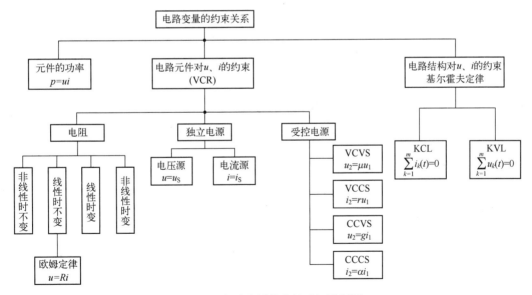

图 1-1　电路变量约束关系知识框图

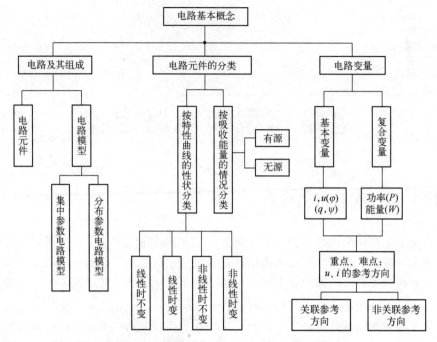

图 1-2　电路基本概念约束关系知识框图

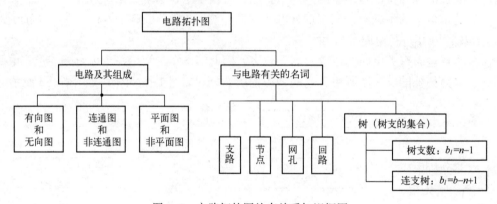

图 1-3　电路拓扑图约束关系知识框图

1.2　内容提要及学习指导

1.2.1　电路变量

电路分析中的常用物理量被称为电路变量。在集中参数电路中，电路变量仅是时间的函数。在分布参数电路中，电路变量不仅是时间的函数，还是空间的函数。对一个实际电路，当电路的几何尺寸 d 远小于电路的最高工作频率所对应的波长时，才能用集中参数来描述。在电路分析中，电压、电流和功率是常用的电路变量。其中，电压、电流又是最基本的电路变量。电路分析的任务就是求解这些电路变量。

1. 电流

$$i = \frac{\mathrm{d}q}{\mathrm{d}t}$$

规定电流的实际方向为正电荷运动的方向。在电路分析中，为了方便描述电流实际方向，引入参考方向的概念。电流的参考方向是预先假定正电荷运动的方向，即电流的正方向。**参考方向是可以任意指定的，在电路分析时，按参考方向计算电流。电流值为正，说明真实方向与参考方向相同；反之，真实方向与参考方向相反（参考方向的来源有两种：一种是题目已经给定标注好的；另一种是自己直接标注在图上的。这两种一旦定下来了，那么在整个计算过程中就保持不变了）。**

2. 电压

a、b 两点间的电压u_{ab}为

$$u_{ab} = \frac{\mathrm{d}W_{ab}}{\mathrm{d}q} \tag{1-1}$$

a、b 两点间电压即为 a、b 两点间的电位差，即

$$u_{ab} = \varphi_a - \varphi_b \tag{1-2}$$

规定电压的方向为电位降的方向。与电流一样，在电路分析时，也需要指定电压的参考方向。电压的参考方向为预先假定的电位降的方向。如果电压$u_{ab} > 0$，说明真实方向与参考方向相同，即 a 点（正极性）电位比 b 点（负极性）电位高；反之，真实方向与参考方向相反。

3. 电压、电流的关联参考方向

在电路分析中，参考方向的概念是最基本的知识，同时又是最容易出错的，贯穿电路分析的始终。就二端电路而言，当任意选定电流和电压的参考方向后，若电流参考方向的箭头由电压参考方向的"+"极性端指向"−"极性端，则称该二端电路电压−电流参考方向的关系为关联参考方向；非关联参考方向表示所选电流参考方向的箭头由电压参考方向的"−"极性端指向"+"极性端。

在电路分析中应注意以下几点：

① 必须首先指定分析过程中所涉及的所有电压、电流的参考方向，并在电路图中标注出来；

② 电压、电流参考方向虽然可以任意指定，但无论指定怎样的参考方向，都不会改变电压、电流的实际方向，需特别提出的是，参考方向一经指定后就不能再改变了，要从数学角度来多多理解和掌握，摒弃感性理解，以数学分析确定关系；

③ 电位是针对一个点的概念，在任何时候，都可以从电位的概念来理解、简化电路，比如可以将电位相同的点用同一个字母标注，进而简化电路，该思路也是节点电压法的来源，在后续正弦稳态、三相电路中用途广泛；

④ 电压是针对回路而言的，任意端口的电压都是一个端口的回路电压降。

4. 功率

在单位时间内，二端元件或电路吸收的电能被称为电功率，简称功率，用 p 表示，即

$$p(t) = \frac{\mathrm{d}W}{\mathrm{d}t} = \frac{\mathrm{d}W}{\mathrm{d}q} \times \frac{\mathrm{d}q}{\mathrm{d}t} = u(t) \times i(t) \tag{1-3}$$

在关联参考方向下，$p=ui$ 表示二端元件或电路的吸收功率：当 $p>0$ 时，二端元件或电路实际是吸收功率的；当 $p<0$ 时，二端元件或电路实际是提供功率的。

在非关联参考方向下，$p=ui$ 表示二端元件或电路提供功率：当 $p>0$ 时，二端元件或电路实际是提供功率的；当 $p<0$ 时，二端元件或电路实际是吸收功率的。

1.2.2 电路元件及其电压-电流关系

电阻、独立电源和受控电源是常用的电阻性元件。元件的电压-电流关系（VCR）是指流过元件的电流和元件两端电压之间的关系，是元件对端电压、电流的约束关系，也是电路分析时最重要的基础之一。因此，必须熟练掌握各元件的电压-电流关系。

1. 电路元件的有关概念

根据元件特性曲线的性状及其在特性平面上的位置，将电路元件分为线性时不变元件、非线性时变元件、线性时不变元件、线性时变元件等4类。

当元件在任何时候从外部吸收的能量满足

$$W(-\infty,t)=\int_{-\infty}^{t}p(t')\mathrm{d}t'=\int_{-\infty}^{t}u(t')i(t')\mathrm{d}t'\geqslant 0 \tag{1-4}$$

时，称为无源元件；否则，称为有源元件。式（1-4）中，$u(t)$、$i(t)$ 为关联参考方向，并对 u、i 取所有的可能组合。

2. 电阻元件

（1）线性时不变电阻元件

在电压和电流取关联参考方向的前提下，线性时不变电阻元件的电压-电流关系（VCR）满足欧姆定律，即

$$u(t)=Ri(t) \text{ 或 } i(t)=Gu(t) \tag{1-5}$$

若电阻元件的电压和电流取非关联参考方向，则电压-电流关系（VCR）为

$$u(t)=-Ri(t) \text{ 或 } i(t)=-Gu(t) \tag{1-6}$$

在电压和电流取关联参考方向的前提下，电阻元件吸收的功率为

$$p=ui=i^2R=u^2G \tag{1-7}$$

若电压和电流取非参考方向，则电阻元件吸收的功率为

$$p=-ui=i^2R=u^2G \tag{1-8}$$

（2）非线性电阻元件

电阻元件的电压 $u(t)$ 和电流 $i(t)$ 之间的关系不是过原点的直线，均属非线性电阻元件。最常见的非线性电阻元件有理想二极管。

3. 独立电源

（1）独立电压源

一个二端元件，如果在与任意电路连接时，能够维持两端电压为确定量 $u_S(t)$，则称此元件为独立电压源。其电压-电流方程（VCR）为

$$u(t)=u_S(t) \tag{1-9}$$

特别地，如果 $u_S(t)=0$，则该电压源虽然对外电路而言相当于短路，但对实际电压源本身是不允许短路的

独立电压源有两个基本特性：

① 端电压由本身决定，与所连接的外电路无关，与流经电流的大小及方向无关；

② 流经的电流由端电压与外接电路共同决定，支路电流需要先求出与相连的其他支路的电流后，利用 KCL 方程求取。

（2）独立电流源

一个二端元件，如果在与任意电路连接时，输出电流总能保持为指定的$i_S(t)$，则称此元件为独立电流源。其电压-电流方程（VCR）为

$$i(t) = i_S(t) \tag{1-10}$$

特别地，如果$i_S(t) = 0$，则该电流源虽然对外电路而言相当于断路，但对实际电流源本身的输出端口是不允许开路的。

独立电流源有两个基本特性：

① 输出电流由本身决定，与所连接的外电路无关，与端电压的大小及方向无关；

② 端电压由输出电流与外接电路共同决定，端电压需要先求出与相连的任一闭合回路中其他支路的电压后，利用 KVL 方程求取。

4. 受控电源

受控电源简称受控源，描述的是电路中一个支路的电压或电流受另一个支路的电压或电流的控制关系。受控源包含控制支路和输出支路，依据控制量和输出量是电压或电流，可将受控源分为 4 种类型：电压控制电压源（VCVS）、电压控制电流源（VCCS）、电流控制电压源（CCVS）、电流控制电流源（CCCS）。

受控源的特性方程（VCR）就是输出量与控制量的函数关系。

1.2.3　电路的图

电路的拓扑图简称电路的图，能够清晰地描述电路的拓扑结构，即电路各支路的连接关系。本章只介绍电路的图的基本概念。第 2 章将通过对电路的图的讨论，说明 KCL、KVL 的独立方程数。第 15 章还将讨论如何用数学中的矩阵来描述电路的拓扑结构。

下面是有关电路的图的一些重要概念。

（1）连通图

若一个图的任意两个节点之间至少存在一个由支路构成的路径，则称此图为连通图。

（2）树

树是连通的连通子图，包含原图的所有节点，不包含任何回路。当选定一个连通图的树后，构成树的那些支路就被称为树支，不在树上的那些支路被称为连支。一个连通图虽然有多种不同的树，但任何一个树的树支数均为$b = n-1$（n为图的全部节点数），连支数均为$b_l = b-(n-1)$（b为图的全部支路数）。

（3）回路和网孔

回路是一个图的连通子图，在子图的每个节点上都确切地连接着该子图的两个支路。一个图有多个回路，独立回路数为$l = b-(n-1)$。

网孔是平面图中的一种特殊回路，在这种回路的界定面内是一个空的区域。一个平面图的网孔数（独立网孔数）为$m = b-(n-1)$。

1.2.4　基尔霍夫定律

基尔霍夫定律是分析一切集中参数电路的基本依据，包括基尔霍夫电流定律（KCL）和

基尔霍夫电压定律（KVL）。基尔霍夫定律仅与电路元件的相互连接有关，与元件的性质无关。基尔霍夫定律（KCL 和 KVL）与元件的电压–电流关系（VCR）一样，是电路分析最重要的基础。后面讨论的电路理论均是建立在这三种约束关系之上的。

1. 基尔霍夫电流定律（KCL）

对任一集中参数电路中的任一节点或封闭面，对任一时间 t，有

$$\sum_{\substack{k=1 \\ \text{（流入为正）}}}^{m} i_k(t) = 0 \quad \text{或} \quad \sum_{\substack{k=1 \\ \text{（流出为正）}}}^{m} i_k(t) = 0$$

式中，m 为连接所有节点或封闭面上的全部支路数。

需注意的问题：

① 正确写出 KCL 方程中的正、负号是列写 KCL 方程的关键。列写方程前，必须先在电路图中标注各支路电流的参考方向，电流是流入节点还是流出节点，均是根据电流的参考方向判断的。

② KCL 不仅适用于电路中的节点，还适用于包围几个节点的封闭面。

2. 基尔霍夫电压定律（KVL）

对任一集中参数电路中的任一回路，对任一时间 t，沿回路的各支路电压代数和等于 0，即

$$\sum_{\substack{k=1 \\ \text{（流入为正）}}}^{m} u_k(t) = 0 \quad \text{或} \quad \sum_{\substack{k=1 \\ \text{（流出为正）}}}^{m} u_k(t) = 0$$

式中，m 为所有回路包含的全部支路数。

需注意的问题：

① 正确写出 KVL 方程式中的正、负号同样也是列写 KVL 方程的关键。列写方程前，除必须先在电路图中标注各支路电压的参考方向外，还要指定回路绕行方向，依据回路绕行方向与支路电压参考方向是否一致，判断 KVL 方程式中电压前的正、负号。

② KVL 不仅适用于电路中的真实回路，还适用于虚拟回路。

第 2 章

电阻电路的等效变换

2.1　知识框图及重点和难点

本章介绍了电路中独立的 KCL 和 KVL 方程，在了解电路独立方程（包括独立的 KCL 和支路的 VCR）的基础上，重点介绍支路电流分析法，要求能够用支路电流分析法求解简单的电阻电路。

本章要求能够深刻理解等效电路的概念，熟练掌握电阻元件的串并联和Y-△等效变换，以及含受控源电路的等效变换方法。其中，最重要的知识点是戴维南和诺顿支路的等效变换。本章的难点是在电路分析中如何正确应用等效变换方法化简电路，关键点是在化简电路的过程中，明确要化简电路部分是暂时不需求解的电路，等效是对没有变化的电路等效。对于有对称关系的特殊电路，要充分利用电路的对称性进行等效变换。初学者感到最困难的知识点是含受控源电路的等效变换。

一端口电路的入端电阻是本章的另一个重点和难点，要求能够用等效变换方法熟练并正确地求解一些简单的一端口电路的入端电阻。

简单电阻电路分析的知识框图如图 2-1 所示。

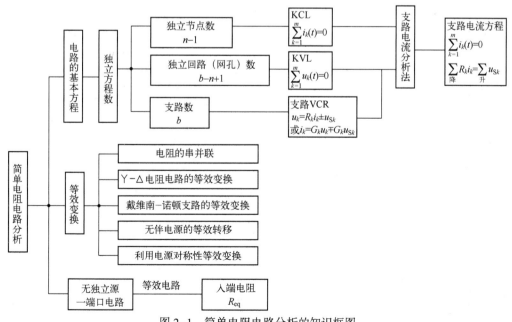

图 2-1　简单电阻电路分析的知识框图

2.2 内容提要及学习指导

本章介绍简单电阻电路的分析方法，主要介绍支路电流分析法和用等效变换方法化简电路的分析方法。

2.2.1 KCL 和 KVL 的独立方程

在有 n 个节点和 b 个支路的电路中，对任意选取的 $n-1$ 个节点列写的 KCL 方程是独立的 KCL 方程，选取 $b-n+1$ 个独立回路列写的 KVL 方程也是独立方程。其中，对平面电路通常选网孔作为独立回路，对特殊情况或非平面电路选单连支回路组成的基本回路为独立回路。因此，独立 KCL 和 KVL 方程数分别是 $n-1$ 和 $b-n+1$。

2.2.2 支路电流分析法

1. 支路电流分析法的实质

支路电流分析法是以支路电流为待求变量，分别对 $n-1$ 个独立节点和 $b-n+1$ 个独立回路建立 KCL 和 KVL 方程，只是在 KVL 方程中各元件的电压要用支路电流表示。

2. 支路电流方程的一般形式

$$\text{KCL：} \sum i_k = 0 \quad n-1 \text{个}$$

$$\text{KVL：} \sum_{\text{降}} R_k i_k = \sum_{\text{升}} u_{Sk} \quad b-n+1 \text{个}$$

KVL 方程左边是该回路上所有电阻元件上电压降的代数和，即当支路电流 i_k 的参考方向与回路绕行方向一致时，$R_k i_k$ 前取正号，反之则取负号；方程右边是该回路所有电压源电压升的代数和，即当回路绕行方向 u_{Sk} 参考极性的 "−" 极性指向 "+" 极性时，u_{Sk} 前取正号，反之则取负号。

3. 受控源支路的处理

当电路含受控源支路时，首先将受控源视为独立电源，按常规方法列写支路电流方程，然后将受控源的控制量用支路电流表示并代入方程，消去受控源的控制量，即可得到支路电流方程的标准形式。

4. 无伴电流源支路的处理

有两种处理方法：

（1）增设未知量，即增设无伴电流源端电压为待求变量列写方程；

（2）选独立回路时，使无伴电流源支路只在一个独立回路中出现，该回路的电流（已知量）由无伴电流源决定，可以不必列写该独立回路的 KVL 方程。

2.2.3 电路的等效变换

1. 等效变换的概念

两个内部结构、参数不相同的电路，当它们对外连接的端钮具有相同的电压–电流关系（VCR）时，两个电路是等效的。用其中一个电路替代另一个电路，替代前后，外电路中的电流、电压保持不变。

2. 等效变换的目的及含义

在电路理论中，电路等效变换的概念是非常重要的。电路等效变换的方法是常用的电路分析方法。应用等效电路的目的是将不需要求解的电路部分化简，从而达到简化电路分析的目的。

两个电路等效是指两个电路对应端钮上有相同的 VCR，虽然两个等效电路的内部结构不同，但对外部的特性是相同的。

注意：等效是指对外部等效，对内部并不等效，当求解内部电量时，应还原到最初电路进行求解。

2.2.4 电阻的等效变换

1. 电阻的串联与并联

（1）串联

等效电阻为

$$R_{eq} = R_1 + R_2 + \cdots + R_n = \sum_{k=1}^{n} R_k \tag{2-1}$$

分压关系为

$$u_k = R_k i = \frac{R_k}{R_{eq}} u = \frac{R_k}{\sum_{j=1}^{n} R_j} u \tag{2-2}$$

当 $n=2$，即两个电阻串联时，有

$$u_1 = \frac{R_1}{R_1+R_2} u, \quad u_2 = \frac{R_2}{R_1+R_2} u \tag{2-3}$$

（2）并联

等效电阻为

$$\frac{1}{R_{eq}} = \frac{1}{R_1} + \frac{1}{R_1} + \frac{1}{R_2} + \cdots + \frac{1}{R_n} = \sum_{k=1}^{n} \frac{1}{R_k} \tag{2-4}$$

$$G_{eq} = G_1 + G_2 + \cdots + G_n = \sum_{k=1}^{n} G_k \tag{2-5}$$

分流关系为

$$i_k = G_k u = \frac{G_k}{G_{eq}} i = \frac{G_k}{\sum_{j=1}^{n} G_j} i \tag{2-6}$$

当 $n=2$ 时，有

$$i_1 = \frac{G_1}{G_1+G_2} i, \quad i_2 = \frac{G_2}{G_1+G_2} i \tag{2-7}$$

2. 电阻的 Y-△ 等效变换

（1）△→Y

等效电阻为

$$R_i = \frac{接于\,i\,端两个电阻之积}{△连接的三个电阻之和}$$

（2）Y→△

等效电阻为

$$R_{ij} = \frac{电阻两两乘积之和}{接在与 R 相对端钮的电阻}$$

若三个电阻相等（也称对称），则有 $R_\triangle = 3R_Y$。

Y–△ 等效变换属于三端电路等效变换，变换时，要正确连接各对应端钮。

2.2.5 电源的等效变换

1. 电压源的串联

若干电压源串联可等效为一个电压源，该电压源电压等于各电压源电压的代数和，需要注意电压源的参考极性。

2. 电流源的并联

若干电流源并联可等效为一个电流源，该电流源电流等于各电流源电流的代数和，需要注意电流源输出电流的参考方向。

3. 电压源与任意元件并联

电压源与任意元件（**广义元件**）并联，则对该电压源端钮 a、b 以外的电路而言，可以等效为与此电压源电压相同的电流源。

4. 电流源与任意元件串联

电流源与任意元件（**广义元件**）串联，则对该电流源端钮 a、b 以外的电路而言，可以等效为与此电流源电流相同的电流源。

5. 戴维南电路与诺顿电路的等效变换

戴维南电路与诺顿电路的等效变换如图 2-2 所示，箭头上的等式表示等效变换时的元件参数关系，除了参数关系，还必须注意电压源电压与电流源电流的参考方向。

图 2-2　戴维南电路与诺顿电路的等效变换

2.2.6 入端电阻

对于不含**独立电源**的无源二端电阻电路，在关联参考方向下，将端口电压与端口电流的比值定义为该二端电阻电路的入端电阻，也称输入电阻。无源二端电阻电路的入端电阻与其等效电阻是相等的，可以通过求等效电阻来求输入电阻。求解无源二端电阻电路的入端电阻通常有两种方法。

1. 等效变换法

对于只含有电阻元件的无源二端电阻电路，多采用等效变换的方法求等效电阻。对有对称性的特殊电路，应利用电路的对称性简化分析过程，即利用对称性寻找等电位点，将等电位点短接或将等电位点上的支路断开（因为该支路电流为 0）。（**轴线对称和面对称等特殊求解方法**）

2. 施加电源法

含有受控源的无源二端电阻电路多采用施加电源法。

3. 结合戴维南求解

可以利用求解戴维南电路中的一步法将戴维南电路直接求出，从而可以得到输入电阻。

第 1、2 章习题

习题【1】　习题【1】图中，O 点为零电位点，P 点的电位为＿＿＿＿＿，Q 点的电位为

＿＿＿＿＿。

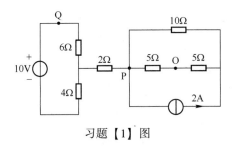

习题【1】图

习题【2】　求习题【2】图中各电路在 a、b 端口的戴维南等效电路或诺顿等效电路。

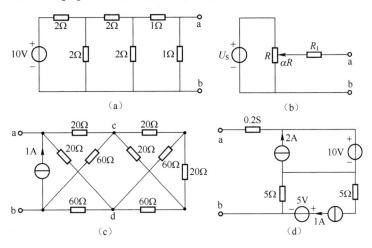

习题【2】图

习题【3】　化简习题【3】图所示电路。

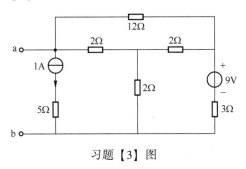

习题【3】图

习题【4】　习题【4】图中，求：

(1) 如果电阻 $R=4\Omega$，计算电压 U 和电流 I；

(2) 如果电压 $U=-4\text{V}$，计算电阻 R。

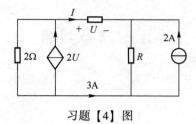

习题【4】图

习题【5】 习题【5】图中，求 1A 电流源上的电压 U。

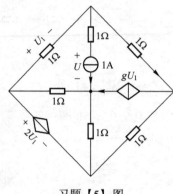

习题【5】图

习题【6】 习题【6】图中，已知 $R_1 = R_2 = 10\Omega$，$R_3 = 4\Omega$，$R_4 = 3\Omega$，$R_5 = 2\Omega$，$U_{S1} = 20V$，$U_{S2} = 4V$，$I_S = 1A$，电流控制电压源 $U_{CS} = 4I$，求受控源提供的功率。

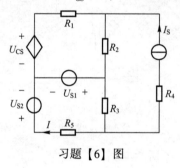

习题【6】图

习题【7】 习题【7】图中，求：

（1）电压 U 和电流 I；

（2）R_X 吸收的功率。

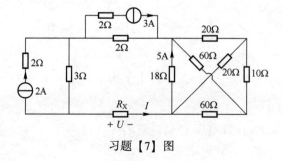

习题【7】图

习题【8】　习题【8】图中，求电压 U 和电流 I。

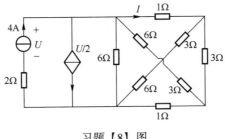

习题【8】图

习题【9】　习题【9】图为直流电路，试求电流 i_1 和 i_2。

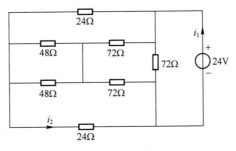

习题【9】图

习题【10】　试求习题【10】图中 a、b 端口的等效电阻，$R_1 = 1\Omega$，$R_2 = 2\Omega$，$R_3 = 2\Omega$，$R_4 = 3\Omega$，$R_5 = 6\Omega$，$R_6 = 6\Omega$。

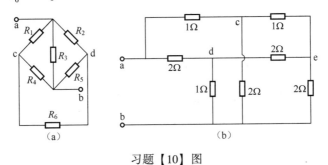

习题【10】图

习题【11】　习题【11】图中，将控制量为 I_1 的电流控制电压源变换为控制量为 U 的电压控制电压源，大小为 μU。若要保持电路中响应不变，求 μ 的大小。

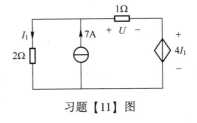

习题【11】图

习题【12】　习题【12】图中，电阻 R（$R \neq 0$）是可调的。试问 α 为何值时，电阻上的电压 U_R 为定值，并求此时的 U_R。

13

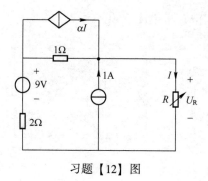

习题【12】图

习题【13】 习题【13】图中，已知 R 从 $0 \to \infty$ 时，各支路电流不变，试确定电压源的 u_S。

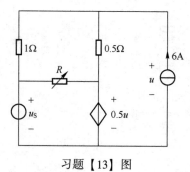

习题【13】图

习题【14】 习题【14】图中，试求：

（1）无限长链形网络的输入电阻 R_{ab}；

（2）若要使每一个环节的末端电压是始端电压的 $1/2$，求 R_1/R_2。

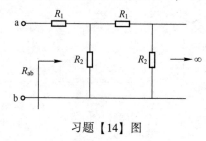

习题【14】图

习题【15】 习题【15】图中，已知 $U_S = 20\text{V}$，$I_1 = 4\text{A}$，两端电压 $U_1 = 25\text{V}$，求电路中 R_1、R_2、R_3 所吸收总功率的最小值。

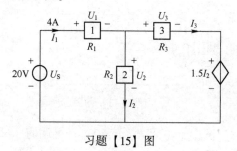

习题【15】图

习题【16】　习题【16】图中，已知 $U_1 = 2\text{V}$，a、b 两点是等电位点，求电阻 R 的值和流过受控源的电流 I。

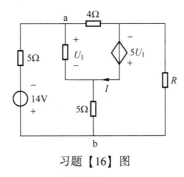

习题【16】图

习题【17】　习题【17】图中，已知各电阻均为 1Ω，求端口等效电阻 R_{ab}。

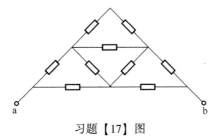

习题【17】图

习题【18】　习题【18】图中，已知电阻均为 1Ω，求等效电阻 R_{AB} 和 R_{AC}

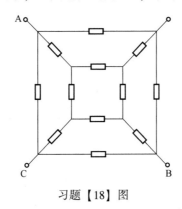

习题【18】图

习题【19】　试求习题【19】图中的等效电阻 R_{ab}、R_{af}、R_{ae}（图中电阻均为 R）。

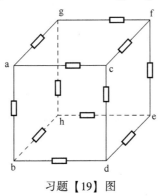

习题【19】图

习题【20】 习题【20】图中，已知 $I=1\text{A}$，求电阻 R。

习题【21】 习题【21】图中，求电流 i_1、i_2、i_3 和 i_4。

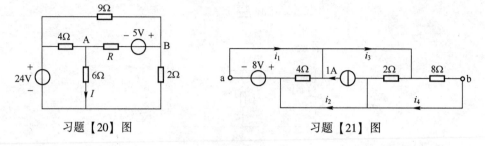

习题【20】图　　　　　　　　习题【21】图

习题【22】 欲使习题【22】图中支路电压 $U_0=0\text{V}$，试确定电流源 I_S 的大小。

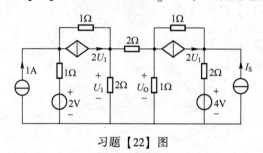

习题【22】图

习题【23】 习题【23】图中，$U=-2\text{V}$ 时，电阻 R 为何值。

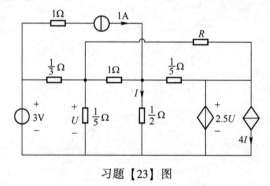

习题【23】图

习题【24】 习题【24】图中，若 $U_{ab}=114\text{V}$，求流过支路 ce 和 df 的电流。

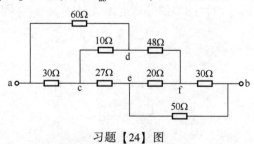

习题【24】图

第 **3** 章

电阻电路的一般分析

3.1 知识框图及重点和难点

　　电路分析的一般方法是指不改变电路的结构，通过选择合适的电路变量作为解变量，建立电路方程进行分析的方法，即通过求解列写的电路方程得到解变量，依据 KCL、KVL 及 VCR 求得支路电压、电流，进而求解其他电路变量。本章介绍的节点分析法和回路分析法（包括网孔分析法）是电路分析的一般方法。本章的重点是要求能够熟练准确地运用节点分析法和回路分析法（包括网孔分析法）建立电路方程；难点一是列写含有无伴电源及受控电源支路的电路方程；难点二是选择合适的方法分析电路。当要求解多个支路电流、电压或多个元件功率时，适宜选用电路的一般分析法，至于选用节点分析法还是回路分析法，首先取决于列写方程数的多少，其次是求解的变量，在方程数相当时，如果是求解电压，则多选节点分析法，如果是求解电流，则多选回路分析法（**一般来说，在直流电路中，节点分析法好于回路分析法，在运算电路时正好相反**）。电路分析一般方法的知识框图如图 3-1 所示。

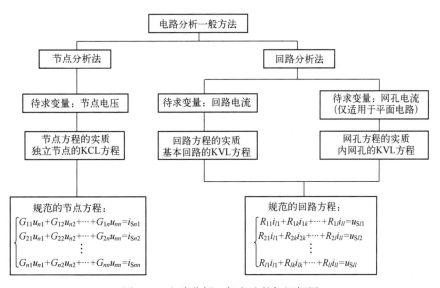

图 3-1　电路分析一般方法的知识框图

3.2　内容提要及学习指导

3.2.1　图论基本概念

本章要求对电路图有基本的理解和应用，掌握回路、支路、集合的概念，懂得利用回路分析支路电压、端口电压等，掌握在电路中 KCL 和 KVL 独立方程数的概念，对具有 n 个节点和 b 个支路的电路列出独立方程。

（1）KCL 的独立方程数

一个具有 n 个节点和 b 个支路的电路，其独立 KCL 方程数为 $n-1$，即求解电路问题时，只需选取 $n-1$ 个节点列出 KCL 方程即可。

（2）KVL 的独立方程数

一个具有 n 个节点和 b 个支路的电路，其独立 KVL 方程数为基本回路数，即 $b-(n-1)$，求解电路问题时，需选取 $b-(n-1)$ 个独立回路列出 KVL 方程。

3.2.2　支路电流法

以支路电流为电路变量列写电路方程求解电路的方法被称为支路电流法，步骤一般为：

（1）选定各支路的参考方向；

（2）根据 KCL 对 $n-1$ 个独立节点列写支路方程；

（3）选取 $b-(n-1)$ 个独立回路，指定回路绕行方向，列写 KVL 方程；

（4）联立方程，计算器求解。

注意：支路电流法在实际电路计算中很少使用，是在无其他方法时的候选方法。

3.2.3　节点分析法

节点分析法是以节点电压为电路的解变量，建立电路方程进行电路分析的计算方法。这组以节点电压为变量的方程被称为节点电压方程。节点电压是以参考点为负的节点电位。节点电压方程的实质是列写节点的 KCL 方程。在 KCL 方程中用节点电压表示支路电流后，得到的方程即为节点电压方程。有 n' 个节点的电路有 $n'-1$ 个独立节点，就有 $n'-1$ 个节点电压方程。规范的节点电压方程（$n'-1$ 个独立节点数）为

$$\begin{cases} G_{11}u_{n1}+G_{12}u_{n2}+\cdots+G_{1n}u_{nn}=i_{Sn1} \\ G_{21}u_{n1}+G_{22}u_{n2}+\cdots+G_{2n}u_{nn}=i_{Sn2} \\ \qquad\qquad\qquad\vdots \\ G_{n1}u_{n1}+G_{n2}u_{n2}+\cdots+G_{nn}u_{nn}=i_{Snn} \end{cases} \qquad (3-1)$$

列节点电压方程时，常根据自电导、互电导及注入节点电流源规则列写。自电导 G_{ii} 为连接在节点 i 上的所有支路电导（与电流源串联的电导除外）之和。如果电路中的电阻均为正，则自电导恒为正。

互电导 G_{ij} 为连接在节点 i 和 j 之间的所有支路电导（与电流源串联的电导除外）之和的负值，如果电路中的电阻均为正，则对于不含受控源的电路，互电导恒为负，而且 $G_{ij}=G_{ji}$。当节点 i 和 j 无直接相连的电导支路时，$G_{ij}=0$。

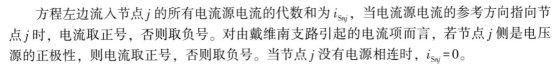

方程左边流入节点 j 的所有电流源电流的代数和为 i_{Snj}，当电流源电流的参考方向指向节点 j 时，电流取正号，否则取负号。对由戴维南支路引起的电流项而言，若节点 j 侧是电压源的正极性，则电流取正号，否则取负号。当节点 j 没有电源相连时，$i_{Snj}=0$。

列写节点电压方程的一般步骤如下。

（1）不含无伴电压源支路的电路。

① 选定参考节点，并对其余节点编号（通常在电路图中标出参考节点和节点电压）。

② 列写节点电压方程，如果电路中含有受控源，则先将受控源视为独立电源，再列写节点电压方程。

③ 如果受控源的控制量是非节点电压，则需增补将控制量用节点电压表示的方程。

④ 消去节点电压方程中非节点电压的受控源控制量，整理节点电压方程。

（2）含无伴电压源支路的电路。

当电路中含有无伴电压源支路时，在含有无伴电压源支路节点的 KCL 方程中，无伴电压源支路电流无法用节点电压表示，给节点电压方程的列写带来困难，一般有三种处理方法：

① 列写节点电压方程（KCL）时，将无伴电压源支路电流 i_v 作为解变量保留在方程中（相当于将无伴电压源支路视为电流 i_v 的电流源支路列写节点电压方程）后，补充用节点电压表示无伴电压源电压的附加方程。这样列写的节点电压方程的解变量，除了节点电压，还包含无伴电压源支路电流 i_v；

② 如果电路中只有一个无伴电压源支路，则可将无伴电压源的一个端点选为参考节点，与该无伴电压源连接的另一个节点电压是已知的，不必列写该节点的节点电压方程；

③ 做无伴电压源支路两个节点的封闭面，将与无伴电压源相关的两个节点的节点电压方程，换成封闭面的节点电压方程和节点电压表示的无伴电压源电压方程。其中，封闭面的节点电压方程即是该封闭面的 KCL 方程。列写时，将方程中的支路电流用节点电压表示（**广义 KCL、KVL 事实上并不建议使用，容易出错**）。

3.2.4　回路电流法和网孔分析法

回路电流法是先用独立回路电流为解变量建立电路方程，然后进行电路分析的计算方法。这组以回路电流为解变量列写的方程被称为回路电流法。当选择的独立回路电流为连支电流时，独立回路为基本回路。对平面电路常选择内网孔为独立回路，网孔电流为电路的解变量，以基本回路为独立回路的方法常被称为回路电流法，以内网孔为独立回路的回路电流分析法被称为网孔分析法。无论回路电流法还是网孔分析法，其实质都是列写独立回路的 KVL 方程，在 KVL 方程中用连支电流或网孔电流表示支路电压后，得到的方程即为回路电流方程或网孔方程。回路电流规范方程为

$$\begin{cases} R_{11}i_{l1}+\cdots+R_{1k}i_{lk}+\cdots+R_{1l}i_{ll}=u_{Sl1} \\ R_{21}i_{l1}+\cdots+R_{2k}i_{2k}+\cdots+R_{2l}i_{ll}=u_{Sl2} \\ \quad\quad\quad\quad\vdots \\ R_{l1}i_{l1}+\cdots+R_{lk}i_{lk}+\cdots+R_{ll}i_{ll}=u_{Sll} \end{cases} \quad\quad (3-2)$$

列回路电流方程时，常根据自电阻、互电阻及回路电压源的规则列写。自电阻 R_{ii} 为在回路 i 上所有支路电阻之和。如果电路中的电阻均为正，则自电阻恒为正。

互电阻 R_{ij} 为在回路 i 和回路 j 之间公共支路上的所有电阻之和，当两个回路电流在公共

支路上的参考方向一致时，互电阻取正值；当参考方向相反时，互电阻取负值。对于不含有受控源的电路，$R_{ij}=R_{ji}$。当回路 i 与回路 j 之间无公共支路或公共支路无电阻时，$R_{ij}=0$。

方程的左边 u_{Slj} 为回路 j 中所有电压源的电压代数和，沿回路绕行方向上电压源电压升的电压项取正号，否则取负号。当回路 j 不含电压源时，$u_{Slj}=0$。

考试时都是考查平面电路，对平面电路而言，网孔为自然独立回路，因此在实际电路计算时，一般选用网孔分析法。

第 3 章习题

习题【1】 习题【1】图中，用网孔电流法求电流 I 和电压 U。

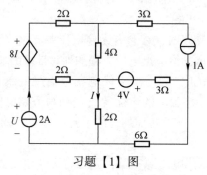

习题【1】图

习题【2】 使用节点电压法求习题【2】图中的电压 U。

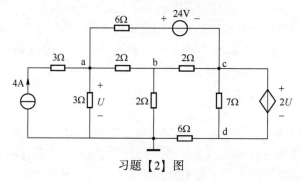

习题【2】图

习题【3】 用节点电压法求习题【3】图中的各节点电压以及 6V 电压源发出的功率。

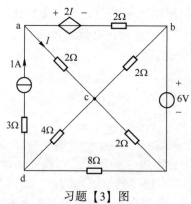

习题【3】图

习题【4】 习题【4】图中，求电流 I 和电流源发出的功率 P。

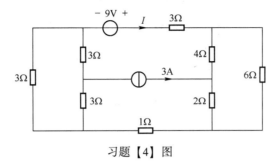

习题【4】图

习题【5】 试分别用回路电流法和节点电压法求习题【5】图中的 U 和 I。

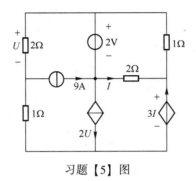

习题【5】图

习题【6】 习题【6】图中，已知 $U_{ab}=0$，求电阻 R 以及 4A 电流源发出的功率。

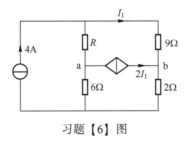

习题【6】图

习题【7】 习题【7】图中，求电流 I 和电压 U。

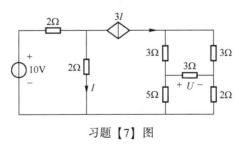

习题【7】图

习题【8】 习题【8】图中，用节点电压法求 U_1、U_4。

习题【9】 习题【9】图中，$U_1 = 1V$，$R_2 = 2\Omega$，$R_3 = 3\Omega$，$R_4 = 4\Omega$，$R_5 = 5\Omega$，$U_S = 5V$，$I_S = 6A$，R_1 可变，试问 R_1 为何值时电流 $I_1 = -1A$。

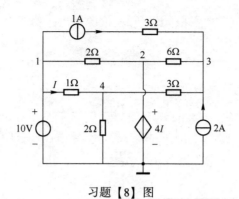

习题【8】图

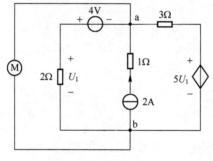

习题【9】图

习题【10】 习题【10】图中，试求：

（1）当 M 为理想电压表时，读数为多少；

（2）当 M 为理想电流表时，读数为多少。

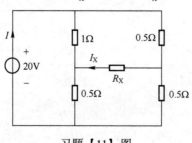

习题【10】图

习题【11】 习题【11】图中，要使 R_X 中的电流 $I_X = 0.125I$，试求 R_X 应为何值。

习题【11】图

习题【12】 习题【12】图中，已知电流 $i_0 = 0\text{A}$，求直流电压源电压 u_{dc}。

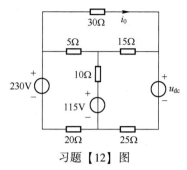

习题【12】图

习题【13】 习题【13】图中，4V 电压源吸收的功率为 8W，试求电流源的输出 I_S。

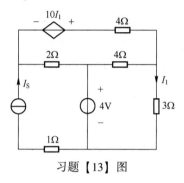

习题【13】图

习题【14】 习题【14】图中，E_S 与 R 均为已知，当 R_2 从 $0 \to \infty$ 变化时，各支路电流不变，试确定电阻 R_1 并求电流 I。

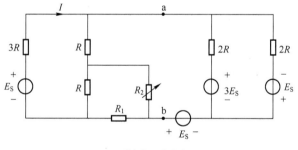

习题【14】图

习题【15】 习题【15】图中，已知电流源 $I_S = 2\text{A}$，电压源 $U_S = 4\text{V}$，电阻 $R_1 = R_2 = R_3 = R_4 = R_5 = 1\Omega$，控制系数 $g = 4\text{S}$，若使 U_S 支路的电流为 0A，求 R_X。

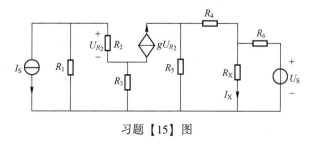

习题【15】图

习题【16】 习题【16】图中，若使 5V 电压源发出的功率为 0，需可变电阻 R_x 为多少，并求出此时受控源吸收多少功率。

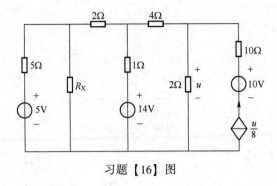

习题【16】图

习题【17】 习题【17】图中，欲使 u_S 中的电流为 0，求电阻 R_1 和 R_2。

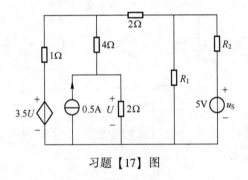

习题【17】图

习题【18】 习题【18】图中，左边电流源电流 I_S 为多大时，电压 U_0 为 0？（设 0 点为参考节点，用节点电压法求解）。

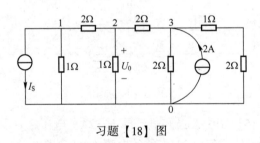

习题【18】图

习题【19】 某线性电阻电路的节点电压方程为

$$\begin{bmatrix} 1.6 & 1 & -1 \\ -0.5 & 1.6 & -0.1 \\ -1 & -0.1 & 3.1 \end{bmatrix} \begin{bmatrix} U_{n1} \\ U_{n2} \\ U_{n3} \end{bmatrix} = \begin{bmatrix} 1 \\ 0 \\ -1 \end{bmatrix}$$

试画出其最简单的电路。

习题【20】 已知某电路的节点电压方程为

$$\begin{bmatrix} 8 & -3 & -2 & -4 \\ -3 & 6 & -1 & 0 \\ -2 & -1 & 7 & -1 \\ -4 & 0 & -1 & 1 \end{bmatrix} \begin{bmatrix} U_{n1} \\ U_{n2} \\ U_{n3} \\ U_{n4} \end{bmatrix} = \begin{bmatrix} 2 \\ 3 \\ 1 \\ 2 \end{bmatrix}$$

试写出同时再接入下述三种元件后所得电路的节点电压方程：

（1）在节点①和参考节点跨接一个 VCCS，受控源方程 $i_d = 2(U_{n1} - U_{n2})$，方向由参考节点指向节点①；

（2）在节点②和节点③之间跨接一个 2A 的独立电流源，方向由节点③指向节点②；

（3）在节点③和节点④之间跨接一个 1Ω 的电阻。

第 4 章

电 路 定 理

4.1 知识框图及重点和难点

电路定理是对电路中重要规律的总结。本章介绍了叠加定理、替代定理、戴维南和诺顿定理、特勒根定理、互易定理、对偶定理。

在这里做一个小的概述,即所有的电路定理都是电流和电压的关系,与电阻以及后面所学的电容、电感都没有关系,这样一来,在涉及电路定理题目的时候,如果有涉及求元件参数值,或者给定元件参数值的时候,要么用定义公式表示电流或者电压,要么是用替代定理替代电流或者电压,再使用电路定理。这是每道题目计算的最开始步骤或者最后步骤。

叠加定理概述了线性电路的线性性和叠加性的两个重要性质,是分析线性电路的有效工具,要求深刻理解叠加定理的内涵,熟练运用叠加定理分析线性电路的问题是本章的重点和难点之一。

戴维南和诺顿定理在电路分析中应用非常广泛,是本章的另一个重点内容。戴维南和诺顿定理给出了求有源线性一端口等效电路的有效方法,熟练应用戴维南和诺顿定理化简电路可使电路分析得以简化,深刻理解和应用戴维南和诺顿定理中的等效概念分析电路问题是本章的另一个难点。利用戴维南、诺顿定理等效时要注意,其本质上是利用方程求解未知数,求出的戴维南结构是确定结构,意为不变结构,因此往往是对变化以外的部分进行戴维南计算,基于此,将涉及戴维南的题目归为以下几类:

(1) 常规的给定电路结构和参数求解戴维南,即利用基本方法或者一步法求解戴维南;

(2) 某个支路或者某个结构发生变化,对变化以外部分戴维南,可以求得变化部分电量后,再利用线性关系建立戴维南所求量与题目实际要求量的关系;

(3) 在变化结构以外部分虽然发生了电源变化,但是电源变化有公式表达,可以引入参数的戴维南;

(4) 需要戴维南部分结构发生变化,不影响戴维南结果。

替代定理也是电路的一种等效方法,学习时需结合等效和等效变换的概念加深理解。

特勒根定理和互易定理主要描述的是两个拓扑结构完全相同电路的电压、电流关系。特勒根定理是对集中参数电路普遍适用的基本电路定理。互易定理仅针对互易双口网络,是特勒根定理在互易双口网络中的推论。在电源和电路响应端口互易的特殊情况,互易定理更强调激励和响应关系。在应用特勒根定理和互易定理时要注意,在拓扑结构相同的两个电路中,电路电压和电流参考方向的关系对定理表达式相应项正、负值的影响。**互易定理是特勒根定理的典型形式,考试时可以引入列表形式建立计算,清晰明了。**

本章的最大难点是定理的综合应用。综合应用的前提是要深刻理解定理的内涵及其之间的关系。图 4-1 是电路定理关系的知识框图。

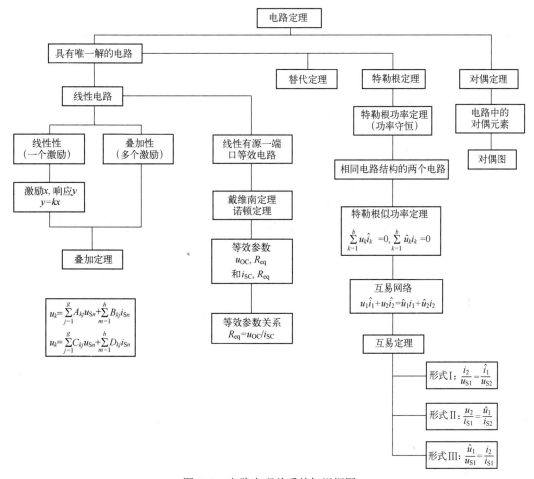

图 4-1　电路定理关系的知识框图

4.2　内容提要及学习指导

4.2.1　线性电路的线性性与叠加定理

1. 线性电路的线性性（也称齐次性定理）

在只有一个激励（独立电压源或电流源）x 的线性电路中，取电路任意支路的电压或电流为电路的响应 y，当激励 x 增大 a 倍或减小为原来的 $1/a$ 时，响应 y 也增大 a 倍或减小为原来的 $1/a$，即若 $x \to y$，有 $ax \to ay$。

2. 叠加定理

在一个具有唯一解的线性电路中，由独立电源共同作用产生的响应电流或电压，等于独立电源单独作用时该支路上的响应电流或电压的代数和。若电路中有 j 个独立电压源、h 个独立电流源，则

$$u_k = A_{k1}u_{S1} + A_{k2}u_{S2} + \cdots + A_{kg}u_{Sg} + B_{k1}i_{S1} + B_{k2}i_{S2} + \cdots + B_{kh}i_{Sh} = \sum_{j=1}^{g} A_{kj}u_{Sj} + \sum_{m=1}^{h} B_{km}i_{Sm}$$

或 $i_k = C_{k1}u_{S1} + C_{k2}u_{S2} + \cdots + C_{kg}u_{Sg} + D_{k1}i_{S1} + D_{k2}i_{S2} + \cdots + D_{kh}i_{Sh} = \sum_{j=1}^{g} C_{kj}u_{Sj} + \sum_{m=1}^{h} D_{km}i_{Sm}$

3. 定理的应用

（1）线性电路的线性性与叠加定理仅适用于有唯一解的线性电路。

（2）用叠加定理求解已知结构电路的基本指导思想是将含有多个电源的复杂线性电路，分解成单个电源单独作用或分组作用的多个较简单电路的求解。不作用的独立电压源被视为短路、不作用的独立电流源被视为开路是分解后电路简化的主要原因。如果电路中含有受控电源，则在使用叠加定理时，受控电源一般不像独立电源那样独立作用，而是将它们视为一般的负载。

（3）在使用叠加定理时要注意，各电源单独作用，响应电压、电流的参考方向与原电路一致时，响应取正号，若不一致，则取负号。

（4）叠加定理中的电路响应仅是指电流和电压，功率是不满足叠加定理的。

4.2.2 替代定理

1. 定理内容

在任意具有唯一解的电路中，若支路 k 的电压和电流分别为 u_k 和 i_k，那么 k 支路可以用一个电压等于 u_k 的电压源（极性与原支路电压极性相同）替换，或用一个电流等于 i_k 的电流源（方向与原支路电流方向相同）替换该支路，若替换后的电路仍有唯一解，则替换后电路中各支路电压、电流与替换前电路中相应的电压、电流相等。

2. 定理应用

（1）替代定理适用于**任意有唯一解**（在实际考查中基本可用）的集中参数电路，不仅适用于线性电路，也适用于非线性电路。

（2）要深刻理解等效替代的含义，保证替代支路的电流或电压与替代前该支路的电流或电压相等，则替代前后的电路才等效（**替代定理是用电压或电流替代元件，比如 R、L、C 这样的形式，要理解这是电流或电压在公式和方程中的作用**）。

（3）应用替代定理时，被替代支路与其他支路之间**不应存在耦合关系**，如被替代支路不能是受控电源的控制支路。

4.2.3 戴维南和诺顿定理

1. 戴维南定理

任意一个有源线性一端口电阻性网络，对外电路而言都可以用一个电压源和一个电阻元件串联的戴维南等效支路来代替。该电压源的电压等于该有源线性一端口网络的开路电压 u_{OC}，电阻等于该一端口网络中所有独立电源置 0 后的入端等效电阻 R_{eq}。

2. 诺顿定理

任意一个有源线性一端口电阻性网络，对外电路而言都可以用一个电流源和一个电阻元件并联的诺顿支路等效代替。该电流源的电流等于该一端口电路端口的短路电流 i_S，电阻等于该一端口网络中所有独立电源置 0 后的入端等效电阻 R_{eq}。

3. 定理的应用

（1）戴维南和诺顿定理揭示了线性有源一端口电阻性网络一定存在等效的戴维南支路或诺顿支路的重要结论，应用前提是线性电路，即要求所求有源一端口网络必须是线性有源一端口网络，对没有变换的电路部分没有要求，对线性或非线性、有源或无源电路都等效（**计算非线性电路时，一般采用对非线性元件以外的部分进行戴维南后再计算的方法**）。

（2）应用戴维南和诺顿定理分析电路的关键是求一端口网络等效电路的参数，即求一端口网络的开路电压或短路电流及入端电阻 R_{eq}。求入端电阻 R_{eq} 一般有两种方法。

① 将有源一端口网络中所有独立电源置 0，求其对应的无源一端口网络的入端电阻 R_{eq}。若无源一端口网络不含有受控电源，则通常只需要用串、并联化简或Y形与△形等效变换等方法即可求得。若无源一端口网络含有受控电源，则需采用外加电源法求解。

② 如果电路的开路电压 U_{OC} 和短路电流 I_{SC} 都较易获得，则可先将 U_{OC} 和 I_{SC} 求出，在 U_{OC} 和 I_{SC} 对未化简支路为关联参考方向时有 $R_{eq} = U_{OC}/I_{SC}$。

③ **一步法求解戴维南**：对一个电路而言，一定可以等效为一个戴维南，假定戴维南 U_{OC}、R_{eq}，则从端口往内看一定满足 $U = U_{OC} + R_{eq}I_{SC}$，假定端口流入电流 I，利用回路电压降表示出端口电压，即可直接求出戴维南电路。

（3）戴维南和诺顿定理常用来分析局部电路的响应问题，处理方法是将不需要求解的电路部分（**往往是变化的那部分**）用戴维南和诺顿定理求出等效电路，从而使电路分析得以简化。

（4）应用戴维南和诺顿定理时，要针对电路问题选择合适的等效化简电路，而且在划分等效化简电路时，还必须注意将受控电源所在支路和控制支路划分在同一个网络，**即戴维南部分和外部部分不能存在电量耦合关系**。

4.2.4　特勒根定理

1. 特勒根功率定理

对任意集中参数电路，如果有 n 个节点、b 个支路，则在任意瞬间 t，各支路吸收功率的代数和恒等于 0，即 $\sum\limits_{k=1}^{b} u_k i_k = 0$。

2. 特勒根似功率定理

对于两个具有相同拓扑结构的电路 N 和 $\hat{N}$，均有 n 个节点、b 个支路，对应支路、节点编号分别相同，各支路电压和电流取关联参考方向，则

$$\sum_{k=1}^{b} u_k \hat{i}_k = 0, \quad \sum_{k=1}^{b} \hat{u}_k i_k = 0 \tag{4-1}$$

3. 特勒根似功率定理的端口形式

特勒根似功率定理的端口形式电路如图 4-2 所示。若 N_R 网络对各支路电压、电流有

$$\sum_{k=1}^{2} \hat{u}_k i_k - \sum_{k=1}^{2} u_k \hat{i}_k = 0$$，则 N_R 为互易网络。对互易网络，特勒根似功率定理可导出特勒根似功率定理的端口形式公式。

4. 定理应用

（1）特勒根定理适用于任意集中参数电路，无论线性的、非线性的还是时变的、时不

变的电路都适用。

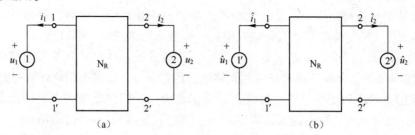

图4-2 特勒根似功率定理的端口形式电路

（2）在电路分析中，由于特勒根似功率定理给出了两个有向图相同电路中的电压、电流关系，所以应用价值更大。在使用时，要特别注意相同有向图中同一支路电压、电流参考方向的关系。通常，在关联参考方向下，公式中的对应项取正号，非关联参考方向需加负号。**特勒根定理的端口形式特别重要，可以直接导出互易定理。**

（3）在实际电路计算，引入列表形式进行计算时，一般遵循尽可能多地将支路一并框入，构建新的结构，并尽可能多地构造开路、短路。

4.2.5 互易定理

1. 定理内容

在只含有一个独立电源的线性电阻电路中，保持电路独立电源置 0 后，在电路拓扑结构不变的情况下，激励和响应互换位置，响应与激励的比例不变。由此，互易定理有三种形式。

形式 I

激励为电压源，响应为短路电流，有

$$\frac{i_2}{u_{S1}} = \frac{\hat{i}_1}{\hat{u}_{S2}} \tag{4-2}$$

形式 II

激励为电流源，响应为开路电压，有

$$\frac{u_2}{i_{S1}} = \frac{\hat{u}_1}{\hat{i}_{S2}} \tag{4-3}$$

形式 III

激励为电流源，响应为短路电流，互易后，激励为电压源，响应为开路电压，有

$$\frac{i_2}{i_{S1}} = \frac{\hat{u}_1}{\hat{u}_{S2}} \tag{4-4}$$

2. 定理应用

（1）互易定理的适用范围很窄，只适用于互易的双口网络。在电阻性电路中，互易的双口网络指的是只含有线性电阻元件的网络。

（2）应用互易定理时，也要注意端口电压、电流参考方向的关系，必须全为关联参考方向或全为关联非关联参考方向，否则需加负号。

（3）互易定理的三种形式，本质上是特勒根定理列表法在二端口电路中的应用，可以扩展到 N 端口电路。

4.2.6　最大功率传输定理（直流电路）

最大功率传输定理可陈述为：当负载电阻 R_L 与一个线性有源网络 N 相连时，若 R_L 与 N 的戴维南等效电阻 R_0 相等，则 R_L 可从 N 中获得最大功率 P_{Lmax}，即

$$P_{Lmax} = \frac{U_{OC}^2}{4R_0}$$

式中，U_{OC} 为网络 N 的端口开路电压。

第 4 章习题

习题【1】　习题【1】图中，用叠加定理求电流 I 和电压 U。

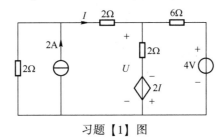

习题【1】图

习题【2】　习题【2】图中，N 为线性无源电阻网络，当 3A 电流源断开时，2A 电流源输出功率为 28W，$u_2 = 8V$；当 2A 电流源断开时，3A 电流源输出功率为 54W，$u_1 = 12V$。求两个电流源共同作用时，每个电流源的输出功率。

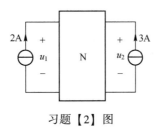

习题【2】图

习题【3】　习题【3】图中，输入电压为 20V，$u_2 = 12.5V$。若将 A、B 短接，短路电流 $i_{AB} = 10mA$，试求网络 N 从 A、B 端看过去的戴维南等效电路。

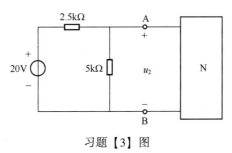

习题【3】图

习题【4】 习题【4】图中，N 为含源二端网络，欲使负载电阻 R_L 的端电压为网络端口电压的 1/5，求负载电阻 R_L 应为多少？

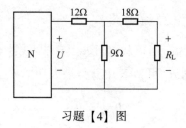

习题【4】图

习题【5】 习题【5】图中，已知 N_S 为含源线性电阻网络，输出电流为 20A，求支路电流 I。

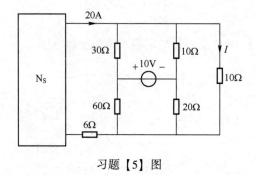

习题【5】图

习题【6】 习题【6】图中，已知当开关 S 断开时，$I=5A$，求开关 S 接通后的电流 I。

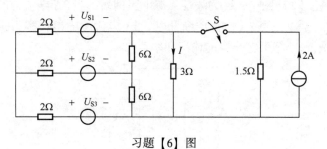

习题【6】图

习题【7】 习题【7】图中，$U_S=16V$，在 U_S、I_{S1}、I_{S2} 的共同作用下有 $U=20V$，试问在 I_{S1} 和 I_{S2} 保持不变的情况下，若要 $U=0V$，U_S 应为何值。

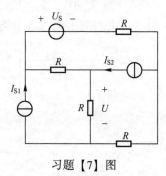

习题【7】图

习题【8】　习题【8】图中，N 由纯电阻组成，求图（b）中的电压 U。

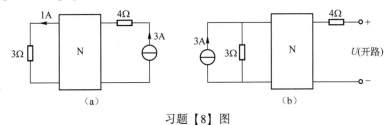

习题【8】图

习题【9】　习题【9】图中，$R_1 = R_4 = 3\Omega$，$R_2 = R_3 = 6\Omega$，$R_L = 1\Omega$，$I_S = 1A$，$U_S = 15V$，$U_{CS} = 3I$，用戴维南定理求电流 I。

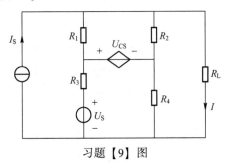

习题【9】图

习题【10】　习题【10】图中，电阻 R 可变，试问当 R 为何值时可吸收最大功率？并求此功率。

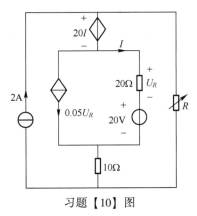

习题【10】图

习题【11】　习题【11】图中，N 为含有独立电源的线性网络，R_L 可调，当 $I_S = 0A$、$R_L = 0\Omega$ 时，$i = 2A$；当 $I_S = 2A$、$R_L = 4\Omega$ 时，$i = 2A$；当 $I_S = 2A$、$R_L = \infty$ 时，$u = 24V$，求 $I_S = 4A$ 的情况下，R_L 为何值时可取得最大功率？最大功率为多少？

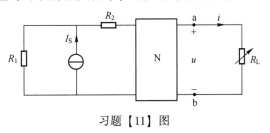

习题【11】图

习题【12】 习题【12】图中，已知图（a）中的 $U=0$，图（b）中的 $U=16\text{V}$，求电阻 R_1 和 R_2。

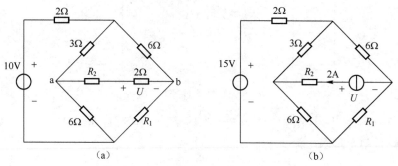

习题【12】图

习题【13】 已知习题【13】图所示二端口电路中，当 $R=\infty$ 时，$u_1=3\text{V}$，$u_2=2\text{V}$；当 $R=0$ 时，$i_1=10\text{mA}$，$u_2=6\text{V}$。试求当 $R=500\Omega$ 时，i_1、u_2 分别为多少？

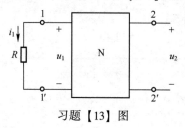

习题【13】图

习题【14】 习题【14】图中，已知 N_S 为线性含源电阻网络，当 $R=18\Omega$ 时，$I_1=4\text{A}$，$I_2=1\text{A}$，$I_3=5\text{A}$；当 $R=8\Omega$ 时，$I_1=3\text{A}$，$I_2=2\text{A}$，$I_3=10\text{A}$。求欲使 $I_1=0$，电阻 R 应为何值？此时 I_2 等于多少？

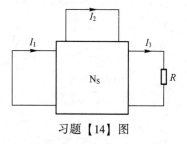

习题【14】图

习题【15】 习题【15】图中，已知 $U_S=10\text{V}$，$I_S=6\text{A}$，$R_2=3\Omega$，$R_3=3\Omega$，$R_4=2\Omega$，$r=1$。求当 R_1 为何值时，R_1 消耗的功率最大？求当 R_1 为何值时，R_4 消耗的功率最小？

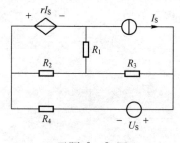

习题【15】图

习题【16】　习题【16】图所示直流电路中，已知 $R_5 = 5\Omega$ 时，$I_5 = 3\text{A}$，$I_4 = 4\text{A}$；$R_5 = 15\Omega$ 时，$I_5 = 1.5\text{A}$，$I_4 = 1\text{A}$，试问：

（1）R_5 为何值时有最大功率，最大功率为多少？

（2）R_5 为何值时 R_4 的功率最小？

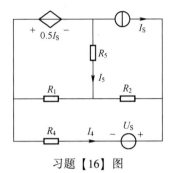

习题【16】图

习题【17】　习题【17】图中，已知当 $R_1 = 0$ 时，伏特表 V 的读数为 10V；当 $R_2 = 0$ 时，安培表 A 的读数为 2A；当 R_1、R_2 均为无穷大时，伏特表 V 的读数为 6V。试求当 $R_1 = 3\Omega$、$R_2 = 6\Omega$ 时，伏特表 V 与安培表 A 的读数各为多少。

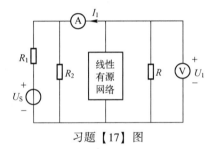

习题【17】图

习题【18】　习题【18】图中，N_S 为线性含源电阻网络，已知 $U_S = 0$、$I_S = 0$ 时，$U_2 = 3\text{V}$；当 $U_S = 0\text{V}$、$I_S = 1\text{A}$ 时，$U_2 = 9\text{V}$；当 $U_S = 1\text{V}$、$I_S = 0\text{A}$ 时，$U_2 = 12\text{V}$。试求当 $U_S = 2\text{V}$、$I_S = 3\text{A}$ 时，5A 电流源发出的功率。

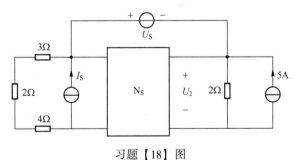

习题【18】图

习题【19】　习题【19】图中，图（a）中的 N_S 为含源线性电阻网络，已知仅电压源 U_{S2} 可以改变。当 $U_{S2} = 4\text{V}$ 时，电压源 U_{S2} 消耗的功率为 8W；当 $U_{S2} = 6\text{V}$ 时，电压源 U_{S2} 消耗的功率为 9W。若将 U_{S2} 换成 8Ω 电阻，图（b）中，试求此电阻消耗的功率为多少？

习题【20】　习题【20】图中，已知 N_S 为含源一端口网络，当 $R = 0\Omega$ 时，$I = 5\text{A}$；当 $R = \infty$ 时，$U = 15\text{V}$，受控源是 $0.1U_1$，求：

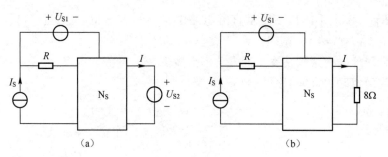

习题【19】图

（1）当 R 为何值时，R 可获得最大功率，并求此最大功率；

（2）假如 N_S 的内阻是 7.5Ω，求 r 的值。

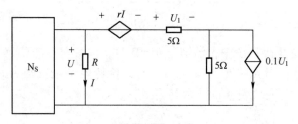

习题【20】图

习题【21】 习题【21】图中，N_S 为含有独立源、受控源、电阻的线性有源网络，已知将其内部独立源置 0 后的输入电阻为 R_0，当 A、B 端口短路时，N_S 内部某支路 k 的电流为 i_{kSC}，当 A、B 端口开路时，支路 k 的电流为 i_{kOC}，求当 A、B 端口接电阻 R_L 时，支路 k 的电流 i_k。

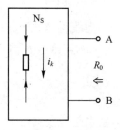

习题【21】图

习题【22】 习题【22】图中，N 为仅由电阻和独立电源构成的线性网络，已知图（a）中 $I_S=2A$、$U_1=8V$ 时，$I_2=3A$；$I_S=4A$、$U_1=12V$ 时，$I_2=4A$，求图（b）中的 U_1。

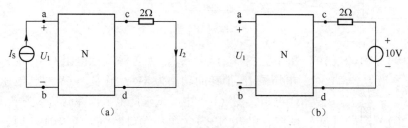

习题【22】图

习题【23】　习题【23】图中，网络 N 仅由电阻组成，根据图（a）和图（b）的已知情况，求图（c）中的电流 I_1 和 I_2。

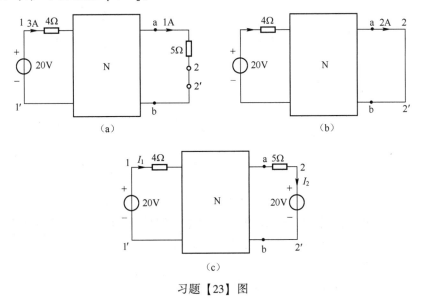

习题【23】图

习题【24】　习题【24】图中，N 为电阻网络，图（a）中的 $U_1 = 30V$、$U_2 = 20V$，求图（b）中的 $\hat{U}_1$ 为多少？

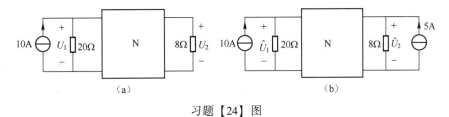

习题【24】图

习题【25】　习题【25】图中，N 为线性无源电阻网络，图（a）中，当 $U_{S1} = 2V$ 时，右侧端口电流 $i_1 = 2A$，若去掉左侧 2V 电压源，在右侧 2Ω 电阻两端并联一个 5A 电流源，求图（b）中的电流 i。

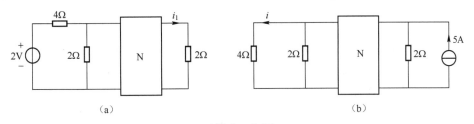

习题【25】图

习题【26】　习题【26】图中，已知线性无源电阻网络 N_0 在三种外接电路情况下的响应分别如图（a）、图（b）、图（c）所示，求图（d）中 R_L 为何值时可获得最大功率？功率为多少？此时 30V 电压源输出多少功率？

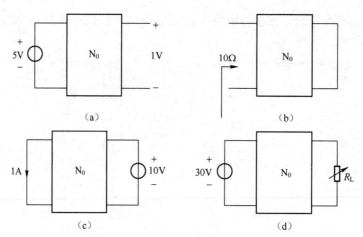

習题【26】图

习题【27】 习题【27】图中，N_S 为线性含源电阻网络，$R_L = 4\Omega$，已知当 $U_S = 12V$ 时，$I_1 = 3A$，$I_2 = 2A$；当 $U_S = 10V$ 时，$I_1 = 2A$，$I_2 = 1A$。求：

（1）$U_S = 8V$ 时的 U_2；

（2）$U_S = 8V$，外接电路中 $I_S = 3A$ 时的 I_1。

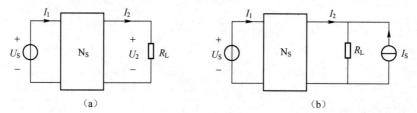

习题【27】图

习题【28】（综合提高题） 习题【28】图中，$R_1 = 2\Omega$，$R_2 = 1\Omega$，$U_{S1} = 50V$，$u_{S2} = 10\sqrt{2}\cos(\omega t)V$，求电流 i_1、i_2。

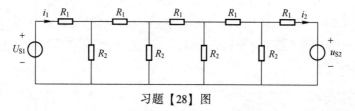

习题【28】图

习题【29】 习题【29】图中，已知 N_S 为有源线性电阻网络，a、b 端开路时，$U_{ab} = 10V$，$I_1 = 1A$，$I_2 = 5A$；a、b 端接一电阻 $R = 6\Omega$ 时，$I_1 = 2A$，$I_2 = 4A$；a、b 端接一电阻 $R = 4\Omega$ 时，R 可获得最大功率。求当 R 为何值时，$I_1 = I_2$，并求 I_1、I_2。

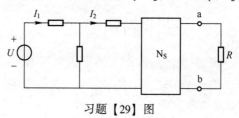

习题【29】图

习题【30】（综合提高题） 习题【30】图中，已知 $R_2=3\Omega$，$R_3=4\Omega$，$R_4=R_5=1\Omega$，$R_6=2\Omega$，I_S、U_1、U_2、U_3 均未知，当 $R=2\Omega$ 时，$I=1A$，求当 $R=4\Omega$ 时，I 的值。

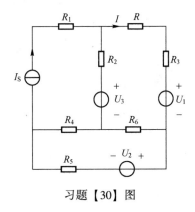

习题【30】图

习题【31】（综合提高题） 习题【31】图中，已知 $U_{S4}=20V$，$R_1=R_3=R_5=R_7=20\Omega$，$R_2=R_4=10\Omega$，$\beta=2$，当 $R_S(R_S \geqslant 0)$ 变化时，电流 I_7 不变，求控制系数 α 的值。

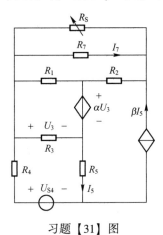

习题【31】图

习题【32】（综合提高题） 习题【32】图中，已知 N_S 为有源网络，$R_1=R_2=R_3=20\Omega$，$R_4=10\Omega$，$\alpha=0.5$，$I_{S1}=1A$，当开关打开时，开关两端电压 $U_{ab}=25V$，当开关闭合时，流过开关的电流 $I_K=\dfrac{10}{3}A$，试求 N_S 的戴维南等效电路。

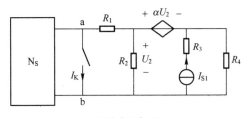

习题【32】图

第 **5** 章

含运算放大器的电阻电路

5.1 知识框图及重点和难点

在学习本章知识时，首先要了解运算放大器（简称运放）的外特性，在此基础上要重点掌握运算放大器工作在线性区域时的电路模型，要求能够熟练运用运算放大器的电路模型来分析含有运算放大器的电路。含运算放大器的电阻电路知识框图如图 5-1 所示。

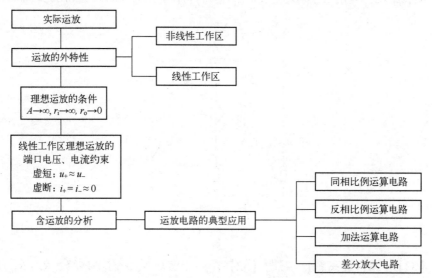

图 5-1　含运算放大器的电阻电路知识框图

在实际电路中，一般将运算放大器视为理想运算放大器来分析。分析含有理想运算放大器的电阻电路是本章的重点内容。深刻理解理想运算放大器输入端虚短和虚断的概念，熟练应用虚短和虚断的概念分析理想运算放大器电路是本章的难点。

本章的另一个重点内容是对一些重要的含有运算放大器典型电路的结构和功能的介绍，如比例运算电路、加法运算电路等典型电路。这些典型电路是构成复杂电路的基本单元。

5.2 内容提要及学习指导

5.2.1 运算放大器及其特性（非理想运算放大器）

运算放大器对外等效为一个四端元件（不能忽略接地端，部分题目中不会画出），如

图 5-2 所示。

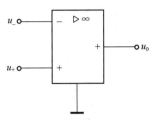

图 5-2　运算放大器对外等效为一个四端元件

5.2.2　理想运算放大器

在电路分析时，将运算放大器的参数指标进行理想化处理：开环放大倍数 $A \rightarrow \infty$，输入电阻为 r_i，输出电阻 $r_o \rightarrow 0$，可得理想运算放大器的电路模型，如图 5-3 所示。理想运算放大器的电路图形符号如图 5-4 所示。以下讨论的运算放大器均是理想运算放大器。

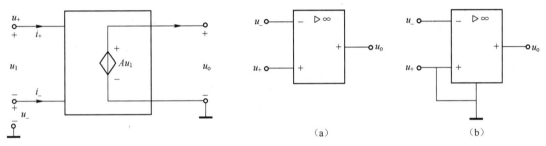

图 5-3　理想运算放大器的电路模型　　　图 5-4　理想运算放大器的电路图形符号

理想运算放大器的外特性如下：

① 虚短。理想运算放大器两个输入端之间的电压很小，可视为 0，两个输入端之间近乎短路，即

$$u_i \approx 0, u_+ = u_- \tag{5-1}$$

② 虚断。理想运算放大器两个输入端之间的电流近似为 0，即

$$i_+ = i_- \approx 0 \tag{5-2}$$

5.2.3　含理想运算放大器电阻电路的分析

利用理想运算放大器得到虚短和虚断两个概念。分析运算放大器各种线性应用电路的步骤如下：

第一步：按照虚短的特性，标出各节点的节点电压；

第二步：按照虚断的特性，列写节点分析方程。因为运算放大器的输出电流无法用节点电压表示，所以不列写运算放大器输出端的节点电压方程。

第 5 章习题

习题【1】　包含理想运算放大器的电路如习题【1】图所示，求电流 I_0。

41

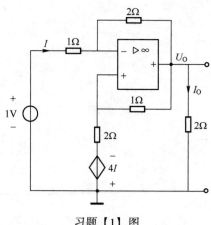

习题【1】图

习题【2】 习题【2】图为反相加法器，试分析其输出电压 u_o。

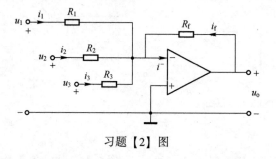

习题【2】图

习题【3】 求习题【3】图中理想运算放大器的输出电压 U_O。

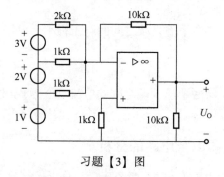

习题【3】图

习题【4】 含理想运算放大器的电路如习题【4】图所示，已知 $R_1 = R_4 = 10\text{k}\Omega$，$R_2 = R_5 = 40\text{k}\Omega$，$R_3 = 100\text{k}\Omega$，试计算输出电压与输入电压之比 $\dfrac{U_2}{U_1}$。

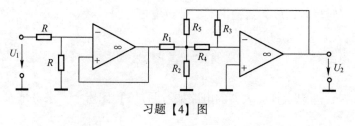

习题【4】图

习题【5】　电路如习题【5】图所示，求电压 U。

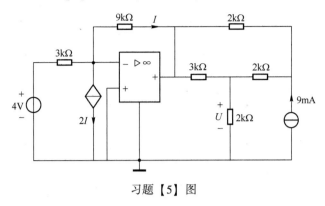

习题【5】图

习题【6】　习题【6】图中，若输出电压的变化范围为$-12\text{V}<U_0<12\text{V}$，试确定电源 U_S 的取值范围。

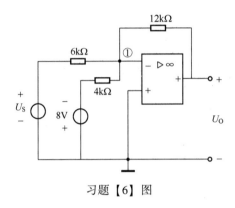

习题【6】图

习题【7】　习题【7】图所示电路含有两个理想运算放大器，求 U_0/U_i。

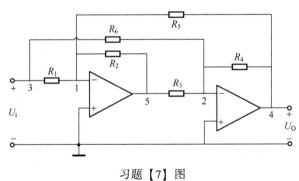

习题【7】图

习题【8】　求习题【8】图中两个单口电路的输入端电阻。

习题【9】　电路如习题【9】图所示，试证明

$$U_0=\frac{R_2}{R_1}\left(1+\frac{2R_3}{R_4}\right)(U_2-U_1)$$

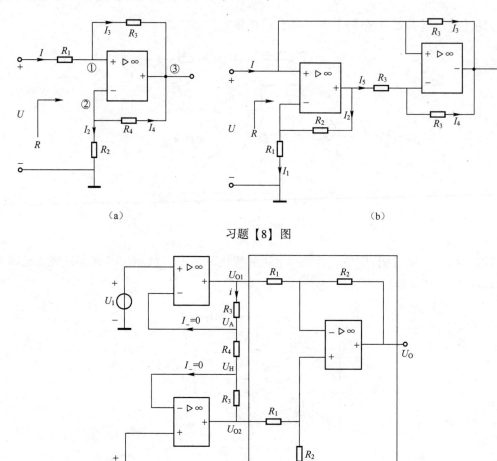

（a） （b）

习题【8】图

习题【9】图

习题【10】（综合提高题） 含理想运算放大器的电路如习题【10】图所示，设输入电压 $U_i = 1.5V$，试分别计算以下三种情况下的输出电压 U_O：

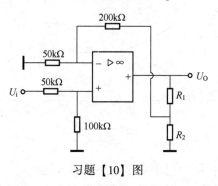

习题【10】图

（1） $R_1 = 0k\Omega$，$R_2 = 2k\Omega$；

（2） $R_1 = R_2 = 2k\Omega$；

（3） $R_1 = 2k\Omega$，$R_2 = 0k\Omega$。

习题【11】（综合提高题） 习题【11】图中，求含理想运算放大器电路的短路导纳参数，即 Y 参数矩阵。

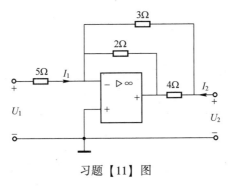

习题【11】图

习题【12】（综合提高题） 习题【12】图中，已知 $R = 5\text{k}\Omega$，$C = 1\mu\text{F}$，$u_S(t) = 5\sqrt{2}\sin(1000t)\text{V}$，试利用节点电压法计算电压 $u_R(t)$。

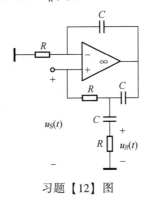

习题【12】图

习题【13】（综合提高题） 习题【13】图中，已知 $u_{S1} = 6\sqrt{2}\cos(1000t - 30°)\text{V}$，$U_{S2} = 15\text{V}$，求：

（1）电流 $i(t)$ 及其有效值；

（2）负载消耗的有功功率。

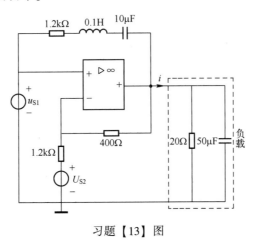

习题【13】图

习题【14】（综合提高题） 习题【14】图中，已知在 $t=0$ 时将电压源 $u_1(t)=5\mathrm{V}$ 接入电路，试求电路的零状态响应 $u_2(t)$。

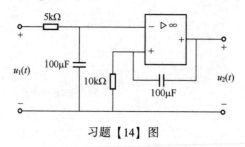

习题【14】图

习题【15】（综合提高题） 习题【15】图所示电路含理想运算放大器，已知 $R_1=1\mathrm{k}\Omega$，$R_2=1\mathrm{k}\Omega$，$C_1=1\mu\mathrm{F}$，$C_2=\dfrac{4}{3}\mu\mathrm{F}$，求：

（1）电压转移函数 $H(s)=\dfrac{U_0(s)}{U_\mathrm{i}(s)}$；

（2）若 $u_\mathrm{i}(t)=\varepsilon(t)\mathrm{V}$，求 $u_0(t)$。

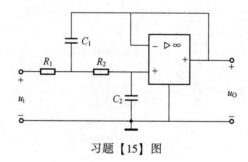

习题【15】图

第 **6** 章

动态元件与动态电路

6.1 知识框图及重点和难点

本章涉及三部分内容：

（1）单位阶跃函数和单位冲激函数的特性及波函数的表示法；

（2）储能元件的特性——**串、并联**；

（3）动态电路的时域分析法。

熟练掌握储能元件的特性是掌握动态电路时域分析法的基础，最终目标是掌握动态电路时域分析法。为了描述动态电路中的激励和响应，还需要熟悉单位阶跃函数和单位冲激函数，掌握用其表达任意分段波形，并能对分段波形函数进行微分和积分运算。

单位阶跃函数和单位冲激函数是两个基本的奇异函数，可以将任何分段波形用定义域为 $(-\infty,\infty)$ 的函数（广义函数）表示。广义函数知识框图如图 6-1 所示。学习时：

（1）要熟练掌握通过闸门函数对连续波形的截取，将任意分段连续波形用包含 $\varepsilon(t)$ 和 $\delta(t)$ 的广义函数表示；

（2）熟练掌握由广义函数画出分段连续波形；

（3）掌握广义函数的微分和积分运算规则；

（4）**用函数思维分析动态电路。**

储能元件包含电容元件和电感元件。储能元件知识框图如图 6-2 所示。应熟练掌握电容元件和电感元件的特性，特别是线性时不变电容元件的 u-i 关系、电压连续性、直流稳态特性，线性时不变电感元件的 u-i 关系、电流连续性、直流稳态特性。应用电荷守恒和磁链守恒确定电容电压和电感电流在换路时的跳变量是本章的难点（**本质上是 KCL 与 KVL 在 0 时刻的积分**）。理解电荷守恒和磁链守恒并能够正确应用，有利于理解某些理想化动态电路的物理过程，若暂时不能做到，则对后续的学习也不会有大的影响，随着学习的深入，将会逐渐理解和掌握。

动态电路时域分析知识框图如图 6-3 所示。学习时，重点在于建立动态电路时域分析思路，掌握通过适当的 KCL 和 KVL 建立一阶和二阶电路微分方程，学会保持任何支路电压或电流的初始值，能够求解一阶、二阶常系数线性微分方程；难点是确定待求量的初始值。在一般情况下，$t=0$ 换路时，电路的 $u_C(0_-)$ 或 $i_L(0_-)$ 不变。纯电容回路（回路中可以包含电压源）在 $t=0_+$ 时，电容电压要满足一个新的 KVL 方程，在 $t=0_+$ 时出现跳变，电容流过冲激电流。同样，当换路导致电路出现纯电感割集，在 $t=0_+$ 时电感电流要满足一个新的 KCL 方程，电感电流在 $t=0_+$ 时出现跳变，电感承受冲激电压。因此，在换路时状态不连续，必须通过电荷守恒和磁链守恒才能确定电路的初始状态。一旦确定了电路的初始状态，就可通过 $t=0_+$ 时刻的电路（电容可替代成 $u_C(0_+)$ 的电压源，电感可替代成 $i_L(0_+)$ 的电流源）来获得其他变量的初始值。

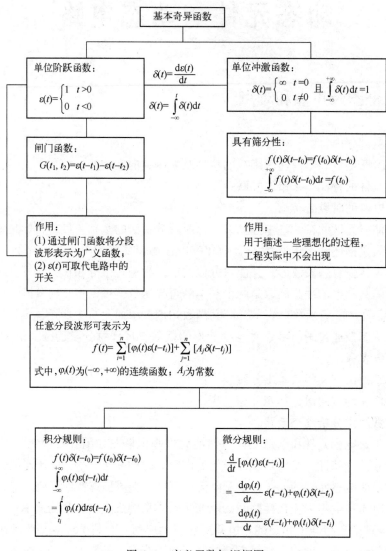

图 6-1　广义函数知识框图

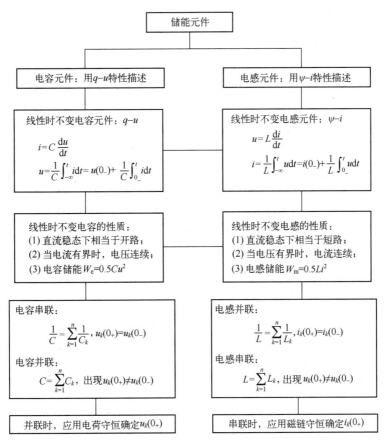

图 6-2 储能元件知识框图

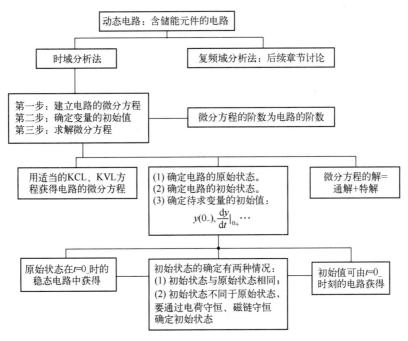

图 6-3 动态电路时域分析知识框图

6.2 内容提要及学习指导

6.2.1 常用的典型奇异函数及波形

1. 单位阶跃函数 $\varepsilon(t)$

单位阶跃函数的定义为

$$\varepsilon(t) = \begin{cases} 0 & t<0 \\ 1 & t>0 \end{cases} \tag{6-1}$$

将单位阶跃函数延迟 t_0，则该单位阶跃函数被称为延迟单位阶跃函数，表达式为

$$\varepsilon(t-t_0) = \begin{cases} 0 & t<t_0 \\ 1 & t>t_0 \end{cases} \tag{6-2}$$

一般地，可定义为

$$\varepsilon(x) = \begin{cases} 0 & x<0 \\ 1 & x>0 \end{cases} \tag{6-3}$$

式中，x 为变量，可以是 t 的任意函数。

单位阶跃函数的重要功能是截取波形。两个单位阶跃函数之差或两个单位阶跃函数之积可构成闸门函数，即

$$G(t_1,t_2) = \varepsilon(t-t_1) - \varepsilon(t-t_2) = \varepsilon(t-t_1)\varepsilon(t-t_2) \tag{6-4}$$

借助闸门函数，可以对连续波形上的任意一段进行截取。其中，两个单位阶跃函数之差的形式更常用。

2. 单位冲激函数 $\delta(t)$

单位冲激函数的定义为

$$\delta(t) = \begin{cases} 0 & t\neq0 \\ \infty & t=0 \end{cases} \tag{6-5}$$

$t=0$ 时，奇异性必须满足 $\int_{0_-}^{0_+} \delta(t)\mathrm{d}t = 1$，即从 0_- 到 0_+ 波形所围的面积为 1。

$A\delta(t-t_0)$ 表示在 t_0 时刻出现的冲激强度为 A 的冲激函数。

$\delta(t)$ 可用单位脉冲 $P_\triangle(t)$ 当 $\triangle\to0$ 时的极限来表示，即

$$\delta(t) = \lim_{\triangle\to0} P_\triangle(t) = \lim_{\triangle\to0} \frac{1}{\triangle}[\varepsilon(t)-\varepsilon(t-\triangle)] \tag{6-6}$$

$\delta(t)$ 的一个重要性质是筛分性，即

$$f(t)\delta(t-t_0) = f(t_0)\delta(t-t_0) \tag{6-7}$$

对上式积分可得

$$\int_{-\infty}^{+\infty} f(t)\delta(t-t_0)\mathrm{d}t = f(t_0)$$

式中，$f(t)$ 为连续函数。

3. 波形的奇异函数表示法

由已知波形写出函数表达式被称为波形表示。该方法是先用单位阶跃函数构成的闸门函

数分段截取波形，然后通过叠加得到函数表达式，遵循以下步骤：

（1）确定分段点，利用单位阶跃函数的闸门函数表示分段点；

（2）利用函数表示每一段波形；

（3）联立（1）（2）表示为整个函数，并化简成最基本的奇异函数形式用于后续计算。

6.2.2　电容元件与电感元件

1. 线性时不变电容元件与线性时不变电感元件的特性方程和主要性质

表 6-1　线性时不变电容元件、电感元件的特性方程和主要性质

项　目	元　件	
项　目		
电容元件库-伏特性方程、电感元件的韦-安特性方程	$q(t)=Cu_C(t)$	$\psi(t)=Li_L(t)$
电压与电流关系（VCR）	$i_C=C\dfrac{\mathrm{d}u_C}{\mathrm{d}t}$ $u_C=\dfrac{1}{C}\displaystyle\int_{-\infty}^{t}i_C\mathrm{d}t=u_C(t_0)+\dfrac{1}{C}\displaystyle\int_{t_0}^{t}i_C\mathrm{d}t$	$u_L=L\dfrac{\mathrm{d}i_L}{\mathrm{d}t}$ $i_L=\dfrac{1}{L}\displaystyle\int_{-\infty}^{t}u_L\mathrm{d}t=i_L(t_0)+\dfrac{1}{L}\displaystyle\int_{t_0}^{t}u_L\mathrm{d}t$
非 0 初始状态的等效电路		
动态特性	$i_C=C\dfrac{\mathrm{d}u_C}{\mathrm{d}t}$，电容元件的电流与电压随时间的变化率成正比，当电压为常量时，$i_C=C\dfrac{\mathrm{d}u_C}{\mathrm{d}t}=0$，电容元件被视为开路	$u_L=L\dfrac{\mathrm{d}i_L}{\mathrm{d}t}$，电感元件的电压与电流随时间变化率成正比，当电流为常量时，$u_L=L\dfrac{\mathrm{d}i_L}{\mathrm{d}t}=0$，电感元件被视为开路
u_C、i_L 的连续性与突变	若从 $0_-\to0_+$，i_C 中不含 $\delta(t)$ 函数，则电容电压连续，$u_C(0_+)=u_C(0_-)$；反之，电容电压会发生跳变，且有 $u_C(0_+)=u_C(0_-)+\dfrac{1}{C}\displaystyle\int_{0_-}^{0_+}i_C\mathrm{d}t$	若从 $0_-\to0_+$，u_L 中不含 $\delta(t)$ 函数，则电感电流连续，$i_L(0_+)=i_L(0_-)$；反之，电感电流会发生跳变，且有 $i_L(0_+)=i_L(0_-)+\dfrac{1}{L}\displaystyle\int_{0_-}^{0_+}u_L\mathrm{d}t$
记忆性	$u_C=\dfrac{1}{C}\displaystyle\int_{-\infty}^{t}i_C\mathrm{d}t=u_C(0_-)+\dfrac{1}{C}\displaystyle\int_{0_-}^{t}i_C\mathrm{d}t$，说明 t 时刻的电压 u_C 与 t 时刻以前电流作用的整个历程有关，称为电容元件记忆性	$i_L=\dfrac{1}{L}\displaystyle\int_{-\infty}^{t}u_L\mathrm{d}t=i_L(0_-)+\dfrac{1}{L}\displaystyle\int_{0_-}^{t}u_L\mathrm{d}t$，说明 t 时刻的电流 i_L 与 t 时刻以前电压作用的整个历程有关，称为电感元件记忆性
储能性	$W_C=\dfrac{1}{2}Cu_C^2(t)$	$W_L=\dfrac{1}{2}Li_L^2(t)$

2. 电容元件串联或并联

多个线性时不变电容元件串联或并联，从端口而言，都可以用一个线性时不变电容来等效，等效电容的电容量与初始电压可依据端口 u–i 关系相同的等效原则来确定。

（1）电容元件串联

n 个线性时不变电容元件，串联前，各电容元件已具有电压 $u_k(0_-)$，且电压、电流取关联参考方向，串联后，等效参数为

$$\frac{1}{C} = \sum_{k=1}^{n} \frac{1}{C_k}, \quad u(0_+) = \sum_{k=1}^{n} u_k(0_-) \tag{6-8}$$

若各电容元件没有初始储能，则电容的分压关系为

$$u_k(0_-) = \frac{C}{C_k}u \quad k = 1, 2, \cdots, n \tag{6-9}$$

（2）电容元件并联

n 个线性时不变电容元件并联，且电压、电流取关联参考方向，等效参数根据各电容元件是否具有初始储能有如下三种形式。

① 若各电容元件均无初始储能，则等效参数为

$$C = \sum_{k=1}^{n} C_k \quad k = 1, 2, \cdots, n \tag{6-10}$$

此时，并联电容电流满足正比分流关系，即

$$i_k = \frac{C_k}{C}i \tag{6-11}$$

② 若各电容元件有初始储能 $u_1(0_-) = u_2(0_-) = \cdots = u_n(0_-) = U_0 \neq 0$，则等效参数为

$$C = \sum_{k=1}^{n} C_k, u(0_+) = u_k(0_-) = U_0 \tag{6-12}$$

③ 若各电容元件有初始储能 $u_1(0_-) \neq u_2(0_-) \neq \cdots \neq u_n(0_-)$，则等效参数为

$$C = \sum_{k=1}^{n} C_k, \quad u(0_+) = \frac{\sum\limits_{k=1}^{n} C_k u_k(0_-)}{\sum\limits_{k=1}^{n} C_k} \tag{6-13}$$

3. 电感元件串联或并联

多个线性时不变电感元件串联或并联，从端口而言，都可以用一个线性时不变电感来等效，等效电感的电感量与初始电流可依据端口 u–i 关系相同的等效原则来确定。

（1）电感元件串联

n 个线性时不变电感元件串联，且电压、电流取关联参考方向，等效参数根据各电感元件是否具有初始储能有如下三种形式。

① 若各电感元件均无初始储能，则等效参数为

$$L = \sum_{k=1}^{n} L_k \tag{6-14}$$

此时，串联电感电压满足正比分压关系，即

$$u_k = \frac{L_k}{L}u \tag{6-15}$$

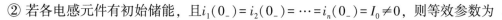

② 若各电感元件有初始储能，且 $i_1(0_-) = i_2(0_-) = \cdots = i_n(0_-) = I_0 \neq 0$，则等效参数为

$$L = \sum_{k=1}^{n} L_k, \quad i(0_+) = i_k(0_-) = I_0 \tag{6-16}$$

③ 若各电感元件有初始储能，且 $i_1(0_-) \neq i_2(0_-) \neq \cdots \neq i_n(0_-) \neq I_0 \neq 0$，则等效参数为

$$L = \sum_{k=1}^{n} L_k, \quad I(0_+) = \frac{\sum\limits_{k=1}^{n} L_k\, i_k(0_-)}{\sum\limits_{k=1}^{n} L_k} \tag{6-17}$$

2. 电感元件并联

n 个线性时不变电感元件，并联前，各电感元件已有电流 $i_k(0_-)$，且电压、电流取关联参考方向，并联后，等效参数为

$$\frac{1}{L} = \sum_{k=1}^{n} \frac{1}{L_k}, \quad i(0_+) = \sum_{k=1}^{n} i_k(0_-) \tag{6-18}$$

当各电感元件的初始电流为 0 时，则

$$i_k(0_-) = \frac{L}{L_k} i \quad k = 1, 2, \cdots, n \tag{6-19}$$

称为初始电流为 0 时的 n 个电感元件并联分流公式。

注意：电容元件、电感元件的串并联在直流条件下也是成立的。

6.2.3　动态电路

1. 动态电路的微分方程

动态电路的时域分析仍然根据 KCL、KVL 和电路元件的电压、电流关系（VCR）建立待求变量与电路输入量之间的关系方程，因为 VCR 是微（积）分关系，故为微分方程。n 阶线性时不变动态电路的微分方程有如下一般形式，即

$$a_n \frac{\mathrm{d}^n y(t)}{\mathrm{d}t^n} + a_{n-1} \frac{\mathrm{d}^{n-1} y(t)}{\mathrm{d}t^{n-1}} + \cdots + a_1 \frac{\mathrm{d}y(t)}{\mathrm{d}t} = f(t) \tag{6-20}$$

式中，$a_1 \sim a_n$ 为常数；$y(t)$ 为待求变量（响应）；$f(t)$ 为关于电路输入量（激励）的函数。

2. 动态电路的初始条件

电路经过换路后，从原始状态变换到初始状态，在电容元件上没有冲激电流、电感元件上没有冲激电压的前提下，状态变量是连续的。若假设换路发生在 $t=0$，则电路的初始值按如下步骤确定。

（1）在 $t=0_-$ 的等效电路中计算 $u_C(0_-)$、$i_L(0_-)$ 的值。

（2）$t=0_+$ 时，根据换路定则

$$u_C(0_+) = u_C(0_-), \quad i_L(0_+) = i_L(0_-) \tag{6-21}$$

求初始值 $u_C(0_+)$ 与 $i_L(0_+)$。

（3）电路中其他非状态变量 $y(0_+)$ 的确定。

在 $t=0_+$ 换路后的电路中，将电容元件用输出为 $u_C(0_+)$ 的电压源替代，电感元件用输出为 $i_L(0_+)$ 的电流源替代，得到 0_+ 时刻的等效电路，即可计算待求变量的初始值 $y(0_+)$。

3. 动态电路中发生突变的三种情况

在由动态元件构成的暂态电路中，由于三种情况会发生突变，使得状态量的 0_- 时刻值

和 0_+ 时刻值不相等：

（1）电路中存在冲激激励（采用定义式结合 $0_-\sim 0_+$ 时刻电路图进行计算）；

（2）换路后构成纯电压源电容回路（一般采用换路前后电荷守恒，取两个电容的共有电荷，本质上是 KCL 在 $0_-\sim 0_+$ 时刻的积分）；

（3）换路后构成纯电流源电感割集（节点）（一般采用回路磁链守恒，本质上是 KVL 在 $0_-\sim 0_+$ 时刻的积分）。

易错点： 在常见电路中，只有电容电压 u_C、电容电荷量 Q 以及电感电流 i_L 和电感磁链 ψ 为状态量，其他所有量均不是状态量，不满足换路定则。

第 **7** 章

一阶电路和二阶电路的时域分析

7.1 知识框图及重点和难点

  本章应用第 6 章所讨论的动态电路时域分析法分析两类常见的动态电路：一阶电路和二阶电路，通过具体电路在各种情况下的响应过程理解暂态过程的物理本质。学习本章要实现两个目标：一是进一步巩固应用动态电路时域分析法计算电路的响应；二是掌握各类动态电路暂态过程的物理本质，深刻理解一阶电路和二阶电路各类响应的变化规律，并能将这些规律推广到二阶以上的高阶电路中。本章涉及的基本概念较多。理解和掌握这些基本概念是学习本章的重点。本章提出了基于时域分析法得出的求解一阶电路响应的特殊方法——三要素法。它能够简捷地获得直流下一阶电路的各类响应，是分析一阶电路的重要方法。学习本章要熟练掌握三要素法，同时要掌握微分方程法。事实上，一阶电路的分析思路可由如图 7-1 所示的框图表示。

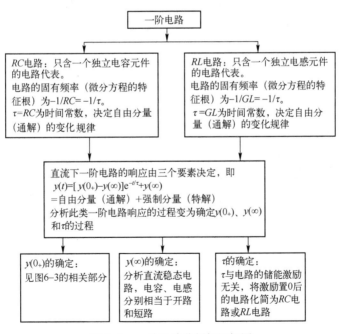

图 7-1　一阶电路分析知识框图

  由于电路的原始储能和电源都是暂态过程的激励，因此电路的响应可依激励的不同进行如图 7-2 所示的分解。

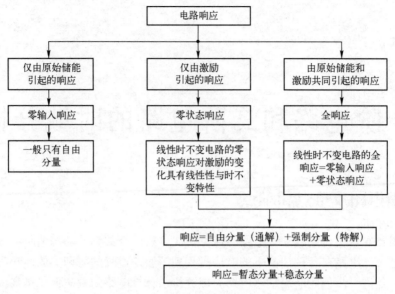

图 7-2　电路响应分解知识框图

对电路冲激响应的分析是本章学习的难点。单位冲激响应和单位阶跃响应均为特殊的零状态响应，依照零状态响应的线性性与时不变特性，可由单位冲激响应获得单位阶跃响应。由于单位冲激响应很容易转换为零输入响应来分析，因此应该掌握这种分析方法来分析一阶电路和二阶电路的冲激响应。冲激响应的计算方法可用如图 7-3 所示的框图表示。

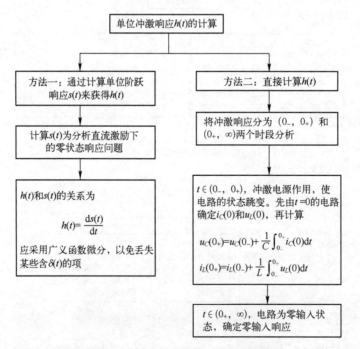

图 7-3　冲激响应的计算方法知识框图

7.2　内容提要及学习指导

本章讨论动态电路过渡过程分析的基本方法——时域分析法，也称经典分析法。其思路为根据基尔霍夫定律及元件的 u-i 关系列写电路的微分方程，并求解微分方程。时域分析法是一阶、二阶等低阶电路的常用分析方法。

7.2.1　一阶电路

1. 一阶电路的两种基本类型及时间常数

（1）能用一阶微分方程描述的电路被称为一阶电路。一阶电路是最简单的动态电路。按储能元件的性质，一阶电路可分为 RC 电路和 RL 电路两种类型。

（2）一阶电路的时间常数。一阶电路过渡过程的长短由时间常数决定。工程上，通常认为电路经过 $3\sim5\tau$，过渡过程即告结束。一阶电路时间常数的求法，是在换路后的电路中，以储能元件为端口，剩下的网络将独立电源置 0，简化成无源网络，得到等效电路。

RC 电路的时间常数为

$$\tau = R_{\text{eq}}C_{\text{eq}} \tag{7-1}$$

RL 电路的时间常数为

$$\tau = \frac{L_{\text{eq}}}{R_{\text{eq}}} = G_{\text{eq}}L_{\text{eq}} \tag{7-2}$$

2. 一阶电路的全响应

由电路的初始状态和输入共同引起的响应被称为全响应。若换路发生在 $t=0$ 时刻，初始值 $y(0_+)=y_0$，以 $y(t)$ 表示响应，$f(t)$ 表示激励，则一阶电路全响应对应微分方程的一般形式为

$$\begin{cases} a\dfrac{\mathrm{d}y(t)}{\mathrm{d}t}+by(t)=f(t) & (t>0) \\ y(0_+)=y_0 \end{cases} \tag{7-3}$$

式中，a、b 由电路的结构及元件的参数决定。

全响应的两种分解方式如下。

方式一：全响应=自由分量+强制分量。

利用这种分解方式求解响应的实质就是直接求解非齐次微分方程的过程。方程解的一般形式为

$$y(t)=y_{\text{p}}(t)+K\mathrm{e}^{st}$$

式中，$y_{\text{p}}(t)$ 是方程的特解，变化规律取决于外施激励，为强制分量；$K\mathrm{e}^{st}$ 是方程的通解；s 为电路的固有频率，是齐次方程 $a\dfrac{\mathrm{d}y(t)}{\mathrm{d}t}+by(t)=0$ 特征方程的根，即 $as+b=0$，$s=-\dfrac{b}{a}$，且 s 与 τ 之间的关系为 $\tau=-\dfrac{1}{s}$；K 为积分常数，由电路的初始值 $y(0_+)$ 确定。

方式二：在线性电路中，由线性电路的叠加性可以将全响应分解为

全响应=零输入响应+零状态响应

应该注意，全响应不是输入的线性函数，不满足叠加性。

3. 零输入响应和零状态响应

（1）零输入响应

电路没有电源参与，仅由电感或电容初始储能引起的响应被称为零输入响应。零输入响应实质上是储能元件通过电阻释放能量的过程。在零输入电路中，电路微分方程为齐次微分方程。假设任意零输入响应为 $y(t)$，初始值为 $y(0_+)$，电路的时间常数为 τ，响应 $y(t)$ 的终值为 0，则零输入响应的一般形式为

$$y(t) = y(0_+)e^{-\frac{t}{\tau}}(t \geq 0) \tag{7-4}$$

在线性电路中，零输入响应是初始状态的线性函数。

注意：如果在换路瞬间，电路中的串联电容元件具有初始储能或并联电感元件具有初始储能，则电容元件的电压、电感元件的电流不满足式（7-4），即过渡过程结束后，电容电压、电感电流不能衰减到 0。

（2）零状态响应

电路的原始状态为 0，仅由外部激励形式引起的响应被称为零状态响应。显然，零状态响应的变化规律与激励形式有关。在零状态电路中，描述电路的微分方程与式（7-3）相同，$y(0_+) = y(0_-) = 0$。

若假设任意零状态响应为 $y(t)$，激励为常量时的稳态值 $y(\infty)$，则此类零状态响应的一般形式为

$$y(t) = y(\infty)(1 - e^{-\frac{t}{\tau}})(t > 0) \tag{7-5}$$

若激励为任意时间的函数，一阶电路的稳态响应为 $y_p(t)$，则零状态响应为

$$y(t) = y_p(t) - y_p(0)e^{-\frac{t}{\tau}}(t > 0) \tag{7-6}$$

式中，$y_p(t)$ 为电路换路后达到稳定状态时的响应。

由此可得，激励阶跃函数 $K\varepsilon(t)$ 被称为阶跃响应。当电路达到稳态时，$y_p(t) = y(\infty)$ 响应的形式为

$$y(t) = y(\infty)(1 - e^{-\frac{t}{\tau}})\varepsilon(t) \tag{7-7}$$

若激励为单位阶跃函数，则称为单位阶跃响应，用特定符号 $s(t)$ 表示。

当激励为正弦函数时，假设描述电路的一阶微分方程一般形式为

$$a\frac{dy}{dt} + by = A_m\sin(\omega t + \varphi) \tag{7-8}$$

式中，a、b 为常数，由电路的参数和结构决定。

特解 $y_p(t)$ 为电路的强制分量，与电路激励有相同的形式，即

$$y_p(t) = B_m\sin(\omega t + \theta) \tag{7-9}$$

特解满足一阶微分方程，代入一阶微分方程可确定系数 B_m 和 θ。

电路的自由分量为电路的通解，变化规律为

$$y_h(t) = -y_p(0)e^{-\frac{t}{\tau}} = -B_m\sin(\theta)e^{-\frac{t}{\tau}} \tag{7-10}$$

因此，正弦电源激励下的零状态响应为

$$y(t) = -B_m[\sin(\omega + \theta) - \sin(\theta)e^{-\frac{t}{\tau}}] \tag{7-11}$$

由上式可知，暂态分量的大小与 θ 有关，当电路的参数与电源的角频率 ω 给定时，θ 就取决于电源的初相位 φ。由于 φ 与开关闭合的时刻有关，因此称 φ 为合闸角。工程上，通过控制合闸角，可控制暂态分量的大小。

当 $\theta=0$ 时，电路的暂态分量为 0，表明换路后无暂态过程，电路立即进入稳定状态。

当 $\theta=\pm\pi/2$ 时，如果电路参数满足 $\tau\gg T$（T 为正弦激励的周期），那么在电源接入后，经过 $T/2$ 的时间，响应将出现极大值，接近稳态响应的 2 倍。这种现象被称为过电压现象。在实际工程中，应对过电压现象予以充分重视，以避免过电压可能带来的危害。

4. 零状态响应的线性性与时不变特性

线性时不变电路的零状态响应只有线性性和时不变特性。

线性性即零状态响应与输入函数之间满足齐次性和可加性，若激励为 $x_1(t)$ 时的零状态响应为 $y_1(t)$，激励为 $x_2(t)$ 时的零状态响应为 $y_2(t)$，K_1、K_2 为常数，则

（1）齐次性，$K_1x_1(t)$ 作用下的零状态响应为 $K_1y_1(t)$；

（2）可加性，$K_1x_1(t)$ 和 $K_2x_2(t)$ 共同作用下的零状态响应为 $K_1y_1(t)+K_2y_2(t)$。

时不变特性表现为，若 $y(t)=Kx(t)$，则 $y(t-t_0)=Kx(t-t_0)$。

零状态响应的线性性和时不变特性还可以推广到激励导数或积分作用下的零状态响应。

由线性常系数微分方程不难得到：$\dfrac{dx_1(t)}{dt}$ 作用下的零状态响应为 $\dfrac{dy_1(t)}{dt}$；$\displaystyle\int_{0_-}^{t}x_1(t)dt$ 作用下的零状态响应为 $\displaystyle\int_{0_-}^{t}y_1(t)dt$。需要强调的是，线性性与时不变特性是任何阶次线性时不变电路在任意激励下零状态响应的共同性质。

5. 一阶电路的三要素法

根据前述讨论，全响应可以分解为

$$全响应 = 自由分量 + 强制分量$$

即方程解的一般形式为

$$y(t)=y_p+Ke^{st}\quad(t\geq0) \tag{7-12}$$

假设响应的初始条件为 $y(0_+)$，将 $t=0_+$ 代入得

$$y(0_+)=y_p(0_+)+Ke^0 \tag{7-13}$$

求得积分常数为

$$K=y(0_+)-y_p(0_+) \tag{7-14}$$

从而求得响应的表达式为

$$y(t)=y_p(t)+(y(0_+)-y_p(0_+))e^{-\frac{t}{\tau}}\quad(t\geq0) \tag{7-15}$$

该式称为一阶电路的三要素公式。式中的初始值 $y(0_+)$、稳态值 $y_p(t)$ 和时间常数 τ 被称为三要素。利用上述公式直接写出响应表达式的方法被称为三要素法。特别是，对于常量输入，特解 $y_p(t)$ 就是稳态值，即 $y_p(t)=y(\infty)$，有

$$y(t)=y(\infty)+(y(0_+)-y(\infty))e^{-\frac{t}{\tau}} \tag{7-16}$$

被称为常量输入时求解一阶电路响应的三要素法。

利用三要素法求解直流电源激励下一阶电路的一般过程为：

（1）画出换路前 $t=0_-$ 的稳态等效电路，确定 $u_C(0_-)$ 与 $i_L(0_-)$；

（2）画出 $t=0_+$ 时刻的等效电路，若电路中无冲激因子，则根据换路定则 $u_C(0_+)=u_C(0_-)$，可用电压为 $u_C(0_+)$ 的独立电压源替代电容元件，根据 $i_L(0_+)=i_L(0_-)$，用电流为 $i_L(0_+)$ 的独立电流源替代电感元件，电路中其他部分保持不变，在此等效电路中可计算电路中任意响应 $y(t)$ 的初始值 $y(0_+)$；

（3）画出 $t\to\infty$ 时的等效电路，对于常量输入，当电路达到稳态时，电容元件相当于开路，电感元件相当于短路，电路的其余部分保持不变，在此等效电路中可计算稳态值 $y(\infty)$；

（4）将换路后的电路以储能元件为端口看进去，剩下的网络将独立电源置 0，简化成无源电阻网络，得到可求 R_{eq} 的等效电路，求出等效电阻 R_{eq} 后，根据 $\tau=L_{eq}/R_{eq}$ 或 $\tau=C_{eq}\cdot R_{eq}$ 即可计算时间常数 τ；

（5）通过计算得到三要素 $y(0_+)$、$y(\infty)$ 和 τ 后，直接代入三要素法一般表达式，即可求得响应 $y(t)$。

在一阶电路的过渡过程分析中，除了当输入为任意波形时，电路的零状态响应用卷积积分进行计算，其余响应均可以用三要素法进行计算。

7.2.2 冲激响应和阶跃响应

冲激电源作用下的零状态响应被称为冲激响应，当电路的激励为单位冲激电源时，被称为单位冲激响应，常用 $h(t)$ 表示。

在时域分析过程中，冲激响应的分析方法主要有两种。

（1）利用 $h(t)=\mathrm{d}s(t)/\mathrm{d}t$ 计算。根据单位冲激响应 $h(t)$ 是单位阶跃响应 $s(t)$ 的一阶导数，可以先将冲激激励用相应的阶跃激励来替代，求出电路的单位阶跃响应 $s(t)$，然后对 $s(t)$ 求导，从而求得相应的冲激响应。

（2）转化为求零输入响应。冲激函数作用于零状态电路时，会使电路的状态发生突变，即 $u_C(0_+)\neq u_C(0_-)$，$i_L(0_+)\neq i_L(0_-)$；当 $t=0_+$ 后，冲激电源已为 0，电路响应本质上是由 $u_C(0_+)$、$i_L(0_+)$ 引起的零输入响应。由此可见，该方法的关键是确定电路在冲激电源作用下所建立的初始状态。具体计算方法如下。

① 在 $0_-\sim 0_+$ 的等效电路中做出 $t=0$ 的等效电路，即将电感元件开路（因为 $i_L(0_-)=0$），计算电感元件两端的开路电压 $u_L(0)$；将电容元件短路（因为 $u_C(0_-)=0$），计算电容元件的短路电流 $i_C(0)$。在关联参考方向下，根据元件的伏安关系式，可以确定电路在冲激作用下建立的初始状态，即

$$i_L(0_+)=i_L(0_-)+\frac{1}{L}\int_{0_-}^{0_+}u_L(0)\,\mathrm{d}t \tag{7-17}$$

$$u_C(0_+)=u_C(0_-)+\frac{1}{C}\int_{0_-}^{0_+}i_C(0)\,\mathrm{d}t \tag{7-18}$$

② 在 $t>0_+$ 等效电路中，将电压源视为短路、电流源视为开路，计算冲激响应 $u_C(t)$、$i_L(t)$ 分别为

$$u_C(t)=u_C(0_+)e^{-\frac{t}{\tau}}\varepsilon(t) \tag{7-19}$$

$$i_L(t)=i_L(0_+)e^{-\frac{t}{\tau}}\varepsilon(t) \tag{7-20}$$

电路对单一单位阶跃函数激励的零状态响应为单位阶跃响应，可以采用常规零状态响应求解，也可以采用微分方程中的比较系数法求解。

7.2.3　二阶电路全响应

二阶电路全响应一般对应的是二阶非齐次微分方程，形式为

$$\left.\begin{array}{l}\dfrac{\mathrm{d}^2 y(t)}{\mathrm{d}t^2}+a\dfrac{\mathrm{d}y(t)}{\mathrm{d}t}+by(t)=cx(t)\\[2mm]y(0_+)=A\\[2mm]\dfrac{\mathrm{d}y(0_+)}{\mathrm{d}t}=B\end{array}\right\}$$

求解二阶电路全响应可采用下述三种方法：

（1）直接求解微分方程；

（2）根据全响应=零输入响应+零状态响应求解；

（3）根据全响应=自由分量+强制分量求解（**该思路及方法最常用**）。

值得一提的是，二阶电路在实际运算过程中，往往采用运算法比时域分析法快捷、准确。

7.2.4　三要素扩展及高阶电路时域分析法

在上述章节中已经明确知道，动态电路分析本质上是对微分方程求解，利用微分方程思维结合电路本身的特点对三要素进行一次扩展。以一阶电路为例，即

$$\left.\begin{array}{l}\dfrac{\mathrm{d}y(t)}{\mathrm{d}t}+ay(t)=0\\[2mm]y(0_+)=y_0\end{array}\right\}$$

为微分方程，结合电路的三要素，解的形式一定满足

$$y=A+Be^{-\frac{t}{\tau}}\quad(A=a\sin(\omega t+\varphi)\text{或者}b\text{或者}ce^{-st})$$

其中，A 是强制分量，在电路中由电源决定，与电源形式一样，可以先写出解的形式，再利用待定系数法确定参数，即 A 为 $t=\infty$ 时的响应值，就是稳态值，$y(0)=A|_{t=0}+B$ 是电路的初始时刻值。这种自创的方法被称为 $A+B$ 法，可以极大地降低计算难度。

同样，该方法也可以扩展到二阶及高阶形式。在二阶电路中，电路的两个固有频率，即特征方程的特征根 s_1、s_2 由电路本身的结构确定，与电源和初始值无关，因此可以将电源、初始值全部去掉，求解特征方程，根据特征方程解的不同形式，结合微分方程，就可以得到二阶电路的响应形式为

$$\left\{\begin{array}{l}y(t)=A+Be^{s_1 t}+Ce^{s_2 t}\quad(\text{两个实根})\\[2mm]y(t)=A+Be^{-\alpha t}\sin(\beta t)+Ce^{-\alpha t}\cos(\beta t)\\[2mm]\quad\quad=A+Ke^{-\alpha t}\sin(\beta t+\varphi)\quad(\text{两个共轭复根，}s_1、s_2=-\alpha\pm\mathrm{j}\beta)\\[2mm]y(t)=A+Be^{st}+Cte^{st}\quad(\text{两个重根})\end{array}\right.$$

而后利用待定系数法、稳态值、初值、初值的导数求解电路。这种方法被称为无源电路法，具体步骤如下：

（1）将所有的电源及初值去掉，得到无源电路；

（2）利用无源电路求解特征方程，得到特征根（一阶电路的特征根为时间常数）；

（3）列写 u_C、i_L 形式；

（4）返回有源电路，利用 $t = \infty$ 的值求 A，初值和初值的导数求 B 和 C。

第6、7章习题

习题【1】 习题【1】图中，换路前电路已经达稳态，$t = 0$ 时，闭合开关 S，用时域分析法求 $t \geqslant 0$ 时的 $u_C(t)$。

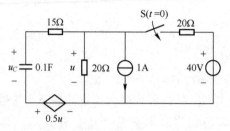

习题【1】图

习题【2】 习题【2】图中，已知闭合开关 S 前电路已达稳态，$t = 0$ 时，将 S 闭合。求闭合 S 后的电容电压 $u_C(t)(t \geqslant 0)$。

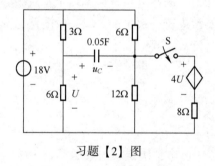

习题【2】图

习题【3】 习题【3】图中，$t < 0$ 时电路处于稳态，$t = 0$ 时打开开关 S，用时域分析法求 $t \geqslant 0$ 的 $i_L(t)$ 和 $u_L(t)$。

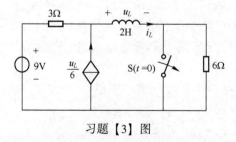

习题【3】图

习题【4】 动态电路如习题【4】图所示，打开开关 S 前，电路已达稳态，$t = 0$ 时刻断开开关 S，求 $i(t)$、$i_L(t)$。

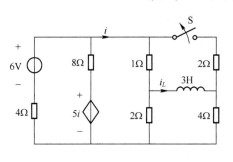

习题【4】图

习题【5】 求下列情况下习题【5】图所示电路零状态响应的 $i_L(t)$ 和 $u_L(t)$：

（1）$i_S = 3\varepsilon(t)\,\text{A}$。

（2）$i_S = 3\delta(t)\,\text{A}$。

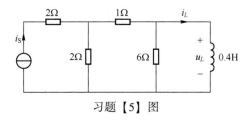

习题【5】图

习题【6】 习题【6】图中，已知电流源 $i_S(t)$ 的波形如图（b）所示，试求闭合开关 S 后，电压 $u_0(t)$ 在 $t \in (2,3)$ 区间的表达式。

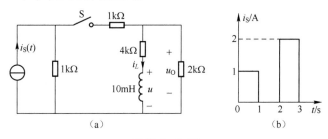

习题【6】图

习题【7】 习题【7】图中，$u_C(0_-) = 2\text{V}$，$u_S(t)$ 的波形如图（b）所示，求 $i(t)$，$t>0$。

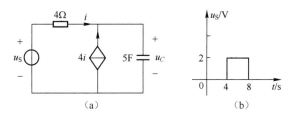

习题【7】图

习题【8】 习题【8】图（a）为初始状态不为 0 的一阶网络 N，当 1-1′端激励电压 $u_1(t) = 4\varepsilon(t)$ 时，2-2′端的全响应电压 $r(t) = 2 + e^{-t}$；当 1-1′端激励电压 $u_1(t) = -4\varepsilon(t)$ 时，2-2′端的全响应电压 $r(t) = -2 - 3e^{-t}$；若 1-1′端激励电压如习题【8】图（b）所示时，求 2-2′端的全响应电压 $r(t)$。

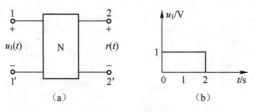

习题【8】图

习题【9】　习题【9】图中，$i_L(0_-)=0$A、$t=0$ 时，先闭合 S_1，经过 $t=1$ms 后，再闭合 S_2，求端口电压 $u_{ab}(t)$。

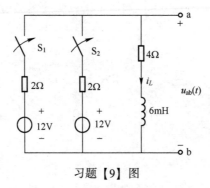

习题【9】图

习题【10】　习题【10】图中，闭合开关 S 前，电路已达稳态，在 $t=0$ 时，将 S 闭合，求闭合 S 后，流过开关 S 的电流 $i(t)$。

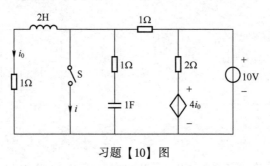

习题【10】图

习题【11】　习题【11】图中，断开开关 S 前，电路已达稳态，在 $t=0$ 时将开关 S 断开，求断开开关 S 后的电容电压 $u_C(t)$、电感电流 $i_L(t)$ 和电压 $u_O(t)$。

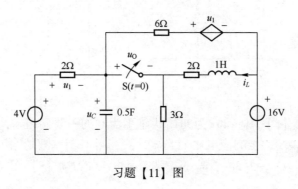

习题【11】图

习题【12】 习题【12】图中，已知 $R_1 = 6\Omega$，$R_2 = 2\Omega$，$R_3 = 8\Omega$，$R_4 = R_5 = 4\Omega$，$C = 500\mu F$，$L = 0.01H$，$I_{S1} = 4A$，$I_{S2} = 3A$，$t < 0$ 时，电路已达稳态，$t = 0$ 时，将开关 S 断开，求 $u_C(t)$、$i_L(t)$ 和 $u(t)$。

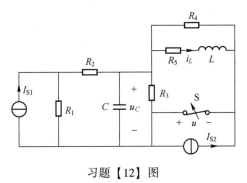

习题【12】图

习题【13】 习题【13】图中，电路处于稳态，$t = 0$ 时闭合开关 S，试求 $t \geq 0$ 时的电流 $i(t)$。

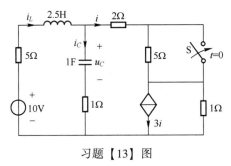

习题【13】图

习题【14】 习题【14】图中，电压源 $u_S(t) = 10\sin(4t + \theta)$V，电感无初始储能，$t = 0$ 时，闭合开关 S，若电路中不产生过渡过程，则电源的初相角 θ 为多少？

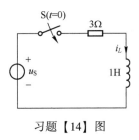

习题【14】图

习题【15】 习题【15】图中，N 为线性定常无源电阻网络，U_S 为恒定电压源，i_S 为正弦电流源，$u_C(0_+) = u_C(0_-)$。对 $t \geq 0$，响应 $u_C = 100 - 60e^{-0.1t} + 40\sqrt{2}\sin(t + 45°)$V。若电容初始电压不变，求：

（1）c、d 端开路时的响应 u_C；

（2）a、b 端短路时的响应 u_C。

习题【16】 习题【16】图中，N_R 为线性电阻网络，当 $L = 1H$、$U_S = 10\varepsilon(t)$V 时，$i_L = 1 - 3e^{-\frac{t}{2}}A(t \geq 0)$，求当 $L = 2H$、$U_S = 20\varepsilon(t)$V 时，在 $-\infty < t < +\infty$ 范围内，$i_L(t)$ 与 $u_L(t)$。

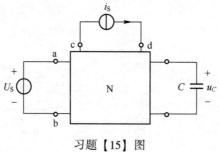

习题【15】图

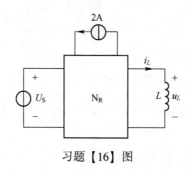

习题【16】图

习题【17】 习题【17】图中，闭合开关 S 时，电路已达稳态，在 $t=0$ 时，断开开关 S，试求 $i_L(t)$ 和 $u_C(t)$。

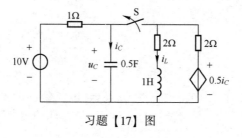

习题【17】图

习题【18】 习题【18】图中，已知 $R_1=R_2=1\Omega$，$L_1=L_2=0.1\text{H}$，$C=0.2\text{F}$，接通开关 S 时，电路已达稳态，在 $t=0$ 时，断开开关 S，求 $u_2(t)$。

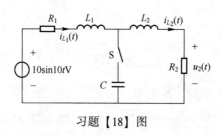

习题【18】图

习题【19】 习题【19】图中，在开关 S 动作前，电路已处于稳态，已知 $L_1=1\text{H}$，$L_2=2\text{H}$，$R_1=1\Omega$，$R_2=0.5\Omega$，$u_S=1\text{V}$，当 $t=0$ 时，开关 S 由 1 合向 2，求换路后的 $u_0(t)$。

习题【20】 习题【20】图中，电路已达稳态，$t=0$ 时，断开 S，求 $t\geq0$ 时的响应 i_{L_1}、i_{L_2}。已知 $I_S=10\text{A}$，$R_1=R_2=10\Omega$，$R_3=20\Omega$，$L_1=3\text{H}$，$L_2=2\text{H}$。

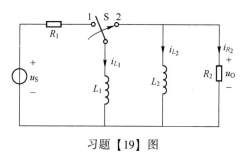

习题【19】图

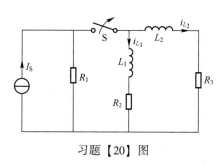

习题【20】图

习题【21】（综合提高题）　习题【21】图中，已知 $L = 10^{-2}\text{H}$，$M = 10^{-3}\text{H}$，$R = 50\Omega$，$R_1 = 100\Omega$，$U_S = 10\text{V}$，设闭合 S 前电路已达稳态，当 $t = 0$ 时，闭合 K，求 $u_O(t)$。

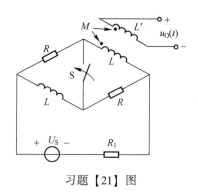

习题【21】图

习题【22】（综合提高题）　习题【22】图中，$C_1 = 50\mu\text{F}$，$C_2 = 100\mu\text{F}$，$R_1 = 100\Omega$，$R_2 = 200\Omega$，电路无初始储能，求 $t = 0$ 时刻闭合开关 S 之后的 $u_{C_1}(t)$、$u_{C_2}(t)$、$i_{C_1}(t)$、$i_{C_2}(t)$。

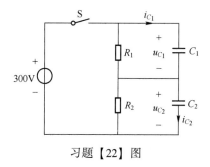

习题【22】图

习题【23】（综合提高题）　习题【23】图中，N 为线性无源电阻二端口网络，$T = \begin{bmatrix} 1 & 2 \\ 0.1 & 1.2 \end{bmatrix}$。已知电感无初始能量，$R_1 = 10\Omega$，$R_2 = 3\Omega$，$L = 0.1\mathrm{H}$，$u_S(t) = 10\varepsilon(t)\mathrm{V}$，求 $i_L(t)$、$u_L(t)$。

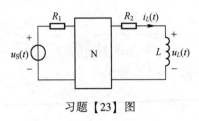

习题【23】图

习题【24】（综合提高题）　习题【24】图中，N_0 为线性无源零状态网络，当 2-2′端连接电阻 R，$u_S = \varepsilon(t)$时，有 $u_S = \left(\dfrac{2}{3}\right)(1-e^{-1.5t})\varepsilon(t)\mathrm{V}$；当 2-2′端连接电容$C = 2\mathrm{F}$，$u_S = \varepsilon(t)$时，有 $u_S = (1-e^{-\frac{1}{3}t})\varepsilon(t)\mathrm{V}$，试求解下述问题：

（1）做出 N_0 的最简等效电路或最简电路结构，并计算参数值；

（2）若将 R、C 并联在 2-2′端，计算 2-2′端的电压 u。

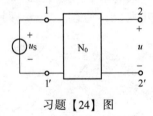

习题【24】图

第 **8** 章

正弦稳态电路分析

8.1　知识框图及重点和难点

正弦稳态电路分析运用相量概念，避开直接运用三角函数计算，使计算大大简化。本章讲述的核心是相量法。其中，正弦量的相量表示、正弦量的时域运算与相量运算的对应关系，KCL、KVL 及元件 VCR 方程的相量形式，相量图、复数阻抗和复数导纳，以及正弦稳态电路中的有功功率、无功功率、视在功率、复功率均为本章讲述的重点。正弦稳态电路分析知识框图如图 8-1 所示。

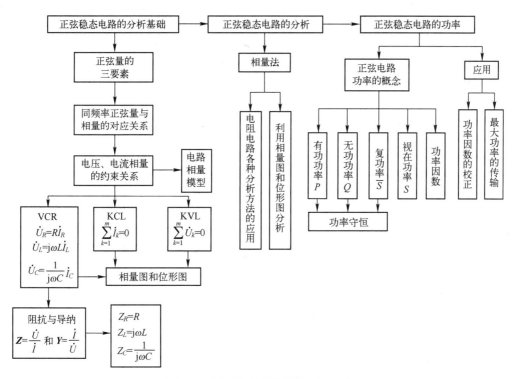

图 8-1　正弦稳态电路分析知识框图

8.2 内容提要及学习指导

8.2.1 正弦量及其相量表示

1. 正弦量的三要素

设正弦电流 $i(t) = I_m \sin(\omega t + \varphi_i) \, A$，正弦量可由幅值（$I_m$）、角频率（$\omega$）和初相位（$\varphi_i$）三要素完全确定。

2. 正弦量的有效值

周期电量的有效值是一个在效应上与周期电量在一个周期内的平均效应相等的直流量。正弦电流的有效值定义为

$$I = \sqrt{\frac{1}{T} \int_0^T i^2 \mathrm{d}t}$$

若 $i(t) = I_m \sin(\omega t + \varphi_i) \, A$，则 $I = I_m / \sqrt{2} \, A$，即正弦量的有效值与最大值之间为 $\sqrt{2}$ 倍的关系。

3. 同频率正弦量的相位差

同频率的两个正弦量为

$$u(t) = U_m \sin(\omega t + \varphi_u) \quad i(t) = I_m \sin(\omega t + \varphi_i)$$

二者的相位差为

$$\varphi = (\omega t + \varphi_u) - (\omega t + \varphi_i) = \varphi_u - \varphi_i \tag{8-1}$$

若 $\varphi > 0$，则 u 超前 i 角度为 φ。若 $\varphi < 0$，则 u 滞后 i 角度为 φ。若 $\varphi = 0$，则 u 与 i 同相。其中，相位差的取值范围规定为 $-\pi \leqslant \varphi \leqslant \pi$。

4. 正弦量的相量表示

令 $\dot{U}_m = U_m e^{j\varphi_u} = \sqrt{2} U e^{j\varphi_u} = \sqrt{2} \dot{U}$，则

$$u(t) = \mathrm{Re}(U_m e^{j\omega t}) = \mathrm{Re}[\sqrt{2} \dot{U} e^{j\omega t}] = \sqrt{2} U \cos(\omega t + \varphi_i) \tag{8-2}$$

所以，正弦量与相量一一对应，由

$$u(t) = \sqrt{2} U \cos(\omega t + \varphi_u) \tag{8-3}$$

在 $\dot{U} = U e^{j\varphi_u} = U \angle \varphi_u$ 中，U 是 $u(t)$ 对应的有效值相量，即若已知 $u(t) = \sqrt{2} U \cos(\omega t + \varphi_u)$，则 $\dot{U} = U e^{j\varphi_u} = U \angle \varphi_u$；反之，若已知 $\dot{U} = U e^{j\varphi_u} = U \angle \varphi_u$，则 $u(t) = \sqrt{2} U \cos(\omega t + \varphi_u)$。

5. 用相量表示正弦量的运算规则

正弦量用相量表示后，运算规则与复数运算相同。若相量用相量图表示，则相量相加符合相量相加的平行四边形法则。

正弦量（相量）的常用性质如下。

叠加性质为

$$i(t) = i_1(t) \pm i_2(t) \rightarrow \dot{I} = \dot{I}_1 + \dot{I}_2 \tag{8-4}$$

比例性质为

$$ki(t) \rightarrow k\dot{I} \tag{8-5}$$

微分性质为

$$L\frac{\mathrm{d}i(t)}{\mathrm{d}t} \rightarrow j\omega L\,\dot{I} \tag{8-6}$$

积分性质为

$$\frac{1}{C}\int_0^t i(t)\,\mathrm{d}t \rightarrow \frac{1}{j\omega C}\dot{I} \tag{8-7}$$

8.2.2 基尔霍夫定律与元件特性的相量形式

基尔霍夫定律的相量形式为

$$\text{KCL：}\sum \dot{I} = 0 \tag{8-8}$$

$$\text{KVL：}\sum \dot{U} = 0 \tag{8-9}$$

表 8-1 为元件 VCR 的相量形式。

表 8-1 元件 VCR 的相量形式

元 件	相量模型	有效值关系	相 量 图
R	 $\dot{U}_R = R\dot{I}_R$	$U_R = RI_R$	 $\dot{U}_R$ 与 $\dot{I}_R$ 同向
L	 $\dot{U}_L = j\omega L\dot{I}_L$	$U_L = \omega L I_L = X_L I_L$	 $\dot{U}_L$ 超前 $\dot{I}_L 90°$
C	 $\dot{U}_C = \frac{1}{j\omega C}\dot{I}_C$	$U_C = \frac{1}{\omega C}I_C = X_C I_C$	 $\dot{I}_C$ 超前 $\dot{U}_C 90°$
RL 串联	 $\dot{U} = (R + j\omega L)\dot{I}$	$U = \sqrt{R^2 + (\omega L)^2} \times I$	 $\dot{I}$ 滞后 $\dot{U}$，电路呈感性
RC 串联	 $\dot{U} = \left(R + \frac{1}{j\omega C}\right)\dot{I}$	$U = \sqrt{R^2 + \left(\frac{1}{\omega C}\right)^2} \times I$	 $\dot{I}$ 超前 $\dot{U}$，电路呈容性

8.2.3　正弦稳态电路的分析计算

1. 阻抗和导纳

一个无源二端电路电压、电流关系的相量形式为 $\dot{U}=\dot{I}Z$ 或 $\dot{I}=Y\dot{U}$，被称为欧姆定律的相量形式。其中，Z 为复阻抗，简称阻抗；Y 为复导纳，简称导纳。Z 和 Y 只是一个计算用的复数，并不代表正弦量，故不是相量。**复阻抗一般常用 $Z=R\pm jX$ 替代，R 和 X 都为欧姆量纲，输入电流 I 时，两者分电压 $\dot{U}_R$、$\dot{U}_L$ 相互垂直。这一关系用途非常广泛。**

2. 正弦稳态电路的分析方法

将时域电路模型转换成电路相量模型，即电路中的正弦激励源及电压、电流用相量表示，各元件参数用复阻抗表示，电阻电路中各种分析方法对电路相量模型均适用，方法的选择及应用要点均与电阻电路相似。

3. 利用相量图、位形图分析正弦稳态电路

采用相量法，正弦稳态电路的基本定律可以用相量形式的 KCL、KVL 和 VCR 来描述，也可以用相量图来描述。如果在反映相量形式 KVL 方程的相量图中，电压相量首尾相连的顺序与电路中元件连接的顺序一致，那么这样的相量图就被称为电压位形图，简称位形图。由于 KCL 方程无法反映元件的连接顺序，故电流只有相量图。将电路的相量方程变为相量图和位形图中的几何关系，再通过几何关系分析电路，从而可避开复数运算，这种方法被称为相量图或位形图分析法。对于某些电路，采用这种方法往往比解析法简单明了，特别是待求解电路中含有未知参数时更适宜。

利用相量图、位形图分析正弦稳态电路的步骤如下：

（1）选定一个参考相量（相位角为 0 的相量），简单串联电路一般以 $\dot{I}$ 为参考相量，简单并联电路一般以 $\dot{U}$ 为参考相量，**对于比较复杂的正弦稳态电路，一般可以选择端口最末端支路串并联特性确定基准相量，一般最后两个支路并联取并联电压，串联取串联电流，**便于用相量形式的 KCL、KVL 和元件的 VCR 逐一在复平面上做出其他各相量。

（2）初做相量图（位形图），在尚未得出电路的计算结果时，只能定性做出一个初步的相量图，再根据题目的已知条件对该图进行修正，可得到既符合相量形式的 KCL、KVL，又符合元件 VCR 和给定条件的图形。

（3）根据相量图（位形图）中各相量所对应线段和角度的几何关系，结合电路定律可计算出待求的变量和参数。

8.2.4　正弦稳态电路的功率

1. 二端电路吸收的功率（u、i 为关联参考方向）

（1）有功功率为

$$P = \frac{1}{T}\int_0^T ui\,dt = UI\cos\varphi \tag{8-10}$$

式中，$\varphi = \varphi_u - \varphi_i$ 为端口电压与电流的相位差。

（2）无功功率为

$$Q = UI\sin\varphi \tag{8-11}$$

（3）视在功率为

$$S = UI \tag{8-12}$$

（4）复功率为

$$\bar{S} = \dot{U}\dot{I}^* = P + jQ \tag{8-13}$$

式中，$\dot{I}^*$ 为 $\dot{I}$ 的共轭复数，$\dot{I}^* = I\angle -\varphi_i$。

对无源二端电路，若 $Z = R + jX$，$Y = G + jB$，则

$$P = I^2 R = U^2 G，\quad Q = I^2 X = -U^2 B \tag{8-14}$$

注意：有功功率为平均功率，反映电路能量的消耗；无功功率为瞬时功率，周期积分为 0。

2. 功率守恒

在一个正弦稳态电路中，所有支路吸收复功率的和恒等于 0（复功率守恒），即

$$\sum_{k=1}^{b} \bar{S}_k = 0 \tag{8-15}$$

式中，包括有功功率守恒 $\sum_{k=1}^{b} P_k = 0$，无功功率守恒 $\sum_{k=1}^{b} Q_k = 0$。

3. 功率因数的提高

二端无源网络，端口电压为 $\dot{U}$，电源角频率为 ω，有功功率为 P，功率因数为 $\cos\varphi_1$（滞后），并联电容 C 可使功率因数提高到 $\cos\varphi_2$（滞后）。

所需并联的电容量为

$$C = \frac{P(\tan\varphi_1 - \tan\varphi_2)}{\omega U^2} \tag{8-16}$$

4. 最大功率传输

讨论负载 $Z_L = R_L + jX_L = |Z_L|\angle\varphi_L$ 从有源一端口网络获得最大功率问题，可将有源端口网络等效为戴维南支路，即开路电压 U 和等效阻抗 $Z_{eq} = R_{eq} + jX_{eq} = |Z_{eq}|\angle\varphi_{eq}$ 的串联。要使负载获得最大功率，可分为以下三种情况。

（1）Z_L 的实部和虚部均存在并可调节，则 $Z_L = Z_{eq}^*$，即 $R_L - jX_L = R_{eq} - jX_{eq}$ 时，负载获得的最大功率被称为共轭匹配。此时，负载获得的最大功率为

$$P_{Lmax} = \frac{U_{OC}^2}{4R_{eq}} \tag{8-17}$$

（2）负载 $Z_L = Z_L\angle\varphi_L$，阻抗模值可调、阻抗角不可改变时，最大功率传输条件为 $|Z_L| = |Z_{eq}|$，被称为共模匹配。此时，负载获得的最大功率为

$$P_{Lmax} = \frac{U_{OC}^2 \cos\varphi_L}{2|Z_{eq}| + 2(R_{eq}\cos\varphi_L + X_{eq}\sin\varphi_L)} \tag{8-18}$$

（3）若 Z_L 为纯电阻负载，$Z_L = R_L$，其值可改变，则 $R_L = |Z_{eq}|$ 时，负载获得最大功率。此时，负载获得的最大功率为

$$P_{Lmax} = \frac{U_{OC}^2}{2(|Z_{eq}| + R_{eq})} \tag{8-19}$$

第8章习题

习题【1】 正弦稳态电路如习题【1】图所示，已知阻抗 Z_1 两端的电压有效值 $U_1 = 100\text{V}$，Z_1 吸收的平均功率 $P = 400\text{W}$，功率因数 $\cos\varphi = 0.8$（感性），试求输入电压 U 与 I。

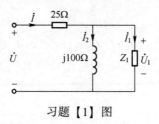

习题【1】图

习题【2】 测量线圈参数的电路如习题【2】图所示，已知 $U_S = 120\text{V}$，$f = 50\text{Hz}$，$X_C = 48\Omega$（容抗），闭合开关 K 与断开开关 K，电流表的读数不变，均为 4A，求参数 R、L。

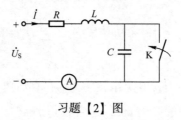

习题【2】图

习题【3】 习题【3】图中，当外施电压 $U = 100\text{V}$、$f = 50\text{Hz}$ 时，各支路电流的有效值相等，即 $I = I_1 = I_2$，电路消耗的功率为 866W，当 $f = 25\text{Hz}$ 时，求电路消耗的功率。

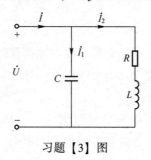

习题【3】图

习题【4】 习题【4】图所示正弦稳态电路，已知 $\dot{U}_S = 100\angle 0°\text{V}$，$\dot{I}$ 与 $\dot{U}_S$ 同相位，两个交流电压表的读数均为 86.6V，求 ωL、R、$\frac{1}{\omega C}$ 和 I。

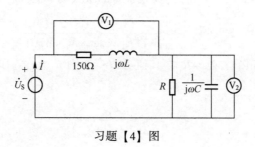

习题【4】图

习题【5】　正弦稳态电路如习题【5】图所示，已知功率表 W 的读数为 100W，电流表 A 的读数为 2A，电压表 V 的读数为 50V，且电流 $\dot{I}$ 超前 $\dot{U}$ 45°，求阻抗 Z。

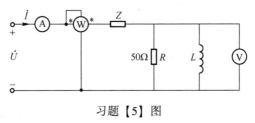

习题【5】图

习题【6】　正弦稳态电路如习题【6】图所示，已知 $R_1 = R_2 = 10\Omega$，$L = 0.25\text{H}$，$C = 1\text{mF}$，电压表 V 的读数为 20V，功率表 W 的读数为 120W，试求电压源发出的复功率 $\tilde{S}$。

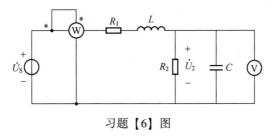

习题【6】图

习题【7】　习题【7】图所示正弦稳态电路，已知 $U_S = 200\text{V}$，频率为 50Hz，$I = 1\text{A}$，电阻 R 吸收的功率为 120W，求：

（1）R、L 和由 R、L 串联构成负载的功率因数；

（2）若要使功率因数提高到 1，需要在电源两端并联多大的电容？并求此时电容的无功功率。

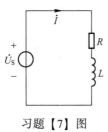

习题【7】图

习题【8】　正弦稳态电路如习题【8】图所示，已知 $R = 1000\Omega$，$X_C = 500\Omega$，$\dot{U} = U_1 \angle \varphi_1$，$\dot{U}_2 = U_2 \angle \varphi_2$，欲使 $\varphi_2 - \varphi_1 = 45°$，试求此时的 X_L。

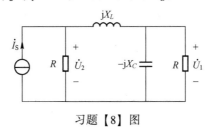

习题【8】图

习题【9】　正弦稳态电路如习题【9】图所示，已知 R 可调，电源电压 $\dot{U}$ 不变，当 R 改变时，欲使电流 $\dot{I}$ 的有效值不变，试求电路元件参数应满足什么约束关系？

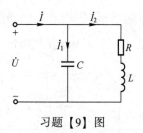

习题【9】图

习题【10】 正弦稳态电路如习题【10】图所示，已知三个电流表的读数分别为 I_1、I_2 和 I_3，试证明 R、X_L 串联负载所吸收的有功功率为 $P = \dfrac{R_1}{2}(I_1^2 - I_2^2 - I_3^2)$。

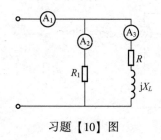

习题【10】图

习题【11】 正弦稳态电路如习题【11】图所示，已知 $u_S(t) = 10\sqrt{2}\sin 100t\,\mathrm{V}$，$R = 4\Omega$，$L = 0.03\mathrm{H}$，$C = 250\mu\mathrm{F}$，电阻 r 可调，试问 r 为何值时，u_{cd} 的有效值最大，求出此时 u_{cd} 的表达式。

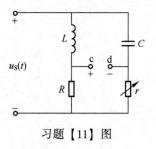

习题【11】图

习题【12】 习题【12】图中，若 $\dot{U}_{AB}$、$\dot{U}_{BC}$、$\dot{U}_{CA}$ 构成一组对称电压，试确定电路参数之间的约束条件。

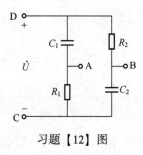

习题【12】图

习题【13】 习题【13】图中，$R_1 = 10\Omega$，当调节电容 $C_1 = 0.5C_2$ 时，电压表 V 的读数最小，$U_{\min} = 0.4U_S$，试求解参数 R、X。

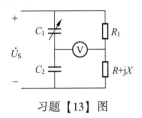

习题【13】图

习题【14】 正弦稳态电路如习题【14】图所示，已知电路的有功功率 $P = 60$W，电压有效值 $U_S = U_L = 10$V，且二者的相位差为 $90°$，试求 R、X_L、X_C 和 I。

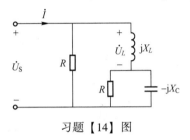

习题【14】图

习题【15】 习题【15】图中，已知 $u_S(t) = \sqrt{2}\,U\sin(\omega t + \varphi)$ V，改变电源的角频率，功率表 W 的读数保持不变，试求：

（1）R、L、C 满足的约束关系；

（2）用 U、R 表示功率表的读数。

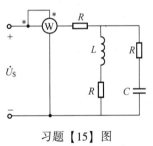

习题【15】图

习题【16】 正弦稳态电路如习题【16】图所示，已知电源 U_S 的频率 $f = 50$Hz，负载的有功功率 $P = 3630$W，三个电压表的读数均为 220V，试计算 R、L、C。

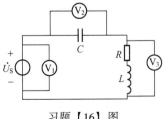

习题【16】图

习题【17】 正弦稳态电路如习题【17】图所示，电压表 V_1、V_2 的读数均为 250V，电流表 A 的读数为 10A，电路消耗的总有功功率 $P = 2000$W，试求 R_1、X_L、X_C。

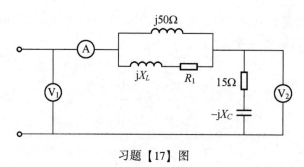

习题【17】图

习题【18】 习题【18】图中，右侧为电源 $\dot{U}_S$，左侧开路，输出电压 $\dot{U}_0$，若要使得 $\dot{U}_S$ 超前 $\dot{U}_0$ 90°，则角频率如何？

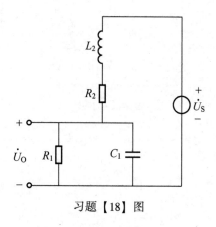

习题【18】图

习题【19】 习题【19】图中，电源电压 $\dot{U}_{S1}$、$\dot{U}_{S2}$ 有效值均为 150V，角频率均为 1000rad/s，L 为氖灯，电阻可以认为无穷大，氖灯两端电压达 100V 即发亮，试证明 $\dot{U}_{AC}$ 超前 $\dot{U}_{BC}$ 60° 时，氖灯发亮；当 $\dot{U}_{AC}$ 滞后 $\dot{U}_{BC}$ 60° 时，氖灯不亮。

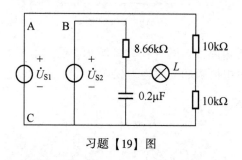

习题【19】图

习题【20】 正弦稳态电路如习题【20】图所示，电流源和电压源的角频率 $\omega = 100\text{rad/s}$，$Z_1 = 3+j3\Omega$，$Z_2 = 6+j6\Omega$，开关 S 原来处于断开状态，此时电压表 V 的读数为 10V，若闭合开关 S，电容 C 接入电路，通过调节 C 可以改变 Z_1 所获得的有功功率，求 C 为多少时，Z_1 可以获得最大有功功率，此时电压表 V 的读数为多少？

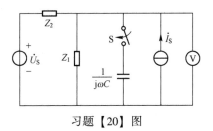

习题【20】图

习题【21】　如习题【21】图所示正弦稳态电路中，$i_S = \sqrt{2}\sin(t-30°)\text{A}$，$R = 1\Omega$，$L = 1\text{H}$，电容 C 可变，问 C 为何值时电压表 V 的读数最大？最大读数是多少？

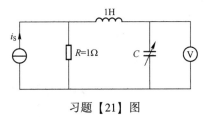

习题【21】图

习题【22】　如习题【22】图所示正弦交流电路中，已知 $U = 120\text{V}$，$R_1 = 20\Omega$，$R_2 = 10\Omega$，$X_1 = 40\Omega$，$X_2 = 20\Omega$，试求：

（1）电源输出的有功功率和无功功率；

（2）功率表 W 的读数。

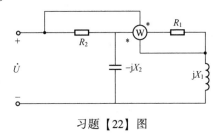

习题【22】图

习题【23】（综合提高题）　如习题【23】图所示正弦稳态电路中，已知 $\dot{U}_S = 100\angle 0°\text{V}$，$R = 10\Omega$，$C = 1000\mu\text{F}$，$L = \dfrac{1}{15}\text{H}$，电源角频率 ω 可调，要使 R 获得最大功率，ω 应为多少？并求此时的最大功率。

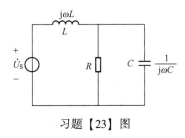

习题【23】图

习题【24】（综合提高题）　习题【24】图中，已知 $i_S(t) = 6\sqrt{2}\sin\omega t\text{A}$，$u_S(t) = 36\sqrt{2}\cos\omega t\text{V}$，$L_2 = 2L_1$，$C_1 = 2C_2$，$\omega = \dfrac{1}{\sqrt{L_1 C_1}}$，求电流 $i_1(t)$、$i_2(t)$、$i_3(t)$、$i_4(t)$。

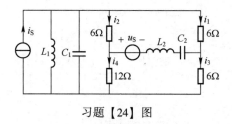

习题【24】图

习题【25】（综合提高题） 习题【25】图中，当 U 为 20V 的直流电源时，电流 $I = 4\text{A}$；U 为 100V 的正弦交流电源时，电流 $I = 2\text{A}$，电路的有功功率 $P = 80\text{W}$，且 $\dot{U}_1$ 与 $\dot{U}_2$ 同相位，试求电路参数 R、X、g、b。

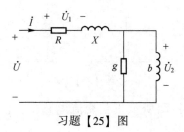

习题【25】图

习题【26】（综合提高题） 习题【26】图中，N 为线性网络，当 $u_S = 0\text{V}$ 时，$i = 3\sin\omega t\text{A}$；当 $u_S = 3\sin(\omega t + 30°)\text{V}$ 时，$i = 3\sqrt{2}\sin(\omega t + 45°)\text{A}$。求当 $u_S = 4\sin(\omega t + 30°)\text{V}$ 时，i 为何值。

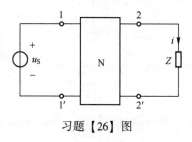

习题【26】图

习题【27】（综合提高题） 如习题【27】图所示正弦稳态电路，电路显感性，$U_S = U_1 = 100\text{V}$，$U_2 = 51.76\text{V}$，感抗 $X_L = 50\Omega$，电源供出的平均功率 $P = 50\text{W}$，求：

（1）X_{C_1} 和 Z_2；

（2）若电路的功率因数为 0.9，求 X_{C_2} 多少？

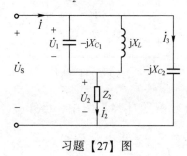

习题【27】图

习题【28】（综合提高题）　习题【28】图为正弦稳态电路，任意调节电感 L 时，电流 i 的有效值不变，求 R_1 和 R_2 应满足的关系，并求出 $u_S = U_m \sin\omega t$ V 时 i 的有效值表达式初始相位的取值范围。

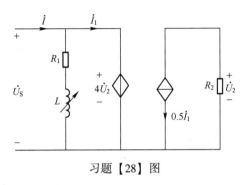

习题【28】图

习题【29】（综合提高题）　工频交流电路如习题【29】图所示，调节电容，当 $C = 100\mu F$ 时，电流表 A 的读数最小，$I_{\min} = 1A$，此时电路的平均功率为 100W，试求解参数 R、L。

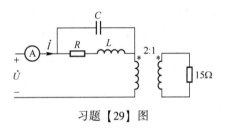

习题【29】图

第 **9** 章

含耦合元件的正弦稳态电路

9.1　知识框图及重点和难点

　　本章主要介绍耦合电感的磁耦合现象，涉及互感、同名端、耦合系数等概念。其中根据互感线圈上的同名端标记和电流参考方向判断互感电压的正负极性是学习本章首先遇到的重点和难点。本章要求熟练掌握耦合电感元件的特性及含有耦合电感元件电路的分析计算。本章还介绍了磁耦合现象在工程应用中的典型元件——变压器，分析了两个工程中常见的变压器模型：线性变压器和理想变压器的工作原理，并概括说明了变压器的工程应用。含有变压器的电路分析也是本章的重点内容。图9-1是含耦合元件正弦稳态电路知识框图。

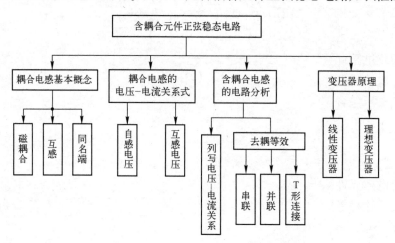

图9-1　含耦合元件正弦稳态电路知识框图

9.2　内容提要及学习指导

9.2.1　互感现象及耦合电感元件的特性

　　清楚认识耦合物理现象，才能正确理解互感和同名端的概念，掌握根据同名端标记和电流参考方向判断互感电压正负极性的方法，熟练列写耦合电感元件的电压-电流关系式是本章的重点和难点。

　　同名端的定义：具有磁耦合的两个线圈之间的一对端钮，当电流同时从这一对端钮流入

（流出）时，所产生的互感磁链与 M 自感磁链方向一致，在如图9-2所示的线圈同名端及电压、电流参考方向标记下，耦合电感元件的 u-i 关系式为

$$\begin{cases} u_1 = \dfrac{\mathrm{d}\psi_1}{\mathrm{d}t} = L_1\dfrac{\mathrm{d}i_1}{\mathrm{d}t} + M\dfrac{\mathrm{d}i_2}{\mathrm{d}t} \\ u_2 = \dfrac{\mathrm{d}\psi_2}{\mathrm{d}t} = M\dfrac{\mathrm{d}i_1}{\mathrm{d}t} + L_2\dfrac{\mathrm{d}i_2}{\mathrm{d}t} \end{cases} \tag{9-1}$$

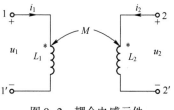

耦合电感的端电压包括自感电压和互感电压，对线圈 L_1 的端电压 u_1，$L_1\mathrm{d}i_1/\mathrm{d}t$ 是自感电压，在 u_1、i_1 取关联参考方向时，自感电压取"+"，由于两个线圈电流均从同名端流入，所以互感磁链与自感磁链的方向一致，互感电压 $M\mathrm{d}i_2/\mathrm{d}t$ 前也取"+"，同理可分析线圈 L_2 的端电压 u_2。若在图9-2中耦合电感元件中的 1-2′ 端为同名端，在 u、i 参考方向不变的前提下，可判断互感电压前取"−"。

图9-2 耦合电感元件

互感电压前的"+""−"也可根据电流的参考方向和同名端的标记位置来判断：当电流 i_1 从电感 L_1 的同名端流入时，电感 L_2 上所产生的互感电压"+"极性端在 L_2 的同名端。

9.2.2 含有耦合电感元件的电路分析

一般通过列写耦合电感元件的电压-电流关系式，可分析含有耦合电感元件的正弦稳态电路问题，或者利用耦合电感元件的特殊电气连接形式，如串并联和 T 形连接等进行去耦等效，可以简化电路计算，**在去耦过程中，一定要考虑节点发生偏移的问题**。

含有耦合电感元件的电路分析通常涉及耦合电感元件的电压-电流方程，需要注意耦合电感元件的端电压包含自感电压和互感电压两部分，关键在于正确判断自感、互感电压的"+""−"极性。对于初学者，为了防止漏写互感电压，并正确得到互感电压的"+""−"极性，可以将互感电压用受控电压源来表示，建立耦合电感元件的含受控源等效电路。

图9-3（a）为耦合电感元件，可建立等效电路如图9-3（b）所示。在等效电路中，受控源表示耦合电感元件的互感电压，受控源的"+""−"极需要根据线圈的同名端和电流参考方向确定。这种等效实际上是将耦合转化为受控源。图9-3（b）中的 L_1、L_2 是不含耦合的电感元件。

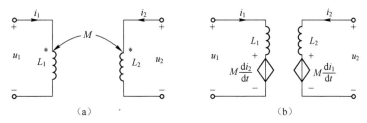

图9-3 耦合电感元件及用受控源表示互感电压的等效电路

另外，利用耦合电感元件的特殊电气连接形式，如串并联和 T 形连接等进行去耦等效也是常用的等效化简方法，具体情况如下。

1. 两个耦合电感元件串联

串联时，耦合电感元件有两种连接方式：顺串和反串。

顺串：两个耦合电感元件的非同名端相连，如图9-4（a）所示。顺串后，两个耦合电感元件的端电压为

$$u = u_1 + u_2 = \left(L_1 \frac{\mathrm{d}i}{\mathrm{d}t} + M \frac{\mathrm{d}i}{\mathrm{d}t}\right) + \left(L_2 \frac{\mathrm{d}i}{\mathrm{d}t} + M \frac{\mathrm{d}i}{\mathrm{d}t}\right) = (L_2 + L_1 + 2M)\frac{\mathrm{d}i}{\mathrm{d}t} \tag{9-2}$$

因此，顺串的两个耦合电感元件可以等值为一个电感 L_{eq}，且 $L_{eq} = L_1 + L_2 + 2M$。

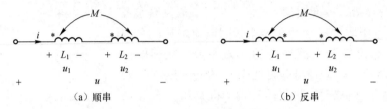

（a）顺串　　　　　　　　　　　　　（b）反串

图9-4　两个耦合电感元件串联

反串：两个耦合电感元件的同名端相连，如图9-4（b）所示。反串后，两个耦合电感元件的端电压为

$$u = u_1 + u_2 = \left(L_1 \frac{\mathrm{d}i}{\mathrm{d}t} - M \frac{\mathrm{d}i}{\mathrm{d}t}\right) + \left(L_2 \frac{\mathrm{d}i}{\mathrm{d}t} - M \frac{\mathrm{d}i}{\mathrm{d}t}\right) = (L_2 + L_1 - 2M)\frac{\mathrm{d}i}{\mathrm{d}t} \tag{9-3}$$

因此，反串的两个耦合电感元件可以等值为一个电感 L_{eq}，且 $L_{eq} = L_1 + L_2 - 2M$。

2. T形连接的两个耦合电感元件用三个不含磁耦合的电感等效

两个耦合电感元件与另外一个支路共一个节点，构成T形连接，由于同名端的标记端不同，因此这种所谓的T形连接有如图9-5所示两种情况。图9-5（a）为非同名端共一个节点。图9-5（b）为同名端共一个节点。

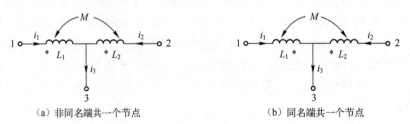

（a）非同名端共一个节点　　　　　　　　　　（b）同名端共一个节点

图9-5　两个耦合电感元件与另外一个支路共一个节点构成T形连接

根据图9-5所示电路的端口电压-电流关系，可以构造如图9-6所示电路。图9-6（a）是图9-5（a）的等效电路，图9-6（b）是图9-5（b）的等效电路。

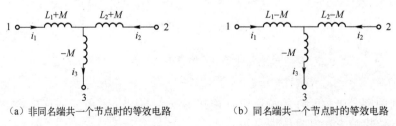

（a）非同名端共一个节点时的等效电路　　　　（b）同名端共一个节点时的等效电路

图9-6　T形连接的两个耦合电感元件用三个不耦合的电感元件等效

3. 两个耦合电感元件并联

两个耦合电感元件并联，当同名端连接时，如图 9-7（a）所示；当非同名端连接时，如图 9-7（b）所示。利用 T 形连接的等效关系，分别等效为如图 9-8（a）(b）所示电路。

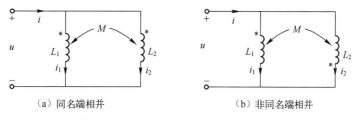

（a）同名端相并　　　　　　　　（b）非同名端相并

图 9-7　两个耦合电感元件并联电路

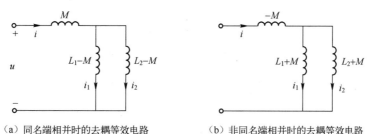

（a）同名端相并时的去耦等效电路　　　　（b）非同名端相并时的去耦等效电路

图 9-8　两个耦合电感元件并联时的 T 形去耦等效电路

同名端相并时的等值电感为

$$L_{eq} = M + \frac{(L_1 - M)(L_2 - M)}{(L_1 - M) + (L_2 - M)} = \frac{L_1 L_2 - M^2}{L_1 + L_2 - 2M} \tag{9-4}$$

非同名端相并时的等值电感为

$$L_{eq} = -M + \frac{(L_1 + M)(L_2 + M)}{(L_1 + M) + (L_2 + M)} = \frac{L_1 L_2 + M^2}{L_1 + L_2 + 2M} \tag{9-5}$$

9.2.3　空心变压器

空心变压器一般由一次侧和二次侧在电路上完全隔离的两个耦合电感元件构成，一次侧和二次侧能量或电信号的传递是通过耦合实现的。虽然一次侧、二次侧没有电的联系，但由于互感作用会使闭合的二次侧产生电流，反过来这个电流又影响一次侧电流、电压（**两者之间没有电气联系**），二次侧回路对一次侧回路的影响可以用反射阻抗来描述。例如，如图 9-9（a）所示的空心变压器电路可以利用如图 9-9（b）(c）所示的一次侧、二次侧等效电路来求解。其中，二次侧对一次侧的影响用反射阻抗 Z 表示。

可以利用回路电流法建立回路方程组，回路方程组为

$$\begin{cases} R_1 \dot{I}_1 + j\omega L_1 \dot{I}_1 + j\omega M \dot{I}_2 = \dot{U}_S \\ R_2 \dot{I}_2 + Z_L \dot{I}_2 + j\omega L_2 \dot{I}_2 + j\omega M \dot{I}_1 = 0 \end{cases} \tag{9-6}$$

求得最终结果为

$$\dot{I}_1 = \frac{R_2 + j\omega L_2 + Z_L}{(R_1 + j\omega L_1)(R_2 + j\omega L_2 + Z_L) + (\omega M)^2} \dot{U}_S \tag{9-7}$$

继而可以求得

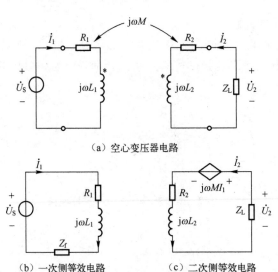

（a）空心变压器电路

（b）一次侧等效电路　　　　　（c）二次侧等效电路

图 9-9　空心变压器等效电路

$$Z_i = \frac{\dot{U}_S}{\dot{I}_1} = R_1 + j\omega L_1 + \frac{(\omega M)^2}{R_2 + j\omega L_2 + Z_L} = Z_1 + Z_f \tag{9-8}$$

Z_f 即为反射阻抗。

注意：反射阻抗和同名端位置无关。对于含有变压器的电路，应用反射阻抗思想进行电路分析是一种有效的求解思路。

9.2.4　全耦合变压器与理想变压器

全耦合变压器是一种特殊的互感元件，满足耦合系数

$$K = \frac{M}{\sqrt{L_1 L_2}} = 1 \tag{9-9}$$

两侧线圈匝数比满足 $n = \sqrt{L_1/L_2}$，在计算全耦合变压器时，可以根据这两个公式，结合阻抗反射进行折算。当全耦合变压器中的 L_1、$L_2 \to \infty$ 时，端口特性满足

$$\begin{cases} \dot{U}_2 = \dfrac{1}{n}\dot{U}_1 \\[2mm] \dot{I}_2 = -n\,\dot{I}_1 \end{cases} \tag{9-10}$$

即为理想变压器。在式（9-10）中，如果 $\dot{U}_1$ 和 $\dot{U}_2$ 在同名端极性相同，则 $\dot{U}_1$ 和 $\dot{U}_2$ 关系式中为 "+"，反之为 "-"。

当理想变压器二次侧接负载 Z_L 时，对一次侧来讲，相当于接一个 $n^2 Z_L$ 的阻抗，即理想变压器有阻抗变换作用。$n^2 Z_L$ 被称为二次侧对一次侧的反射阻抗。反射阻抗的计算与同名端无关。注意，如果变压器的电路图形符号变比为 $1:n$，则式（9-8）和反射阻抗的大小均应随之改变。总之，理想变压器有变压、变流和阻抗变换的作用，要熟练掌握。

第 10 章

正弦稳态电路的频率响应

10.1 知识框图及重点和难点

电路和系统的工作状态随频率的变化被称为频率响应。正弦稳态电路的频率响应可用网络函数来描述。本章首先讲述正弦稳态网络函数的概念和求法，其次介绍谐振电路频率响应的特点和特征，进而掌握滤波和滤波器的基本概念。正弦稳态电路的频率响应知识框图如图 10-1 所示。

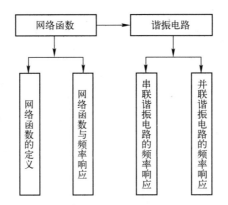

图 10-1　正弦稳态电路的频率响应知识框图

10.2 内容提要及学习指导

10.2.1 正弦稳态网络函数

1. 正弦稳态网络函数的定义

正弦稳态**单输入单输出电路**，激励为 $E(j\omega)$，响应为 $R(j\omega)$，网络函数定义为

$$H(j\omega) = \frac{R(j\omega)}{E(j\omega)} \tag{10-1}$$

正弦稳态网络函数只与电路本身的结构有关，与频率无关，仍然是一个相量，满足相量的计算关系式。正弦稳态网络函数可以拆分为两部分：$H(j\omega) = |H(j\omega)| \underline{/\varphi(j\omega)}$，即幅频和相频。

2. 正弦稳态网络函数的求法

选定电路的输入、输出后，可采用正弦稳态电路的分析方法求解。

10.2.2 谐振电路的频率响应

1. RLC 串联谐振电路

（1）串联谐振的定义。*RLC* 串联谐振电路，端口电压与电流同相位或端口等效阻抗为纯电阻，称为电路发生串联谐振，如图 10-2 所示。

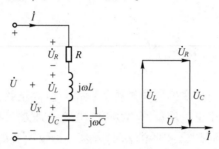

图 10-2 *RLC* 串联谐振电路

（2）串联谐振的条件。谐振时，$X = \omega_0 L - \dfrac{1}{\omega_0 C} = 0$，谐振角频率 $\omega_0 = \dfrac{1}{\sqrt{LC}}$，谐振频率 $f_0 = \dfrac{1}{2\pi\sqrt{LC}}$ 为电路的固有频率或自由频率。

（3）串联谐振时的电压和电流。谐振时，电感电压与电容电压大小相等，相位相反，$\dot{U}_L + \dot{U}_C = 0$。电源电压全部加在电阻上，$\dot{U} = \dot{U}_R$，串联谐振又称电压谐振，可能出现过电压，即 $U_L = U_C > U$（局部电压大于电源电压）。

（4）串联谐振电路的品质因数为

$$Q = \frac{\omega_0 L}{R} = \frac{1}{\omega_0 RC} = \frac{1}{R}\sqrt{\frac{L}{C}} = \frac{U_{L0}}{U} = \frac{U_{C0}}{U} \tag{10-2}$$

Q 值的大小可反映过电压的强弱。

（5）串联谐振电路中的能量。谐振时，总无功功率为

$$Q = Q_L + Q_C = 0$$

总储能为

$$W_0(t) = W_{C0}(t) + W_{L0}(t) = LI_0^2 \cos^2\omega_0 t + LI_0^2 \sin^2\omega_0 t = LI_0^2 = 常数$$

2. RLC 并联谐振电路

RLC 并联谐振电路与 *RLC* 串联谐振电路互为对偶电路。据此可由 *RLC* 串联谐振电路得出 *RLC* 并联谐振电路的许多结论。对偶元件及对偶关系为

$$R \rightarrow G, L \rightarrow C, \dot{U} \rightarrow \dot{I}$$

（1）*RLC* 并联谐振的定义。*RLC* 并联谐振电路，端口电流与电压同相位或端口等效导纳为纯电导，称电路发生并联谐振，如图 10-3 所示。

（2）并联谐振的条件。谐振时，$\dfrac{1}{\omega_0 L} = \omega_0 C$，谐振角频率 $\omega_0 = \dfrac{1}{\sqrt{LC}}$。

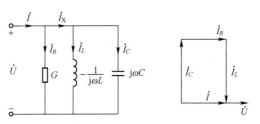

图 10-3　*RLC* 并联谐振电路

（3）并联谐振时的电压和电流。*RLC* 并联谐振时，电感电流与电容电流大小相等，相位相反，$i_L + i_C = 0$，*L* 和 *C* 并联等效为断路。端口电流全部流经电阻。并联谐振又称电流谐振，可能出现过电流现象。

（4）并联谐振电路的品质因数为

$$Q = \frac{\omega_0 C}{G} = \frac{1}{\omega_0 LG} = \frac{1}{R}\sqrt{\frac{C}{L}} = \frac{I_{L0}}{I} = \frac{I_{C0}}{I} \qquad (10-3)$$

（5）并联谐振电路的能量。谐振时，总无功功率为

$$Q = Q_L + Q_C = 0$$

总储能为

$$W_0(t) = W_{C0}(t) + W_{L0}(t) = CU_0^2 \sin^2 \omega_0 t + CU_0^2 \cos^2 \omega_0 t = CU_0^2 = 常数$$

第 9、10 章习题

习题【1】　含理想空心变压器的电路如习题【1】图（a）所示，i_S 的波形如习题【1】图（b）所示，电压表的读数（有效值）为 25V，$M = 25$H，试画出 u_2 的波形图。

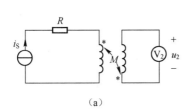

（a）

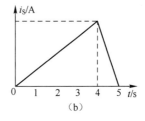

（b）

习题【1】图

习题【2】　如习题【2】图所示正弦交流电路，若参数选择得合适，则阻抗 *Z* 无论如何变化（$Z \neq \infty$），电流 *I* 均保持不变，当 $U_S = 220$V、$f = 50$Hz 时，若保持 $I = 10$A，则电感 *L* 与电容 *C* 应选择多大数值？

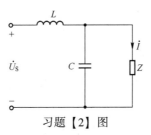

习题【2】图

习题【3】 习题【3】图中，已知 $\omega L_1 = \omega L_2 = 8\Omega$，$\omega M = 4\Omega$，$f = 10^3 \text{Hz}$，$u_\text{S}(t) = 10\sqrt{2}\cos\omega t \text{V}$，$\dot{U}_{R_\text{L}}$ 与输入电压 $\dot{U}_\text{S}$ 同相位，试求电容 C，并求 $u_{R_\text{L}}(t)$。

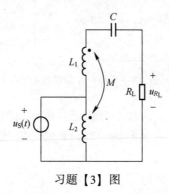

习题【3】图

习题【4】 习题【4】图中，电阻 R 与电容 C 的值可调，问 R 和 C 分别取什么值时（$R \geq 0$，$C \geq 0$），由变压器一次侧传输到二次侧的有功功率最大？此时电阻 R 消耗的功率是多少？

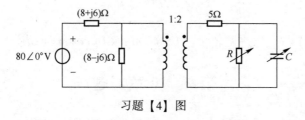

习题【4】图

习题【5】 习题【5】图中，已知电源角频率 $\omega = 1\text{rad/s}$，求：
（1）使电压与电流同相位的系数 M；
（2）谐振时 R_L 吸收的功率。

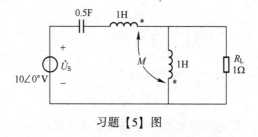

习题【5】图

习题【6】 习题【6】图为含理想变压器的正弦稳态电路，求 $\dot{I}$。

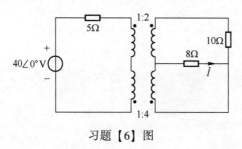

习题【6】图

习题【7】　习题【7】图中，求$\dot{I}_1$、$\dot{I}_2$、$\dot{I}_3$。

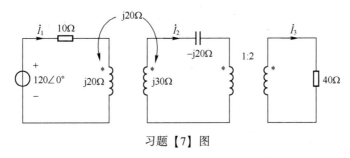

习题【7】图

习题【8】　习题【8】图中，电路已达稳态，电源 $u_S = \sqrt{2}\cos t\,\text{V}$，储能元件无初始储能，求 $i(t)$。

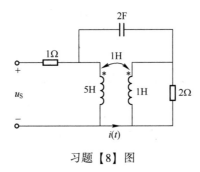

习题【8】图

习题【9】　习题【9】图中，试求：

（1）b、c 未短接时，a、b 间的等效电阻 R_{ab}；

（2）b、c 短接时，a、b 间的等效电阻 R_{ab}。

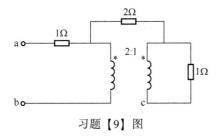

习题【9】图

习题【10】　含理想变压器的电路如习题【10】图所示，已知 $R_L = 2\Omega$，为使负载 R_L 获得最大功率，试求变比 n 为多少，并计算最大功率。

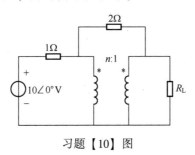

习题【10】图

习题【11】 如习题【11】图所示正弦稳态电路中，$R=1\Omega$，$X_C=4\Omega$，$\dot{U}_S=8\angle0°V$，Z 可以自由地改变，试问 Z 为何值时，网络能向 Z 提供最大的平均功率？该功率有多大？

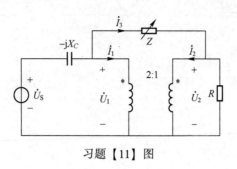

习题【11】图

习题【12】 习题【12】图中，已知 $C_1=1.2C_2$，$L_1=1H$，$L_2=1.1H$，功率表 W 的读数为 0，试求互感 M。

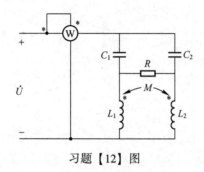

习题【12】图

习题【13】 如习题【13】图所示正弦交流电路中，已知 $R_1=1\Omega$，$R_2=2\Omega$，$L_1=1H$，$L_2=2H$，$L_3=0.03H$，$C=3F$，电压表 V、V_3 的读数分别为 10V、0.5V，功率表 W 的读数为 100W，试确定电流表 A_3 的读数及互感系数 M。

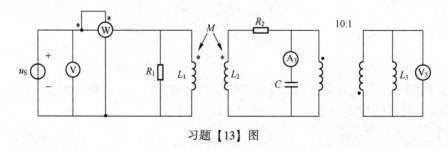

习题【13】图

习题【14】 如习题【14】图所示正弦交流电路中，已知 $u_S=100\sqrt{2}\cos100t\,V$，$R=10\Omega$，$L_1=0.2H$，$L_2=0.1H$，$M=0.1H$，求：

（1）当断开开关 S，C 为何值时电路发生谐振？并求此时的电压 u_1；

（2）当闭合开关 S，C 为何值时电路发生谐振？并求此时的电压 u_1。

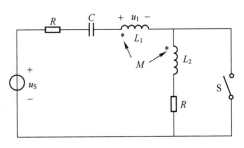

习题【14】图

习题【15】　正弦稳态电路如习题【15】图所示，已知 $U_s = 100\angle 0° \text{V}$，$\omega = 10^4 \text{rad/s}$，$\omega L_1 = \omega L_2 = 10\Omega$，$\omega M = 6\Omega$，$R = 10\Omega$，试求电容 C 为何值时，电流 I 分别达到最大值和最小值？并求出这两种情况下对应的电流 I_2。

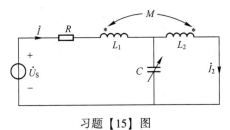

习题【15】图

习题【16】　如习题【16】图所示正弦电流电路，问 ω 为何值时，可使功率表 W 的读数为 0。

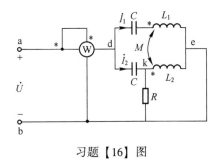

习题【16】图

习题【17】　如习题【17】图所示稳态电路中，已知 $R_1 = R_2$，$I_s = 9\text{A}$，三个电压表的读数相等，功率表的读数为 162W，求参数 R_1、R_2、X_L、X_C。

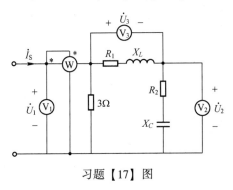

习题【17】图

习题【18】 习题【18】图中，计算 n_1、n_2 为何值时，$R_2 = 4\Omega$ 可以获得最大功率？最大功率为何值？

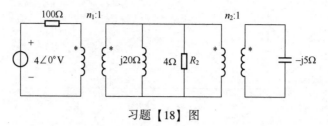

习题【18】图

习题【19】 如习题【19】图所示正弦稳态电路中，$u_S = 100\sqrt{2}\cos(10t+30°)\text{V}$，求：

（1）若 Z_L 任意可调，确定 Z_L 获得的最大有功功率；

（2）若 $Z_L = R_L$，R_L 任意可调，则 R_L 为何值时获得的功率最大？

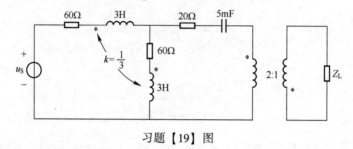

习题【19】图

习题【20】 习题【20】图中，已知 $L = 2\text{H}$，$M = 1\text{H}$，$R = 5\Omega$，当正弦电源角频率 $\omega = 10\text{rad/s}$ 时，求整个端口谐振时的电容值和入端阻抗。

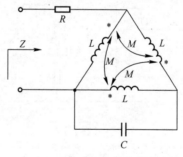

习题【20】图

习题【21】 习题【21】图中，电表为理想电表，$\dot{U}_S = 200\angle 0°$，$\omega = 2\text{rad/s}$，$R = 2\Omega$，$C_1 = 0.05\text{F}$，$C_2 = 0.25\text{F}$，$L_1 = 4\text{H}$，$L_2 = 2\text{H}$，$M = 1\text{H}$，求电压表和电流表的读数。

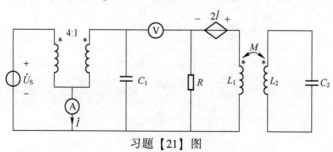

习题【21】图

习题【22】（综合提高题）　正弦交流电路如习题【22】图所示，已知 3 个电流表读数均为 1A，容抗 $\dfrac{1}{\omega C}=15\Omega$，互感电抗 $\omega M=5\Omega$，全电路吸收的有功功率 $P=13.66\mathrm{W}$，无功功率 $Q=3.66\mathrm{Var}$（感性），试求 R_1、R_2、ωL_1、ωL_2 及电源电压有效值 U_S。

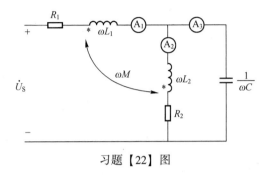

习题【22】图

习题【23】（综合提高题）　习题【23】图中，已知 $I_1=I_2=I$，$R_2=10\Omega$，$X_M=\omega M=10\Omega$，虚框内的电路谐振，求此时的 R_1、X_1。

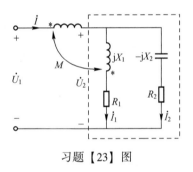

习题【23】图

习题【24】（综合提高题）　习题【24】图中，$C_1=\dfrac{1}{6}\mathrm{F}$，$C_2=\dfrac{1}{3}\mathrm{F}$，$L_1=6\mathrm{H}$，$L_2=4\mathrm{H}$，$M=3\mathrm{H}$，$R_1=3\Omega$，$R_2=4\Omega$，$u_\mathrm{S}(t)=\left[18\sqrt{2}\cos t+9\sqrt{2}\cos(2t+30°)\right]\mathrm{V}$，$i_\mathrm{S}(t)=6\sqrt{2}\cos t\,\mathrm{A}$，求：

（1）i 及其有效值；

（2）两个电源发出的总有功功率。

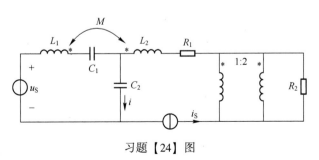

习题【24】图

习题【25】（综合提高题）　习题【25】图为含耦合电感电路，已知 $I_1 = I_2 = I_3 = 10\text{A}$，$X_C = 10\Omega$，电路吸收的有功功率 $P = 433\text{W}$，求 R、X_{L_2} 及 ωM 的数值。

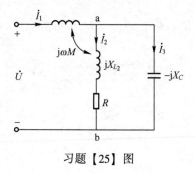

习题【25】图

第**11**章

三 相 电 路

11.1 知识框图及重点和难点

三相正弦稳态电路知识框图如图 11-1 所示。

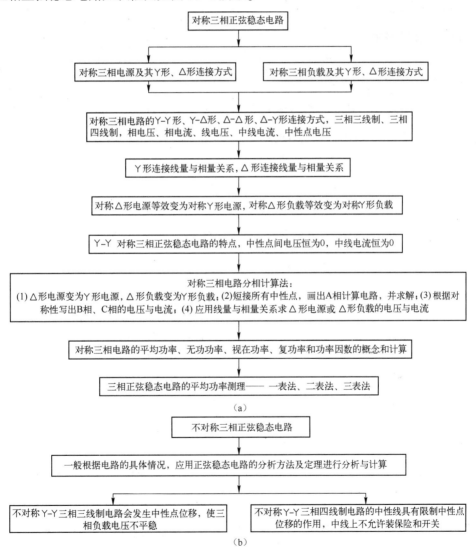

（a）

（b）

图 11-1 三相正弦稳态电路知识框图

本章要求读者清楚对称三相正弦电源、对称三相负载和对称三相电路的概念及其Y形和△形连接方式；理解线电压、线电流、相电压、相电流的含义；重点掌握对称三相正弦电源Y形和△形连接时，相量与线量的关系，并能应用这些关系进行Y形和△形的相互等效变换；熟练应用分相计算法，将对称三相电路简化为一相进行计算，并根据对称性、线量与相量关系进一步求解未知电压与电流；了解对称三相正弦稳态电路瞬时功率平衡的特点；熟练掌握和应用对称三相正弦稳态电路的平均功率、无功功率和视在功率的计算方法；掌握三相电路平均功率的测量方法和计算公式，能够根据正弦稳态电路的知识，对电源对称而负载不对称时的不对称三相电路进行分析与计算。

11.2 内容提要及学习指导

11.2.1 对称三相电路的概念

1. 对称三相正弦电源

对称三相正弦电源的三个电源电压具有相同的频率和振幅，初相依次相差120°。若以 A 相为参考，则可分别表示为

$$\dot{U}_{AN}=U_{ph}\angle 0°,\quad \dot{U}_{BN}=U_{ph}\angle -120°,\quad \dot{U}_{CN}=U_{ph}\angle 120°$$

且有三个相电压之和恒为 0 的特点，即

$$\dot{U}_{AN}+\dot{U}_{BN}+\dot{U}_{CN}=0$$

2. 对称三相正弦电源的连接方式

对称三相正弦电源有Y形和△形两种连接方式，如图 11-2 所示。从 A、B、C 端引出的导线俗称相线，N 为电源中性点，从 N 引出的导线称为中性线，又称零线。

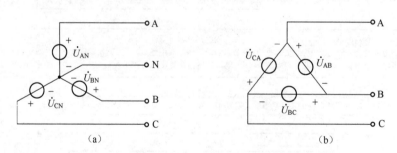

（a）　　　　　　　　　　　（b）

图 11-2　对称三相正弦电源的Y形和△形连接方式

3. 对称三相负载

对称三相负载的阻抗相等，也分为Y形和△形两种连接方式，如图 11-3 所示。这两个网络的等效条件是 $Z_{\triangle}=3Z_{Y}$。

4. 对称三相电路

由对称三相电源、三相输电线和对称三相负载连接构成的电路，被称为对称三相电路，基本连接方式如下。

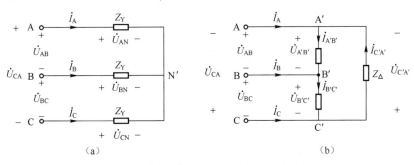

图 11-3　对称三相负载的Y形和△形连接方式

Y-Y连接：电源和负载均为Y形连接。当电源中性点 N 和负载中性点 N 之间没有中性连接时，称为三相线制；有中性线连接时，称为三相四线制。

Y-△连接：电源为Y形连接，负载为△形连接。

另外，还有△-△连接和△-Y连接。

11.2.2　对称三相电路的线量与相量关系

1. 相电压和相电流

无论电源和负载是Y形连接还是△形连接，每一相电源或负载上的电压和电流都称为相电压和相电流，简称相量。

2. 线电压和线电流

无论电源和负载是Y形连接还是△形连接，相线之间的电压称为线电压，相线中流过的电流称为线电流，简称线量。

3. 线量与相量的关系

（1）Y形连接线量与相量的关系如下。

① 由图 11-3（a），显然有线电流等于相电流。

② 线电压有效值等于相电压有效值的$\sqrt{3}$倍，即 $U_1 = \sqrt{3}\,U_{ph}$，相位超前相电压30°，或表示为

$$\dot{U}_A = \sqrt{3}\,U_{AN'} \angle 30°$$

$$\dot{U}_B = \sqrt{3}\,U_{BN'} \angle 30° \tag{11-1}$$

$$\dot{U}_C = \sqrt{3}\,U_{CN'} \angle 30°$$

（2）△形连接线量与相量的关系如下。

① 由图 11-3（b），显然有线电压等于相电压，即

$$\dot{U}_{AB} = \dot{U}_{A'B'},\ \dot{U}_{BC} = \dot{U}_{B'C'},\ \dot{U}_{CA} = \dot{U}_{C'A'} \tag{11-2}$$

② 线电流有效值是相电流有效值的$\sqrt{3}$倍，即 $I_1 = \sqrt{3}\,I_{ph}$，相位滞后相电流30°，或表示为

$$\dot{I}_A = \sqrt{3}\,I_{A'B'} \angle -30°$$

$$\dot{I}_B = \sqrt{3}\,I_{B'C'} \angle -30° \tag{11-3}$$

$$\dot{I}_C = \sqrt{3}\,I_{C'A'} \angle -30°$$

11.2.3 对称三相电路的分析和计算

1. Y-Y对称三相电路的特点

（1）Y-Y对称三相电路中，电源中性点 N 和负载中性点 N′之间的电压为 0，即 $\dot{U}_{N'N}=0$。因此，在无中性线（$Z_N=\infty$）时，可以用一根理想导线将电源中性点 N 和负载中性点 N′短接，而不影响电路的工作状态；在有中性线且中线阻抗 $Z_N\neq0$ 时，将中线上的阻抗短接。

（2）将 N 与 N′短接后，Y-Y对称三相电路中的各相工作状态仅取决于各相的电源和负载。

2. Y-Y对称三相电路的分相计算法

（1）根据以上特点，画出一相计算电路，如 A 相进行计算。

（2）根据对称性写出其他两相的相电压和相电流。

（3）根据线量与相量关系求出线电压。

3. 其他连接方式对称三相电路的计算

（1）应用线量与相量关系将△形电源变换为Y形电源。

（2）将△形负载变换为Y形负载。

（3）用理想导线短接所有中性点。

（4）按分相计算法，计算一相的电压与电流。

（5）返回△形电路，根据线量与相量关系和对称性，求出待求的全部线量和相量。

总结：在三相电路计算中，除了要关注三相电路的特殊特性，比如可以简化为一相电路，更应该关注所具有的普遍特性，比如三个电源的正弦稳态电路，可以完全利用节点法、回路法，甚至从负载角度（比如不考虑负载是△形或Y形）直接用 KCL、KVL 结合计算器运算，可以极大地提高解题速度和效率。

11.2.4 不对称三相电路的分析和计算

三相电路中的电源、负载和连接导线，只要有一部分不满足对称条件，就为不对称三相电路。不对称三相电路的特点是电源中性点和负载中性点之间的电压不为 0，即 $\dot{U}_{NN}=0$，中性点发生位移，有的相电压过高，有的相电压过低，负载不能正常工作。在分析计算不对称三相电路时，可采用一般的正弦电路计算方法，如节点法、回路法等。对于一些简单的不对称三相电路，有些可以分成对称和不对称两部分，对称部分按一相计算，不对称部分按一般的正弦电路计算，最后将两部分结果相加即可。

11.2.5 三相电路中的功率与测量

在对称三相电路中，有

$$P=3P_A=3P_B=3P_C=3U_{ph}I_{ph}\cos\varphi=\sqrt{3}U_lI_l\cos\varphi$$

$$Q=3Q_A=3Q_B=3Q_C=3U_{ph}I_{ph}\sin\varphi=\sqrt{3}U_lI_l\sin\varphi \qquad (11\text{-}4)$$

$$S=3U_{ph}I_{ph}=\sqrt{3}U_lI_l=\sqrt{P^2+Q^2}$$

式中，U_{ph}、I_{ph}为相电压、相电流的有效值；U_l、I_l为线电压、线电流的有效值；对称三相电路的功率因数 $\cos\varphi$ 就是任一相的功率因数，即 φ 是任一相相电压与相电流的相位差。

在不对称三相电路中，由于各相负载吸收的功率不同，因此三相负载吸收的有功功率、无功功率和复功率为各相功率之和。

对称三相四线制电路可以只用一个功率表测量三相功率，即 $P=3P_A$；不对称三相四线制电路采用三个功率表测量三相功率，即 $P=P_A+P_B+P_C$。

三相三线制电路不论是否对称，均采用两个功率表测量三相功率，图 11-4 为一种接线图。由图中功率表的接线方式有（二表法的其他形式可以仿照推导）

$$P=P_1+P_2$$
$$=U_{AC}I_A\cos(\dot{U}_{AC}\dot{I}_A)+U_{BC}I_B\cos(\dot{U}_{BC}\dot{I}_B) \tag{11-5}$$
$$=U_{AC}I_A\cos(\varphi_1)+U_{BC}I_B\cos(\varphi_2)$$

式中，φ_1 是线电压 $\dot{U}_{AC}$ 与线电流 $\dot{I}_A$ 的相位差；φ_2 是线电压 $\dot{U}_{BC}$ 与线电流 $\dot{I}_B$ 的相位差。

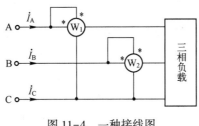

图 11-4　一种接线图

对于对称三相电路而言，因电压、电流具有对称性，所以可以表示为

$$P=U_{AC}I_A\cos(\varphi-30°)+U_{BC}I_B\cos(\varphi+30°)=P_1+P_2 \tag{11-6}$$

式中，φ 是任一相相电压与相电流的相位差。

显然，若 $\varphi>60°$，则 $P_2<0$；若 $\varphi<-60°$，则 $P_1<0$，求代数和时分别取负值。

第 11 章习题

习题【1】　如习题【1】图所示三相电路中，已知三相交流电源对称，线电压为 380V，角频率为 100rad/s，三相负载（Z）吸收的总无功功率为 5700Var，负载功率因数为 0.5，若电路的功率因数为 $\dfrac{\sqrt{3}}{2}$，问电容 C 为多少？

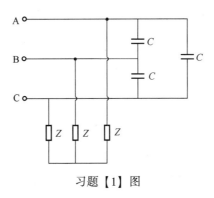

习题【1】图

习题【2】 对称三相三线制电路如习题【2】图所示，试证明：负载功率因数角 φ 可由两个功率表的读数 P_1 和 P_2 计算得到。

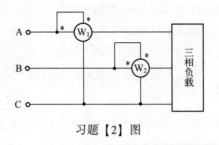

习题【2】图

习题【3】 习题【3】图中，A、B 和 C 为对称三相电源的三根端线，试求两个功率表 W_1 和 W_2 的读数。其中，$\dot{U}_{AB} = 380\angle0°\text{V}$，$R_1 = R_2 = R_3 = R_4 = X_C = 10\Omega$。

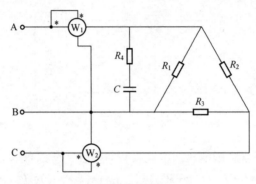

习题【3】图

习题【4】 习题【4】图中，对称三相电源线电压为 380V，接有两组对称三相负载，$R = 100\Omega$，单相负载电阻 R_1 吸收的功率为 1650W，$Z_N = \text{j}5\Omega$，求：

（1）线电流 $\dot{I}_A$、$\dot{I}_B$、$\dot{I}_C$ 和中线电流 $\dot{I}_N$；

（2）三相电源发出的总有功功率。

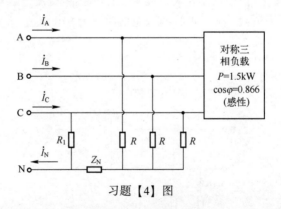

习题【4】图

习题【5】 习题【5】图为对称三相四线制电路，已知 $Z_1 = 12+\text{j}9\Omega$，$Z_2 = \text{j}20\Omega$，电源相电压为 220V，单相负载电阻 $R = 10\Omega$，试求各电流表和功率表的读数。

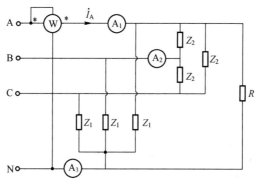

习题【5】图

习题【6】　习题【6】图中，对称三相负载为感性负载：

（1）试设计用功率表测量电路总功率并给出测量证明；

（2）利用已知数据验证（1）中所求功率的正确性。

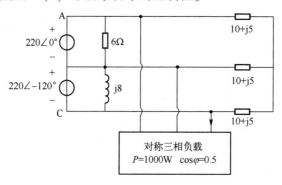

习题【6】图

习题【7】　工程实际中可用两个功率表测量三相对称负载的功率因数，习题【7】图中，已知第一个功率表的读数 $P_1 = 4\text{kW}$，第二个功率表的读数 $P_2 = 2\text{kW}$，试求：

（1）三相对称负载的功率因数；

（2）第三个功率表的读数；

（3）三相对称负载的无功功率。

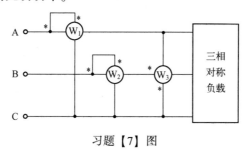

习题【7】图

习题【8】　在如习题【8】图所示对称三相电路中，线路阻抗 $Z_l = 2 + j3\Omega$，电压 $\dot{U}_{A'B'} = 380\angle 0°\text{V}$，三相负载吸收的总功率 $P = 10\text{kW}$，负载功率因数 $\cos\varphi = 0.8$（感性），求电源侧电压 $\dot{U}_{AB}$、$\dot{U}_{BC}$、$\dot{U}_{CA}$。

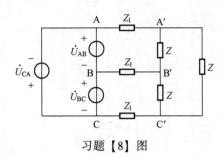

习题【8】图

习题【9】 在习题【9】图所示三相对称电路中，频率为50Hz，线电压为380V，$R=$ 2.5Ω，$Z_1=(24+j18)\,\Omega$：

（1）欲使电源端的功率因数为1，求并联电容 C 的值（断开开关S）；

（2）并联电容后，闭合开关S，求此时的线电流 $\dot{I}_A$、$\dot{I}_B$、$\dot{I}_C$。

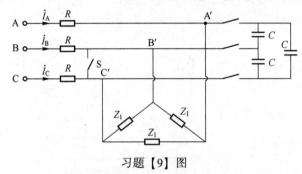

习题【9】图

习题【10】 在习题【10】图所示对称三相电路中，已知电源线电压为380V，$Z=190\angle30°\,\Omega$，$Z_1=(176-j132)\,\Omega$，对称三相负载2吸收有功功率为528W，$\cos\varphi=0.8$（感性），求：

（1）电流 $\dot{I}_A$；

（2）功率表 W 的读数；

（3）画出用两表法测量负载时另一块功率表的接线图。

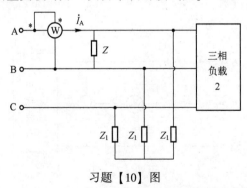

习题【10】图

习题【11】 在习题【11】图所示对称Y-△三相电路中，$U_{AB}=380V$，功率表的读数：W_1，782；W_2，1976.44，求：

（1）负载吸收的复功率和阻抗 Z；

（2）断开开关 S 后，功率表的读数。

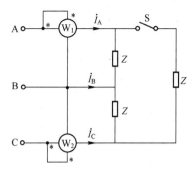

习题【11】图

习题【12】　习题【12】图中，电源为对称三相电源，试求：

（1）L、C 满足什么条件时，线电流对称；

（2）若 $R = \infty$（开路），求线电流。

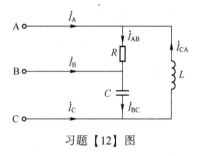

习题【12】图

习题【13】　在习题【13】图所示对称工频三相耦合电路中，对称三相电源的线电压 $U_1 = 380\text{V}$，$R = 30\Omega$，$L = 0.29\text{H}$，$M = 0.12\text{H}$，求：

（1）相电流和负载吸收的总功率；

（2）若用两表法测量电路的功率，功率表该如何接入，读数分别为多少？

（3）若要提高功率因数至 0.9，每相要并联多大的电容？

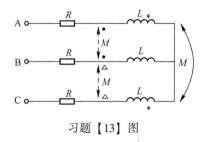

习题【13】图

习题【14】　习题【14】图中，三相电路线电压为 380V，$R_1 = 40\Omega$，$\omega L_1 = 30\Omega$，$R_2 = 50\Omega$，试求：

（1）断开 S 时，电流表 A_1、A_2 和电压表 V 的读数；

（2）闭合 S 时，电流表 A_1、A_2 和电压表 V 的读数；

（3）闭合 S 时，将 A′N′间电阻改为 $0.5R_2$，再求这些读数。

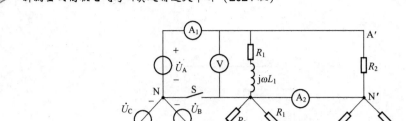

习题【14】图

习题【15】 习题【15】图中，正序对称三相电源通过输电线路向两组对称三相负载供电，已知输电线路阻抗 $Z_L = j2\Omega$，第一组负载阻抗 $Z_1 = j22\Omega$，第二组负载工作在额定状态下，额定线电压为 380V，额定有功功率为 7220W，额定功率因数为 0.5（感性），求：

（1）电源侧的线电压及功率因数；

（2）若 A 相 P 点处发生开路故障（P 点处断开），求此时的稳态电流有效值 I_B、I_C。

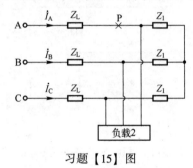

习题【15】图

习题【16】 在习题【16】图所示三相电路中，三相电源对称，若 $P_1 < P_2$，C 可调，求：

（1）判断 L_1、L_2、L_3 的相序（设 L_1 为 A 相）；

（2）对称三相电路的有功功率 P、无功功率 Q 与功率表读数 P_1、P_2 的关系；

（3）调节 C 使 P_1 为 0，求此时 X_C 为何值。

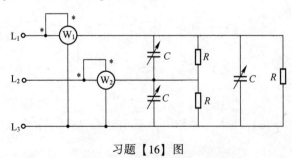

习题【16】图

习题【17】 习题【17】图中，若 $Z_A = \dfrac{1}{j\omega C}$（电容），$Z_B = Z_C = R = \dfrac{1}{\omega C}$（$R$ 为灯泡），试说明在相电压对称的情况下，断开 S 时，如何根据两个灯泡的亮度确定电源的相序。

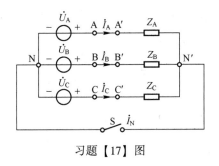

习题【17】图

习题【18】 在习题【18】图所示对称三相电路中，线电压 $U_L = 100\text{V}$，功率表 W_1 的读数为 $250\sqrt{3}\,\text{W}$，W_2 的读数为 $500\sqrt{3}\,\text{W}$，试求阻抗 Z。

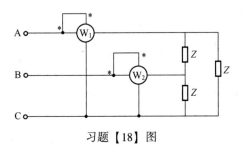

习题【18】图

习题【19】 习题【19】图中，已知三相交流电源对称，线电压 $\dot{U}_{AB} = 380\angle 30°\text{V}$，求：

（1）当断开开关 S 时，电流 $\dot{I}_A$、$\dot{I}_B$、$\dot{I}_C$ 及电压 $\dot{U}_{B'C'}$；

（2）当闭合开关 S 时，阻抗 $Z = \text{j}15\Omega$ 上的电流 $\dot{I}$ 为何值。

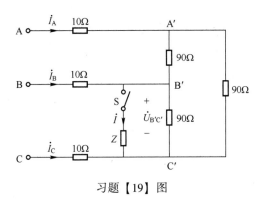

习题【19】图

习题【20】 习题【20】图中，已知对称三相电压源线电压为 380V，有两组对称负载，第一组负载均为 $Z_1 = 10 + \text{j}10\Omega$，第二组负载均为 $R_2 = 20\Omega$，求：

（1）电流表 A_1、A_2、A_3 的读数；

（2）当第二组 A 相负载发生短路故障后，电流表 A_1、A_2、A_3 的读数；

（3）当第二组 A 相负载发生断路故障后，电流表 A_1、A_2、A_3 的读数。

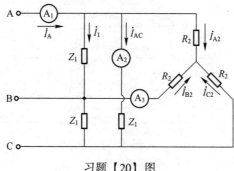

习题【20】图

习题【21】（综合提高题） 在习题【21】图（a）所示电路中，A、B、C 相依次滞后，电压表 V_1 的示数为 U_1，在习题【21】图（b）所示电路中，电压表 V_2 的示数为 U_2，试求：

（1）比较 U_1 和 U_2 大小；

（2）若习题【21】图（b）中的 $R_1 = R_2$，电压表 V_2 示数为 0，则 $\dfrac{R_3}{|X_C|}$ 为多少？

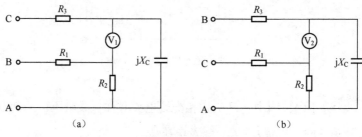

习题【21】图

习题【22】（综合提高题） 习题【22】图中，电路接至对称三相交流电源，电源线电压 $U_L = 380V$，相序为正序。M 为三相感应电动机，可看作对称三相感性负载，已知其三相总有功功率 $P = 1000W$。单相负载 Z 跨接在 A、C 两线之间。三个电流表的读数分别为 $I_A = 10A$、$I_B = 5A$、$I_C = 5A$，试求单相负载的复阻抗 Z 及其有功功率和无功功率。

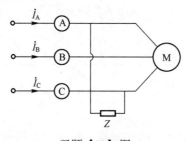

习题【22】图

习题【23】（综合提高题） 习题【23】图所示三相电路中，三相电源为对称三相正序电压源，线电压 $U_L = 380V$，负载为对称三相感性负载，当 m、n 之间尚未接入电容时，功率表 W 的读数为 658.2W，电流表 A 的读数为 $2\sqrt{3}A$，试求：

（1）负载功率因数 $\cos\varphi = ?$ 总功率 $P = ?$

（2）若 m、n 之间接入电容 C，使功率表 W 的读数为 0，则容抗 $X_C = ?$

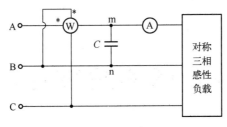

习题【23】图

习题【24】（综合提高题） 在习题【24】图所示正弦稳态三相电路中，已知线电压 U_L = 220V，负载阻抗 $Z = 4+\text{j}3\Omega$，R_V 很大，与功率表的电压线圈阻值相等，求：

（1）功率表 W 的读数；

（2）断开 P 点时，功率表 W 的读数；

（3）断开 Q 点时，功率表 W 的读数。

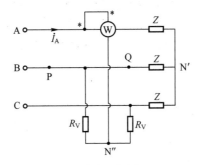

习题【24】图

第 12 章

非正弦周期性电路

12.1 知识框图及重点和难点

非正弦周期性稳态电路知识框图如图 12-1 所示。非正弦周期性函数在满足狄里赫利条件下，可展开为一个收敛的傅里叶级数。本章要求读者掌握傅里叶级数的形式和各项系数的求解方法；了解恒定分量、基波分量及高次谐波分量的定义；理解奇函数、偶函数、奇谐波函数和偶谐波函数与傅里叶级数系数之间的对应关系；熟练掌握线性非正弦周期性稳态电路分析计算的原理和步骤，电压、电流有效值、平均值的定义和求解方法，以及平均功率的定义和求解方法；充分理解容抗和感抗与各次谐波角频率之间的关系，并能在线性非正弦周期性稳态电路分析计算中熟练地应用。

12.2 内容提要及学习指导

12.2.1 非正弦周期性电压、电流的有效值、平均值和平均功率

设一端口网络的端口电压、电流分别为

$$u = U_0 + \sum_{k=1}^{\infty} \sqrt{2} U_k \sin(k\omega t + \varphi_{u_k}) \tag{12-1}$$

$$i = I_0 + \sum_{k=1}^{\infty} \sqrt{2} I_k \sin(k\omega t + \varphi_{i_k}) \tag{12-2}$$

（1）电压、电流的有效值

$$U = \sqrt{U_0^2 + U_1^2 + U_2^2 + \cdots} \tag{12-3}$$

$$I = \sqrt{I_0^2 + I_1^2 + I_2^2 + \cdots} \tag{12-4}$$

即非正弦周期性电量的有效值是直流分量和各次谐波分量有效值的平方和的开方值。

（2）电压、电流的平均值、均绝值

$$U_{av} = \frac{1}{T} \int_0^T u \, dt = U_0, \quad I_{av} = \frac{1}{T} \int_0^T i \, dt = I_0 \tag{12-5}$$

$$U_{aa} = \frac{1}{T} \int_0^T |u| \, dt, \quad I_{aa} = \frac{1}{T} \int_0^T |i| \, dt \tag{12-6}$$

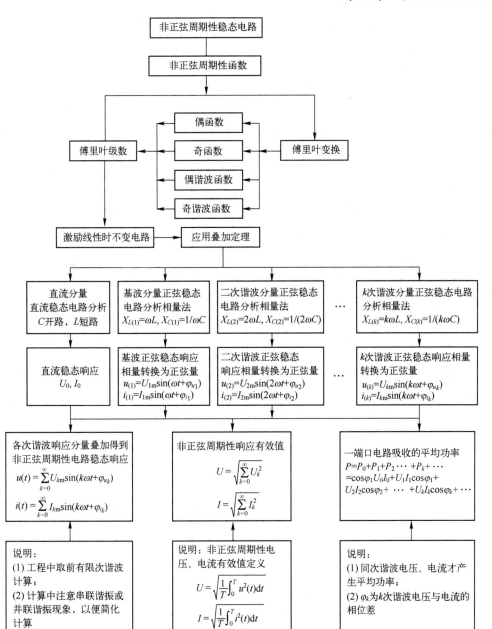

图 12-1　非正弦周期性稳态电路知识框图

（3）平均功率

$$P = U_0 I_0 + U_1 I_1 \cos(\varphi_{u_1} - \varphi_{i_1}) + U_2 I_2 \cos(\varphi_{u_2} - \varphi_{i_2}) + \cdots$$

$$= U_0 I_0 + U_1 I_1 \cos(\varphi_1) + U_2 I_2 \cos(\varphi_2)$$

$$= \sum_{k=0}^{\infty} U_k I_k \cos\varphi_k \qquad\qquad (12-7)$$

$$= \sum_{k=0}^{\infty} P_k$$

111

12.2.2　非正弦周期性线性时不变稳态电路分析

（1）将非正弦周期性激励函数展开为傅里叶级数，或者查表获得，或者题目已经给定。在工程实际中，通常根据精度要求，取级数中的前若干项进行计算（**实际考试中一般会直接给出**）。

（2）应用叠加原理分别计算直流分量和各次谐波分量各自产生的稳态响应。直流稳态响应采用直流电阻电路的分析计算方法求解，注意此时应将电容元件视为开路，电感元件视为短路。各次谐波分量产生的正弦稳态响应，采用正弦稳态电路的相量法求出各次谐波对应的响应相量后，再转化为随时间变化而变化的正弦函数（注意：不同的谐波，其电容、电感元件的谐波阻抗值是不同的）。

（3）将计算的直流稳态响应和各次谐波产生的正弦稳态响应在时域中叠加，得到非正弦周期性稳态响应的时域表达式。

（4）根据具体要求，计算电压、电流的有效值和一端口网络吸收的有功功率或各电阻元件吸收的有功功率。

注意：对于含多个频率以上的电路，为了保证计算过程中不出错误，可以选用列写表格的形式，将不同频率的电量分别表示出来，同时注意利用谐波阻抗的概念。

第 12 章习题

习题【1】　习题【1】图中，非正弦周期电压 $u_S(t) = 10 + 200\cos1000t + 15\cos3000t\,\mathrm{V}$，$u_R(t) = 200\cos1000t\,\mathrm{V}$，试求：

（1）C_1、C_2；

（2）电压表 V 的读数；

（3）功率表 W 的读数。

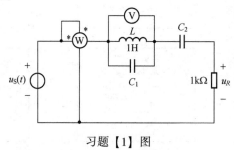

习题【1】图

习题【2】　习题【2】图中，已知 $u_s = 40\sqrt{2}\cos2\omega t\,\mathrm{V}$，$i_s = 2\sqrt{2}\cos\omega t\,\mathrm{A}$，$\omega L = 5\Omega$，$\dfrac{1}{\omega C} = 20\Omega$，求 $u(t)$ 及 i_s 发出的有功功率。

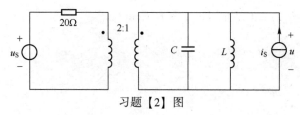

习题【2】图

习题【3】　在习题【3】图所示非正弦周期电流电路中，已知电压源 $u_S(t) = 40\cos1000t + 10\cos2000t\,\mathrm{V}$，求：

（1）电流 $i(t)$；

（2）电压源发出的平均功率 P。

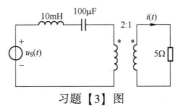

习题【3】图

习题【4】　习题【4】图中，已知 $R_1 = R_2 = 10\Omega$，$\omega L_1 = 100\Omega$，$\dfrac{1}{\omega C_1} = 100\Omega$，$\omega L_2 = 25\Omega$，$\dfrac{1}{\omega C_2} = 400\Omega$，电流源 $i_S = 10 + 4\sqrt{2}\sin\omega t + 2\sqrt{2}\sin(2\omega t + 90°)\,\mathrm{A}$，求：

（1）a、b 之间的 u_{ab} 及其有效值；

（2）电流源提供的有功功率 P。

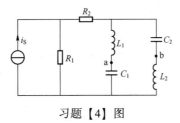

习题【4】图

习题【5】　习题【5】图中，已知 $i_S(t) = \sqrt{2}\cos(t + 30°)\,\mathrm{A}$，$u_{S1}(t) = 3\sqrt{2}\cos(3t)\,\mathrm{V}$，$u_{S2}(t) = 3\,\mathrm{V}$，$R_1 = R_3 = 1\Omega$，$R_2 = 2\Omega$，$L_1 = \dfrac{1}{3}\mathrm{H}$，$L_2 = \dfrac{8}{3}\mathrm{H}$，$C = \dfrac{1}{3}\mathrm{F}$，求电容两端电压 $u_C(t)$ 及 i_S 两端电压 $u(t)$。

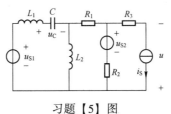

习题【5】图

习题【6】　习题【6】图中，$u_S(t) = 30 + 120\sqrt{2}\sin1000t + 60\sqrt{2}\sin(2000t + 45°)\,\mathrm{V}$，求各电表的读数。

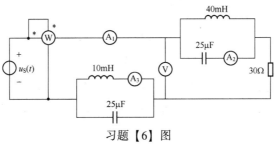

习题【6】图

习题【7】 习题【7】图中，$u_S(t) = \left[220\sqrt{2}\cos(314t) + 55\sqrt{2}\cos(3\times314t) \right]$ V，在基波频率下，$X_{L_1}(\omega_1) = X_{C_1}(\omega_1) = X_{L_2}(\omega_1) = X_{C_2}(\omega_1) = 31.4\Omega$，试求输出电压 $u_O(t)$。

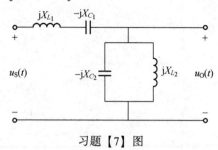

习题【7】图

习题【8】 习题【8】图中，$C_1 = \dfrac{1}{6}$F，$C_2 = \dfrac{1}{3}$F，$L_1 = 6$H，$L_2 = 4$H，$M = 3$H，$R_1 = 3\Omega$，$R_2 = 4\Omega$，$u_S(t) = 18\sqrt{2}\cos t + 9\sqrt{2}\cos(2t+30°)$ V，$i_S(t) = 6\sqrt{2}\cos t$ A，求：

（1）i 及其有效值；

（2）两个电源发出的总有功功率。

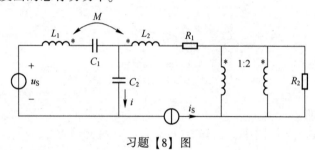

习题【8】图

习题【9】 习题【9】图中，已知电流源 $i_S(t) = 9\sqrt{2}\cos t$ A，电压源 $u_S(t) = 15 + 20\sqrt{2}\cos\left(\dfrac{1}{3}t+30°\right) + 10\sqrt{2}\cos t$ V，$L_1 = \dfrac{72}{23}$H，$L_2 = 4$H，$M = 3$H，$C_1 = \dfrac{1}{3}$F，$C_2 = \dfrac{23}{3}$F，$C_3 = 1$F，$R_1 = R_2 = 10\Omega$，求：

（1）电流 $i(t)$ 及其有效值；

（2）电阻 R_1 吸收的平均功率。

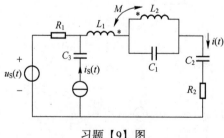

习题【9】图

习题【10】 习题【10】图中，激励 $u_1(t)$ 包含两个频率 ω_1、ω_2 分量（$\omega_1 < \omega_2$），要求响应 $u_2(t)$ 含有 $u_1(t)$ 全部的 ω_1 分量，不包含 ω_2 分量，求 Z_3 应选取何种无源元件？Z_3 和 C_2 参数如何选取？

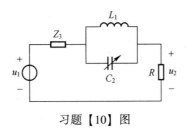

习题【10】图

习题【11】　习题【11】图中，已知 $i_S = 5 + 20\sin 1000t + 10\sin 3000t\,\text{A}$，$C_1$ 中只有基波电流，C_3 中只有三次谐波电流，$L = 0.1\text{H}$，$C_3 = 1\mu\text{F}$，求：

（1）C_1、C_2；

（2）电流 i_1、i_2、i_3。

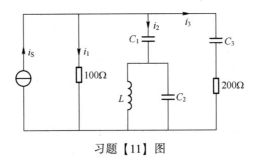

习题【11】图

习题【12】　习题【12】图中，I_0 为直流电源，且 $I_0 = 7\text{A}$，u_S 为正弦交流电源，$R_S = 0.4\Omega$，电阻 R、R_S 吸收的功率之和为 17.5W，电流表读数均为 5A，求 R、X_L、X_C、U_S。

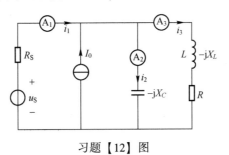

习题【12】图

习题【13】　习题【13】图中，已知 $u(t) = \sqrt{2}\,U_1\sin\omega t + \sqrt{2}\,U_3\sin 3\omega t\,\text{V}$，现设计一个滤波器（虚线框），使负载 R_L 两端只有基波电压 $\sqrt{2}\,U_1\sin\omega t$，已知角频率 $\omega = 314\text{rad/s}$，$C_1 = 9.4\mu\text{F}$，试求 L、C_2。

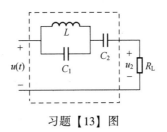

习题【13】图

习题【14】（综合提高题） 习题【14】图中，RLC 串联电路的端口电压和电流分别为 $u(t)=100\cos314t+50\cos(942t-30°)$V、$i(t)=10\cos314t+1.755\cos(942t+\theta_3)$A，试求：

（1）R、L、C、θ_3；

（2）电路消耗的功率。

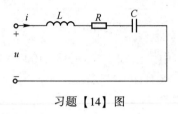

习题【14】图

习题【15】（综合提高题） 习题【15】图中，$R_1=1\Omega$，$C_1=C_2=1$F，$L_1=\dfrac{2}{3}$H，电流源 $i_S=15+12\sqrt{2}\cos t+16\sqrt{2}\cos3t$A。两个可调电阻的调节过程：先调节 R_2，使 i_3 中不含基波电流，然后调节 R_3，使其获得最大平均功率。试问：

（1）i_S 的有效值；

（2）R_2；

（3）R_3 为何值时，可以获得最大功率？最大功率为多少？

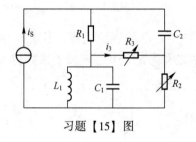

习题【15】图

第 **13** 章

动态电路复频域分析

13.1 知识框图及重点和难点

本章要求读者清楚拉普拉斯变换的定义，熟练掌握常用函数的拉普拉斯变换和应用部分分式展开法进行拉普拉斯逆变换，理解拉普拉斯变换的主要性质；深刻理解把电路的时域分析变换到复频域分析的原理；熟悉基尔霍夫定律和电路元件特性方程的复频域形式，以及复频域（运算）阻抗、复频域（运算）导纳和电路的复频域模型；重点掌握和运用复频域分析法（运算法）求解线性时不变动态电路的响应；清楚网络函数的定义与分类、零点与极点和零极点图的概念；理解网络函数 $H(s)$ 与单位冲激响应 $h(t)$ 之间的关系、$H(s)$ 与 $H(j\omega)$ 之间的关系、频域卷积定理与时域卷积积分之间的关系及其物理意义；了解在 s 复平面上极点位置对网络稳定性影响的概念，以及零点、极点在 s 复平面上位置的变化，对正弦稳态下网络函数的幅频特性和相频特性影响的概念。动态电路的复频域分析知识框图如图 13-1 所示。

13.2 内容提要及学习指导

13.2.1 拉普拉斯变换

1. 拉普拉斯变换定义

$$F(s) = \int_{0-}^{\infty} f(t) e^{-st} dt = L[f(t)] \tag{13-1}$$

式中，$s = \sigma + j\omega$ 为一复数；$F(s)$ 称为 $f(t)$ 的象函数；$f(t)$ 称为 $F(s)$ 的原函数。由于积分下限取 0_- 时刻，因此称为单边拉普拉斯变换，包含在 $t=0$ 时刻 $f(t)$ 中含有的冲激函数 $\delta(t)$。

2. 拉普拉斯变换的基本性质

（1）线性性质

$$L[K_1 f_1(t) \pm K_2 f_2(t)] = K_1 F_1(s) \pm K_2 F_2(s) \tag{13-2}$$

式中，K_1、K_2 为任意常数。

（2）微分性质

$$L\left[\frac{df(t)}{dt}\right] = sF(s) - f(0_-) \tag{13-3}$$

$$\vdots$$

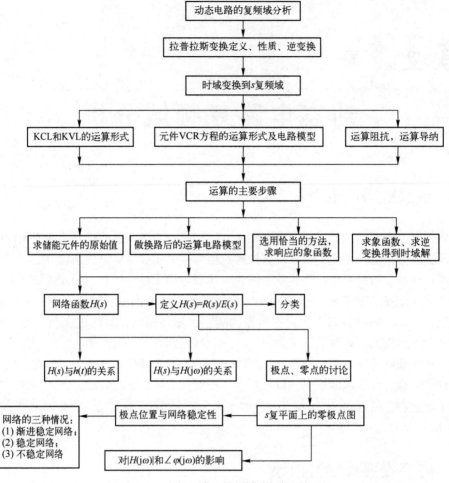

图 13-1 动态电路的复频域分析知识框图

$$L\left[\frac{\mathrm{d}^n f(t)}{\mathrm{d}t^n}\right] = s^n F(s) - \sum_{r=0}^{n-1} s^{n-r-1} f^{(r)}(0_-)$$

式中，$f(0_-)$ 是 $f(t)$ 在 $t=0_-$ 时刻的值；$f^{(r)}(0_-)$ 是 $f(t)$ 的阶导数在 $t=0$ 时刻的值。

（3）积分性质

$$L\left[\int_{-\infty}^{t} f(t')\mathrm{d}t'\right] = L\left[\int_{-\infty}^{0^-} f(t')\mathrm{d}t' + \int_{0^-}^{t} f(t')\mathrm{d}t'\right] = \frac{f^{-1}(0_-)}{s} + \frac{F(s)}{s} \tag{13-4}$$

式中，$f^{-1}(0_-) = \int_{-\infty}^{0^-} f(t')\mathrm{d}t'$。

（4）延迟性质

$$L[f(t-t_0)\varepsilon(t-t_0)] = \mathrm{e}^{-st_0}F(s) \tag{13-5}$$

式中，$F(s) = L[f(t)\varepsilon(t)]$。

3. 拉普拉斯逆变换——部分分式展开法

（1）具有 n 个单阶极点有理函数的逆变换

$$F(s) = \frac{F_1(s)}{F_2(s)} = \frac{F_1(s)}{(s-p_1)(s-p_2)\cdots(s-p_n)} = \sum_{i=1}^{n} \frac{K_i}{(s-p_i)} \tag{13-6}$$

式中，$p_i(i=1,2,\cdots,n)$ 为 $F_2(s)$ 的 n 个互不相等的根，也称 $F(s)$ 的 n 个单阶极点，是实数或复数，是复数时必以共轭复数出现，待定系数可以按下式分别求得，即

$$K_i = \frac{F_1(p_i)}{F_2'(p_i)} \quad (i=1,2,\cdots,n) \tag{13-7}$$

则 $F(s)$ 所对应的原函数 $f(t)$ 可以描述为

$$f(t) = L^{-1}[F(s)] = \sum_{i=1}^{n} K_i e^{p_i t} \tag{13-8}$$

（2）具有 α 阶极点有理函数的逆变换

设象函数

$$F(s) = \frac{F_1(s)}{F_2(s)} = \frac{F_1(s)}{(s-p_1)^{\alpha}(s-p_2)\cdots(s-p_n)} \tag{13-9}$$

为有理真分式，具有一个 α 阶极点 p_1 和 $n-1$ 个单阶极点 $p_2,p_3,\cdots,p_n$，则 $F(s)$ 的部分分式展开式为

$$F(s) = \frac{K_{1\alpha}}{(s-p_i)} + \frac{K_{1(\alpha-1)}}{(s-p_i)^2} + \cdots + \frac{K_{11}}{(s-p_i)^{\alpha}} + \sum_{i=2}^{n} \frac{K_i}{(s-p_i)} \tag{13-10}$$

式中，

$$K_{11} = (s-p_i)^{\alpha} F(s) \big|_{s=p_i};$$

$$K_{12} = \frac{\mathrm{d}}{\mathrm{d}s}\big[(s-p_i)^{\alpha} F(s)\big] \big|_{s=p_i};$$

$$K_{13} = \frac{1}{2}\frac{\mathrm{d}^2}{\mathrm{d}s^2}\big[(s-p_i)^{\alpha} F(s)\big] \big|_{s=p_i};$$

$$K_{1\alpha} = \frac{1}{(\alpha-1)}\frac{\mathrm{d}^{(\alpha-1)}}{\mathrm{d}s^{(\alpha-1)}}\big[(s-p_i)^{\alpha} F(s)\big] \big|_{s=p_i};$$

$$K_i = \frac{F_1(s)}{F_2'(s)} \big|_{s=p_i}。$$

则 $F(s)$ 所对应的原函数 $f(t)$ 可以描述为

$$f(t) = L^{-1}[F(s)] = \left[K_{1\alpha} + K_{1(\alpha-1)}t + \cdots + \frac{1}{(\alpha-1)!}K_{11}t^{\alpha-1}\right]e^{p_i t} + \sum_{i=2}^{n} K_i e^{p_i t}$$

$$\tag{13-11}$$

13.2.2　运算电路

应用拉普拉斯变换及其基本性质，可以将 KCL、KVL 和电路元件 VCR 的时域方程变换为 s 复频域中运算形式的方程及运算电路元件模型，从而将时域电路变换为运算电路。在运算电路中，可以根据具体情况选用网络分析方法进行分析和计算。

1. KCL 的运算形式

s 复频域电路中，流出任意节点电流象函数的代数和恒为 0，即 $\sum I_k(s) = 0$。式中，流出节点的电流为正，流入节点的电流为负。

2. KVL 的运算形式

s 复频域电路中，沿着任意回路绕行方向的各支路电压降象函数的代数和恒为 0，即

$\sum U_k(s) = 0$。式中，与绕行方向一致的电压降象函数为正，否则为负。

3. 电路元件 VCR 的运算形式

电路元件 VCR 的运算形式见表 13-1。

表 13-1　电路元件 VCR 的运算形式

时域模型	频域模型

由表可知，4 种电路元件的时域和 s 复频域的 VCR 方程和电路模型都是在假设端口电压、电流为关联参考方向下得出的结论，当端口电压、电流的关联参考方向发生变化时，VCR 方程也会发生相应的变化。特别是电感、电容和耦合电感元件，由于初始值的存在，因此在 s 复频域电路模型中就存在对应的附加电源，它们的方向也会发生变化，应该引起关注。

13.2.3　复频域分析计算的主要步骤

（1）由给定的时域电路确定电路的原始状态，即电路在开闭前瞬间，电容电压 $u_C(0_-)$ 和电感电流 $i_L(0_-)$。电路在开闭前有两种工作状态：一种是直流稳态，即电路的电压、电流均不随时间的变化而变化，可以视电容为开路，视电感为短路，电路变为直流电阻电路，较容易求出 $u_C(0_-)$ 和 $i_L(0_-)$；第二种是电路中的电压、电流都随时间的变化而变化，应首先求出电路开闭前稳态电路的电容电压和电感电流的时域表达式，再令 $t=0_-$，代入表达式求

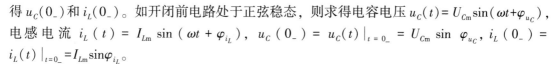

得 $u_C(0_-)$ 和 $i_L(0_-)$。如开闭前电路处于正弦稳态，则求得电容电压 $u_C(t) = U_{Cm}\sin(\omega t + \varphi_{u_C})$，电感电流 $i_L(t) = I_{Lm}\sin(\omega t + \varphi_{i_L})$，$u_C(0_-) = u_C(t)\big|_{t=0_-} = U_{Cm}\sin\varphi_{u_C}$，$i_L(0_-) = i_L(t)\big|_{t=0_-} = I_{Lm}\sin\varphi_{i_L}$。

（2）做出开关动作后的运算电路图，需特别说明的有 4 点：

① 电路结构不变，将原电路中的各种元件用 s 复频域电路模型来替代；

② 对于电容、电感元件和耦合电感元件而言，应注意附加电压源或附加电流源的参考方向；

③ 对于电压源、电流源而言，电路图形符号和参考方向不变，只需将时域函数换为象函数；

④ 对于各种受控源、理想变压器而言，电路图形符号和参考方向不变，只需将量用对应的象函数表示。

（3）根据题意和电路结构选用适当的电路分析计算方法，求出响应的象函数。

（4）利用部分分式展开法或常用函数的拉普拉斯变换表进行逆变换，得到对应响应象函数的时域表达式。

另外一种建立复频域电路方程的方法是先根据电路建立时域下的常微分方程，然后利用复变函数中求解微分方程，直接对方程进行拉普拉斯变换，可减少画运算图这一步骤。

13.2.4 网络函数 $H(s)$

1. 网络函数的定义

对于任意线性时不变松弛单输入、单输出电路， 设输入激励为 $e(t)$，零状态响应为 $r(t)$，则 $r(t)$ 的拉普拉斯变换式 $R(s)$ 与 $e(t)$ 的拉普拉斯变换式 $E(s)$ 之比被称为该电路对应零状态响应的网络函数 $H(s)$，即

$$H(s) = \frac{R(s)}{E(s)} \tag{13-12}$$

它具有 6 种类型，分别为驱动点阻抗、驱动点导纳、转移阻抗、转移导纳、转移电压比和转移电流比。同一端口的驱动点阻抗与驱动点导纳互为倒数关系。网络函数 $H(s)$ 可以根据具体电路及要求采用适当的电路分析方法求得，在一般情况下，求出的网络函数是 s 的实系数有理函数，即

$$H(s) = \frac{A(s)}{B(s)} = \frac{a_m s^m + a_{m-1} s^{m-1} + \cdots + a_0}{b_n s^n + b_{n-1} s^{n-1} + \cdots + b_0} \tag{13-13}$$

式中，$a_i(i=0,1,2,\cdots,m)$、$b_k(k=0,1,2,\cdots,n)$ 均为实数。将式（13-13）分解因式，可将网络函数表示为

$$H(s) = H_0 \frac{\displaystyle\prod_{i=1}^{n}(s - z_i)}{\displaystyle\prod_{k=1}^{n}(s - p_k)} \tag{13-14}$$

式中，$z_i(i=1,2,\cdots,m)$ 为网络函数 $H(s)$ 的零点；$p_k(k=1,2,\cdots,n)$ 为网络函数 $H(s)$ 的极点。在 s 复平面上绘制零点、极点的分布图，被称为网络函数的零极点图。

2. $H(s)$ 和 $h(t)$ 之间的关系

网络函数 $H(s)$ 与单位冲激响应构成拉普拉斯变换对，有

$$H(s) = L[h(t)]$$

$$h(t) = L^{-1}[H(s)]$$

上述关系说明，对于单输入、单输出的线性时不变松弛网络而言，当已知网络函数时，就可以直接求出在单位冲激电源激励下产生的单位冲激响应；反之，已知单位冲激响应，可以求出对应的网络函数。

3. 极点与网络的稳定性

（1）渐近稳定网络

网络函数的极点全部位于 s 复平面的左半开平面，当 $t \to \infty$ 时，单位冲激响应趋于 0，称对应的网络是渐近稳定网络。

（2）稳定网络

若网络函数的极点除了有位于 s 复平面的左半平面的极点，在虚轴上还有共轭单阶极点，则当 $t \to \infty$ 时，单位冲激响应将是按正弦规律变化的时间函数，或是多个不同频率的正弦函数的叠加，幅值是有界的，称对应的网络是稳定网络。

（3）不稳定网络

若网络函数含有处于 s 复平面的右半开平面上的极点，或虚轴上有共轭多阶极点，则当 $t \to \infty$ 时，单位冲激响应的幅值也将趋于无穷大，称对应的网络是不稳定网络。

4. $H(s)$ 与 $H(j\omega)$ 之间的关系

对于一个渐近稳定的网络，在 s 复频域下求得的网络函数 $H(s)$ 和在正弦稳态下求得的网络函数 $H(j\omega)$ 之间具有如下关系，即

$$H(s) \Leftrightarrow H(j\omega) \tag{13-15}$$

上述关系说明，已知 $H(s)$ 时，只需令 $s = j\omega$ 并代入 $H(s)$ 表达式，就可得到 $H(j\omega)$；反之，已知 $H(j\omega)$ 时，令 $j\omega = s$，代入 $H(j\omega)$ 表达式，就可得到 $H(s)$。

5. 零点、极点对频率响应的影响

因为网络函数 $H(s)$ 用零点、极点可以表示为

$$H(s) = H_0 \frac{\prod\limits_{i=1}^{n}(s - z_i)}{\prod\limits_{k=1}^{n}(s - p_k)} \tag{13-16}$$

所以，令 $s = j\omega$ 并代入，就可得到正弦稳态下网络函数 $H(j\omega)$ 的表达式为

$$H(j\omega) = H_0 \frac{\prod\limits_{i=1}^{n}(j\omega - z_i)}{\prod\limits_{k=1}^{n}(j\omega - p_k)} = H_0 \frac{\prod\limits_{i=1}^{m} M_i}{\prod\limits_{k=1}^{n} N_k} \exp\left[j\left(\sum_{i=1}^{m}\theta_i - \sum_{k=1}^{n}\varphi_k\right)\right] = |H(j\omega)| \angle \varphi_H(j\omega)$$

式中，乘积因子 $(j\omega - z_i) = M_i e^{j\theta_i}(i = 1, 2, \cdots, m)$，$(j\omega - p_k) = N_k e^{j\varphi_k}(k = 1, 2, \cdots, n)$，说明网络函数 $H(j\omega)$ 的幅模 $|H(j\omega)|$ 和辐角 $\varphi_H(j\omega)$ 分别为

$$|H(j\omega)| = H_0 \frac{\prod\limits_{i=1}^{m} M_i}{\prod\limits_{k=1}^{n} N_k} \tag{13-17}$$

$$\varphi_H(j\omega) = \sum_{i=1}^{m}\theta_i - \sum_{k=1}^{h}\varphi_k$$

第13章习题

习题【1】 用复频域分析法求习题【1】图所示电路中的 $u_C(t)$ 和 $u_L(t)$。

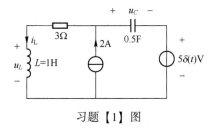

习题【1】图

习题【2】 习题【2】图中，已知 $i_S(t) = 10\varepsilon(t) + 5\delta(t)\,\mathrm{A}$，试用拉普拉斯变换法求出零状态响应的 $u_C(t)$ 和 $i_L(t)$。

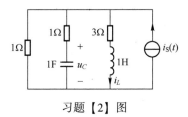

习题【2】图

习题【3】 习题【3】图中，已知 $E = 10\mathrm{V}$，$R_1 = R_2 = 1\Omega$，$C_1 = C_2 = 1\mathrm{F}$，在 $t = 0$ 时闭合开关 K，试利用复频域分析法求解 u_2 的零状态响应。

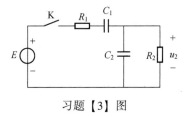

习题【3】图

习题【4】 习题【4】图中，电容原来不带电，已知 $u_{S1}(t) = 2\varepsilon(t)\,\mathrm{V}$，$u_{S2}(t) = \delta(t)\,\mathrm{V}$，试利用复频域分析法求解 $u_1(t)$ 和 $u_2(t)$。

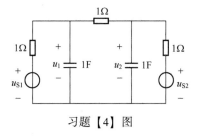

习题【4】图

习题【5】 习题【5】图中，电路原处于稳态，已知 $R = 1\Omega$，$L = 1.25\mathrm{H}$，$C_1 = C_2 = 0.1\mathrm{F}$，$U_S = 10\mathrm{V}$，在 $t = 0$ 时将开关 S 闭合，试用拉普拉斯变换法求闭合开关 S 后的电容电压 $u_{C_2}(t)$。

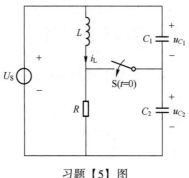

习题【5】图

习题【6】 习题【6】图中，$u_S(t) = 100\sin\omega t\,V$，$\omega = 1000\,rad/s$，$U_0 = 100V$，$R = 500\Omega$，$C_1 = C_2 = 2\mu F$，电路在换路前已达稳态，开关在 $t = 0$ 时换路，由"2"换到"1"，试用运算法求响应 $u_C(t)$。

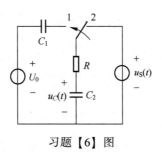

习题【6】图

习题【7】 习题【7】图中，电路处于稳态，已知 $i_L(0_-) = 0A$，$u_C(0_-) = 0V$，当 $t = 0$ 时，开关 S_1 和 S_2 同时闭合，试用拉普拉斯变换法求闭合开关后的电容电压 $u_C(t)$。

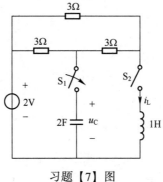

习题【7】图

习题【8】 习题【8】图中，$i_1(0_-) = 1A$，$u_2(0_-) = 2V$，$u_3(0_-) = 1V$，试用运算法求 $t \geq 0$ 时的电压 $u_2(t)$ 和 $u_3(t)$。

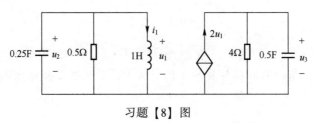

习题【8】图

习题【9】　习题【9】图中，开关 S 在 $t=0$ 时刻断开，试用拉普拉斯变换法求 $t \geqslant 0$ 时的电容电流 $i_C(t)$。

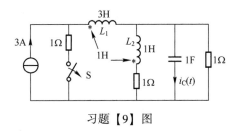

习题【9】图

习题【10】　习题【10】图中，已知 $u_S(t)=2\varepsilon(t)$ V，$i_1(0_-)=0.2$ A，$i_2(0_-)=0.1$ A，求 $t \geqslant 0$ 时的响应 $u_1(t)$ 和 $u_2(t)$。

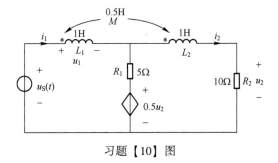

习题【10】图

习题【11】　习题【11】图中，已知 $L_1=1$ H，$L_2=4$ H，$M=2$ H，$R_1=R_2=1\Omega$，$U_S=1$ V，在 $t=0$ 时闭合开关 S，求零状态时的响应 i_1、i_2。

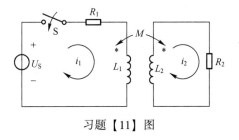

习题【11】图

习题【12】　习题【12】图中，若以 u 为输出，求：

（1）相应的网络函数 $H(s)$；

（2）冲激响应；

（3）当 $i_S=2\sqrt{5}\sin(t+30°)$ A 时的正弦稳态响应。

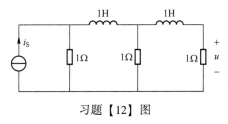

习题【12】图

习题【13】 习题【13】图中，N 为线性 RC 网络，已知在同一初始条件下，当 $u_S(t) = 0$ 时，全响应 $u_0(t) = -e^{-10t}\varepsilon(t)$V；$u_S(t) = 12\varepsilon(t)$V 时，全响应 $u_0(t) = (6-3e^{-10t})\varepsilon(t)$V；若 $u_S(t) = 6e^{-5t}\varepsilon(t)$V 且初始状态仍不变，求全响应 $u_0(t)$。

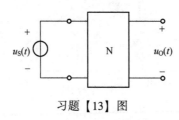

习题【13】图

习题【14】 习题【14】图（a）所示电路激励 $u_S(t)$ 的波形如习题【14】图（b）所示，已知 $R_1 = 6\Omega$，$R_2 = 3\Omega$，$L = 1$H，$\mu = 1$，求电路的零状态响应 $i_L(t)$。

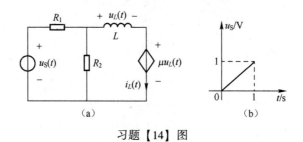

习题【14】图

习题【15】 习题【15】图（a）所示电路的激励 i_S 如习题【15】图（b）所示，电感和电容的初值为 0，响应为 $i(t)$，试求网络函数 $H(s)$、系统的单位冲激响应 $h(t)$ 以及零状态响应 $i(t)$。

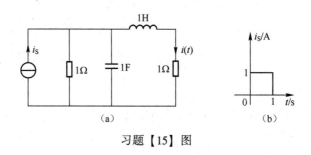

习题【15】图

习题【16】（综合提高题） 习题【16】图中，$C = 1$F，N 网络的 Y 参数为

$$Y(s) = \begin{bmatrix} 10+\dfrac{4}{s} & -\dfrac{4}{s} \\ -\dfrac{4}{s} & 5+\dfrac{4}{s} \end{bmatrix}，求：$$

（1）网络函数 $H(s) = \dfrac{U_0(s)}{U_S(s)}$；

（2）单位阶跃响应 $u_0(t)$。

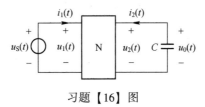

习题【16】图

习题【17】（综合提高题） 习题【17】图中，网络 N 为线性无源网络，电压 $u(t)$ 零输入解为 $20e^{-2t}\varepsilon(t)$，对应响应 $u(t)$ 网络函数 $H(s)=\dfrac{4s}{s+2}$，试求：

（1）$i_S=5\varepsilon(t)$ A 时，电压 $u(t)$ 的全响应；

（2）$i_S=5\varepsilon(t-1)$ A 时，电压 $u(t)$ 的全响应；

（3）给出网络 N 的等效电路。

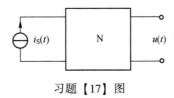

习题【17】图

习题【18】（综合提高题） 习题【18】图中，已知 $U=6V$，$R=2.5\Omega$，$L=6.5mH$，$C=0.3\mu F$，a、b 端口为一个互感电压放大器，电压放大倍数为 70，不对电路运行产生影响，$u_{ab}=70u_L$，电路处于稳态，求断开开关 S 后，a、b 的最高电压。

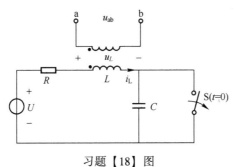

习题【18】图

习题【19】（综合提高题） 习题【19】图中，电容电压 $u_{C_3}(0_-)=0$，$u_{C_4}(0_-)=0$，求输出电压 $u_2(t)$。已知运算放大器为理想运算放大器，$u_1(t)=20\varepsilon(t)$ V。

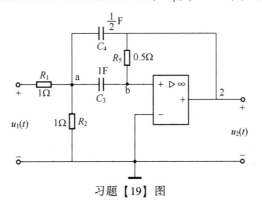

习题【19】图

习题【20】（综合提高题） 习题【20】图中，N_0 为线性无源网络，R 为可变电阻，激励为单位阶跃电压 $\varepsilon(t)\,\mathrm{V}$。已知 $R=1\,\Omega$ 时，$i(t)$ 的单位阶跃响应 $i_0(t)=(\mathrm{e}^{-t}-2\mathrm{e}^{-3t}+\mathrm{e}^{-4t})\varepsilon(t)\,\mathrm{A}$；当 $R=R_1$ 时，$i(t)$ 的单位阶跃响应 $i_1(t)$ 中含有固有频率为 -2 的分量。试求 $R=R_1$ 时的单位阶跃响应 $i_1(t)$。

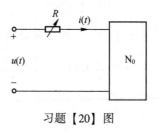

习题【20】图

第 14 章

二端口网络

14.1 知识框图及重点和难点

对二端口网络的讨论是围绕着线性松弛二端口网络的端口特性方程、二端口网络的参数描述、分析含二端口网络的电路分析方法展开的。二端口网络的知识框图如图 14-1 所示。

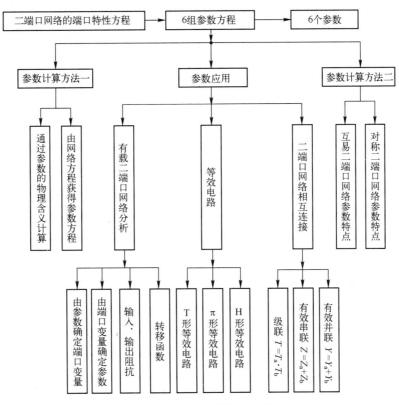

图 14-1 二端口网络的知识框图

由于线性松弛二端口网络可以用 6 组参数方程描述，因而得到 6 个参数。如何获得二端口网络的参数、如何应用双口网络的参数分析含二端口网络的电路是本章学习的重点（**其中 Z、Y、T、H 矩阵为考查重点**）。要熟练掌握参数的求取及应用参数分析二端口网络端口电压、电流的方法。二端口网络的参数一般通过参数方程获得物理含义表达式，

129

用表达式所对应的电路分析并计算参数。分析含二端口网络或有载二端口网络时，可采用参数方程联立端接支路方程的方法求解；也可用等效电路求解，更直观。

14.2 内容提要及学习指导

14.2.1 二端口网络的参数方程与参数

线性不含独立电源的二端口网络可用 6 组端口特性方程描述端口特性，每组方程均包含 4 个参数。这些参数的物理含义是什么、如何获得这些参数、如何应用这些参数分析问题是本章的重点。

二端口网络参数的计算通常有两种方法：

（1）直接按照参数的物理意义计算。每一个参数都有确切的物理含义，根据参数的物理含义表达式，可以计算二端口网络的参数。这是一种普遍有效的方法。

（2）用网络方程计算参数。对于简单的二端口网络，可以通过列写网络方程，如 Z 参数通过列写节点方程、Y 参数通过列写网络回路方程后，整理成规范的参数方程形式，经过系数比较就可以获得相应的参数。

互易定理指出，仅由线性电阻构成的二端口网络，具有端口激励源和响应可以互易的特点。将线性电阻推广到复阻抗和运算阻抗可知，仅由线性时不变电阻、电感、电容、耦合电感构成的二端口网络，满足相量形式或运算形式的互易定理。

14.2.2 二端口网络各参数互换关系

从理论上讲，虽然可以选择 6 个不同参数中的任意一个描述二端口网络的外特性，但对特定网络，对某个参数的描述可能较为方便，而在具体分析网络问题时，又需要用到另外一个参数，并需要进行参数之间的互换。

要获得两个参数之间的互换关系，有的只需要对一个参数方程进行移项或自变量与因变量位置转换，就可将其变换成另一个参数方程，获得两个参数之间的互换关系。

14.2.3 二端口网络的等效电路

二端口网络的等效电路可应用于对含二端口网络问题的分析以及二端口网络的模拟中，等效原则是保证端口电压、电流关系不变。依照此原则，二端口网络可以有几种不同形式的等效电路。由于它们与原二端口网络具有相同的端口特性方程，因此可以从原二端口网络特性方程出发构造等效电路，即用阻抗或导纳结合受控源依据二端口特性方程构造等效电路。

图 14-2（a）为用 Z 参数表示的 T 形等效电路，当二端口网络为互易网络时，$Z_{12}=Z_{21}$，受控电源短路。图 14-2（b）为用 Y 参数表示的 π 形等效电路，当二端口网络为互易网络时，$Y_{12}=Y_{21}$，受控电源开路。

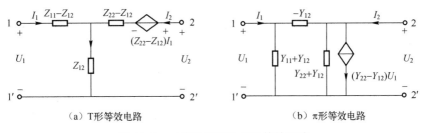

（a）T形等效电路　　　　　　　　　　（b）π形等效电路

图 14-2　二端口网络的两种等效电路

14.2.4　二端口网络的相互连接

研究二端口网络的相互连接：一方面可以将复杂的二端口网络分解为若干简单的二端口网络；另一方面又可以将若干二端口网络通过一定方式连接，得到特性较复杂的二端口网络。

二端口网络的主要连接方式可分为级联、串联、并联等 3 种，如图 14-3 所示。

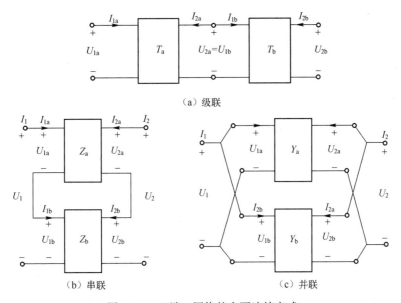

（a）级联

（b）串联　　　　　　　　　　　　　（c）并联

图 14-3　二端口网络的主要连接方式

二端口网络的级联不会破坏端口条件，串、并联时要注意满足二端口网络的端口条件，在满足端口条件的情况下有：

① 二端口网络的级联，$T = T_a \cdot T_b$。

② 二端口网络的串联，$Z = Z_a + Z_b$。

③ 二端口网络的并联，$Y = Y_a + Y_b$。

14.2.5　有载二端口网络的分析方法

二端口网络常工作在输入端口接信号源、输出端口接负载的情况下，称为有载二端口网络，如图 14-4（a）所示。分析含二端口网络或有载二端口网络时，可采用参数方程联立端接支路方程的方法求解，也可用等效电路求解，更为直接。

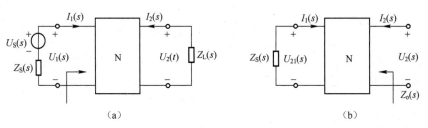

$$（a）\qquad\qquad\qquad\qquad（b）$$

图 14-4 有载二端口网络

在工程实际中，通常需要分析二端口网络的输入阻抗、输出阻抗、电压传输比和电流传输比等。

（1）输入阻抗

$$Z_i(s)=\frac{AZ_L(s)+B}{CZ_L(s)+D} \tag{14-1}$$

（2）输出阻抗

输出阻抗是将输入端口电源置 0 后，输出端口的等效阻抗，如图 14-4（b）所示，有

$$Z_o(s)=\frac{A'Z_L(s)+B'}{C'Z_L(s)+D'} \tag{14-2}$$

用 T 参数表示，得

$$Z_o(s)=\frac{DZ_L(s)+B}{CZ_L(s)+A} \tag{14-3}$$

（3）转移函数

电压传输比定义为

$$A_U(s)=\frac{U_2(s)}{U_1(s)} \tag{14-4}$$

当二端口网络的输出端口接导纳 $Y_L(s)$ 时，结合二端口网络的 Y 参数方程，可得电压传输比为

$$A_U(s)=\frac{U_2(s)}{U_1(s)}=-\frac{Y_{21}(s)}{Y_{22}(s)+Y_L(s)} \tag{14-5}$$

电流传输比定义为

$$A_I(s)=\frac{-I_2(s)}{I_1(s)} \tag{14-6}$$

当二端口网络的输出端口接负载 $Z_L(s)$ 时，结合二端口网络的 Z 参数方程，可以得出

$$A_I(s)=\frac{-I_2(s)}{I_1(s)}=\frac{Z_{21}(s)}{Z_{22}(s)+Z_L(s)} \tag{14-7}$$

14.2.6 回转器和负阻抗变换器

（1）回转器的特性方程为

$$\begin{cases}u_1=-ri_2\\u_2=ri_1\end{cases} \quad 或 \quad \begin{cases}i_1=gu_2\\i_2=-gu_1\end{cases}$$

r、g 分别具有电阻和电导的量纲。回转器（见图 14-5）的输入电阻具有重要的回转特性，可以将电容、电感置换。当回转器右侧接电容时，输入阻抗等效为

$$L = r^2 C = \frac{1}{g^2} C$$

这个公式在实际考查中运用得非常广泛。注意，回转器为非互易二端口。

（2）负阻抗变换器的传输参数可表示为

$$\begin{bmatrix} \dot{U}_1 \\ \dot{I}_1 \end{bmatrix} = \begin{bmatrix} 1 & 0 \\ 0 & -k \end{bmatrix} \begin{bmatrix} \dot{U}_2 \\ -\dot{I}_2 \end{bmatrix}$$

当接负载阻抗 Z_2 时，输入阻抗 $Z_{in} = -kZ_2$。

图 14-5 回转器

第 14 章习题

习题【1】 求习题【1】图所示二端口网络的 Z 参数矩阵。

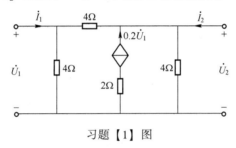

习题【1】图

习题【2】 习题【2】图中，电源频率为 ω，求二端口网络相量形式的 Z 参数矩阵。

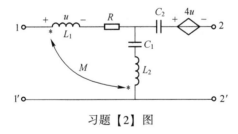

习题【2】图

习题【3】 在习题【3】图所示二端口网络中，试求其 Y 参数矩阵。

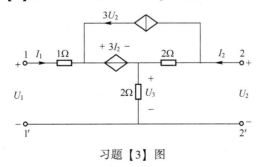

习题【3】图

习题【4】 正弦稳态电路如习题【4】图所示，求 **Y** 参数矩阵。

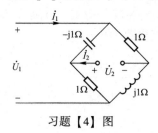

习题【4】图

习题【5】 习题【5】图中，已知网络 N 的参数矩阵 $\boldsymbol{H} = \begin{bmatrix} H_{11} & H_{12} \\ H_{21} & H_{22} \end{bmatrix}$，求 a、b 端口右侧的等效电阻。

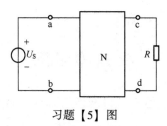

习题【5】图

习题【6】 习题【6】图中，求双口网络的传输参数矩阵和 **Z** 参数矩阵。

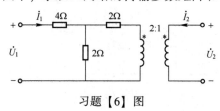

习题【6】图

习题【7】 求习题【7】图所示二端口网络的 **Z** 参数矩阵。

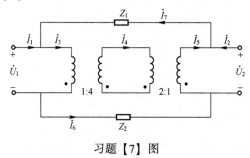

习题【7】图

习题【8】 求习题【8】图所示电路的传输参数矩阵 **T**。

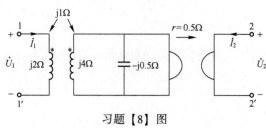

习题【8】图

习题【9】　将双口网络 N_1 和双口网络 N_2 按习题【9】图所示连接，求连接后所形成的新双口网络的 **Z** 参数矩阵。

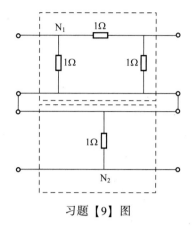

习题【9】图

习题【10】　习题【10】图中，网络 N 不含独立源，网络 N 的 **Y** 参数矩阵为 $Y = \begin{bmatrix} 1 & -0.5 \\ -0.5 & 1 \end{bmatrix}$，求电流 I。

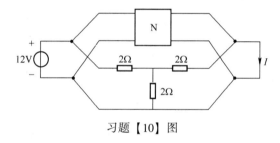

习题【10】图

习题【11】　习题【11】图中，虚框内为复合互易双口网络，$\gamma = 10\Omega$，当 3-3′端开路时，$U_1 = 10V$，$I_1 = 0.2A$，$U_3 = 2V$；当 3-3′端短路时，$U_1 = 2V$，$I_3 = -0.4A$。求：

（1）复合互易双口网络的传输参数；

（2）当在 3-3′端接 7Ω 电阻且 $U_1 = 80V$ 时，I_1 为何值；

（3）双口网络 N_2 的传输参数。

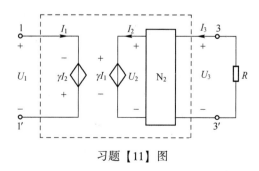

习题【11】图

习题【12】 习题【12】图中，已知网络 N 的 $T = \begin{bmatrix} 2 & 4 \\ 0.5 & 1.5 \end{bmatrix}$，电源角频率为 25rad/s，负载 $Y_L = (1+j0.5)S$，求：

（1）网络 N 的 T 形等效电路；

（2）$\dot{U}_2$ 以及负载吸收的有功功率、无功功率。

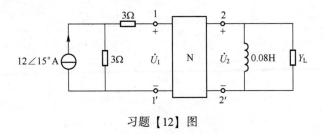

习题【12】图

习题【13】 习题【13】图中，N 为线性无源对称电阻二端口网络，在 1-1′端加电压 10V 时，$I_1 = 5A$，2-2′端短路电流 $I_2 = 2A$，求：

（1）若在 2-2′端加 10V 电压，1-1′端短路电流 I_1 和 2-2′端输入电流 I_2；

（2）若在 2-2′端接入 $R = 8\Omega$ 电阻，1-1′端输入电阻。

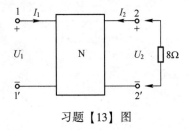

习题【13】图

习题【14】 习题【14】图中，N 的 T 参数矩阵 $T_1 = \begin{bmatrix} 1 & 3 \\ 1.5 & 5 \end{bmatrix}$，回转电导 $g = 0.5$，$R = 2\Omega$，求：

（1）整个电路的传输参数矩阵 T；

（2）若 $U_S = 15V$，当 R_L 为多少时，可获得最大功率，求此最大功率；

（3）计算（2）中电源发出的功率。

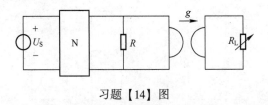

习题【14】图

习题【15】 已知如习题【15】图所示双口网络 N 的 Y 参数矩阵为 $\begin{bmatrix} 4 & -2 \\ -2 & 3 \end{bmatrix}$，$t<0$ 时电路处于稳态，$t=0$ 时开关 S 由位置 a 投向位置 b，用时域分析法求 $t \geq 0$ 时的 $i_L(t)$。

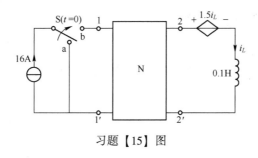

习题【15】图

习题【16】 电路如习题【16】图（a）所示，线性无源二端口网络 N_0 由线性电阻构成（不含受控源），传输参数矩阵 $\boldsymbol{T} = \begin{pmatrix} 2 & 30 \\ 0.1 & 2 \end{pmatrix}$，$U_1$、$U_2$ 的单位为 V，I_1、I_2 的单位为 A，当电阻 R 并联在输出端（习题【16】图（b））时，输入电阻 $R_{\text{in}} = \dfrac{U_1}{I_1}$ 等于将电阻 R 并联在输入端（习题【16】图（c））时输入电阻 $R'_{\text{in}} = \dfrac{U}{I}$ 的 6 倍，求 R。

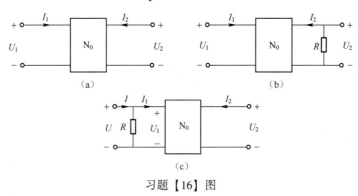

习题【16】图

习题【17】（综合提高题） 习题【17】图中，N 为不含独立电源的双口网络，$I_{S1} = \dfrac{32}{3}$A，$U_{S2} = 8$V，$R_S = \dfrac{3}{2}\Omega$，$R = \dfrac{1}{2}\Omega$，R_L 为可调电阻，当 $R_L = \dfrac{1}{2}R_S$ 时，$I_1 = 6$A，$I_2 = -4$A；当 $R_L = \dfrac{1}{18}R_S$ 时，$I_2 = -8$A；当 $R_L = 0\Omega$ 时，$I_1 = \dfrac{48}{7}$A。试求：

（1）双口网络 N 的短路电导参数矩阵 $\boldsymbol{G}_N$，即 Y 参数矩阵；

（2）画出双口网络 N 包含元件最少的等效电路，并给出元件参数。

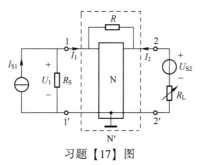

习题【17】图

习题【18】（综合提高题） 如习题【18】图所示二端口网络 N_a 的 T 参数矩阵为 $T_a =$ $\begin{bmatrix} \dfrac{4}{3} & 2 \\ \dfrac{1}{6} & 1 \end{bmatrix}$，$N_b$ 为结构对称的无源线性二端口网络，已知 3-3′短路时，$I_1 = 5.5A$，$I_2 = -3A$，

$I_3 = -2A$，求：

（1）N_b 的 T 参数矩阵；

（2）3-3′端所接电阻 R 为何值时，R 可获得最大功率，并求此最大功率。

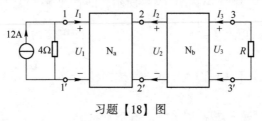

习题【18】图

习题【19】（综合提高题） 习题【19】图中，已知 N_0 的开路阻抗矩阵 $Z(s) = \begin{bmatrix} 1+s & s \\ s & 1+\dfrac{1}{s} \end{bmatrix}$，

1-1′端和 2-2′端分别串联电容和电感，试求开路阻抗矩阵 $Z'(s)$，并计算电压传输比 $\dfrac{U_2(s)}{U_1(s)}$。

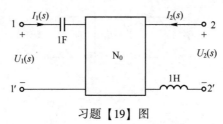

习题【19】图

习题【20】（综合提高题） 习题【20】图中，N_0 为线性二端口无源纯电阻网络，图（a）中输入电阻 $R_{in} = \left(10 - \dfrac{100}{12+R_L}\right)\Omega$，$R_L$ 为任意电阻，求：

（1）N_0 的传输参数矩阵；

（2）若将 N_0 接成图（b）的形式，且电感无初始储能，则当 $t=0$ 时，断开开关 S，求 $i_L(t)$。

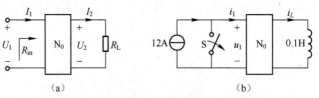

习题【20】图

习题【21】（综合提高题）习题【21】图中，已知 $U_S = 20V$，$I_S = 2A$，$R = 5\Omega$，P 为由线性电阻组成的对称双口网络。闭合开关 S 时，$U_R = 1V$，$U = 8V$，求断开开关 S 后的电压 U。

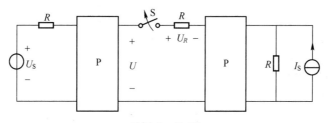

习题【21】图

习题【22】 （综合提高题） 如习题【22】图所示线性电路中，N 为无源对称双口网络，R_2 为可调电阻，$R_1 = 2\Omega$，$I_S = 5A$，$U_S = 5V$，当 $R_2 = R_1$ 时，$I_1 = 2A$；当 $R_2 = 2R_1$ 时，$I_2 = 1A$。试求 R_2 可能获得的最大功率及此时的 R_2。

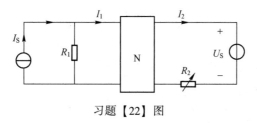

习题【22】图

习题【23】 （综合提高题） 习题【23】图中，不含独立电源的二端口网络 N_0，导纳参数矩阵 $Y'(s) = \begin{bmatrix} 0.5+0.5s & 0.5 \\ -1 & 1+0.5s \end{bmatrix}$，试求：

（1）电路的转移函数 $H(s) = U_2(s)/I_S(s)$；

（2）单位冲激响应 $u_2(t)$。

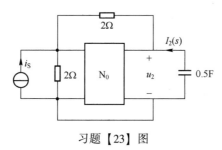

习题【23】图

第 **15** 章

网络的矩阵方程

15.1 知识框图及重点和难点

本章研究网络的矩阵方程，主要目的是为了利用计算机对电路进行辅助分析和设计。本章讨论电路拓扑图的矩阵表示是为了将电路的结构信息以计算机能够接受的形式输入，研究网络矩阵方程的列写方法也是为了使计算机能够按电路分析的方法编制程序，并自行计算结果。这样就可以用计算机对大型网络进行辅助分析和设计，如处理大规模集成电路、大型电力系统网络等。本章虽不研究如何编写计算机电路分析程序，但却要求读者要掌握网络矩阵方程的列写规范和方法。

本章的重点是在充分理解树、割集、基本回路概念的基础上，深刻理解关联矩阵、基本割集矩阵、基本回路矩阵的拓扑含义，能够正确写出关联矩阵、基本割集矩阵、基本回路矩阵；掌握节点矩阵方程的系统列写方法及求解步骤；掌握基本回路电流矩阵方程和基本割集电压方程的列写方法；熟悉列表法的分析思路；注意按规范的系统方法列写网络的矩阵方程。为此，除了基本概念要清晰，还必须要注意电路变量参考方向与规范要求是否一致。本章的难点是列写含有受控电源和互感元件的电路方程。网络的矩阵方程知识框图如图 15-1 所示。

15.2 内容提要及学习指导

15.2.1 图论的有关概念

1. 割集

割集是连通图的支路集合，应满足下面两个条件：

（1）若移去集合中的所有支路，则剩下的图应成为两个分离部分；

（2）移去集合中的支路，未移去全部支路时，剩下的图仍是连通的。

2. 基本割集

只包含一个树支的割集被称为基本割集（单树支割集）。通常取树支方向为割集的参考方向。基本割集数等于树支数。

15.2.2 网络结构的矩阵表示

在此讨论具有 n 个节点、b 个支路的有向图结构的矩阵表示。

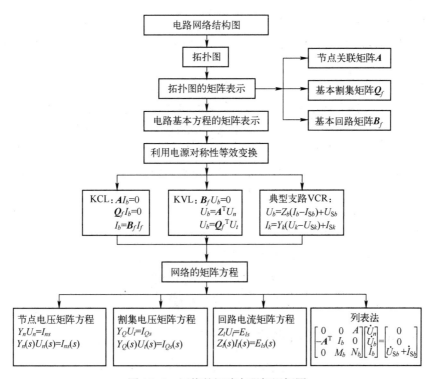

图 15-1 网络的矩阵方程知识框图

1. 降阶关联矩阵 A

节点关联矩阵 A 描述的是节点与支路的关系，是 $(n-1)\times b$ 阶矩阵。其中，矩阵的行与有向图的节点一一对应，列与支路一一对应。矩阵的第 i 行第 k 列的元素定义为

$$a_{ik}=\begin{cases}0 & \text{若支路 } k \text{ 与节点 } i \text{ 不关联}\\1 & \text{若支路 } k \text{ 与节点 } i \text{ 关联，且支路 } k \text{ 的参考方向离开节点 } i\\-1 & \text{若支路 } k \text{ 与节点 } i \text{ 关联，且支路 } k \text{ 的参考方向指向节点 } i\end{cases}$$

2. 基本回路矩阵 B_f

回路矩阵 B_f 是描述有向图中支路与回路关系的矩阵，是 $(n-1)\times b$ 阶矩阵。单连支回路组成基本回路矩阵 B_f，矩阵的行与回路对应（一般按先连支、后树支的次序），列与支路对应，第 j 行第 k 列的元素定义为

$$b_{jk}=\begin{cases}0 & \text{若支路 } k \text{ 不在回路 } j \text{ 上}\\1 & \text{若支路 } k \text{ 属于回路 } j\text{，且支路 } k \text{ 的参考方向与回路 } j \text{ 的绕行方向一致}\\-1 & \text{若支路 } k \text{ 属于回路 } j\text{，且支路 } k \text{ 的参考方向与回路 } j \text{ 的绕行方向相反}\end{cases}$$

对于基本回路，若列写回路矩阵，则为了使其更有规律，要进行如下规定：列的排列顺序按先连支、后树支的序列；基本回路对应的行与决定该基本回路的连支对应的列在顺序上保持一致；基本回路的绕行方向与连支方向保持一致。由此，基本回路矩阵有如下形式，即

$$B_f=\begin{bmatrix}E_l & \vdots & B_t\end{bmatrix} \tag{15-1}$$

对于平面网络，独立回路常取网孔。网孔矩阵 M 描述的是网孔和支路的关系，定义与基本回路的定义类同，在此不再赘述。

3. 基本割集矩阵 Q_f

基本割集矩阵 Q_f 是描述有向图中基本割集与支路关系的矩阵，是 $(n-1)\times b$ 阶矩阵，第 i 行第 k 列的元素定义为

$$q_{ik}=\begin{cases} 0 & 支路\,k\,不属于割集\,i \\ 1 & 支路\,k\,属于割集\,i,\,且支路\,k\,的参考方向与割集的参考方向一致 \\ -1 & 支路\,k\,属于割集\,i,\,二者的参考方向相反 \end{cases}$$

对于基本割集，应遵循如下规定：列的排列顺序按先连支、后树支编号；基本割集对应的行与决定该基本割集的树支对应的列在顺序上保持一致；基本割集的参考方向与树支方向保持一致。基本割集矩阵有如下形式，即

$$\boldsymbol{Q}_f=\begin{bmatrix} Q_l \vdots E_{n-1} \end{bmatrix} \tag{15-2}$$

4. 矩阵 A、B_f、Q_f 的关系

对选同一树的同一有向图，各矩阵的关系为

$$\boldsymbol{A}\boldsymbol{B}_f^{\mathrm{T}}=0 \quad 或 \quad \boldsymbol{B}_f\boldsymbol{A}^{\mathrm{T}}=0$$
$$\boldsymbol{Q}_f\boldsymbol{B}_f^{\mathrm{T}}=0 \quad 或 \quad \boldsymbol{B}_f\boldsymbol{Q}_f^{\mathrm{T}}=0 \tag{15-3}$$

15.2.3 网络基本方程的矩阵形式

在此讨论具有 n 个节点、b 个支路的有向图基本方程的矩阵表示。

（1）用 A、B_f、Q_f 表示 KCL 的矩阵方程为

$$\boldsymbol{A}\boldsymbol{I}_b=0, \quad \boldsymbol{I}_b=\boldsymbol{B}_f^{\mathrm{T}}\boldsymbol{I}_l, \quad \boldsymbol{Q}_f\boldsymbol{I}_b=0 \tag{15-4}$$

式中，$\boldsymbol{I}_b$、$\boldsymbol{I}_l$ 分别表示支路电流列向量和连支电流列向量。

（2）用 A、B_f、Q_f 表示 KVL 的矩阵方程为

$$\boldsymbol{U}_b=\boldsymbol{A}^{\mathrm{T}}\boldsymbol{U}_n, \quad \boldsymbol{B}_f\boldsymbol{U}_b=0, \quad \boldsymbol{U}_b=\boldsymbol{Q}_f^{\mathrm{T}}\boldsymbol{U}_t \tag{15-5}$$

式中，$\boldsymbol{U}_b$、$\boldsymbol{U}_t$、$\boldsymbol{U}_n$ 分别表示支路电压、树支电压和节点电压的列向量。

（3）典型复合支路的 VCR

以典型复合支路为例，有 b 个支路的电路 VCR 方程的矩阵形式为

$$\boldsymbol{I}_b=\boldsymbol{A}^{\mathrm{T}}\boldsymbol{U}_n, \quad \boldsymbol{B}_f\boldsymbol{U}_b=0, \quad \boldsymbol{U}_{Sb}=\boldsymbol{Q}_f^{\mathrm{T}}\boldsymbol{U}_t \tag{15-6}$$

式中，$\boldsymbol{I}_b$、$\boldsymbol{U}_b$ 分别为支路电流列向量和支路电压列向量；$\boldsymbol{U}_{Sb}$ 为支路电压源的电压列向量。注意在定义的典型复合支路 k 中，电压源的参考极性与 k 支路的方向为关联参考方向，当支路 k 中的电压源参考极性与 k 支路的方向为关联参考方向时，$\boldsymbol{U}_{Sb}$ 的第 k 个元素为正，非关联为负。在此规定，典型复合支路 k 中的电流源参考方向与 k 支路的方向一致，当 k 支路电流源的参考方向与 k 支路的方向一致时，$\boldsymbol{I}_{Sb}$ 的第 k 个元素为正，不一致时为负。$\boldsymbol{Z}_b$ 和 $\boldsymbol{Y}_b$ 分别为支路阻抗矩阵和支路导纳矩阵，在不含受控源和互感时均是 $b\times b$ 对角线矩阵，且有 $\boldsymbol{Z}_b=\boldsymbol{Y}_b^{-1}$。

15.2.4 网络的矩阵方程

节点电压方程的矩阵形式，在正弦稳态情况下为

$$\boldsymbol{A}\boldsymbol{Y}_b\boldsymbol{A}^{\mathrm{T}}\boldsymbol{U}_n=\boldsymbol{A}\boldsymbol{Y}_b\boldsymbol{A}^{\mathrm{T}}\boldsymbol{U}_{Sb}-\boldsymbol{A}\boldsymbol{I}_{Sb} \tag{15-7}$$

式中，左边为节点电压引起的流出节点的电流；右边为电压源和电流源注入节点的电流。在不含受控源和互感时，节点导纳矩阵 $\boldsymbol{Y}_n=\boldsymbol{A}\boldsymbol{Y}_b\boldsymbol{A}^{\mathrm{T}}$ 是对称矩阵；$\boldsymbol{I}_{ns}=\boldsymbol{A}\boldsymbol{Y}_b\boldsymbol{U}_{Sb}-\boldsymbol{A}\boldsymbol{I}_{Sb}$ 为节点电流源

列向量。

在复频域情况下，矩阵形式方程为

$$AY_b(s)A^\mathrm{T}U_n(s) = AY_b(s)A^\mathrm{T}U_{Sb}(s) - AI_{Sb}(s) \tag{15-8}$$

即 $Y_n(s)U_n(s) = I_{ns}(s)$。

第 15 章习题

习题【1】 习题【1】图中，试列出该有向连通图中所有含支路 1 的树（写出四个即可）。若选支路集合 $T = (2,3,6)$ 为树，试列写对应该树的基本回路矩阵 B_f 和基本割集矩阵 Q_f。

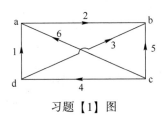

习题【1】图

习题【2】 电路及其有向图如习题【2】图所示，试列写：

（1）关联矩阵 A；

（2）以 1、2、5 为树支，写出电路基本矩阵 B_f 和割集矩阵 Q_f；

（3）列写导纳矩阵 Y、电流矩阵 I_S 及电压矩阵 U_S。

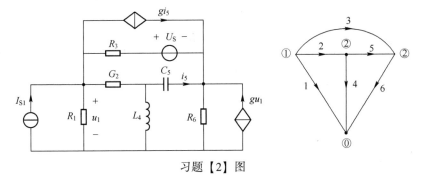

习题【2】图

习题【3】 写出如习题【3】图所示电路的节点电压方程。

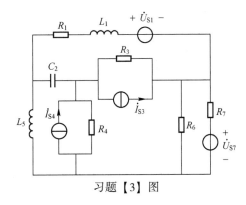

习题【3】图

习题【4】　正弦稳态电路及其有向拓扑图如习题【4】图所示，已知正弦电源角频率为 ω，以 $\{1,3,6\}$ 为树，写出：

（1）基本回路矩阵 $[B_f]$ 和基本割集矩阵 $[Q_f]$；

（2）支路阻抗矩阵 $[Z]$ 和回路阻抗矩阵 $[Z_L]$。

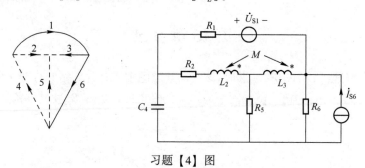

习题【4】图

习题【5】　习题【5】图（a）中，R 均为 1Ω，$U_S=1\text{V}$，$I_S=1\text{A}$，有向图如习题【5】图（b）所示，以习题【5】图（c）所示的电路为典型支路，求：

（1）关联矩阵 A；

（2）支路导纳矩阵 Y；

（3）电压源列向量 U_S；

（4）电流源列向量 I_S；

（5）列写矩阵形式的节点电压方程表达式。

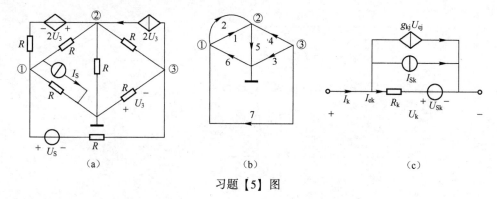

（a）　　　　　　　　（b）　　　　　　　　（c）

习题【5】图

习题【6】　电路如习题【6】图（a）所示，元件下标代表支路编号，习题【6】图（b）为有向图，以节点 4 为参考节点，写出：

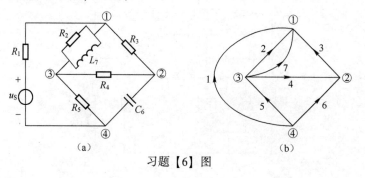

（a）　　　　　　　　　　　　　　（b）

习题【6】图

（1）关联矩阵 A；

（2）支路导纳矩阵 Y_b 和节点导纳矩阵 Y_n；

（3）节点电压方程的矩阵形式。

习题【7】 电路及其有向图如习题【7】图所示，写出矩阵形式的回路电流方程。

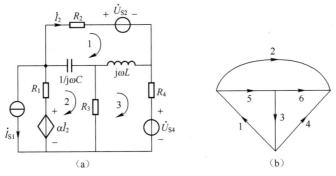

习题【7】图

习题【8】 电路如习题【8】图（a）所示，有向图如习题【8】图（b）所示，写出

（1）该支路的支路阻抗矩阵 $Z_k(s)$（运算形式：支路按照 1~8 顺序）；

（2）该支路的支路电流源向量 $I_S(s)$；

（3）设该网络 N 的节点电压方程为

$$\begin{bmatrix} Y_{11} & Y_{12} & Y_{13} & Y_{14} \\ Y_{21} & Y_{22} & Y_{23} & Y_{24} \\ Y_{31} & Y_{32} & Y_{33} & Y_{34} \\ Y_{41} & Y_{42} & Y_{43} & Y_{44} \end{bmatrix} \begin{bmatrix} U_{n1} \\ U_{n2} \\ U_{n3} \\ U_{n4} \end{bmatrix} = \begin{bmatrix} sC_{s6}U_{s6} \\ 0 \\ 0 \\ 0 \end{bmatrix}$$

若断开网络 N 的节点 1 与 3 间的电容 C_8，则成为新网络 N′。利用式中给定的原网络 N 节点电压方程的参数，改写出 N′ 的节点电压方程（用 C_8 和给定方程的参数表示）。

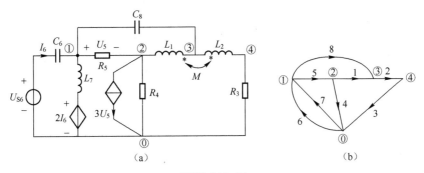

习题【8】图

习题【9】 习题【9】图中，用矩阵形式（设零值初始条件）列出下列两种情况下的回路电流方程：

（1）电感 L_5 与 L_6 之间无互感；

（2）电感 L_5 与 L_6 之间有互感 M。

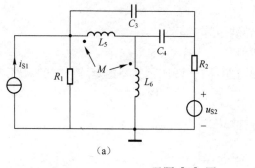

(a)

(b)

习题【9】图

习题【10】 习题【10】图中，选支路 1、2、6、7 为树，用矩阵形式列出割集电压方程。

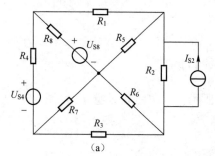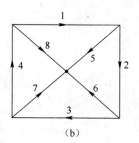

(a)

(b)

习题【10】图

习题【11】 习题【11】图，写出支路方程 $I = Y(U + U_S) - I_S$。

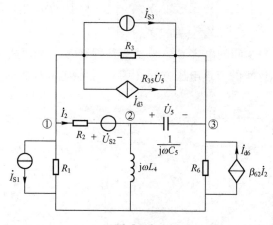

习题【11】图

习题【12】 习题【12】图中，写出割集电压方程的矩阵形式。

习题【13】 已知某网络的基本回路矩阵为

$$\boldsymbol{B}_f = \begin{bmatrix} 1 & 2 & 3 & 4 & 5 & 6 \\ 1 & 1 & 1 & 0 & 0 & 0 \\ 0 & 0 & -1 & 1 & 1 & 0 \\ 0 & -1 & -1 & 0 & 1 & 1 \end{bmatrix}$$

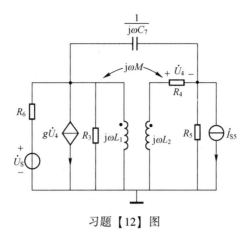

习题【12】图

对应的支路阻抗矩阵 $\boldsymbol{Z} = \mathrm{diag}\left[\dfrac{1}{\mathrm{j}\omega C_1}\quad R_2\quad \mathrm{j}\omega L_3\quad R_4\quad \dfrac{1}{\mathrm{j}\omega C_5}\quad R_6\right]$，试求：

（1）该网络的回路阻抗矩阵 $\boldsymbol{Z}_l$；

（2）对应 $\boldsymbol{B}_f$ 的基本割集矩阵 $\boldsymbol{Q}_f$；

（3）割集导纳矩阵 $\boldsymbol{Y}_t$。

习题【14】 习题【14】图（a）所示电路的有向图如习题【14】图（b）所示，设支路 3、4、5 为树支，试写出基本回路矩阵和回路电流方程的矩阵形式。

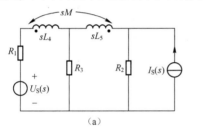
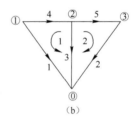

（a）　　　　　　　　　　（b）

习题【14】图

习题【15】 （综合提高题）　习题【15】图为非平面有向连通图。若选择一棵树 $T = \{1, 2, 3, 4, 5\}$，列写对应的基本回路矩阵 $\boldsymbol{B}_f$、基本割集矩阵 $\boldsymbol{Q}_f$。现以节点 f 为参考节点，每个支路导纳分别为 $Y_1 = 1\mathrm{S}$，$Y_2 = 1\mathrm{S}$，$Y_3 = 2\mathrm{S}$，$Y_4 = 3\mathrm{S}$，$Y_5 = 3\mathrm{S}$，$Y_6 = 1\mathrm{S}$，$Y_7 = 1\mathrm{S}$，$Y_8 = 2\mathrm{S}$，$Y_9 = 0\mathrm{S}$，$Y_{10} = 3\mathrm{S}$，$Y_{11} = 3\mathrm{S}$，$Y_{12} = 3\mathrm{S}$，列写节点导纳矩阵 $\boldsymbol{Y}$。

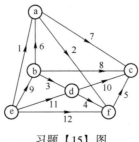

习题【15】图

习题【16】 （综合提高题）　在习题【16】图所示正弦电路中，已知 $L_1 = 2\mathrm{H}$，$L_2 = 3\mathrm{H}$，

$M = 1\text{H}$，$R_3 = R_4 = R_5 = 1\Omega$，$I_S(t) = 2\sqrt{2}\sin 0.2t\text{A}$，$u_S(t) = 5\sqrt{2}\sin 0.2t\text{V}$：

（1）将电路做必要的等效后，写出关联矩阵 $\boldsymbol{A}$；

（2）写出支路导纳矩阵 $\boldsymbol{Y}_b$ 和节点导纳矩阵 $\boldsymbol{Y}_n$；

（3）用节点电压方程求节点①的电位。

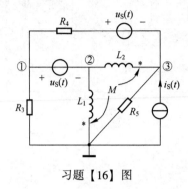

习题【16】图

第 16 章

网络的状态方程

16.1 知识框图及重点和难点

本章的重点是掌握如何用常态树的概念，通过恰当的 KCL 和 KVL 方程，建立电路的状态方程，即用观察法建立状态方程，难点在于如何用最简洁的步骤获得状态方程。无论常态网络还是非常态网络，选好常态树，就选定了状态变量，即树支上的电容电压或电荷、连支上的电感电流或磁链均可构成状态变量，因此正确选择常态树是关键一步。列写最接近状态方程的 KCL、KVL 方程，即电容树支的基本割集方程（KCL）、电感连支的基本回路方程（KVL），可使得到状态方程的过程最简单。消除非状态变量通常也是列写关于非常态变量的 KCL、KVL 方程。对于树支上的非状态变量，列写其基本割集方程（KCL），连支上的非状态变量，列写其基本回路方程（KVL），复杂情况下可采用替代法消除非状态变量。

建立状态方程是为了分析网络的暂态过程，包括求得网络的状态变量、输出变量，分析网络的稳定性、状态轨迹等。

16.2 内容提要与学习指导

16.2.1 状态方程

1. 状态与状态变量

网络在时刻 t_0 的状态是一组最少信息的集合，如 $X(t_0) = \{x_1(t_0), x_2(t_0), \cdots, x_n(t_0)\}$，若 $t \geqslant t_0$ 加在网络的激励已知，则对于确定网络 $t \geqslant t_0$ 的任何响应，$X(t_0)$ 是一组必要且充分的信息。对应这组信息的变量 $x_1(t), x_2(t), \cdots, x_n(t)$ 被称为网络的状态变量，是一组线性无关的变量。

2. 常态网络与非常态网络

网络中既没有仅由电容或电容与独立电压源构成的回路，又没有仅由电感或电感与独立电流源构成的割集时，网络即为常态网络，否则为非常态网络。常态网络的所有电容电压（电荷）和所有电感电流（磁链）一起构成网络的状态变量。

3. 状态方程

状态方程是一组关于状态变量的一阶微分方程。若以 $X(t)$ 表示状态向量，$F(t)$ 表示激励向量，则线性时不变常态网络状态方程的标准形式为

$$\dot{X}(t) = AX(t) + BF(t) \tag{16-1}$$

式中，$\dot{X}(t)$ 为 $X(t)$ 的一阶导数；A、B 为与网络结构和元件参数相关状态方程的系数矩阵。线性时不变网络的 A、B 为实常数矩阵。线性时变网络的 A、B 是时间 t 的函数。非线性网络的状态方程为

$$\dot{X}(t) = f\left[X(t), F(t)\right] \tag{16-2}$$

16.2.2　状态方程的列写

状态方程可通过列写适当的 KCL、KVL 方程获得，为了能够最直接地获得状态方程，引入常态树和基本回路、基本割集的概念。这种列写状态方程的方法被称为观察法。

1. 常态树

无论常态网络还是非常态网络，都可按以下方法选择一种树（常态树）：按元件划分支路，一个元件为一个支路，所有电压源为树支，所有电流源为连支，在满足树概念要求的前提下，尽可能多地选电容为树支、电感为连支。树支上的电容电压和连支上的电感电流为网络的状态变量。受控电源虽然可视同独立电源，但受控电源的出现可使如此确定的状态变量变为一组线性无关变量。

2. 观察法列写状态方程的步骤

（1）选定常态树。

（2）列写每个电容树支所对应基本割集（单树支割集）的 KCL 方程、每个由电感连支所对应基本回路（单连支回路）的 KVL 方程。这些方程最接近状态方程，有时就是状态方程。

（3）消除上述方程中的非状态变量（必要时），并整理成标准形式的状态方程后，可利用网络其他基本割集方程或基本回路方程来消除非状态变量。对于常态网络，还可采用替代方法消除非状态变量，即将网络中树支上的电容替代为电压源，连支上的电感替代为电流源，网络成为电阻性网络，通过适当的网络分析法即可求得非状态变量的表达式。

列写状态方程本质上是将电容电流、电感电压用电容电压、电感电流和电源函数表示，对于线性时不变常态网络，这个过程可以用替代、叠加的方法来实现。

3. 电源替代法列写状态方程

列写实际状态方程时，最常见的方法是采用替代法，即将电容用电压源替代，电感用电流源替代，整个电路由微分方程变成线性方程组，继而利用 KCL、KVL 列出方程，还原即可，具体步骤为：

（1）将独立的电容元件用电压为 u_C 的电压源替代，独立的电感元件用电流为 i_L 的电流源替代；

（2）用任意网络分析方法求解替代后的网络，求出原网络中各独立电容元件的电流 i_C 和各独立电感元件的电压 u_L，i_C 和 u_L 均为电路中各电源（包含储能元件电源）的线性组合；

（3）将（2）得到的电容电流和电感电压方程整理后，即可得到标准的状态方程。

16.2.3　输出方程及其列写

在建立状态方程后，根据状态方程求出非状态量，被称为输出方程。输出方程满足

$$Y = CX + Df \qquad (16-3)$$

输出方程的编写方法与电源替代法列写状态方程非常类似，主要步骤为：

（1）将独立电容元件用电压 u_C 的电压源替代，独立电感元件用电流为 i_L 的电流源替代；

（2）用网络分析法求解上述替代后的网络，解出作为未知量的输出量；

（3）将所得输出方程整理成标准形式。

16.2.4 状态方程及输出方程的求解

状态方程的求解虽然一般在考试中很少涉及，但是作为动态电路的第三种解法是有必要掌握的。状态方程有时域解法、频域解法两种解析方法。考试时主要用频域解法。

1. 状态方程的求解

线性时不变的状态方程矩阵形式为

$$X = AX + Bf \qquad (16-4)$$

取拉普拉斯变换，可以得到

$$sX(s) - X(0_-) = AX(s) + Bf(s) \qquad (16-5)$$

整理后可以得到

$$(sE - A)X(s) = X(0_-) + Bf(s) \qquad (16-6)$$

因此可以得到状态方程的 s 域解为

$$X(s) = (sE - A)^{-1}[X(0_-) + Bf(s)] \qquad (16-7)$$

对公式进行反拉氏变换即可得到时域求解。

2. 输出方程的求解

（1）直接带入求解输出方程：输出方程是关于状态变量和激励函数的代数方程，求出状态变量的时域解后，可以直接带入求解。

（2）利用拉氏变换求解输出方程：先求输出方程矩阵，再参照状态方程求解，求解输出方程。

第 16 章习题

习题【1】 列出习题【1】图所示电路的状态方程。

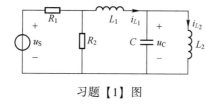

习题【1】图

习题【2】 习题【2】图中，状态变量 u_{C_3}、i_{L_4}、i_{L_5} 的参考方向已标出，试列写状态方程的标准形式，即

$$\dot{x} = Ax + Bv$$

式中，$x = \begin{bmatrix} u_{C_3} & i_{L_4} & i_{L_5} \end{bmatrix}^T$。

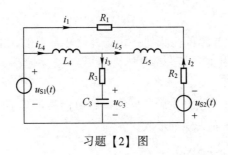

习题【2】图

习题【3】 习题【3】图中，试列写以 $[u_{C_1} \quad u_{C_2} \quad i_L]^T$ 为状态变量的状态方程和以 $[i_1 \quad i_2]^T$ 为输出变量的输出方程，并整理成标准形式。

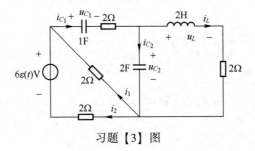

习题【3】图

习题【4】 写出习题【4】图所示电路的状态方程，并写出矩阵形式。

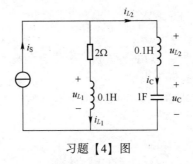

习题【4】图

习题【5】 写出习题【5】图所示电路的状态方程以及输出为 u_1、u_2 的输出方程，并写成矩阵形式。

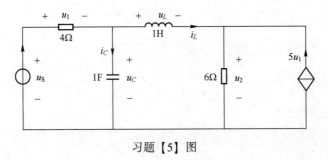

习题【5】图

习题【6】 写出习题【6】图所示电路的状态方程，并写成矩阵形式。

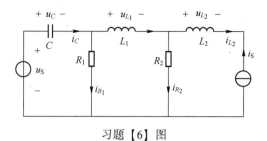

习题【6】图

习题【7】 列出习题【7】图所示电路的状态方程，已知 $C_1 = 1\text{F}$，$C_2 = 2\text{F}$，$L_3 = 1\text{H}$，$R_4 = R_5 = 1\Omega$，$u_S(t) = \varepsilon(t)\text{V}$，$u_8 = 2u_4$，$i_7 = 3i_3$。

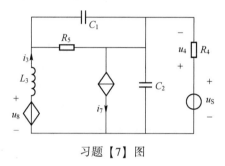

习题【7】图

习题【8】 习题【8】图中，求：

（1）以 u_{C_1}、u_{C_2} 为变量列写该电路的状态方程；

（2）u_S 为直流电源，以 u_{C_2} 为变量列写该电路的微分方程。

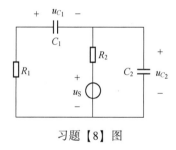

习题【8】图

习题【9】 试写出习题【9】图所示电路的状态方程矩阵形式。

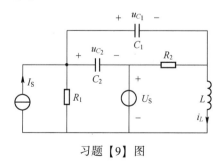

习题【9】图

习题【10】 习题【10】图中，以 u_C、i_{L_1}、i_{L_2} 为状态变量，列写该电路的状态方程。

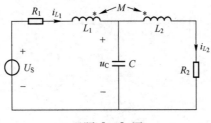

习题【10】图

习题【11】　列出习题【11】图所示电路的状态方程，设 $C_1 = C_2 = 1\text{F}$，$L_1 = 1\text{H}$，$L_2 = 2\text{H}$，$R_1 = R_2 = 1\Omega$，$R_3 = 2\Omega$，$u_S(t) = 2\sin t\text{V}$，$i_S(t) = 2\text{e}^{-t}\text{A}$。

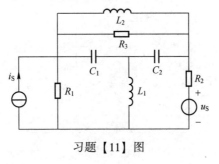

习题【11】图

习题【12】　按照习题【12】图（b）所示的树列写习题【12】图（a）所示网络的状态方程。

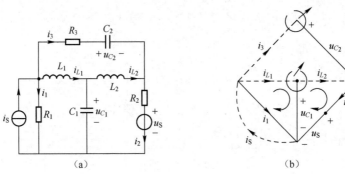

（a）　　　　　　　　　　　　　（b）

习题【12】图

习题【13】　习题【13】图中，已知当 $C_1 = 1\text{F}$、$L = 1\text{H}$、$C_2 = 0.5\text{F}$、电阻为某一组数值时，电路的状态方程为

$$
\begin{bmatrix} \dfrac{\mathrm{d}u_1}{\mathrm{d}t} \\[2mm] \dfrac{\mathrm{d}u_2}{\mathrm{d}t} \\[2mm] \dfrac{\mathrm{d}i_L}{\mathrm{d}t} \end{bmatrix} = \begin{bmatrix} -\dfrac{2}{9} & \dfrac{1}{9} & M \\[2mm] \dfrac{2}{9} & -\dfrac{4}{9} & -\dfrac{2}{3} \\[2mm] 0 & -\dfrac{1}{3} & -\dfrac{16}{3} \end{bmatrix} \begin{bmatrix} u_1 \\ u_2 \\ i_L \end{bmatrix} + \begin{bmatrix} \dfrac{1}{9} \\[2mm] \dfrac{2}{9} \\[2mm] \dfrac{1}{3} \end{bmatrix} u_S
$$

（1）求 M。

（2）由此写出当 $C_1 = 0.5\text{F}$、$C_2 = 1\text{F}$、$L = 3\text{H}$，其他条件不变时的状态方程。

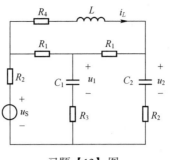

习题【13】图

习题【14】（综合提高题） 习题【14】图中，非线性电阻的伏安关系为 $i = u^3$，以 i_{L_1}、u_{C_1}、u_{C_2} 为状态变量，列写电路的状态方程。

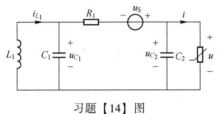

习题【14】图

习题【15】（综合提高题） 习题【15】图中，已知 $L = 1\text{H}$，$C = \dfrac{1}{4}\text{F}$，$u_C(-1) = 0\text{V}$，并有

$$i_S = \begin{cases} 0, & t \leqslant -1\text{s} \\ 5, & -1\text{s} < t < 0\text{s} \\ 10\delta(t), & t \geqslant 0\text{s} \end{cases}$$

试列写该电路的状态方程。

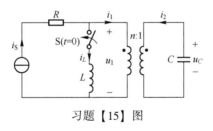

习题【15】图

习题【16】（综合提高题） 习题【16】图所示网络中，断开开关 S 时处于稳态，$t = 0$ 时闭合开关 S，试用状态变量分析法求 $u_C(t)$、$i_L(t)$。

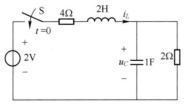

习题【16】图

155

习题【17】（综合提高题）　试列出习题【17】图所示双 T 网络的状态方程，已知 $R_1 = R_2 = 1\,\Omega$，$R_3 = \dfrac{1}{2}\,\Omega$，$C_1 = C_2 = 1\,\mathrm{F}$，$C_3 = 2\,\mathrm{F}$，电路的初始状态为 0。

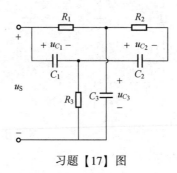

习题【17】图

习题【18】（综合提高题）　习题【18】图中：

（1）以 i_1、i_2、u 为状态变量列写状态方程，并整理成如下形式，即

$$\begin{bmatrix} \dfrac{\mathrm{d}i_1}{\mathrm{d}t} \\[2mm] \dfrac{\mathrm{d}i_2}{\mathrm{d}t} \\[2mm] \dfrac{\mathrm{d}u}{\mathrm{d}t} \end{bmatrix} = \begin{bmatrix} * & * & * \\ * & * & * \\ * & * & * \end{bmatrix} \begin{bmatrix} i_1 \\ i_2 \\ u_3 \end{bmatrix} + \begin{bmatrix} * \\ * \\ * \end{bmatrix} u_S$$

（2）这是几阶电路？

（3）已知 $u_S = \sqrt{2}\sin(t)\varepsilon(t)\,\mathrm{V}$，电路初值为 0，求电流 $i_1(t)$。

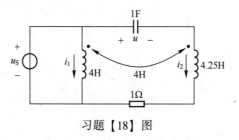

习题【18】图

第 **17** 章

非线性电路

17.1 知识框图及重点和难点

本章重点掌握以下内容。

(1) 理解非线性电阻的特性与线性电阻特性的差异。

(2) 理解非线性电阻电路与线性电阻电路分析的本质区别。非线性电阻电路分析的基本依据仍然是 KCL、KVL 和 VCR。非线性电阻电路的方程是一组非线性代数方程，不易得其解析解，有一些特殊的方法。

(3) 掌握非线性电阻电路常用的几种分析方法，即小信号分析法、分段线性化方法、图解法。其中，小信号分析法仅适用于电路的交流信号为小信号的场合，是一种近似分析方法；分段线性化方法也是一种近似分析方法；图解法可以解决一些简单非线性电阻电路的问题。

(4) 掌握简单非线性电路的综合。从理论上而言，采用理想电压源、电流源、线性电阻和理想二极管可以实现折线形端口特性，通过对端口特性的分解，可获得端口特性所对应的电路。这是本章学习的难点。

17.2 内容提要及学习指导

17.2.1 非线性元件

1. 非线性电阻元件

(1) 凡电压、电流关系在 u–i 平面上不是过原点直线的电阻元件，均被称为非线性电阻元件。

(2) 非线性电阻的电压为电流的单值函数，即 $u=f(i)$，被称为流控非线性电阻；电流为电压的单值函数，即 $i=f(u)$，被称为压控非线性电阻；有些非线性电阻既是压控型又是流控型，被称为单调非线性电阻。

(3) 若非线性电阻的 u–i 特性曲线在 u–i 平面上不是关于坐标原点对称的曲线，则称该非线性电阻具有方向性，使用时应区分两个端子，即使加在具有方向性非线性电阻两端的电压大小相同，只要方向不同，则流过电阻的电流就不同。

(4) 若在关联参考方向下非线性电阻的电压和电流关系出现在 u–i 平面的第 2 或第 4 象限，则该电阻有向外提供功率的可能，称为有源非线性电阻。

（5）静态电阻为特性曲线上某点的电压和电流的比值，即

$$R_s = \frac{u}{i} \qquad (17{-}1)$$

动态电阻为特性曲线上某点的电压对电流的导数，即

$$R_d = \frac{du}{di} \qquad (17{-}2)$$

R_s、R_d 均只能描述曲线上一点的特征。对不同点是不一致的，区别于线性电阻。

2. 非线性电路的工作点、静态参数和动态参数

非线性电路的直流解被称为工作点，对应特性曲线的一个确定位置。工作点处非线性电阻的电压与电流之比、非线性电感的磁链与电流之比、非线性电容的电荷与电压之比分别被称为静态电阻、静态电感、静态电容。

当信号在工作点上有足够小的邻域内变化时，可用工作点处的切线近似替代非线性曲线，切线的斜率定义为非线性元件的动态参数，即

$$
\begin{aligned}
&动态电阻 R_d = \frac{du}{di}\bigg|_{i=I_0} \\[1em]
&动态电导 G_d = \frac{di}{du}\bigg|_{u=U_0} \\[1em]
&动态电感 L_d = \frac{d\psi}{di}\bigg|_{i=I_0} \\[1em]
&动态电容 C_d = \frac{dq}{du}\bigg|_{u=U_0}
\end{aligned}
\qquad (17{-}3)
$$

17.2.2 非线性电阻电路分析

1. 非线性电阻的串联与并联

非线性电阻串联或并联（包括非线性电阻与线性电阻串联或并联）的等效电阻为非线性电阻，可用图解法确定等效电阻的特性。串联时，遵循同一个电流下将各串联元件的电压相加的原则，得到等效电阻特性；并联时，采用同一个电压下将各并联电阻的电流相加的原则，得到等效电阻的特性。

若串联电阻均为压控型，则等效电阻的特性可用解析法获得，即

$$i = \sum_{k=1}^{n} i_k = \sum_{k=1}^{n} f_k(u) \qquad (17{-}4)$$

式中，$i_k = f_k(u)$ 为第 k 个串联非线性电阻的特性。

若并联电阻均为流控型，则等效电阻的特性也可用解析法获得，即

$$u = \sum_{k=1}^{n} u_k = \sum_{k=1}^{n} f_k(i) \qquad (17{-}5)$$

2. 非线性电阻电路的静态工作点

由直流电源激励的非线性电路分析被称为静态分析。非线性电阻的电压为 U_Q，电流为 I_Q。对于只有一个非线性电阻或非线性电阻可以通过串联或并联等效为一个非线性电阻的电路，可先将线性电路部分等效为戴维南支路，再将非线性电阻的特性方程 $i = f(u)$ 与戴维南

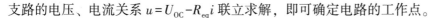

支路的电压、电流关系 $u=U_{OC}-R_{eq}i$ 联立求解，即可确定电路的工作点。

3. 图解法

通过做图方法确定非线性电路的解被称为图解法。用做图方法确定非线性电阻的串联和并联的端口特性，以及用做图方法确定静态工作点，均属于图解法。

在非线性电路综合时，也可采用图解法，即将待实现的端口特性按串联或并联关系分解，一般分解为凸电阻和凹电阻特性，由此得到被分解特性的电路模型。理想二极管、电压源和电流源、凸电阻和凹电阻是常用的非线性元件。

4. 小信号分析法

小信号分析法是分析既有直流电源又有幅值很小的交流电源共同作用的非线性电阻电路的方法。其分析思路的本质，是将非线性电阻的特性在其静态工作点处用切线来近似，从而变成线性电路，交流电源的作用结果可以叠加在直流电源的作用结果之上。按照上述思路得出小信号分析等效电路，即可求得交流电源作用下的电压和电流。

这个过程可归纳为 4 步：

（1）确定静态工作点；

（2）求出非线性电阻在静态工作点处的动态电阻或电导；

（3）将直流电源置 0，非线性电阻用阻值为动态电阻的线性电阻取代，得到小信号等效电路；

（4）求解小信号等效电路，将结果叠加在静态工作点上，得到非线性电阻的电压和电流。

5. 分段线性化法

分段线性化法可以分析一般且较复杂的非线性电阻电路。其思路是将非线性电阻特性近似为折线，每一段折线的 u-i 关系可以用线性戴维南支路来等效，由此将电路变为线性电路，用线性电路的分析方法去分析，一般用电路方程去分析。要注意，非线性电阻的每一段折线都有对应的电压和电流范围，各非线性电阻的工作点有可能落在折线上的任何一段，因此要计算各种组合，且要判断解的正确性。

第 17 章习题

习题【1】 含非线性电阻的电路如习题【1】图所示，已知 $U_S=10V$，$R_1=3\Omega$，$R_2=3\Omega$，$I=0.06U^2+0.3U$，试计算电压 U。

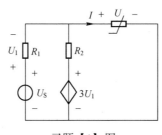

习题【1】图

习题【2】 非线性电阻电路如习题【2】图所示，已知 $R_1=3\Omega$，$R_2=R_4=4\Omega$，$R_3=1\Omega$，$u_s=10V$，$i_s=1A$，非线性电阻的特性是电压控制型，$i=u^2+u$，试求 u。

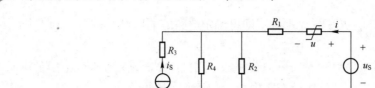

习题【2】图

习题【3】 含非线性电阻的电路如习题【3】图所示，$U_S(t)=0.02\sin(100t)$ V，$I_0=$ 5A，$R_1=6\Omega$，$R_S=4\Omega$，非线性电阻的伏安特性为 $i=0.5U^2(U>0)$，试用小信号分析法求电流 $i(t)$。

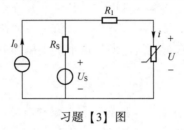

习题【3】图

习题【4】 习题【4】图中，非线性电阻 R 属于电压控制型，即 $i=g(u)=\begin{cases}u^2(u\geq 0)\\0(u<0)\end{cases}$，信号源 $u_S(t)=2\times10^{-3}\cos\omega t$V，试求在静态工作点的电压 $u(t)$ 和电流 $i(t)$。

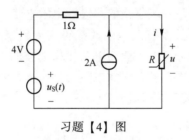

习题【4】图

习题【5】 习题【5】图（a）所示电路中，非线性电阻 R 的伏安关系如习题【5】图（b）所示，已知 $u_S=10\cos100\pi t$V，试绘制流过 R 的电流 i 随时间变化的波形（时间范围为 $0\leq t\leq40$ms）。

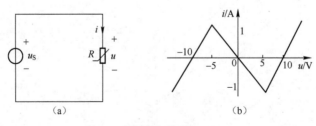

习题【5】图

习题【6】 习题【6】图中，非线性电阻的伏安关系为 $i=u^3$，以节点①为参考节点列写节点电压方程。

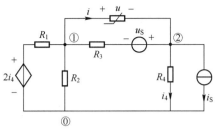

习题【6】图

习题【7】 含非线性电路的电路如习题【7】图所示，已知两个非线性电阻的伏安关系式为 $i_1 = g_1(U) = \begin{cases} U^2 & U>0 \\ 0 & U<0 \end{cases}$、$i_2 = g_2(U) = \begin{cases} 0.5U^2+U & U>0 \\ 0 & U<0 \end{cases}$，直流电源 $I_S = 8\text{A}$，交流电源 $i_S(t) = 0.5\sin t\,\text{A}$，试用小信号分析法求 U、i_1、i_2。

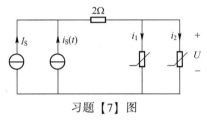

习题【7】图

习题【8】 含非线性电阻的电路如习题【8】图所示，已知非线性电阻的伏安特性为 $i = g(U) = \begin{cases} \dfrac{1}{50}U^2 & U>0 \\ 0 & U<0 \end{cases}$，直流电源 $U_S = 4\text{V}$，小信号 $u_S(t) = 15\sin 10t\,\text{mV}$，试求在静态工作点小信号产生的响应 U。

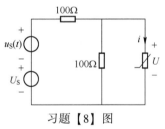

习题【8】图

习题【9】 电路如习题【9】图（a）所示，非线性电阻的伏安特性如习题【9】图（b）所示，求 u 和 i。

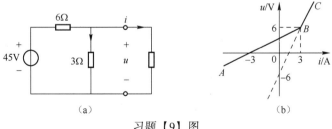

习题【9】图

习题【10】 习题【10】图中，电压源 $u_S(t) = 12+\varepsilon(t)\,\text{V}$，非线性电容的库伏特性 $q = 2.5\times10^{-3}u_C^2$，试用小信号分析法求电容电压 $u_C(t)$。

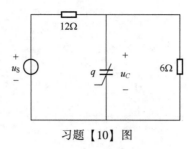

习题【10】图

习题【11】 试用做图法求习题【11】图所示非线性电路中的电压 u_3 和电流 i_3，非线性电阻由方程 $i_3 = 2u_3^2$ 描述。

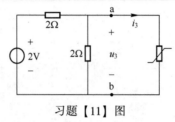

习题【11】图

习题【12】 习题【12】图中，已知 $R_4 = 6\Omega$，$R_5 = 3\Omega$，$I_{S4} = 2A$，$U_{S5} = 57V$，$\alpha = 3$，$L = 0.1mH$，$i_S(t) = 2\sin(10^4 t + 30°) mA$，非线性电容的库伏特性为 $q = 13.5u^{1/3} \times 10^{-4}$，$q$ 的单位为 V，试求：

（1）端钮 a、b 右侧电路的戴维南等效电路；

（2）非线性电容上的电压和电流（用小信号分析法计算）。

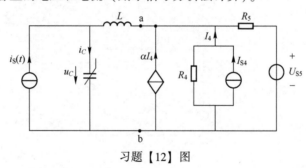

习题【12】图

习题【13】（综合提高题） 已知习题【13】图（a）中二端口的传输参数 $T = \begin{bmatrix} 1.5 & 2.5 \\ 0.5 & 1.5 \end{bmatrix}$，负载电阻 R 为非线性电阻，伏安特性如习题【13】图（b）所示，求 R 上的电压和电流。

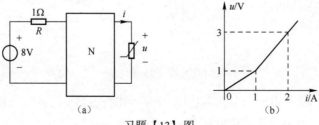

习题【13】图

第 **18** 章

均匀传输线

18.1 知识框图及重点和难点

本章重点掌握以下内容：

（1）分布参数电路、均匀传输线和无损耗均匀传输线的定义与概念。

（2）均匀传输线的电压、电流关系方程，均匀传输线方程的正弦稳态解，均匀传输线上的行波。

（3）无损耗均匀传输线上的驻波，无损耗均匀传输线的负载效应，特别是终端开路和短路无损耗均匀传输线的特性与应用。

（4）求解正弦稳态时无损耗传输线的输入阻抗（终端开路、短路或接任意负载）。

（5）用柏德生法则或方程法求无损耗传输线暂态电压、电流。

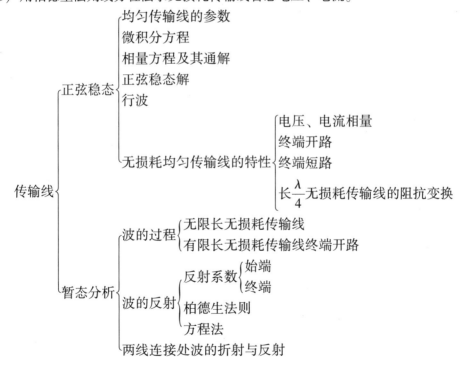

18.2　内容提要及学习指导

18.2.1　均匀传输线的基本方程

在分布参数电路中，由于考虑了电路参数的分布性，因此电路的基本变量 u、i 不仅是时间 t 的函数，还与距离 x 有关。均匀传输线的基本方程为

$$\begin{cases} -\dfrac{\partial u}{\partial x}=R_0 i+L_0\dfrac{\partial i}{\partial t} \\ -\dfrac{\partial i}{\partial x}=G_0 u+C_0\dfrac{\partial u}{\partial t} \end{cases} \tag{18-1}$$

式中，R_0、L_0、C_0、G_0 分别为均匀传输线单位长度的电阻、电感、电容和电导，被称为均匀传输线的原始参数。

18.2.2　均匀传输线的正弦稳态解

（1）行波

如果均匀传输线在正弦交流激励作用下，u、i 分别用相量 $\dot U$、$\dot I$ 来描述，则上述偏微分方程的通解为

$$\begin{cases} \dot U(x)=A_1 e^{-\gamma x}+A_2 e^{\gamma x}=\dot U_+(x)+\dot U_-(x) \\ \dot I(x)=\dfrac{A_1}{Z_C}e^{-\gamma x}-\dfrac{A_2}{Z_C}e^{\gamma x}=\dot I_+(x)-\dot I_-(x) \end{cases} \tag{18-2}$$

式中，$\gamma=\sqrt{(R_0+j\omega L_0)(G_0+j\omega C_0)}=\alpha+j\beta$ 被称为传播常数；α 为均匀传输线的衰减系数；β 为相位系数；$Z_C=\sqrt{\dfrac{R_0+j\omega L_0}{G_0+j\omega C_0}}$ 为均匀传输线的特波阻抗；$\dot U_+(x)$、$\dot I_+(x)$ 为电压、电流的正向行波；$\dot U_-(x)$、$\dot I_-(x)$ 为电压、电流的反向行波。

均匀传输线上各处电压或电流都可以看作由两个向相反方向前进的行波（正向行波和反向行波）叠加而成。

行波的波长为

$$\lambda=\frac{2\pi}{\beta} \tag{18-3}$$

行波的波速为

$$v=\frac{\omega}{\beta}=\frac{\lambda}{T}=\lambda f \tag{18-4}$$

反向电压行波与正向电压行波相量之比或反向电流行波与正向电流行波相量之比被称为反射系数 N，即

$$N=\frac{\dot U_-(x)}{\dot U_+(x)}=\frac{\dot I_-(x)}{\dot I_+(x)} \tag{18-5}$$

若终端接负载 Z_L，则终端反射系数 N_2 为

$$N_2 = \frac{Z_L - Z_C}{Z_L + Z_C} \tag{18-6}$$

（2）均匀传输线的正弦稳态方程

在正弦稳态情况下，若已知始端电压相量 $\dot{U}_1$、电流相量 $\dot{I}_1$，距始端 x 处电压相量 $\dot{U}$ 和电流相量 $\dot{I}$ 为

$$\begin{cases} \dot{U} = \dot{U}_1 \cosh\gamma x - \dot{I}_1 Z_C \sinh\gamma x \\ \dot{I} = -\dfrac{\dot{U}_1}{Z_C}\sinh\gamma x + \dot{I}_1 \cosh\gamma x \end{cases} \tag{18-7}$$

若终端电压相量 $\dot{U}_2$、电流相量 $\dot{I}_2$ 已知，则距终端 x' 处的 $\dot{U}$ 和 $\dot{I}$ 为

$$\begin{cases} \dot{U} = \dot{U}_2 \cosh\gamma x' + \dot{I}_2 Z_C \sinh\gamma x' \\ \dot{I} = \dfrac{\dot{U}_2}{Z_C}\sinh\gamma x' + \dot{I}_2 \cosh\gamma x' \end{cases} \tag{18-8}$$

当终端负载阻抗 Z_L 等于特性阻抗 Z_C 时，均匀传输线处于匹配工作状态，此时均匀传输线上任意一点的输入阻抗都等于特性阻抗。在均匀传输线上无反向行波，只有正向行波。在匹配状态下，均匀传输线上传输的功率被称为自然功率，均匀传输线方程可简化为

$$\begin{cases} \dot{U}(x) = \dot{U}_1 e^{-\gamma x} \\ \dot{I}(x) = \dot{I}_1 e^{-\gamma x} \end{cases} \tag{18-9}$$

（3）无损耗传输线

如果均匀传输线单位长度电阻 R_0 和单位长度电导 G_0 等于 0，则被称为无损耗传输线，简称无损线。

传播系数为

$$\gamma = j\omega\sqrt{L_0 C_0} = j\beta \tag{18-10}$$

特性阻抗为

$$Z_C = \sqrt{L_0/C_0} \tag{18-11}$$

波速为

$$v = \frac{\omega}{\beta} = \frac{1}{\sqrt{L_0 C_0}} \tag{18-12}$$

若已知始端电压相量 $\dot{U}_1$、电流相量 $\dot{I}_1$，则距始端 x 处电压相量 $\dot{U}$ 和电流相量 $\dot{I}$ 为

$$\begin{cases} \dot{U} = \dot{U}_1 \cos\beta x - j\dot{I}_1 Z_C \sin\beta x \\ \dot{I} = -j\dfrac{\dot{U}_1}{Z_C}\sin\beta x + \dot{I}_1 \cos\beta x \end{cases} \tag{18-13}$$

若已知终端电压相量 $\dot{U}_2$、电流相量 $\dot{I}_2$，则距终端 x' 处的 $\dot{U}$ 和 $\dot{I}$ 为

$$\begin{cases} \dot{U} = \dot{U}_2 \cos\beta x' + j\dot{I}_2 Z_C \sin\beta x' \\ \dot{I} = j\dfrac{\dot{U}_2}{Z_C}\sin\beta x' + \dot{I}_2 \cos\beta x' \end{cases} \tag{18-14}$$

始端的输入阻抗为

$$Z_{i} = \frac{\dot{U}(l)}{\dot{I}(l)} = Z_{C}\frac{Z_{L}\cos\beta l + jZ_{C}\sin\beta l}{jZ_{L}\sin\beta l + Z_{C}\cos\beta l} \tag{18-15}$$

当终端负载阻抗 Z_{L} 等于特性阻抗 Z_{C} 时，始端输入阻抗 $Z_{i}=Z_{C}$。

当线路长度 $l=\lambda/4$ 时，有

$$\beta l = \pi/2 \tag{18-16}$$

始端输入阻抗为

$$Z_{i} = \frac{Z_{C}^{2}}{Z_{L}} \tag{18-17}$$

当终端开路时，有

$$Z_{L}\to\infty, \quad \dot{I}_{2}=0, \quad \dot{U}_{1}=\dot{U}_{2}\cos\beta l, \quad \dot{I}=j\frac{\dot{U}_{2}}{Z_{C}}\sin\beta l \tag{18-18}$$

始端输入阻抗为

$$Z_{i} = -jZ_{C}\cot\beta l = -jX \tag{18-19}$$

当终端开路时，电压和电流也形成驻波。在距终端 $x'=\frac{2k+1}{4}\lambda$ 处，电压的幅值恒为 0，为驻波的波节；电流的幅值为最大，为驻波的波腹。在 $x'=k\lambda/2$ 处，电压的幅值为最大，为波腹；电流的幅值恒为 0，为波节。长度满足 $l<\lambda/4$ 的终端开路线可以等效为电容。

当终端短路时，有

$$Z_{L}=0, \quad \dot{U}_{2}=0, \quad \dot{U}_{1}=j\dot{I}_{2}Z_{C}\sin\beta l, \quad \dot{I}_{1}=\dot{I}_{2}\cos\beta l \tag{18-20}$$

始端输入阻抗为

$$Z_{i} = jZ_{C}\tan\beta l = jX \tag{18-21}$$

终端短路时，电压和电流也形成驻波。在距终端 $x'=\frac{2k+1}{4}\lambda$ 处，电压的幅值为最大，电流的幅值恒为 0。在 $x'=k\lambda/2$ 处，电流的幅值为最大，电压的幅值恒为 0。长度满足 $l<\lambda/4$ 的终端短路线可以等效为电感。

18.2.3　均匀无损线的暂态过程

（1）无损线上波的多次反射

当无损线始端和终端接电阻性负载且不匹配时，电压和电流行波在传输线上进行无数次反射。在终端（始端）的电压（电流）反射波等于入射电压（电流）乘以终端（始端）反射系数。在某一时刻传输线上的电压（电流）等于在此时刻存在的所有入射和反射电压（电流）的叠加。电压叠加为正向电压行波和反向电压行波相加，电流叠加为正向电流行波减去反向电流行波。

（2）求反射波的一般方法——柏德生法则

当无损线终端接有一般性负载（R、L、C 及其组合），正向行波电压 u_{+} 到达终端时，既有反射产生，又有透射产生。从终端向始端看，相当于接通一个电压为 $2u_{+}$、内阻为 Z_{C} 的电压源，等效电路如图 18-1 所示。可依据集中参数求解方法求出终端电压 $2u$ 和电流 i_{2}，再

由终端电压、电流关系 $u_2 = u_+ + u_-$、$i_2 = i_+ - i_-$ 求出反射电压 u_- 和电流 i_-。

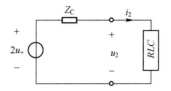

图 18-1　柏德生法则等效电路

第 18 章习题

习题【1】 无损架空线的波阻抗为 400Ω（终端开路），电源频率为 100MHz，若要使输入端相当于 100pF 的电容，线长 l 最短应为多少？

习题【2】 习题【2】图为无损耗传输线，长度 $l = 50\text{m}$，特性阻抗 $Z_C = 100\sqrt{3}\ \Omega$，传输线一端开路，一端短路，线路中点接一电压源 $u_S(t) = 3\sqrt{2}\cos(\omega t + 30°)\ \text{V}$，工作波长 $\lambda = 300\text{m}$，求流过电压源的电流 $i(t)$。

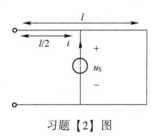

习题【2】图

习题【3】 在习题【3】图所示电路中，无损耗均匀传输线 l_1、l_2、l_3 的长度均为 0.75m，特性阻抗 $Z_C = 100\Omega$，$u_S = 10\cos(2\pi \times 10^8 t)\ \text{V}$，相位速度 $v = 3 \times 10^8\text{m/s}$，终端 3-3′ 接负载 $Z_2 = 10\Omega$，终端 4-4′ 短路，求电源端的电流 $i_1(t)$。

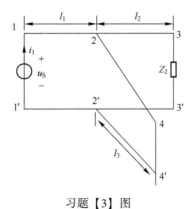

习题【3】图

习题【4】 习题【4】图中，无损线的波阻抗 $Z_C = 300\Omega$，线长 l 为 $\dfrac{1}{4}$ 波长，求由传输线和理想变压器级联构成的二端口网络传输参数矩阵。

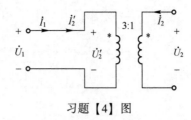

习题【4】图

习题【5】 习题【5】图中，无损线长为 18m，波阻抗 $Z_C = 100\Omega$，u_S 为正弦电压源，传输线上的行波波长 $\lambda = 8\text{m}$，终端接集中参数电感，电感的感抗 $X_L = 100\sqrt{3}\,\Omega$，试求传输线上电压始终为 0 的点距终端的距离。

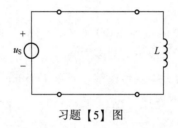

习题【5】图

习题【6】 习题【6】图中，已知 $\dot{U}_S = 100\angle0°\,\text{V}$，$R_S = 100\Omega$，$Z_{C1} = Z_{C2} = 200\Omega$，$Z_{C3} = 100\Omega$，$R = 200\Omega$，$R_2 = 200\Omega$，$X_L = 100\Omega$，$f = 7.5\times10^7\,\text{Hz}$，$l_1 = 1\text{m}$，$l_2 = 2\text{m}$，$l_3 = 0.5\text{m}$，求 Z_{L_1}、$U_{4-4'}$。

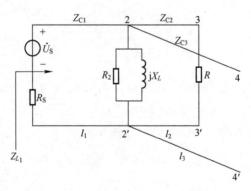

习题【6】图

习题【7】 习题【7】图中，两条均匀无损线的波阻抗分别为 $Z_{C1} = 100\Omega$，$Z_{C2} = 200\Omega$，始端电压源电压 $\dot{U}_1 = 100\angle0°$，电磁波波长为 λ，传输线长度分别为 $l_1 = \dfrac{\lambda}{6}$，$l_2 = \dfrac{\lambda}{4}$，传输线上 A 点距 l_1 末端 $\dfrac{\lambda}{12}$，传输线 l_2 末端 3-3′ 处短路，求：

（1）第一条无损线始端电流 $\dot{I}_1$ 和终端电压 $\dot{U}_2$；

（2）A 点电压有效值 U_A 和电流有效值 I_A；

（3）第二条无损线始端电流有效值 I_2 和终端短路电流有效值 I_3。

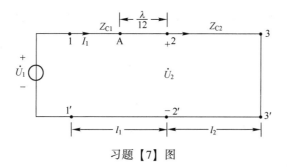

习题【7】图

习题【8】　习题【8】图中，两条无损耗均匀传输线的长度分别为 $l_1 = \dfrac{\lambda}{8}$，$l_2 = \dfrac{\lambda}{4}$，第一条无损线接正弦电源 $\dot{U}_S = 100 \angle 0° \text{V}$，已知 $Z_{C1} = 200\Omega$，集总元件 $R_1 = 400\Omega$，$R_2 = 100\Omega$，求：

（1）若从 1-1′端看进去的输入阻抗为 200Ω，求第二条无损线的波阻抗 Z_{C2}；

（2）电流 $\dot{I}_2$；

（3）电流 $\dot{I}_R$。

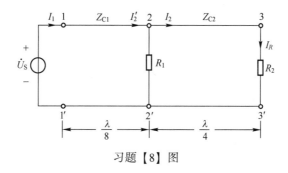

习题【8】图

习题【9】　习题【9】图中，两条均匀无损线通过集中参数电感与电阻相连，波阻抗 $Z_{C1} = 200\Omega$，Z_{C2} 未知，$l_1 = \lambda/8$，$l_2 = \lambda/8$，$X_L = 400\Omega$，$R = 200\Omega$，$\dot{U}_1 = 600 \angle 0° \text{V}$，求：

（1）若从 1-1′看进去的输入阻抗 $Z_{in} = 200\Omega$，求波阻抗 Z_{C2}；

（2）电压 $\dot{U}_2$；

（3）电压 $\dot{U}_3$。

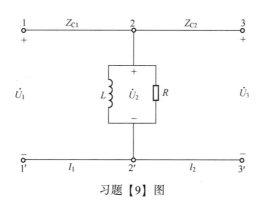

习题【9】图

习题【10】　无损耗均匀传输线稳态电路如习题【10】图所示，三条无损耗均匀传输线的波阻抗和长度分别为 $Z_{C1} = 100\Omega$，$Z_{C2} = 50\Omega$，$Z_{C3} = 100\Omega$，l_1 未知，$l_2 = l_3 = \lambda/8$，始端 1-1′ 接正弦电压源 $\dot{U}_S$，终端 3-3′短路，4-4′开路，第一条无损线和第二条无损线间接有集总参数电阻 $R = 50\Omega$，当 $\dot{U}_S = 600\angle 0°\text{V}$ 时，$\dot{U}_R = 300\sqrt{2}\angle -75°\text{V}$，求 l_1 的最小长度。

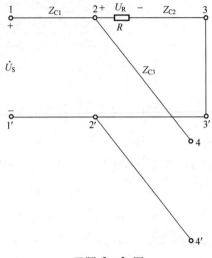

习题【10】图

习题【11】 习题【11】图中，已知 $Z_{C1} = 400\Omega$，$Z_{C2} = Z_{C3} = 800\Omega$，$C = 5\mu\text{F}$（无初始储能），$u_S = 42\text{V}$，$R_S = 20\Omega$，以入射波到达 2-2′为计时起点，求：

（1）第二条无损线的入射波电流；

（2）第一条无损线上的反射波电压、电流。

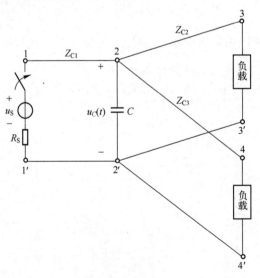

习题【11】图

习题【12】 习题【12】图中，两端长度均为 l 的无损耗均匀传输线，$Z_{C1} = 750\Omega$，$Z_{C2} = 400\Omega$，第一条无损线始端接电压源 $u_S = 38\text{kV}$，$R_S = 250\Omega$，两条无损线均接有集中参数电路元件，$R_1 = 400\Omega$，$L = 1\text{H}$，$C = 1\mu\text{F}$，电容和电感处于零状态，记第一条无损线入射波到

达 2-2'端的时刻为开始计时的起点，求：

（1）第一次到达 2-2'端的入射波电压和电流；

（2）第二条无损线始端 3-3'的第一次透射波电压和电流。

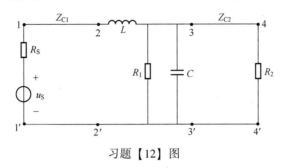

习题【12】图

习题【13】 习题【13】图中，两条无损均匀传输线的波阻抗相同，$Z_{C1} = Z_{C2} = 200\Omega$，长度均为 l，电磁波在无损线上的传播速度均为 v，两条无损线之间接有两个集总参数电阻，$R_1 = 100\Omega$，$R_2 = 600\Omega$，第二条无损线终端接有集总参数电阻和零状态电容，$R_3 = 100\Omega$，$C = 1\mu F$，现由 1-1'传来一矩形电压波 $U_0 = 9kV$，以电磁波到达 3-3'端为计时起点（$t=0$），在 $0<t<l$ 期间，求：

（1）第一条无损线终端处的电压 u_1 和电流 i_1；

（2）第二条无损线终端处的电压 u_2 和电流 i_2。

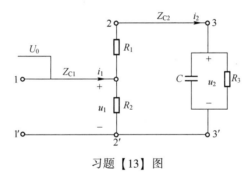

习题【13】图

习题【14】 习题【14】图中，两条均匀无损传输线通过集中参数元件相连，已知波阻抗：$Z_{C1} = 100\Omega$，$Z_{C2} = 200\Omega$，集中参数电感 $L = 0.6H$，现由始端传来一波前为矩形的入射波 $U_0 = 15kV$，以入射波到达 2-2'时为计时起点，设入射波尚未到达 3-3'，求：

（1）电压 $u_2(t)$；

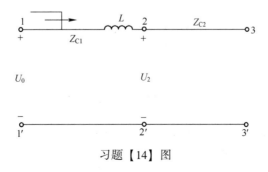

习题【14】图

新编全国高校电气考研真题精选大串讲（2024 版）

（2）第一条无损线的反射波电压；

（3）第二条无损线的透射波电压。

习题【15】 习题【15】图中，波阻抗分别为：$Z_{C1} = 100\Omega$，$Z_{C2} = 300\Omega$，$Z_{C3} = 300\Omega$，集中参数电感 $L = 0.5\mathrm{H}$，现由始端传来一矩形波 $U_0 = 20\mathrm{kV}$，设该矩形波到达 2-2′端的瞬间为计时时刻，求电压 u_2 及第三条传输线的透射波电压 $u_{\varphi3}$（设矩形波未到达 3-3′和 4-4′）。

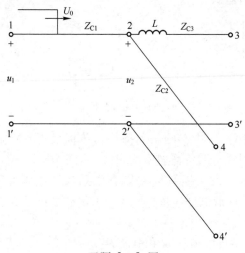

习题【15】图

习题【16】 习题【16】图中，无损均匀传输线经集中参数电容 C 与两条并联的无损传输线相连，已知 $C = 3\mu\mathrm{F}$，$Z_{C1} = 100\Omega$，$Z_{C2} = Z_{C3} = 400\Omega$，现由始端 1-1′传来一矩形波 $U_0 = 15\mathrm{kV}$，求波到达连接处 2-2′后的电压 $u_{2-2'}(t)$、第一条无损线上反射波电压 $u_{1-}(t)$ 及第二条无损线上的透射波电流 $i_{2+}(t)$。

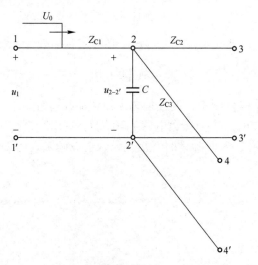

习题【16】图

习题【17】 习题【17】图中，一条无损均匀传输线经集中参数电感 L 和集中参数电阻 R 与另一条无损均匀传输线相连，已知 $Z_{C1} = 300\Omega$，$Z_{C2} = 600\Omega$，$L = 0.5\mathrm{H}$，$R = 300\Omega$，现由

始端传来一矩形波 $U_0 = 15\text{kV}$，求波到达连接处 2-2′后的电流 $i(t)$、反射波电流 $i_{1-}(t)$ 和透射波电流 $i_{2+}(t)$。

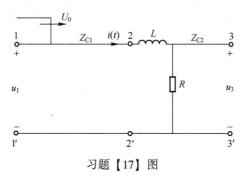

习题【17】图

附录 A　习题答案

A1　第 1、2 章习题答案

习题【1】解　根据广义 KCL 可得 2Ω 上没有电流流过，则电路可以化简为习题【1】解图。

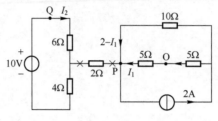

习题【1】解图

列写 KVL 可得

$$\begin{cases}(6+4)I_2=10\\10(2-I_1)=(5+5)I_1\end{cases}\Rightarrow\begin{cases}I_1=1\text{A}\\I_2=1\text{A}\end{cases}$$

求得 P 点和 Q 点电位分别为 $U_\text{P}=0-5\times1=-5(\text{V})$，$U_\text{Q}=U_\text{P}+6\times1=-5+6=1(\text{V})$。

习题【2】解　（1）先求习题【2】图（a）中 a、b 端的开路电压 u_OC，应用分压公式可得

$$u_\text{OC}=\frac{\dfrac{2\times(2+1)}{2+(2+1)}}{2+\dfrac{2\times(2+1)}{2+(2+1)}}\times\frac{1}{2+1}\times\frac{1}{2}\times10=\frac{5}{8}=0.625(\text{V})$$

等效内阻为

$$R_\text{eq}=\frac{\left[\dfrac{(1+2)\times2}{(1+2)+2}+1\right]\times1}{\left[\dfrac{(1+2)\times2}{(1+2)+2}+1\right]+1}=\frac{11}{16}=0.6875(\Omega)$$

戴维南等效电路如习题【2】解图（a）所示。

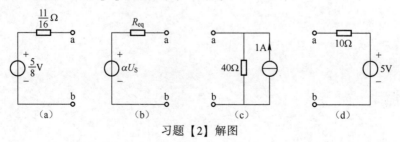

习题【2】解图

174

（2）习题【2】图（b）是一个分压器电路，当 a、b 端开路时，输出端电压按分压器的电阻比例给出，即 a、b 端的开路电压为

$$u_{OC} = \alpha u_S$$

等效内阻为

$$R_{eq} = R_1 + [\alpha R // (1-\alpha)R] = R_1 + \alpha(1-\alpha)R$$

等效电路如习题【2】解图（b）所示。

（3）习题【2】图（c）中，1A 电流源的右方由两个平衡电桥组成，c、d 端是右方第一个平衡电桥对角线的端子，电桥平衡时，对角线支路可以断开或短路，当 c、d 端短路时，有

$$R_{eq} = \frac{20 \times 20}{20+20} + \frac{60 \times 60}{60+60} = 10+30 = 40(\Omega)$$

用 40Ω 的电阻代替习题【2】图（c）中 a、b 端右方的所有电阻，就得到诺顿等效电路，如习题【2】解图（c）所示。

（4）a、b 端的开路电压为

$$u_{OC} = 10 - 1 \times 5 = 5(V)$$

等效内阻为

$$R_{eq} = \frac{1}{0.2} + 5 = 10(\Omega)$$

戴维南等效电路如习题【2】解图（d）所示。

习题【3】解 电流源与电阻串联等效为电流源，将三个Y形连接的 2Ω 电阻等效变换为△形连接，如习题【3】解图（1）所示：

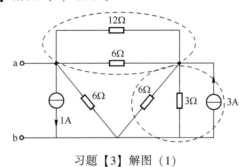

习题【3】解图（1）

将并联电阻合并，进行等效电源变换后如习题【3】解图（2）所示。

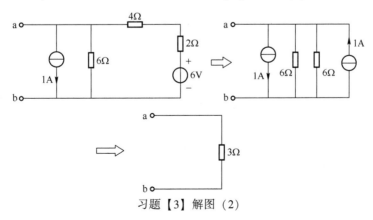

习题【3】解图（2）

习题【4】解 如习题【4】解图所示。

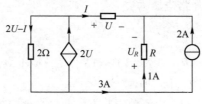

习题【4】解图

（1）由广义 KCL 可知 $I=-3\text{A}$，列写 KVL 为

$$2(2U-I)=U-R$$

解得

$$U=-\frac{10}{3}\text{V}$$

（2）已知 $U=-4\text{V}$，$I=-3\text{A}$，则电压

$$U_R=2(I-2U)+U=-3\times2+(-3)\times(-4)=6(\text{V})$$

电阻

$$R=\frac{U_R}{1}=\frac{6}{1}=6(\Omega)$$

习题【5】解 根据 KCL 将各支路电流标在习题【5】解图中。

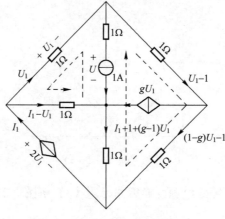

习题【5】解图

列写 KVL 可得

$$2U_1=I_1-U_1+I_1+1+(g-1)U_1\Rightarrow2U_1=(g-2)U_1+2I_1+1$$

得到

$$I_1=U_1-\frac{1}{2}(g-2)U_1-\frac{1}{2}=\left(2-\frac{1}{2}g\right)U_1-\frac{1}{2}$$

即

$$U=-1\times1-U_1+I_1-U_1=-1-2U_1+I_1$$

又

$$U=-1+U_1-1+(1-g)U_1-1-I_1-1-(g-1)U_1=(3-2g)U_1-I_1-4$$

同时

$$(3-2g)U_1-I_1-4=-1-2U_1+I_1$$

化简

$$\Rightarrow(5-2g)U_1=2I_1+3=(4-g)U_1-1+3=(4-g)U_1+2$$

即

$$(1-g)U_1=2\Rightarrow U_1=\frac{2}{1-g}$$

解得

$$U=-1-2\frac{2}{1-g}+\left(2-\frac{1}{2}g\right)\frac{2}{1-g}-\frac{1}{2}=\frac{4-g-4}{1-g}-\frac{3}{2}=-\frac{g}{1-g}-\frac{3}{2}$$

习题【6】解 根据 KCL 将各支路电流标在习题【6】解图中。

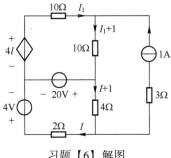

习题【6】解图

列写 KVL 可得

$$4(I+1)+2I+4=20\Rightarrow I=2\text{A}$$

又

$$4I=10I_1+10(I_1+1)+20=4\times2=8\Rightarrow I_1=-1.1\text{A}$$

受控源提供的功率为

$$P=4\times2\times(-1.1)=-8.8(\text{W})$$

习题【7】解 （1）习题【7】解图（a）虚线框中电桥平衡，$R_{eq}=(20+20)//(60+60)=30(\Omega)$，将电路化简成习题【7】解图（b）形式，则电流为

$$\begin{cases}I_1=\dfrac{18\times5}{30}=3(\text{A})\\I=I_1+5=3+5=8(\text{A})\\I_2=-I-2=-10(\text{A})\\I_3=-3-5-I_1=-11(\text{A})\end{cases}$$

电压为

$$U=3I_2+2I_3-5\times18=3\times(-10)+2\times(-11)-5\times18=-142(\text{V})$$

（2）R_x 吸收的功率为

$$P=UI=-142\times8=-1136(\text{W})$$

注：这里电阻为负电阻。

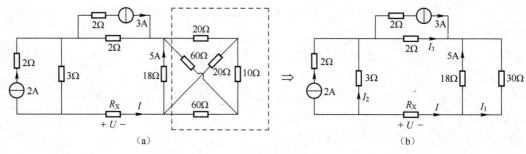

习题【7】解图

习题【8】解 习题【8】解图（a）虚线圈出的部分电桥平衡，得到等效电路习题【8】解图（b），由图（b）列出 KVL 为

$$\left(4-\frac{U}{2}\right)\times 2+8-U=0\Rightarrow U=8\mathrm{V}$$

解得电流

$$I=\frac{1}{2}\times\left(4-\frac{U}{2}\right)=0(\mathrm{A})$$

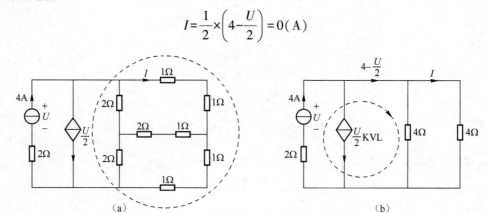

习题【8】解图

习题【9】解 电路化简为习题【9】解图。

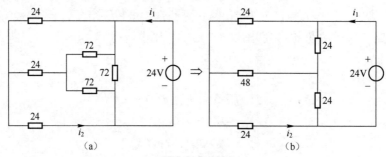

习题【9】解图

电路电桥平衡，得

$$i_1=\frac{24}{24}=1(\mathrm{A})，i_2=\frac{1}{2}i_1=\frac{1}{2}(\mathrm{A})$$

习题【10】解 （1）习题【10】图（a）中，由于 $\dfrac{R_1}{R_4}=\dfrac{R_2}{R_5}=\dfrac{1}{3}$，所以桥路平衡，即 c、d 等电位，$R_6$ 上没有电流流过，相当于开路（同样可以看作短路），则

$$R_{ab}=R_3//(R_1+R_4)//(R_2+R_5)=1.14\Omega$$

（2）将习题【10】图（b）中由 1Ω、1Ω、2Ω 组成的Y形电阻电路及 2Ω、2Ω、1Ω 组成的Y形电阻电路转化为对应的△形电阻电路 2.5Ω、5Ω、5Ω 与 8Ω、4Ω、4Ω，如习题【10】解图（a）所示，转化后，节点 c、d 消失，把习题【10】解图（a）简化为习题【10】解图（b），可求得

$$R_{ab}=\left[(2.5//8)+(5//4//2)\right]//(5//4)=1.269(\Omega)$$

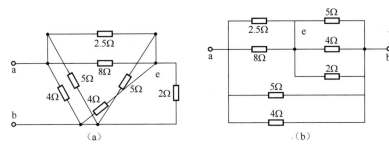

习题【10】解图

习题【11】解 电路可等效为习题【11】解图（1）。

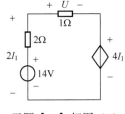

习题【11】解图（1）

由 KVL 可列 $\begin{cases}2I_1=14-2\cdot\dfrac{U}{1}\\ 2I_1=U+4I_1\end{cases}$，得 $\begin{cases}U=14\text{V}\\ I_1=-7\text{A}\end{cases}$。

控制量变换为 μU 后，电路变为习题【11】解图（2）。

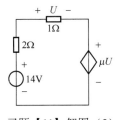

习题【11】解图（2）

由 KVL 可列 $14=3U+\mu U$，解得 $\mu=-2$。

习题【12】解　方法一：原电路图可化为习题【12】解图。

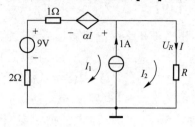

习题【12】解图

列回路电流方程

$$\begin{cases} (2+1)I_1 = 9+\alpha I - U_R \\ I_2 R = U_R \end{cases}$$

补充方程

$$I_2 - I_1 = 1\text{A}, I = I_2$$

解得

$$U_R = 9 + \alpha + (\alpha - 3)I_1$$

因此，当 $\alpha = 3$ 时，$U_R = 12\text{V}$ 为定值。

方法二：列节点电压方程为

$$U_R\left(\frac{1}{2+1}+\frac{1}{R}\right) = \frac{9+\alpha I}{2+1}+1$$

其中，$I = \dfrac{U_R}{R}$，解得 $U_R = \dfrac{12R}{R+3-\alpha}$。

只有当 $\alpha = 3$ 时，$U_R = 12\text{V}$，为常数。

习题【13】解　由题意知，电阻 R 两端电位相等，等效电路如习题【13】解图所示。

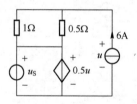

习题【13】解图

由图得

$$u_S = 0.5u \qquad\qquad ①$$

由分流公式可知

$$0.5 \times 4 + 0.5u = u \qquad\qquad ②$$

联立①②得

$$u_S = 2\text{V}$$

习题【14】解　（1）根据极限思想，等效电路如习题【14】解图所示。

a○—[R_1]—┬────┐
　　　　　 [R_2] [R_{ab}]
b○——————┴────┘

习题【14】解图

根据等效网络列出方程

$$R_{ab} = R_1 + \frac{R_2 R_{ab}}{R_2 + R_{ab}}$$

解得

$$R_{ab} = \frac{R_1 + \sqrt{R_1^2 + 4R_1 R_2}}{2}$$

（2）电压比为 1:2，则

$$\frac{U_2}{U_1} = \frac{\dfrac{R_2 R_{ab}}{R_2 + R_{ab}}}{R_1 + \dfrac{R_2 R_{ab}}{R_2 + R_{ab}}} = \frac{\dfrac{R_2 R_{ab}}{R_2 + R_{ab}}}{R_{ab}} = \frac{R_2}{R_2 + R_{ab}} = \frac{R_2}{R_2 + \dfrac{R_1 + \sqrt{R_1^2 + 4R_1 R_2}}{2}} = \frac{1}{2}$$

解得

$$\frac{R_1}{R_2} = \frac{1}{2}$$

习题【15】解　由 KCL 和 KVL 得

$$\begin{cases} I_2 + I_3 = 4A \\ U_2 = 20 - 25 = -5(\text{V}) \\ U_3 + 1.5I_2 = U_2 \end{cases}$$

总功率

$$P_{123} = 4 \times 25 + U_2 \cdot I_2 + U_3 \cdot I_3$$

解得

$$P_{123} = 100 - 5I_2 + (-5 - 1.5I_2)(4 - I_2) = 80 - 6I_2 + \frac{3}{2}I_2^2$$

对 I_2 求导，并求极值点

$$\frac{\mathrm{d}(P_{123})}{\mathrm{d}(I_2)} = P'_{123} = 3I_2 - 6 = 0 \Rightarrow I_2 = 2A$$

求 P_{123} 最小值为

$$(P_{123})_{\min} = 80 - 6 \times 2 + \frac{3}{2} \times 2^2 = 74(\text{W})$$

习题【16】解　将电量标注在习题【16】解图中。

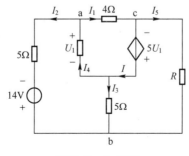

习题【16】解图

4Ω 两端电压为

$$U_{ac} = U_1 + 5U_1 = 6U_1 \Rightarrow I_1 = \frac{U}{R_1} = \frac{6U_1}{R} = \frac{6 \times 2}{4} = 3(A)$$

a、b 两点等电位，即

$$U_{ab} = 5I_2 - 14 = 0 \Rightarrow I_2 = \frac{14}{5} = 2.8(A)$$

即

$$U_{ab} = U_1 + 5I_3 = 2 + 5I_3 = 0 \Rightarrow I_3 = -0.4A$$

电流为

$$\begin{cases} I_4 = I_1 + I_2 = 3 + 2.8 = 5.8(A) \\ I = I_4 + I_3 = 5.8 - 0.4 = 5.4(A) \\ I_5 = I_1 - I = 3 - 5.4 = -2.4(A) \end{cases}$$

电压为

$$U_R = -2.4R = 0 - 4I_1 = -12(V)$$

电阻为

$$R = 5\Omega$$

习题【17】解　首先利用对称性，对原电路重组，得到习题【17】解图。

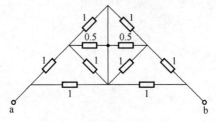

习题【17】解图

等效电阻为

$$R_{ab} = 2 \times [1//1//0.5 + 1]//1 = 2 \times \frac{1.25 \times 1}{1.25 + 1} = \frac{10}{9}(\Omega)$$

习题【18】解　（1）求 R_{AB}。

设对称轴 AB 可找到等势点，即习题【18】解图（1）（a）中虚线所示，将电路图重新整理得到习题【18】解图（1）（b），则等效电阻为

$$R_{AB} = \{[1 + (1//1)]//1//1\} \times 2 = \frac{3}{4}(\Omega)$$

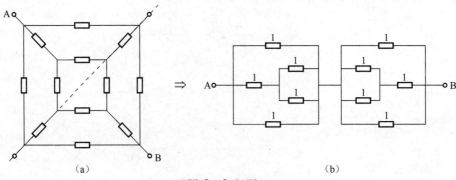

（a）　　　　　　　　　　　　　　　　（b）

习题【18】解图（1）

（2）求 R_{AC}。

首先利用对称，然后对对称轴上方部分进行 Y-△ 转换，又存在平衡电桥，最后得到等效电路图习题【18】解图（2）。

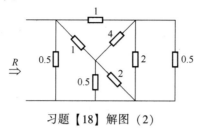

习题【18】解图（2）

等效电阻为

$$R=0.5//(1+0.5//2)//(1+0.5//2)=\frac{0.5\times0.7}{0.5+0.7}=\frac{7}{24}(\Omega)$$

端口等效电阻为

$$R_{AC}=2R=\frac{7}{12}\Omega$$

习题【19】解　习题【19】解图中：

（1）可用传递对称及平衡对称的概念分析电路中的等电位点。对端口 ab，平面 afeb 是该端口的传递对称面，g 与 c、h 与 d 是等电位点，将它们分别短接，得到习题【19】解图（b），则

$$R_{ab}=R//[0.5R+0.5R+0.5R//(0.5R+0.5R+R)]=\frac{7}{12}R$$

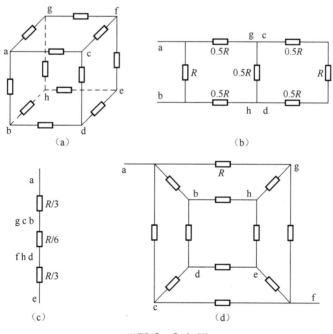

习题【19】解图

（2）对端口 ae，除了平面 afeb 是该端口的传递对称面，平面 aceh 也是该端口的传递对称面，由此可推断 g、c、b 是等电位点，f、h、d 也是等电位点，分别将它们短接，得到习

题【19】解图（c），则

$$R_{ae} = \frac{1}{3}R + \frac{1}{6}R + \frac{1}{3}R = \frac{5}{6}R$$

（3）对于端口 af，电路向下压扁，得到习题【19】解图（d），是一个平衡对称电路，c、d、h、g 是等电位点，分别将它们短接，则

$$R_{af} = 2[R//R//(R+R//R)] = 0.75R$$

习题【20】解 将电量标在习题【20】解图中。

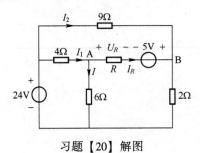

习题【20】解图

列写 KVL 可得

$$4I_1 + 6I = 24 \Rightarrow I_1 = \frac{24-6I}{4} = \frac{24-6\times1}{4} = 4.5(A)$$

又根据 KCL 可得

$$I_R = I_1 - I = 4.5 - 1 = 3.5(A)$$

根据 KVL 得

$$\begin{cases} 9I_2 = 4I_1 + U_R - 5 \\ 24 = 9I_2 + 2(I_2 + I_R) \end{cases}$$

解得

$$R = \frac{U_R}{I_R} \approx 0.26\Omega$$

习题【21】解 将电路化简成习题【21】解图。

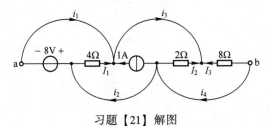

习题【21】解图

电流为

$$I_1 = \frac{8}{4} = 2(A), \quad I_2 = \frac{8}{2} = 4(A), \quad I_3 = \frac{8}{8} = 1(A)$$

所以

$$i_4 = -I_3 = -1A$$

根据 KCL

$$i_4 = 1 + I_2 + i_2 \Rightarrow i_2 = -1 - 4 - 1 = -6(A)$$

解得
$$i_3 = -I_3 - I_2 = -1 - 4 = -5 (\text{A}) , \quad i_1 = i_3 - I_1 - 1 = -5 - 2 - 1 = -8 (\text{A})$$

习题【22】解 先对电路进行等效变换，然后将电量标在习题【22】解图中。

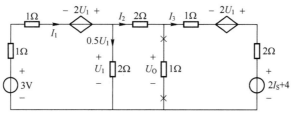

习题【22】解图

根据 KVL 得
$$2I_1 - 2U_1 + U_1 = 3 \Rightarrow I_1 = 1.5 + 0.5U_1$$

解得
$$I_2 = I_1 - 0.5U_1 = 1.5\text{A}$$

又由题可知 $U_0 = 0\text{V}$，则
$$\begin{cases} I_3 = I_2 = 1.5\text{A} \\ U_1 = 2I_2 + U_0 = 2I_2 = 3\text{V} \end{cases}$$

KVL 可得
$$U_0 = 3I_3 - 2U_1 + 2I_S + 4 = 0$$

解得
$$I_S = -\frac{5}{4}\text{A}$$

习题【23】解 将电量标在习题【23】解图中。

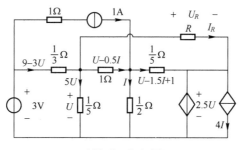

习题【23】解图

列 KVL 得
$$U = U - 0.5I + \frac{U - 1.5I + 1}{5} + 2.5U \Rightarrow U = \frac{8}{27}I - \frac{2}{27} = -2 (\text{V})$$

解得
$$I = -\frac{13}{2}\text{A}$$

其中

$$U_R = U - 0.5I + \frac{1}{5}(U - 1.5I + 1) = 3(V)$$

解得

$$I_R = 9 - 3U - 5U - (U - 0.5I) = \frac{95}{4}(A)$$

电阻为

$$R = \frac{U_R}{I_R} = \frac{3}{\frac{95}{4}} = \frac{12}{95}(\Omega)$$

习题【24】解 如果仔细观察 a-c-d、b-e-f 两个三角形连接的电阻群，数据配得正好，可以进行Y-△转换，而且所求的两个支路电流也在等效部分，更有利于求解，等效电路如习题【24】解图所示。

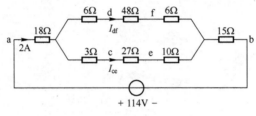

习题【24】解图

等效电阻 $R_{ab} = 18 + (6+48+6) // (27+3+10) + 15 = 18 + 24 + 15 = 57(\Omega)$，则电流

$$I = \frac{114}{R_{ab}} = \frac{114}{57} = 2(A)$$

根据分流公式得

$$I_{ce} = \frac{60}{60+40} \times 2 = 1.2(A), \ I_{df} = \frac{40}{60+40} \times 2 = 0.8(A)$$

A2 第 3 章习题答案

习题【1】解 选取电路中的网孔电流方向如习题【1】解图所示。

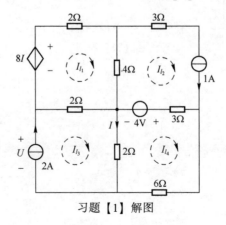

习题【1】解图

列出网孔电流方程为

$$\begin{cases} (4+2+2)I_{l_1}-4I_{l_2}-2I_{l_3}=8I \\ I_{l_2}=1\text{A} \\ I_{l_3}=2\text{A} \\ (3+6+2)I_{l_4}-3I_{l_2}-2I_{l_3}=4 \end{cases}$$

补充方程为

$$I=I_{l_3}-I_{l_4}$$

解得

$$I_{l_1}=2\text{A},\ I_{l_4}=1\text{A},\ I=1\text{A}$$

得到

$$U=2\left(I_{l_3}-I_{l_1}\right)+2I=2\text{V}$$

习题【2】解　对电路等效后，选如习题【2】解图所示节点。

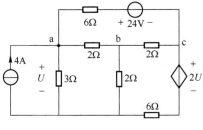

习题【2】解图

列出节点方程为

$$\begin{cases} \left(\dfrac{1}{3}+\dfrac{1}{2}+\dfrac{1}{6}\right)U_a-\dfrac{1}{2}U_b-\dfrac{1}{6}U_c=4+\dfrac{24}{6} \\[2mm] -\dfrac{1}{2}U_a+\left(\dfrac{1}{2}+\dfrac{1}{2}+\dfrac{1}{2}\right)U_b-\dfrac{1}{2}U_c=0 \\[2mm] -\dfrac{1}{6}U_a-\dfrac{1}{2}U_b+\left(\dfrac{1}{2}+\dfrac{1}{6}+\dfrac{1}{6}\right)U_c=-4+\dfrac{2U}{6} \end{cases}$$

补 $U=U_a$，解得 $U_a=12\text{V}$，即 $U=12\text{V}$。

习题【3】解　标出电路中的电量如习题【3】解图所示。

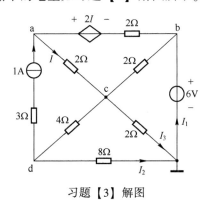

习题【3】解图

列出节点电压方程为

$$\begin{cases} u_b = 6\text{V} \\ \left(\dfrac{1}{2}+\dfrac{1}{2}\right)u_a - \dfrac{1}{2}u_b - \dfrac{1}{2}u_c = 1+\dfrac{2I}{2} = 1+I \\ -\dfrac{1}{2}u_a - \dfrac{1}{2}u_b + \left(\dfrac{1}{2}+\dfrac{1}{2}+\dfrac{1}{2}+\dfrac{1}{4}\right)u_c - \dfrac{1}{4}u_d = 0 \\ -\dfrac{1}{4}u_c + \left(\dfrac{1}{4}+\dfrac{1}{8}\right)u_d = -1 \end{cases}$$

补充方程为

$$I = \frac{u_a - u_c}{2}$$

解得 $u_a = 8\text{V}$，$u_c = 4\text{V}$，$u_d = 0\text{V}$。

在接地点根据 KCL 求流过电压源的电流 I_1，$I_2 = \dfrac{u_d}{8} = 0\text{A}$，$I_3 = \dfrac{u_c}{2} = 2\text{A}$，$I_1 = I_2 + I_3 = 2\text{A}$。

6V 电压源发出的功率为

$$P = u_s I_1 = 6 \times 2 = 12(\text{W})$$

习题【4】解 对两边电阻进行 △→Y 变换，得到等效电路如习题【4】解图所示。

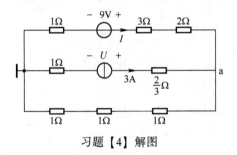

习题【4】解图

a 点电压方程为

$$\left(\frac{1}{1+2+3}+\frac{1}{1+1+1}\right)U_a = 3+\frac{9}{3+2+1}$$

解得

$$U_a = 9\text{V}$$

从而

$$I = \frac{9-U_a}{1+2+3} = 0\text{A}$$

再由 KVL：$U_a + 1\times 3 - U + \dfrac{2}{3}\times 3 = 0(\text{V})$，解得

$$U = 14\text{V}$$

功率为

$$P = 14 \times 3 = 42(\text{W})\quad(\text{发出})$$

习题【5】解 （1）回路电流法：选取回路电流的方向如习题【5】解图（1）所示。

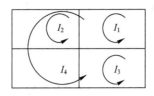

习题【5】解图（1）

列出回路电流方程为

$$\begin{cases}(1+2)I_1-2I_3+I_4=-2\\ I_2=9\\ I_3=2U\\ I_1+2I_2+(1+2+1)I_4=3I\\ I=I_1-I_3\\ U=2\times(I_2+I_4)\end{cases}\Rightarrow\begin{cases}I_1=7\mathrm{A}\\ I_3=8\mathrm{A}\\ I_4=-7\mathrm{A}\end{cases}$$

解得电压为

$$U=2\times(I_2+I_4)=2\times(9-7)=4(\mathrm{V})$$

解得电流为

$$I=I_1-I_3=7-8=-1(\mathrm{A})$$

（2）节点电压法：选取电压节点如习题【5】解图（2）所示。

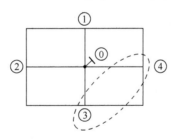

习题【5】解图（2）

列出节点电压方程为

$$\begin{cases}U_{n1}=2 \quad ①\\ -\dfrac{1}{2}U_{n1}+\left(\dfrac{1}{2}+1\right)U_{n2}-U_{n3}=-9 \quad ②\\ -U_{n1}-U_{n2}+U_{n3}+\left(\dfrac{1}{2}+1\right)\times U_{n4}=2U(\text{广义节点}) \quad ③\\ U_{n4}-U_{n3}=3I \quad ④\end{cases}$$

补充方程为

$$U=U_{n1}-U_{n2}, \quad I=\frac{0-U_{n4}}{2}$$

解得

$$\begin{cases} U_{n2} = -2V \\ U_{n3} = 5V \\ U_{n4} = 2V \end{cases} \Rightarrow \begin{cases} U = 2+2 = 4\,(V) \\ I = \dfrac{-2}{2} = -1\,(A) \end{cases}$$

习题【6】解 如习题【6】解图所示。

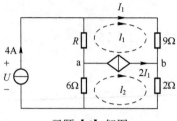

习题【6】解图

对 l_1、l_2 回路列写 KVL 为

$$\begin{cases} 9I_1 - (4-I_1)R = 0 \\ 6I_1 - 6(4-3I_1) = 0 \end{cases}$$

根据 KCL $I_2 = 4-3I_1$，解得

$$R = 3\Omega,\ I_1 = 1A$$

电压为

$$U = (4-I_1)R + 6 \times (4-3I_1) = 15\,(V)$$

4A 电流源发出的功率为

$$P = UI = 60W$$

习题【7】解 网孔电流方向选取如习题【7】解图所示。

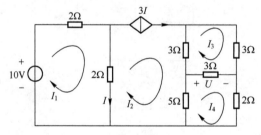

习题【7】解图

列出方程为

$$\begin{cases} 4I_1 - 2I_2 = 10 \\ I_2 = 3I \\ -3I_2 + 9I_3 - 3I_4 = 0 \\ -5I_2 - 3I_3 + 10I_4 = 0 \end{cases}$$

补充方程为

$$I = I_1 - I_2$$

解得

$$I=1\text{A},\ I_1=4\text{A},\ I_2=3\text{A},\ I_3=\frac{5}{3}\text{A},\ I_4=2\text{A},\ U=3(I_4-I_3)=1\text{V}$$

习题【8】解　节点选取如习题【8】解图所示。

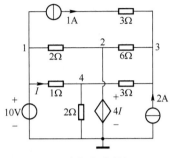

习题【8】解图

列写节点电压方程为

$$
\begin{cases}
U_1=10\\[2pt]
U_2=4I\\[2pt]
-\dfrac{1}{6}U_2+\left(\dfrac{1}{6}+\dfrac{1}{3}\right)U_3-\dfrac{1}{3}U_4=1+2\\[4pt]
-U_1-\dfrac{1}{3}U_3+\left(1+\dfrac{1}{2}+\dfrac{1}{3}\right)U_4=0\\[4pt]
\text{补充方程}:U_1-U_4=I
\end{cases}
\Rightarrow\text{解得}
\begin{cases}
U_1=10\text{V}\\
U_2=8\text{V}\\
U_3=14\text{V}\\
U_4=8\text{V}\\
I=2\text{A}
\end{cases}
$$

习题【9】解　选取回路电流方向如习题【9】解图所示。

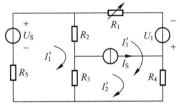

习题【9】解图

列写回路方程为

$$
\begin{cases}
(R_2+R_3+R_5)I_1'-R_3\cdot I_2'-(R_2+R_3)I_3'=U_S\\[4pt]
I_2'=I_S,\ I_3'=-1\text{A}\\[4pt]
(R_1+R_2+R_3+R_4)I_3'+(R_3+R_4)I_2'-(R_2+R_3)I_1'=U_1
\end{cases}
$$

解得

$$R_1=23\Omega$$

习题【10】解　(1) 当 M 为电压表时，$U_M=U_{ab}$，等效电路如习题【10】解图（1）所示。
节点电压法为

$$
\begin{cases}
U_{ab}\left(\dfrac{1}{2}+\dfrac{1}{3}\right)=\dfrac{-4}{2}+2+\dfrac{5U_1}{3}\\[6pt]
U_1-4=U_{ab}
\end{cases}
$$

解得

$$U_{ab} = -8V = U_M$$

读数为 8V，M 的读数不能为负数。

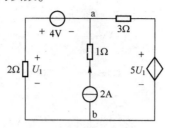

习题【10】解图（1）

（2）当 M 为电流表时，读数为 I_M，等效电路如习题【10】解图（2）所示。

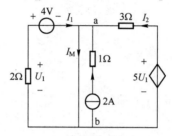

习题【10】解图（2）

易得

$$2I_1 = -4 \Rightarrow I_1 = -2A$$

而 $U_1 = 4V$，$3I_2 = 5U_1$，$I_2 = \dfrac{5 \times 4}{3} = \dfrac{20}{3}(A)$，解得

$$I_M = I_1 + I_2 + 2 = -2 + \frac{20}{3} + 2 = \frac{20}{3}(A)$$

读数为 6.67A，M 的读数不能为分数。

习题【11】解 选取电路中的回路电流方向如习题【11】解图所示。

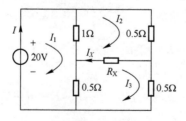

习题【11】解图

列回路电流方程为

$$\begin{cases} (1+0.5)I_1 - I_2 - 0.5I_3 = 20 \\ -I_1 + (1.5 + R_X)I_2 - R_X I_3 = 0 \\ -0.5I_1 - R_X I_2 + (0.5 + 0.5 + R_X)I_3 = 0 \\ I_2 - I_3 = I_X = 0.125I_1 \end{cases}$$

解得

$$R_x = 0.2\Omega$$

习题【12】解 选取回路电流方向如习题【12】解图所示。

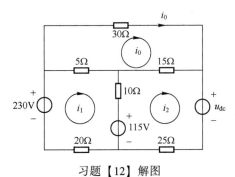

习题【12】解图

列写网孔电流方程为

$$\begin{cases}(30+15+5)i_0-5i_1-15i_2=0\\-5i_0+(5+10+20)i_1-10i_2=230-115\\-15i_0-10i_1+(15+10+25)i_2=115-u_{dc}\\i_0=0\end{cases}$$

解得

$$u_{dc}=25i_2-115+10(i_2-i_1)+15(i_2-i_0)=195(\text{V})$$

习题【13】解 运用节点电压法，可以解出流经电压源的电流为2A，标出参考节点如习题【13】解图所示。

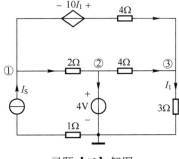

习题【13】解图

已知 $U_{n2}=4\text{V}$，可列出节点电压方程为

$$\begin{cases}\left(\dfrac{1}{2}+\dfrac{1}{4}\right)U_{n1}-\dfrac{1}{2}U_{n2}-\dfrac{1}{4}U_{n3}=-\dfrac{10I_1}{4}+I_S\\-\dfrac{1}{4}U_{n1}-\dfrac{1}{4}U_{n2}+\left(\dfrac{1}{3}+\dfrac{1}{4}+\dfrac{1}{4}\right)U_{n3}=\dfrac{10I_1}{4}\\I_1=\dfrac{U_{n3}}{3}\\I_S=2+I_1\end{cases}\Rightarrow\begin{cases}I_S=\dfrac{34}{3}\text{A}\\U_{n1}=-4\text{V}\\U_{n3}=28\text{V}\\I_1=\dfrac{28}{3}\text{A}\end{cases}$$

即电流源的输出为

$$I_S = \frac{34}{3}A$$

习题【14】解 将习题【14】解图（a）中 a、b 端口右侧的电路化简，得到等效电路习题【14】解图（b），c、d 端口右侧部分为电桥支路。若 R_2 的变化不对各支路电流产生影响，则电桥应平衡，于是

$$RR_1 = RR$$

即

$$R_1 = R$$

求得

$$I = \frac{E_S}{3R+R} = \frac{E_S}{4R}$$

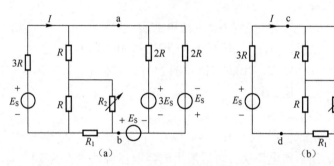

习题【14】解图

习题【15】解 由题意，U_S 支路电流为 0，则 $U_{R_X} = U_S = 4V$。原电路等效如习题【15】解图所示。

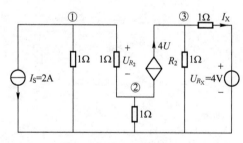

习题【15】解图

列节点电压方程为

$$\begin{cases} 2U_1 - U_2 = -2 \\ 2U_2 - U_1 = -4(U_1 - U_2) \\ 2U_3 = 4 + 4(U_1 - U_2) \end{cases}$$

解得

$$U_1 = -4V, \quad U_2 = -6V, \quad U_3 = 6V$$

$$I_{\mathrm{X}}=\frac{U_3-4}{1}=2(\mathrm{A}) \quad R_{\mathrm{X}}=\frac{U_{R_{\mathrm{X}}}}{I_{\mathrm{X}}}=\frac{4}{2}=2(\Omega)$$

习题【16】解 如习题【16】解图所示。

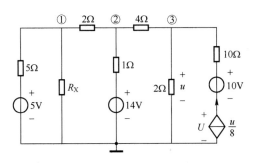

习题【16】解图

列写节点方程得

$$\begin{cases}\left(\dfrac{1}{5}+\dfrac{1}{R_{\mathrm{X}}}+\dfrac{1}{2}\right)u_1-\dfrac{1}{2}u_2=1\\[2mm]\left(\dfrac{1}{2}+\dfrac{1}{4}+1\right)u_2-\dfrac{1}{2}u_1-\dfrac{1}{4}u_3=14\\[2mm]\left(\dfrac{1}{2}+\dfrac{1}{4}\right)u_3-\dfrac{1}{4}u_2=\dfrac{1}{8}u_3\end{cases}$$

代入方程解得

$$\begin{cases}R_{\mathrm{X}}=2\,\Omega\\u_2=10\mathrm{V}\\u_3=4\mathrm{V}\end{cases}$$

受控源电压

$$U=u_3+\frac{u_3}{8}\times10-10=-1(\mathrm{V})\quad(上正下负)$$

功率为 $P=-1\times\dfrac{4}{8}=-0.5(\mathrm{W})$，即受控源吸收 0.5W。

习题【17】解 做出等效电路如习题【17】解图所示。

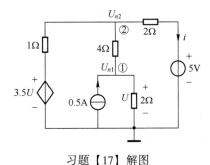

习题【17】解图

195

列方程为

$$\begin{cases} \left(\dfrac{1}{2}+\dfrac{1}{4}\right)U_{n1}-\dfrac{1}{4}U_{n2}=0.5 \\ -\dfrac{1}{4}U_{n1}+\left(1+\dfrac{1}{2}+\dfrac{1}{4}\right)U_{n2}=\dfrac{3.5U}{1}+\dfrac{5}{2} \\ U=U_{n1} \end{cases}$$

解得 $U_{n1}=4\text{V}$，$U_{n2}=10\text{V}$。

设流过电阻 R_1 的电流为 i（方向从上到下），即

$$i=\frac{U_{n2}-5}{2}=2.5\text{A}$$

解得 $R_1=\dfrac{5}{i}=2(\Omega)$，$R_2$ 为任意值。

习题【18】解 列节点电压方程为

$$\begin{cases} \left(\dfrac{1}{2}+1\right)U_1-\dfrac{1}{2}U_2=-I_\text{S} \\ -\dfrac{1}{2}U_1+\left(\dfrac{1}{2}+\dfrac{1}{2}+1\right)U_2-\dfrac{1}{2}U_3=0 \\ -\dfrac{1}{2}U_2+\left(\dfrac{1}{2}+\dfrac{1}{2}+\dfrac{1}{3}\right)U_3=2 \end{cases}$$

补充方程为

$$U_2=U_0=0\text{V}$$

解得

$$I_\text{S}=2.25\text{A}$$

习题【19】解 Y 矩阵为非对称矩阵，注意补上受控源。矩阵方程分解为

$$\begin{cases} 1.6U_{n1}-0.5U_{n2}-U_{n3}=1-1.5U_{n2} \\ -0.5U_{n1}+1.6U_{n2}-0.1U_{n3}=0 \\ -U_{n1}-0.1U_{n2}+3.1U_{n3}=-1 \end{cases}$$

做出等效电路图如习题【19】解图所示。

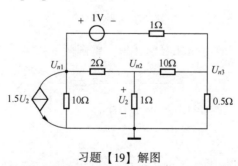

习题【19】解图

习题【20】解 （1）$i_\text{d}=2(U_{n1}-U_{n2})$，方向由参考节点指向节点①，则第一行变为

$$[8\text{-}2 \quad -3+2 \quad -2 \quad -4]\Rightarrow[6 \quad -1 \quad -2 \quad -4]$$

（2）②和③之间接一个 2A 电流源，则

$$\begin{bmatrix} 2 \\ 3 \\ 1 \\ 2 \end{bmatrix} \Rightarrow \begin{bmatrix} 2 \\ 3+2 \\ 1-2 \\ 2 \end{bmatrix} \Rightarrow \begin{bmatrix} 2 \\ 5 \\ -1 \\ 2 \end{bmatrix}$$

（3）在③和④之间接 1Ω 电阻，则

$$\begin{bmatrix} -2 & -1 & 7 & -1 \\ -4 & 0 & -1 & 1 \end{bmatrix} \Rightarrow \begin{bmatrix} -2 & -1 & 7+1 & -1-1 \\ -4 & 0 & -1-1 & 1+1 \end{bmatrix} \Rightarrow \begin{bmatrix} -2 & -1 & 8 & -2 \\ -4 & 0 & -2 & 2 \end{bmatrix}$$

综上，节点电压方程为

$$\begin{bmatrix} 6 & -1 & -2 & -4 \\ -3 & 6 & -1 & 0 \\ -2 & -1 & 8 & -2 \\ -4 & 0 & -2 & 2 \end{bmatrix} \begin{bmatrix} U_{n1} \\ U_{n2} \\ U_{n3} \\ U_{n4} \end{bmatrix} = \begin{bmatrix} 2 \\ 5 \\ -1 \\ 2 \end{bmatrix}$$

A3 第 4 章习题答案

习题【1】解 当只有电流源作用时，电路等效图如习题【1】解图（1）所示。

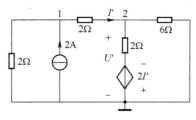

习题【1】解图（1）

列节点电压方程为

$$\begin{cases} \left(\dfrac{1}{2}+\dfrac{1}{2}\right)U_1 - \dfrac{1}{2}U_2 = 2 \\ \left(\dfrac{1}{2}+\dfrac{1}{2}+\dfrac{1}{6}\right)U_2 - \dfrac{1}{2}U_1 = -\dfrac{2I'}{2} \end{cases}$$

补充方程为

$$U_1 - U_2 = 2I'$$

解得

$$\begin{cases} U_1 = 2V \\ U_2 = 0 \end{cases}$$

因此 $U' = 0V$，$I' = \dfrac{U_1 - U_2}{2} = 1(A)$。

当只有电压源作用时，电路等效图和节点标注如习题【1】解图（2）所示。

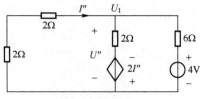

习题【1】解图（2）

列节点电压方程为

$$\left(\frac{1}{2+2}+\frac{1}{2}+\frac{1}{6}\right)U''=\frac{4}{6}-\frac{2I''}{2}$$

补充方程（左网孔 KVL 可得）为

$$U''=-4I''$$

解得

$$U''=1\text{V}, \quad I''=-\frac{1}{4}\text{A}$$

根据叠加定理得

$$U=U'+U''=1\text{V}, \quad I=I'+I''=\frac{3}{4}\text{A}$$

习题【2】解　当 2A 电流源单独作用时，$P_1'=2u_1'$，故
$$u_1'=P_1'/2=14\text{V}, \quad u_2'=8\text{V}$$

当 3A 电流源单独作用时，$P_2'=3u_2''$，故
$$u_2''=P_2'/3=18\text{V}, \quad u_1''=12\text{V}$$

当 2A、3A 电流源共同作用时，有

$$\begin{cases} u_1=u_1'+u_1''=14+12=26(\text{V}) \\ u_2=u_2'+u''_2=8+18=26(\text{V}) \end{cases}$$

则 2A 电流源输出功率 $P_1=2u_1=52\text{W}$，3A 电流源输出功率 $P_2=3u_2=78\text{W}$。

习题【3】解　等效电路如习题【3】解图所示。

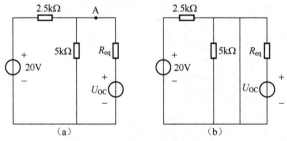

习题【3】解图

列出方程为

$$\begin{cases} \left(\dfrac{1}{2500}+\dfrac{1}{5000}+\dfrac{1}{R_{\text{eq}}}\right) \cdot 12.5=\dfrac{U_{\text{OC}}}{R_{\text{eq}}}+\dfrac{20}{2500} \\ \dfrac{U_{\text{OC}}}{R_{\text{eq}}}+\dfrac{20}{2500}=0.01 \end{cases}$$

解得 $R_{eq} = 5\text{k}\Omega$，$U_{OC} = 10\text{V}$。

习题【4】解 先使用替代定理，将网络 N 用电压源 U 替代，再使用戴维南定理，如习题【4】解图所示。

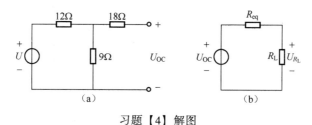

习题【4】解图

根据电路图得

$$U_{OC} = \frac{9}{9+12} \cdot U = \frac{3}{7}U, \quad R_{eq} = 12//9+18 = \frac{162}{7}(\Omega)$$

根据分压公式得

$$U_{R_L} = \frac{R_L}{R_L + \frac{162}{7}} \cdot \frac{3}{7}U = \frac{1}{5}U \Rightarrow R_L = \frac{81}{4}\Omega$$

习题【5】解 将网络看成电流源，如习题【5】解图（1）所示，由叠加定理，N_S 单独作用时，有

$$I' = 20 \times \frac{22.5}{22.5+10} = \frac{180}{13}(\text{A})$$

习题【5】解图（1）

10V 电压源单独作用时，有习题【5】解图（2）。

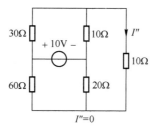

习题【5】解图（2）

电流为 $I = I' + I'' = \frac{180}{13}(\text{A})$。

习题【6】解　先求习题【6】解图中 3Ω 电阻左侧的戴维南等效电路，可得 $U_{\text{OC}}=30\text{V}$，且可看出 $R_i=3\Omega$，转化为诺顿等效电路 10A、3Ω 并联支路，电流源合并后，易得 $I=3\text{A}$。

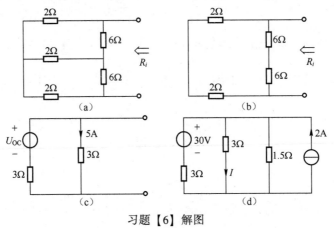

习题【6】解图

习题【7】解　① U_{S} 单独作用时，I_{S1}、I_{S2} 断路，$U=\dfrac{1}{4}U_{\text{S}}$。

② 设 $U=\dfrac{1}{4}U_{\text{S}}+k$，将 $U=20$、$U_{\text{S}}=16$ 代入得 $k=16$。

故

$$U=\frac{1}{4}U_{\text{S}}+16$$

当 $U=0$ 时，得

$$U_{\text{S}}=-64\text{V}$$

习题【8】解　如习题【8】解图所示。

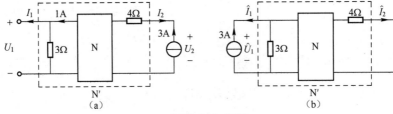

习题【8】解图

使用外扩网络法，将网络 N 与 3Ω、4Ω 电阻外扩为网络 N'。根据特勒根定理

$$U_1=1\times3=3\text{V},\ I_1=0\text{A},\ U_2=U_2,\ I_2=-3\text{A}$$
$$\hat{U}_1=\hat{U}_1,\ \hat{I}_1=-3\text{A},\ \hat{U}_2=\hat{U}_2,\ \hat{I}_2=0\text{A}$$

则

$$U_1\hat{I}_1+U_2\hat{I}_2=\hat{U}_1I_1+\hat{U}_2I_2\Rightarrow3\times(-3)+0\times U_2=0\times\hat{U}_1-3\hat{U}_2\Rightarrow\hat{U}_2=U=3\text{V}$$

采用互易定理可更快速解答，即 $\dfrac{U_1}{3}=\dfrac{U}{3}$，$U_1=3\text{V}$，则 $U=3\text{V}$。

习题【9】解　（1）由题意得，需求解虚线左侧的戴维南等效电路，看到有两个电源作用，可想到采用叠加定理求解 U_{OC}，如习题【9】解图（1）所示。

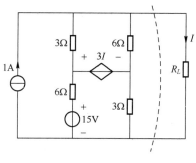

习题【9】解图（1）

当 1A 电流源单独作用时，如习题【9】解图（2）所示。

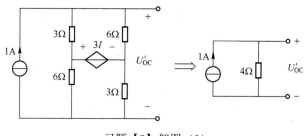

习题【9】解图（2）

解得 $U'_{OC} = 4V$。

当 15V 电压源单独作用时，如习题【9】解图（3）所示。

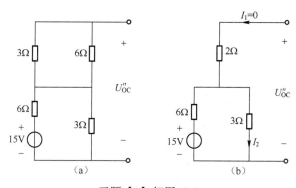

（a）　　　　　　　　（b）

习题【9】解图（3）

由 KVL 得

$$15 = 9I_2 \Rightarrow I_2 = \frac{15}{9}A, \quad U''_{OC} = \frac{15}{9} \times 3 + 2 \times I_1 = 5(V)$$

最终 $U_{OC} = U'_{OC} + U''_{OC} = 9V$。

注：当熟练以后，可直接书写：由叠加定理得

$$U_{OC} = 1 \times (3//6 + 3//6) + 15 \times \frac{3}{3+6} = 9(V)$$

（2）继续求 R_{eq}，加压求流法求解（一般在有受控源的情况下，加压求流法比较适合）时，将电源全部置 0，得到电路如习题【9】解图（4）所示。

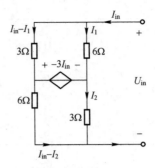

习题【9】解图（4）

由 KVL 得

$$\begin{cases} 6I_1 = 3(I_{in} - I_1) - 3I_{in} \Rightarrow I_1 = 0 \\ 6(I_{in} - I_2) = -3I_{in} + 3I_2 \Rightarrow I_2 = I_{in} \end{cases}$$

解得

$$U_{in} = 6I_1 + 3I_2 = 3I_{in} \Rightarrow R_{eq} = \frac{U_{in}}{I_{in}} = 3\Omega$$

戴维南等效电路如习题【9】解图（5）所示。

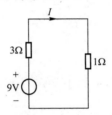

习题【9】解图（5）

电流 $I = \dfrac{9}{3+1} = 2.25(A)$。

习题【10】解 （1）求 U_{OC}，根据 KCL 可得

$$2 = 0.05U_R + \frac{U_R}{20} \Rightarrow U_R = 20V$$

此时 $I = 1A$，$U_{OC} = 20I + U_R + 20 + 2 \times 10 = 80(V)$。

（2）求 R_{eq}，利用外加电压源法，注意将独立电源置0，如习题【10】解图所示。

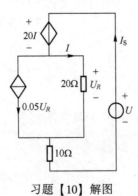

习题【10】解图

列出方程

$$\begin{cases} U = 20I + U_R + 10I_S \\ I_S = 0.05U_R + \dfrac{U_R}{20} \end{cases} \Rightarrow \dfrac{U}{I_S} = 30 \Rightarrow R_{eq} = 30\Omega$$

当 $R = R_{eq} = 30\Omega$ 时，可获得最大功率，$P_{max} = \dfrac{U_{OC}^2}{4R_{eq}} = \dfrac{160}{3}$W。

习题【11】解　将 R_1、R_2 括入网络 N 中，构成网络 N′，如习题【11】解图（1）所示。

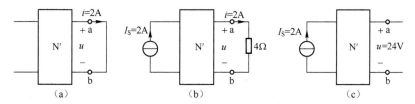

习题【11】解图（1）

端口 a、b 左侧戴维南等效电路，如习题【11】解图（2）所示。

习题【11】解图（2）

设 $U_{OC} = kI_S + b$，根据习题【11】解图（1）(a)，有 $\dfrac{b}{R_{eq}} = 2$；根据习题【11】解图（1）(b)，有 $\dfrac{2k+b}{R_{eq}+4} = 2$；根据习题【11】解图（1）(c)，有 $2k+b = 24$。联立得

$$R_{eq} = 8\Omega,\ k = 4,\ b = 16$$

当 $I_S = 4$A 时，$U_{OC} = 4 \times 4 + 16 = 32$（V）。

$R_L = R_{eq} = 8\Omega$ 时可获最大功率，$P_{max} = \dfrac{U_{OC}^2}{4R_{eq}} = \dfrac{32^2}{4 \times 8} = 32$（W）。

习题【12】解　（1）由习题【12】图（a），有 $U = 0$，即流过 R_2 的电流为 0，$U_{ab} = 0$。根据电桥平衡，$3R_1 = 6 \times 6$，$R_1 = 12\Omega$。

（2）由习题【12】图（b），根据叠加定理，当 15V 电压源单独作用时，如习题【12】解图（1）所示，可求得 $U' = 0$。

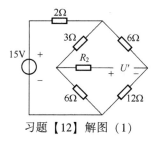

习题【12】解图（1）

当 2A 电流源单独作用时，如习题【12】解图（2）所示，因为满足电桥平衡条件，2Ω 支路相当于短路（也可视为开路），所以

$$U'' = 2 \times \left[R_2 + (3 /\!/ 6) + (6 /\!/ 12) \right]$$

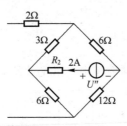

习题【12】解图（2）

解得 $U = U' + U'' = 2 \times (6 + R_2) = 16\text{V}$，$R_2 = 2\Omega$。

习题【13】解 对 $1\text{-}1'$ 端口右侧做戴维南等效，即

$$U_{OC} = 3\text{V}, \quad I_{SC} = 10\text{mA} \Rightarrow R_{eq} = 300\Omega$$

故当 $R = 500\Omega$ 时，有

$$i_1 = \frac{U_{OC}}{R_{eq} + R} = \frac{3}{800} = 3.75\,(\text{mA})$$

此时 $u_1 = 1.875\text{V}$，设 $u_2 = ku_1 + b$，有

$$\begin{cases} 2 = 3k + b \\ 6 = b \end{cases} \Rightarrow \begin{cases} k = -\dfrac{4}{3} \\ b = 6 \end{cases}$$

当 $u_1 = 1.875\text{V}$ 时，$u_2 = -\dfrac{4}{3} \times 1.875 + 6 = 3.5\,(\text{V})$。

综上，当 $R = 500\Omega$ 时，$i_1 = 3.75\text{mA}$，$u_2 = 3.5\text{V}$。

习题【14】解 设如习题【14】解图（1）所示各支路电量。

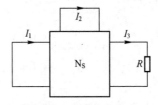

习题【14】解图（1）

题目条件 $R = 18\Omega$ 时，$I_1 = 4\text{A}$，$I_2 = 1\text{A}$，$I_3 = 5\text{A}$；$R = 8\Omega$ 时，$I_1 = 3\text{A}$，$I_2 = 2\text{A}$，$I_3 = 10\text{A}$。设 $I_1 = kI_3 + b$，则有

$$\begin{cases} 5 \times k + b = 4 \\ 10 \times k + b = 3 \end{cases} \Rightarrow \begin{cases} k = -0.2 \\ b = 5 \end{cases}$$

解得 $I_1 = -0.2 \times I_3 + 5$。所以，$I_1 = 0$ 时，$I_3 = 25\text{A}$。

设 R 左侧的戴维南等效电路如习题【14】解图（2）所示。

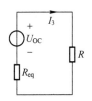

习题【14】解图（2）

$$\begin{cases} \dfrac{U_{\mathrm{OC}}}{R_{\mathrm{eq}}+18}=5 \\ \dfrac{U_{\mathrm{OC}}}{R_{\mathrm{eq}}+8}=10 \end{cases} \Rightarrow \begin{cases} R_{\mathrm{eq}}=2\Omega \\ U_{\mathrm{OC}}=100\mathrm{V} \end{cases} \Rightarrow U_{\mathrm{OC}}=100\mathrm{V}$$

则戴维南等效电路如习题【14】解图（3）所示。

习题【14】解图（3）

因为 I_2 与 I_3 有线性关系（替代成电流源），故设 $I_2=kI_3+b$，有

$$\begin{cases} 1=5k+b \\ 2=10k+b \end{cases} \Rightarrow I_2=0.2I_3$$

当 $I_3=25\mathrm{A}$、$I_2=5\mathrm{A}$ 时，代入戴维南等效电路，得 $2+R=\dfrac{100}{25}\Rightarrow R=2\Omega$。

习题【15】解 （1）将电路化简成如习题【15】解图（1）所示形式。

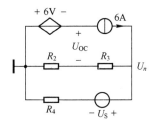

习题【15】解图（1）

由节点法得

$$U_n\left(\frac{1}{6}+\frac{1}{2}\right)=\frac{10}{2}+6 \Rightarrow U_n=16.5\mathrm{V}$$

$$U_{\mathrm{OC}}=-6-\frac{1}{2}U_n=-14.25\mathrm{V}$$

易知 $R_{\mathrm{in}}=3//(3+2)=1.875(\Omega)$。

做出等效电路如习题【15】解图（2）所示。

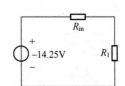

习题【15】解图（2）

当 $R_1 = R_{in} = 1.875\Omega$ 时，$P_{max} = \dfrac{U_{OC}^2}{4R_{in}} = 27.075\text{W}$。

（2）由分析可知，当 $I = 0\text{A}$ 时，R_4 消耗的功率最小，做出等效电路如习题【15】解图（3）所示。

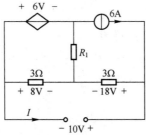

习题【15】解图（3）

由 KVL 有

$$8 + \left(6 + \frac{8}{3}\right)R_1 = 6 \Rightarrow R_1 = -0.23\Omega$$

注：这里的电阻为负电阻，可能是由于原题中数据设置不合理造成的，理解方法即可。

习题【16】解 （1）由 R_5 看的戴维南等效电路如习题【16】解图所示。

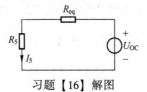

习题【16】解图

$$\begin{cases} U_{OC} = 3 \times (5 + R_{eq}) \\ U_{OC} = 1.5 \times (15 + R_{eq}) \end{cases} \Rightarrow \begin{cases} U_{OC} = 30\text{V} \\ R_{eq} = 5\Omega \end{cases}$$

则 $R_5 = R_{eq} = 5\Omega$ 时，$P_{R_5max} = \dfrac{U_{OC}^2}{4 \times R_{eq}} = \dfrac{30 \times 30}{4 \times 5} = 45(\text{W})$。

（2）由替代定理和叠加定理，设 $I_4 = A + BI_5$，有

$$\begin{cases} 4 = A + 3B \\ 1 = A + 1.5B \end{cases} \Rightarrow \begin{cases} A = -2 \\ B = 2 \end{cases} \Rightarrow I_4 = -2 + 2I_5$$

则功率 $P_{R_4} = I_4^2 \times R_4 = (-2 + 2I_5)^2 \times R_4 = (4 - 8I_5 + 4I_5^2) \times R_4$

令 $P_{R_4} = 0 \Rightarrow I_5 = 1\text{A} \Rightarrow R_5 = 25\Omega$。

习题【17】解 如习题【17】解图所示。

在理想状态下，伏特表的内阻为 ∞，安培表的内阻为 0。由已知条件，$R_1 = 0$ 时，伏特表的读数为 10V，此时伏特表的读数即为 U_S，即 $U_S = 10\text{V}$。

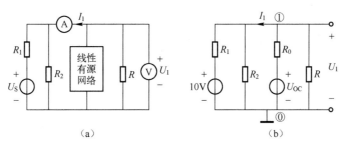

习题【17】解图

根据戴维南定理，将图中方框部分用戴维南等效电路代替，并设 R_0、U_{OC} 分别为该部分电路的等效内阻与等效电源，这样习题【17】解图（a）就可用习题【17】解图（b）等效。

由已知条件 $R_2 = 0$ 时，$I_1 = 2\text{A}$，而此时有

$$\frac{U_{OC}}{R_0} = 2 \qquad ①$$

又知当 R_1、R_2 均为无穷大时，伏特表的读数为 6V，对习题【17】解图（b），有

$$\frac{U_{OC}}{R_0 + R}R = 6 \qquad ②$$

当 $R_1 = 3\Omega$、$R_2 = 6\Omega$ 时，对习题【17】解图（b）应用节点电位法（以节点 0 为参考点），节点方程为

$$\left(\frac{1}{R_1} + \frac{1}{R_2} + \frac{1}{R_0} + \frac{1}{R}\right)U_1 = \frac{U_S}{R_1} + \frac{U_{OC}}{R_0}$$

即

$$\left(\frac{1}{3} + \frac{1}{6} + \frac{R_0 + R}{R_0 R}\right)U_1 = \frac{10}{3} + \frac{U_{OC}}{R_0} \qquad ③$$

而

$$\frac{R_0 + R}{R_0 R} = \frac{1}{\dfrac{R_0 R}{R_0 + R}} = \frac{U_{OC}}{\dfrac{R_0 R U_{OC}}{R_0 + R}} = \frac{U_{OC}}{R_0} \cdot \frac{1}{\dfrac{R U_{OC}}{R_0 + R}}$$

将①和②代入得

$$\frac{R_0 + R}{R_0 R} = 2 \times \frac{1}{6} = \frac{1}{3}$$

将①代入③得

$$U_1 = \frac{32}{5} = 6.4(\text{V})$$

而

$$I_1 = \frac{U_1}{R_2} + \frac{U_1 - U_S}{R_1} = \frac{6.4}{6} + \frac{6.4 - 10}{3} = -0.13(\text{A})$$

此时伏特表与安培表的读数分别为 **6.4V** 与 **0.13A**（电表读数只能为正数，不能为分数）。

习题【18】解 设 $U_2=k_1U_S+k_2I_S+k$，得

$$\begin{cases}3=k\\9=k_2+3\\12=k_1+3\end{cases}$$

解得

$$\begin{cases}k_1=9\\k_2=6\\k=3\end{cases}$$

故 $U_2=9U_S+6I_S+3$。

当 $U_S=2\text{V}$、$I_S=3\text{A}$ 时，$U_2=39\text{V}$，发出的功率 $P=39\times5=195(\text{W})$。

习题【19】解 设 $I=kU_{S2}+k_1$，得

$$\begin{cases}2=4k+k_1\\1.5=6k+k_1\end{cases}\Rightarrow\begin{cases}k_1=3\\k=-\dfrac{1}{4}\end{cases}$$

则

$$I=-\frac{1}{4}U_{S2}+3$$

根据替代定理，将习题【19】图（b）中的 8Ω 电阻换为 U'_{S2}，则 $U'_{S2}=8I$，将 $U_{S2}=U'_{S2}=8I$ 代入方程，即 $I=-\dfrac{1}{4}\times8I+3$，得 $I=1\text{A}$。

电阻消耗的功率 $P=I^2R=1\times8=8(\text{W})$。

习题【20】解 （1）当 $R=0$ 时，$I_{SC}=I=5\text{A}$；当 $R=\infty$ 时，$U_{OC}=U=15\text{V}$。

等效电阻

$$R_{eq}=\frac{U_{OC}}{I_{SC}}=\frac{15}{5}=3(\Omega)$$

当 $R=R_{eq}=3$ 时，$P_{max}=\dfrac{U_{OC}^2}{4R_{eq}}=18.75\text{W}$。

（2）电路进行等效，如习题【20】解图所示。

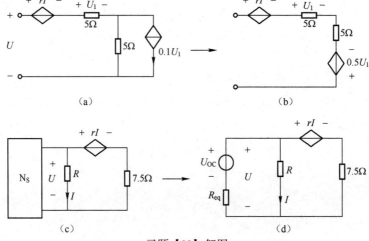

习题【20】解图

当 $R=0\Omega$ 时，由 KCL 得 $I=\dfrac{U_{OC}}{R_{eq}}+\dfrac{rI}{7.5}=5\mathrm{A}$。

当 $R=\infty$ 时，电流 I 为 0，受控源短路，由 KVL 得 $U=\dfrac{U_{OC}}{R_{eq}+7.5}\times7.5=15(\mathrm{V})$。

代入 $R_{eq}=7.5\Omega$、$I=5\mathrm{A}$、$r=1.5\Omega$。

习题【21】解   根据替代定理，可将 N_S 中除支路 k 以外的二端口网络用电流源 i_S 代替，端口处支路 A、B 用电流源 i_0 代替，假设端口 A、B 的开路电压为 u_{OC}，那么短路电流为 $i_{SC}=\dfrac{u_{OC}}{R_0}$，根据叠加定理，有 $i_k=i_S+ki_0$；当端口 A、B 短路时，$i_{kSC}=i_S+k\dfrac{u_{OC}}{R_0}$；当端口 A、B 开路时，$i_{kOC}=i_S$，联立两个方程得 $k=\dfrac{(i_{kSC}-i_{kOC})R_0}{u_{OC}}$。

当端口 A、B 接电阻 R_L 时，根据戴维南等效电路可得此时的电流 $i_0=\dfrac{u_{OC}}{R_0+R_L}$，$k$ 支路的电流 $i_k=i_{kOC}+\dfrac{(i_{kSC}-i_{kOC})R_0}{R_0+R_L}\Rightarrow i_k=\dfrac{i_{kSC}R_0+i_{kOC}R_L}{R_0+R_L}$。

习题【22】解   已知题目条件如习题【22】解图（a）（b）所示，图（a）–图（b）得习题【22】解图（c）（d）（e）。

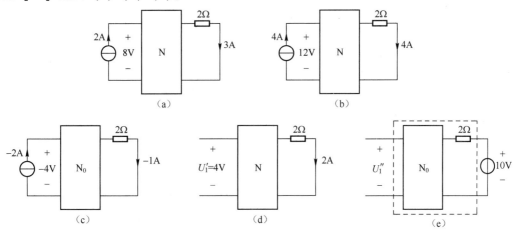

习题【22】解图

由图（d）（e），根据互易定理（将 2Ω 电阻也算进网络 N_0 中），有

$$\frac{-2}{-1}=\frac{10}{U_1''}\Rightarrow U_1''=5\mathrm{V}$$

由叠加定理，有

$$U_1=U_1'+U_1''=4+5=9(\mathrm{V})$$

习题【23】解   求习题【23】图（c）中电流 I_1 可应用叠加定理和互易定理，也可应用特勒根定理。在应用特勒根定理时，只要有些元件在几个电路图中未改变，在选取要计算的支路时就不必把该元件包括在内，这样支路就较简单，如本题中的 4Ω 电阻和 5Ω 电阻，习题【23】图（a）（c），用特勒根定理，取支路 $1-1'$、$2-2'$，$U_1=20\mathrm{V}$、$I_1=-3\mathrm{A}$、$U_2=0$、$I_2=1\mathrm{A}$。

习题【23】图（c）中有 $\hat{U}_1=20\mathrm{V}$、$\hat{I}_1$ 未知、$\hat{U}_2=20\mathrm{V}$、$\hat{I}_2$ 未知，代入特勒根定理表达式有

$$\begin{cases} U_1\hat{I}_1 + U_2\hat{I}_2 = \hat{U}_1 I_1 + \hat{U}_2 I_2 \\ 20\hat{I}_1 + 0\times\hat{I}_2 = 20\times(-3) + 20\times1 \\ \hat{I}_1 = -2\text{A} \end{cases}$$

习题【23】图（c）中，$I_1 = -\hat{I}_1 = 2$A。

求 I_2 时可用戴维南定理。设习题【23】解图（a）（b）中，a、b 左边的戴维南等效电路为 U_{OC} 与 R_{eq} 串联。

在习题【23】解图（a）中有 $U_{OC} - R_{eq}\times1 = 5\times1$。

在习题【23】解图（b）中有 $\dfrac{U_{OC}}{R_{eq}} = 2$。

所以 $U_{OC} = 10$V，$R_{eq} = 5\Omega$。

将习题【23】解图（c）中 5Ω 与 20V 电压源左边用求得的戴维南等效电路替代，求得

$$I_2 = \frac{U_{OC} - 20}{R_{eq} + 5} = \frac{10 - 20}{5 + 5} = -1\,(\text{A})$$

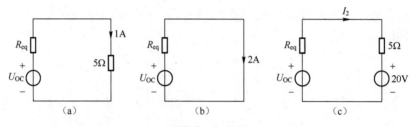

习题【23】解图

习题【24】解 习题【24】图（b）中 $\hat{U}_1$ 可以看作 10A 和 5A 这两个电流源分别产生响应的叠加，分电路如习题【24】解图所示。

习题【24】解图（b1）中，$\hat{U}_1'$ 为习题【24】图（a）中的 U_1，即 $\hat{U}_1' = 30$V；习题【24】解图（b2）中 $\hat{U}_1''$ 可从习题【24】图（a）中激励、响应互换位置得到，根据互易定理第二形式，有 $\dfrac{U_2}{10} = \dfrac{\hat{U}_1''}{5}$ 或 $\hat{U}_1'' = 5\times\dfrac{20}{10} = 10\,(\text{V})$，再根据叠加定理，有 $\hat{U}_1 = \hat{U}_1' + \hat{U}_1'' = 30 + 10 = 40\,(\text{V})$。

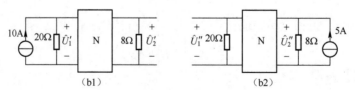

习题【24】解图

习题【25】解 对网络进行扩展，如习题【25】解图所示。

由互易定理有

$$\frac{2}{u_2} = \frac{5}{i}$$

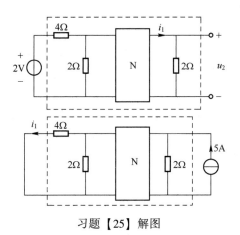

习题【25】解图

代入数据得

$$\frac{2}{2\times 2}=\frac{5}{i}\Rightarrow i=10\text{A}$$

习题【26】解 （1）题目条件，如习题【26】解图（1）所示。

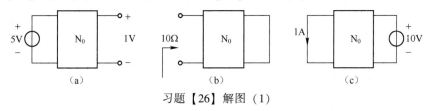

习题【26】解图（1）

（2）题目待求如习题【26】解图（2）所示。

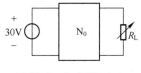

习题【26】解图（2）

接下来的任务就是观察条件。习题【26】解图（1）（a）给出了开路电压，习题【26】解图（1）（c）互易一下可得到短路电流，从而得到输入电阻，当 $R_\text{L}=\dfrac{6}{3}=2(\Omega)$ 时，R_L 可获最大功率，为

$$P_\text{max}=\frac{6^2}{4\times 2}=4.5\text{W}$$

将习题【26】解图（2）利用替代定理处理，用电压源代替，不然没法与条件发生关联，代替后得到习题【26】解图（3）。

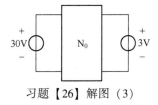

习题【26】解图（3）

（3）拆分用叠加定理，如习题【26】解图（4）所示。

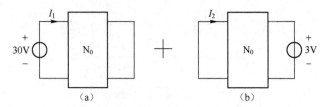

习题【26】解图（4）

由习题【26】解图（1）(b) 可知，输入电阻为 10Ω，由习题【26】解图（1）(c) 有

$$\frac{-I_2}{1} = \frac{3}{10} \Rightarrow I_2 = -0.3\text{A}, \quad I_1 = \frac{30}{10} = 3\text{A}$$

最后 $I_{总} = I_1 + I_2 = 2.7\text{A}$，$P_{30V} = 81\text{W}$（发出）。

习题【27】解　（1）先把题中条件表示为习题【27】解图（1），否则很抽象。

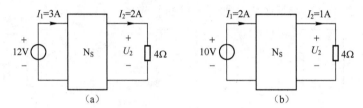

习题【27】解图（1）

两组 U_S，两组 I_2，显然用线性关系，设

$$I_2 = kU_S + b \Rightarrow \begin{cases} 12k+b=2 \\ 10k+b=1 \end{cases} \Rightarrow \begin{cases} k=\dfrac{1}{2} \\ b=-4 \end{cases}$$

当 $U_S = 8\text{V}$ 时，$I_2 = 8 \times \dfrac{1}{2} - 4 = 0\text{A}$，$U_2 = 4I_2 = 0\text{V}$。

（2）先不管求什么，首先（1）中的两组 I_1 还没有使用，先把 $U_S = 8\text{V}$ 时 I_1 定下来，设

$$I_1 = kU_S + b \Rightarrow \begin{cases} 3=12k+b \\ 2=10k+b \end{cases} \Rightarrow I_1 = \frac{1}{2}U_S - 3$$

当 $U_S = 8\text{V}$ 时，$I_1 = 1\text{A}$，是如习题【27】解图（1）(a) 中的 I_1。由题意得，待求电路如习题【27】解图（2）所示。

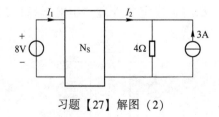

习题【27】解图（2）

想往下继续进行，只有叠加定理一条路可走，如习题【27】解图（3）所示。

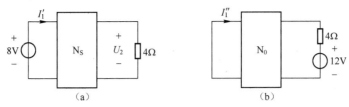

习题【27】解图（3）

注：由于要与（1）发生关联，所以把 N_S 和左侧8V捆绑在一起。

所以 $I_1' = 1A$（最开始已求出了）。

接下来对于习题【27】解图（3）（b），中间是 N_0，采用互易定理，根据题目条件和已求得的条件去找这样一个电路图，即习题【27】解图（4）。

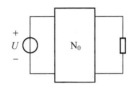

习题【27】解图（4）

如果没有思路，就把电路图全摆出来，盯着看就有了，即习题【27】解图（5）。

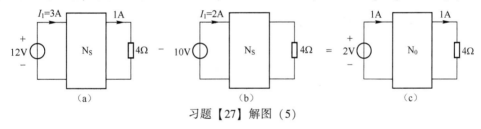

习题【27】解图（5）

对习题【27】解图（5）互易得习题【27】解图（6）。

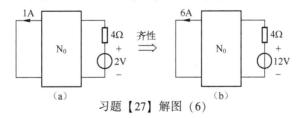

习题【27】解图（6）

解得 $I_1'' = -6A$，$I_1 = 1 + (-6) = -5A$。

习题【28】解 当仅 $U_{S1} = 50V$ 电源单独作用时，电路图如习题【28】解图（1）所示。

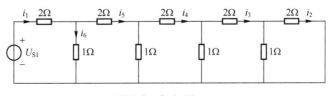

习题【28】解图（1）

由图有 $i_3=3i_2$、$i_4=11i_2$、$i_5=41i_2$、$i_6=112i_2$、$i_1=153i_2$。

所以 $50=2i_1+i_6\Rightarrow50=418i_2\Rightarrow i_2=0.12$A。

电流 $i_1=153\times i_2=18.3$（A）。

当 $u_{S2}=10\sqrt{2}\cos\omega t$V 单独作用时，如习题【28】解图（2）所示。

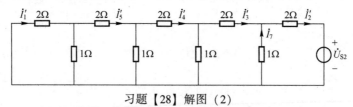

习题【28】解图（2）

同理：$\dot{U}_{S2}=-418\dot{I}_1'=10\angle0°$V，则 $\dot{I}_1'=-0.024\angle0°$A，$\dot{I}_2'=153i_1'=-3.66$A。

那么 $i_1=18.3-0.024\sqrt{2}\cos(\omega t)$A，$i_2=0.12-3.66\sqrt{2}\cos(\omega t)$A。

习题【29】解 由题可知，R 左侧可以进行戴维南等效，当 a、b 端开路时，$U_{ab}=U_{OC}=$ 10V，a、b 端接电阻 $R=4\Omega$ 时，R 可获得最大功率，则 $R_{eq}=4\Omega$。设流过 R 的电流为

$$I=\frac{U_{OC}}{R_{eq}+R}=\frac{10}{R+4}$$

根据替代定理和叠加定理，设

$$\begin{cases}I_1=k_1I+b_1\\I_2=k_2I+b_2\end{cases}$$

a、b 端开路时，$I=0$，有

$$\begin{cases}b_1=I_1=1\\b_2=I_2=5\end{cases}$$

a、b 端接 6Ω 电阻时，$I=\dfrac{10}{6+4}=1$（A），有

$$\begin{cases}k_1+b_1=2\\k_2+b_2=4\end{cases}\Rightarrow\begin{cases}k_1=1,b_1=1\\k_2=-1,b_2=5\end{cases}\text{，即}\begin{cases}I_1=I+1\\I_2=-I+5\end{cases}$$

为了使 $I_1=I_2$，有 $I+1=-I+5\Rightarrow I=2=\dfrac{10}{R+4}\Rightarrow R=1\Omega$，$I_1=I_2=3$A。

注：本题若不求 R，只求 $I_1=I_2$ 的数值，则可以直接设 $I_2=kI_1+b$。

习题【30】解 本题中有许多变量未知，R 变化时，导致流过 R 的电流 I 变化，属于内部矛盾，可以采用戴维南定理，先求 R_{eq}，如习题【30】解图所示。

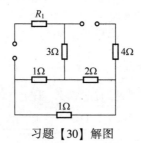

习题【30】解图

等效电阻 $R_{eq} = 3 + (1+1)//2 + 4 = 8(\Omega)$。

当 $R = 2\Omega$ 时，$I = \dfrac{U_{OC}}{R+R_{eq}} = \dfrac{U_{OC}}{2+8} = 1 \Rightarrow U_{OC} = 10\text{V}$。

当 $R = 4\Omega$ 时，$I = \dfrac{U_{OC}}{R+R_{eq}} = \dfrac{U_{OC}}{4+8} = \dfrac{10}{12} = \dfrac{5}{6}(\text{A})$。

习题【31】解 如习题【31】解图（1）所示。

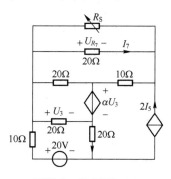

习题【31】解图（1）

由图可知，取特殊值，当 $R_S = 0$ 时，$U_{R_7} = 0$，$I_7 = 0$。

又因为当 R_S 变化时，I_7 不变，故当 $R_S = \infty$ 时，$I_7 = 0$，$U_{R_7} = 0$。

等效电路如习题【31】解图（2）所示。

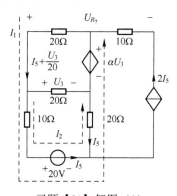

习题【31】解图（2）

列写 KVL 和 KCL 有

$$\begin{cases} l_1: 20\left(I_5 + \dfrac{U_3}{20}\right) + U_3 = \alpha U_3 \\ l_2: 10I_5 + 20 = U_3 + 20I_5 \end{cases} \Rightarrow \begin{cases} U_3 = \dfrac{40}{\alpha} \\ I_5 = 2 - \dfrac{4}{\alpha} \end{cases}$$

则电压 $U_{R_7} = -20\left(I_5 + \dfrac{U_3}{20}\right) - 20I_5 = 0$，解得 $\alpha = 1.5$。（注：本题如果限制 R_S 不为 0 的条件，则有两种情况：戴维南电路中开路电压或等效电阻为 0。）

习题【32】解 如习题【32】解图所示。

215

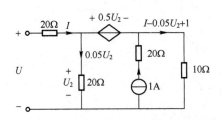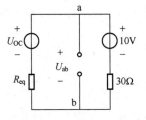

习题【32】解图

先求 a、b 右侧电路的等效电路，列写 KVL 可得

$$U = 20I + U_2, \quad \text{又 } U_2 = 0.5U_2 + 10(I - 0.05U_2 + 1)$$

整理可得 $U = 30I + 10$，则 a、b 右侧的开路电压为 10V，等效电阻为 30Ω。
下面求解打开和闭合开关时的有源网络 N 的戴维南等效电路。

打开开关时，$U_{ab} = \dfrac{30}{30 + R_{eq}}(U_{OC} - 10) + 10 = 25(\text{V})$。

闭合开关时，$I_k = \dfrac{U_{OC}}{R_{eq}} + \dfrac{10}{30} = \dfrac{10}{3}(\text{A})$。

解得

$$\begin{cases} U_{OC} = 30\text{V} \\ R_{eq} = 10\Omega \end{cases}$$

A4 第 5 章习题答案

习题【1】解 由虚短和虚断可知

$$\begin{cases} U_+ = U_- = 1 - I \times 1 \\ \dfrac{1 - U_-}{1} = \dfrac{U_- - U_0}{2} \end{cases}$$

得

$$U_0 = 1 - 3I$$

又

$$\frac{U_+ + 4I}{2} = \frac{U_0 - U_+}{1}$$

解得

$$I = -\frac{1}{7}\text{A}$$

所以

$$U_0 = \frac{10}{7}\text{V}, \quad I_0 = \frac{U_0}{2} = \frac{5}{7}\text{A}$$

综上

$$I_0 = \frac{5}{7}\text{A}$$

习题【2】解　因为 $i_-=0$，$i_1+i_2+i_3+i_f=0$，又因为 $u_-=0$，$u_1=R_1i_1$，$u_2=R_2i_2$，$u_3=R_3i_3$，$u_0=R_fi_f$，于是有

$$-\frac{u_0}{R_f}=\frac{u_1}{R_1}+\frac{u_2}{R_2}+\frac{u_3}{R_3}$$

即

$$u_0=-R_f\left(\frac{u_1}{R_1}+\frac{u_2}{R_2}+\frac{u_3}{R_3}\right)$$

只需取 $R_f=R_1=R_2=R_3$，就可得

$$u_0=-(u_1+u_2+u_3)$$

所以，只需适当选取电阻值，即可实现反相加法器。

习题【3】解　如习题【3】解图所示。

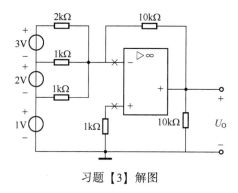

习题【3】解图

由虚短、虚断性质，列写 KCL 为

$$\frac{1-0}{1k}+\frac{1+2-0}{1k}+\frac{1+2+3}{2k}=\frac{0-U_0}{10k}$$

解得 $U_0=-70\text{V}$。

习题【4】解　如习题【4】解图所示。

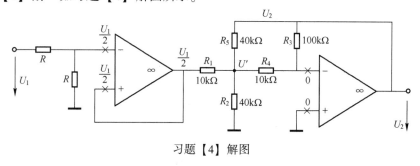

习题【4】解图

对于第一个运算放大器，根据虚短、虚断性质，得到输出电压为 $\dfrac{U_1}{2}$；第二个运算放大器，根据虚短、虚断性质，得到输入电压为 0。根据 KCL 以及虚断性质，有

$$\frac{\frac{U_1}{2}-U'}{R_1}=\frac{U'}{R_2}+\frac{U'-0}{R_4}+\frac{U'-U_2}{R_5} \qquad ①$$

$$\frac{U'-0}{R_4}=\frac{0-U_2}{R_3} \qquad ②$$

由②可得 $U'=-\frac{R_4}{R_3}U_2=-0.1U_2$，代入①有

$$\begin{cases} 2U_1+0.4U_2=-0.1U_2-0.4U_2-0.1U_2-U_2 \\ 2U_1=-2U_2 \end{cases}$$

解得

$$\frac{U_2}{U_1}=-1$$

习题【5】解 对电路进行△→Y变换并化简，如习题【5】解图所示。

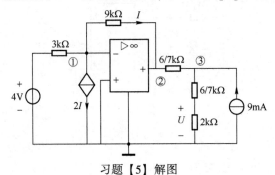

习题【5】解图

由虚短得 $U_1=0$，由①节点虚断得

$$\frac{4}{3}-2I-I=0\Rightarrow I=\frac{4}{9}\text{mA}$$

由 KVL 得

$$U_2=U_1-9I=-4\text{V}$$

对节点③，应用 KCL 得

$$\frac{-4-U_3}{\frac{6}{7}}+9=\frac{U_3}{\frac{20}{7}}\Rightarrow U_3=\frac{20}{7}\text{V}$$

解得

$$U=\frac{U_3}{\frac{20}{7}}\times2=2(\text{V})$$

习题【6】解 列出节点电压方程为

$$\left(\frac{1}{6000}+\frac{1}{4000}+\frac{1}{12000}\right)U_1-\frac{1}{12000}U_0=\frac{U_s}{6000}-\frac{8}{4000}$$

由虚短可知

$$U_+ = U_- = U_1 = 0 \Rightarrow U_0 = 24 - 2U_S$$

由题意得

$$-12V < U_0 = 24 - 2U_S < 12V \Rightarrow 6V < U_S < 18V$$

习题【7】解　由题中电路，如将 U_i 和 U_0 作为两个支路来看待，则有 6 个节点，列节点电压方程。

节点 1：
$$\left(\frac{1}{R_1} + \frac{1}{R_2} + \frac{1}{R_5}\right)U_{n1} - \frac{1}{R_1}U_i - \frac{1}{R_2}U_{n5} - \frac{1}{R_5}U_0 = 0$$

节点 2：
$$\left(\frac{1}{R_3} + \frac{1}{R_4} + \frac{1}{R_6}\right)U_{n2} - \frac{1}{R_6}U_i - \frac{1}{R_3}U_{n5} - \frac{1}{R_4}U_0 = 0$$

因为 $U_{n1} = U_{n2} = 0$，所以上述方程变为：

节点 1：
$$-\frac{1}{R_1}U_i - \frac{1}{R_2}U_{n5} - \frac{1}{R_5}U_0 = 0$$

节点 2：
$$-\frac{1}{R_6}U_i - \frac{1}{R_3}U_{n5} - \frac{1}{R_4}U_0 = 0$$

消去 U_{n5}，可得

$$\frac{U_0}{U_i} = \frac{\dfrac{R_2}{R_1} - \dfrac{R_3}{R_6}}{\dfrac{R_3}{R_4} - \dfrac{R_2}{R_5}}$$

习题【8】解　（1）$U = R_1I + R_2I_2 + U_{12}$，$U_{12} = 0$（虚短），找出 I_2 与 I 的关系，由 KVL 和虚短特性，$R_3I_3 = R_4I_4$，$I_3 = I$，$I_4 = -I_2$（虚断），$R_3I = -R_4I_2$，即

$$\begin{cases} I_2 = -(R_3/R_4)I \\ U = R_1I + R_2(-R_3/R_4)I \end{cases}$$

所以

$$R = \frac{U}{I} = R_1 - \frac{R_2R_3}{R_4}$$

（2）$U = R_1I_1$，找出 I_1 与端口电流 I 的关系，如习题【8】解图所示。根据运放特性、KCL 和 KVL 有

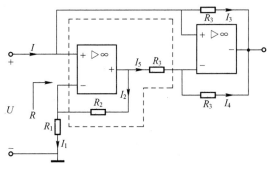

习题【8】解图

$$I_2 = I_1 \quad I_3 = I \quad I_4 = I_5 \quad R_3 I_3 = R_3 I_4$$

其中，$R_2 I_2 - R_3 I_5 = 0$（图中虚线所示回路）。

由这些方程可得

$$\begin{cases} I_1 = (R_3 / R_2) I \\ U = R_1 \dfrac{R_3}{R_2} I \end{cases}$$

输入端电阻为

$$R = \frac{U}{I} = \frac{R_1 R_3}{R_2}$$

习题【9】解 可以看出，图中方框部分为一个差分放大器，可知

$$U_0 = \frac{R_2}{R_1}(U_{02} - U_{01}) \qquad \text{①}$$

由于输入级部分的两个运算放大器输入电流为 0，电流 I 流经 3 个串联电阻，因此有

$$U_{01} - U_{02} = (R_3 + R_4 + R_3) I = (2R_3 + R_4) I \qquad \text{②}$$

但是

$$I = \frac{(U_A - U_H)}{R_4}$$

根据②，$U_A = U_1$，$U_H = U_2$，所以

$$I = \frac{(U_1 - U_2)}{R_4} \qquad \text{③}$$

将③代入②得

$$U_{01} - U_{02} = (2R_3 + R_4) \frac{U_1 - U_2}{R_4} = \left(1 + \frac{2R_3}{R_4}\right)(U_1 - U_2)$$

于是①为

$$U_0 = \frac{R_2}{R_1}(U_{02} - U_{01}) = \frac{R_2}{R_1}\left(1 + \frac{2R_3}{R_4}\right)(U_2 - U_1)$$

习题【10】解 易得

$$U_+ = \frac{U_i}{50 + 100} \times 100 = \frac{2}{3} U_i = 1(\text{V})$$

根据虚短有 $U_- = U_+ = 1\text{V}$。

（1）当 $R_1 = 0$ 时，根据虚断，$\dfrac{U_0 - U_-}{200\text{k}} = \dfrac{U_- - 0}{50\text{k}} \Rightarrow U_0 = 5\text{V}$。

（2）当 $R_1 = R_2 = 2\text{k}\Omega$ 时，列出节点电压方程为

$$\begin{cases} \dfrac{U_{R_2} - U_-}{200\text{k}} = \dfrac{U_- - 0}{50\text{k}} \\ \left(\dfrac{U_{R_2}}{2\text{k}} - \dfrac{U_- - U_{R_2}}{200\text{k}}\right) R_1 + U_{R_2} = U_0 \end{cases}$$

解得 $U_0 = 10.04\text{V}$。

（3）当 $R_1 = 2\text{k}\Omega$、$R_2 = 0$ 时，运算放大器处于饱和状态，输出电压为上限电压。

习题【11】解 电路中电量标注如习题【11】解图所示。

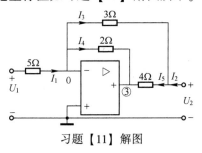

习题【11】解图

根据 KVL 和 KCL 有

$$\begin{cases} U_1 = 5I_1 \Rightarrow I_1 = 0.2U_1 \\ I_1 = I_3 + I_4 = -\dfrac{U_2}{3} - \dfrac{U_3}{2} \\ I_5 = \dfrac{U_2 - U_3}{4} = I_2 + I_3 = I_2 - \dfrac{U_2}{3} \end{cases}$$

解得

$$I_2 = 0.1U_1 + 0.75U_2$$

即 Y 参数矩阵为

$$Y = \begin{bmatrix} 0.2 & 0 \\ 0.1 & 0.75 \end{bmatrix}$$

习题【12】解 如习题【12】解图所示。

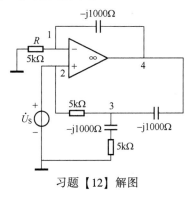

习题【12】解图

列写节点电压方程为

$$\begin{cases} \left(\dfrac{1}{5000} + \dfrac{1}{-\text{j}1000}\right)\dot{U}_{n1} - \left(-\dfrac{1}{\text{j}1000}\right)\dot{U}_{n4} = 0 \\ -\dfrac{1}{5000}\dot{U}_{n2} + \left(\dfrac{1}{5000} + \dfrac{1}{5000 - \text{j}1000} + \dfrac{1}{-\text{j}1000}\right)\dot{U}_{n3} - \dfrac{1}{-\text{j}1000}\dot{U}_{n4} = 0 \\ \dot{U}_{n2} = 5\angle 0° \\ \dot{U}_{n1} = \dot{U}_{n2} \end{cases}$$

解得

$$\dot{U}_{n3}=4.85\angle-1.10°\text{V}$$

其中

$$\dot{U}_R=\frac{\dot{U}_{n3}}{5000-j1000}\times5000=4.76\angle10.2°(\text{V})$$

最后

$$u_R(t)=4.76\sqrt{2}\sin(1000t+10.2°)\text{V}$$

习题【13】解 （1）当 U_{S2} 单独作用时，等效电路如习题【13】解图（1）所示。

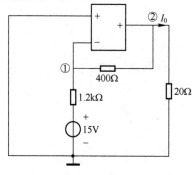

习题【13】解图（1）

由运算放大器虚短有 $U_1=0$，节点 1 应用 KCL 得

$$\frac{U_{S2}-U_1}{1200}=\frac{U_1-U_2}{400}$$

得

$$U_2=-5\text{V}, \quad I_0=\frac{U_2}{20}=-0.25\text{A}$$

当 u_{S1} 单独作用时，等效电路如习题【13】解图（2）所示。

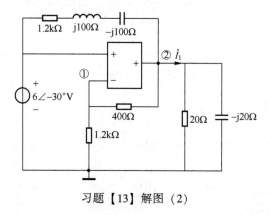

习题【13】解图（2）

由运算放大器虚短有 $\dot{U}_1=6\angle-30°\text{V}$，节点 1 应用 KCL 有

$$\frac{\dot{U}_1 - 0}{1200} = \frac{\dot{U}_2 - \dot{U}_1}{400}$$

得

$$\dot{U}_2 = 8 \angle -30° \text{V}$$

电流为 $\dot{I}_1 = \dot{U}_2 \times \left(\frac{1}{20} + \text{j}\, \frac{1}{20} \right) = 0.566 \angle 15° \text{A}, \quad i_1 = 0.8 \cos(1000t + 15°) \text{A}$

叠加

$$i(t) = i_0 + i_1 = -0.25 + 0.8 \cos(1000t + 15°) \text{A}$$

有效值为

$$I = \sqrt{I_0^2 + I_1^2} = \sqrt{0.25^2 + 0.566^2} = 0.619(\text{A})$$

（2）当 U_{S2} 单独作用时有

$$P_0 = \frac{U_{S2}^2}{20} = \frac{25}{20} = 1.25(\text{W})$$

当 U_{S1} 单独作用时有

$$P_1 = \frac{U_2^2}{20} = \frac{8^2}{20} = 3.2(\text{W})$$

负载消耗的有功功率为

$$P = P_0 + P_1 = 4.45\text{W}$$

习题【14】解 运用复域分析法，做出运算电路如习题【14】解图所示。

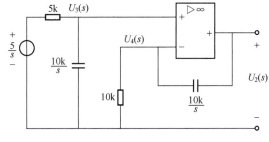

习题【14】解图

根据分压公式有

$$U_3(s) = \frac{\dfrac{10\text{k}}{s}}{5\text{k} + \dfrac{10\text{k}}{s}} \times \frac{5}{s} = \frac{10}{s(s+2)}$$

根据虚短、虚断性质有

$$\begin{cases} U_4(s) = U_3(s) = \dfrac{10}{s(s+2)} \\[4mm] U_2(s) = \dfrac{10\text{k} + \dfrac{10\text{k}}{s}}{10\text{k}} U_4(s) = \dfrac{10(s+1)}{s^2(s+2)} \end{cases}$$

其中

$$U_2(s) = \frac{A}{s} + \frac{B}{s^2} + \frac{C}{s+2} = \frac{2.5}{s} + \frac{5}{s^2} - \frac{2.5}{s+2}$$

进行拉式反变换有 $u_2(t) = L^{-1}[U_2(s)] = (5t + 2.5 - 2.5e^{-2t})\varepsilon(t)V$。

习题【15】解 如习题【15】解图所示。

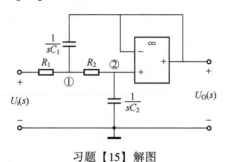

习题【15】解图

在①②处列节点电压方程有

$$\begin{cases} \left(\dfrac{1}{R_1} + \dfrac{1}{R_2} + sC_1\right)U_i(s) - \dfrac{1}{R_2}U_2(s) = \dfrac{U_i(s)}{R_1} + sC_1U_O(s) \\[2mm] -\dfrac{1}{R_2}U_i(s) + \left(\dfrac{1}{R_2} + sC_2\right)U_2(s) = 0 \\[2mm] U_2(s) = U_+(s) = U_-(s) = U_O(s) \end{cases}$$

解得

$$H(s) = \frac{U_O(s)}{U_i(s)} = \frac{R_2}{R_2 + sC_2R_1R_2 + sC_2R_2^2 + s^2C_1C_2R_1R_2^2}$$

（1）将 $R_1 = 1k\Omega$、$R_2 = 1k\Omega$、$C_1 = 1\mu F$、$C_2 = \dfrac{4}{3}\mu F$ 代入得

$$H(s) = \frac{750000}{s^2 + 2000s + 750000} = \frac{750000}{(s+1500)(s+500)}$$

（2）若 $u_i(t) = \varepsilon(t)V$，即 $u_i(s) = \dfrac{1}{s}$，则

$$U_O(s) = H(s) \cdot u_i(s) = \frac{750000}{s(s+1500)(s+500)} = \frac{1}{s} + \frac{1}{2} \cdot \frac{1}{s+1500} - \frac{3}{2} \cdot \frac{1}{s+500}$$

故

$$u_0(t) = \left(1 + \frac{1}{2}e^{-1500t} - \frac{3}{2}e^{-500t}\right)\varepsilon(t)V$$

A5 第6、7章习题答案

习题【1】解 $t<0$ 时，电路已达稳态，如习题【1】解图（1）所示。
其中 $u = -1 \times 20 = -20(V)$，$u_C(0_-) = u - 0.5u = -10V(KVL)$。

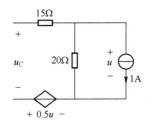

习题【1】解图（1）

$t>0$ 时，$u_C(0_+)=u_C(0_-)=-10\text{V}$（换路定律）。

$t\to\infty$ 时，如习题【1】解图（2）所示。

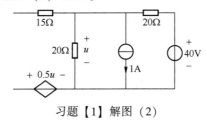

习题【1】解图（2）

电压 $u=-1\times\dfrac{20}{20+20}\times20+\dfrac{40}{20+20}\times20=10(\text{V})$（叠加定理）。

稳态值 $u_C(\infty)=u-0.5u=5\text{V}$。

外加电源求等效电阻，如习题【1】解图（3）所示。

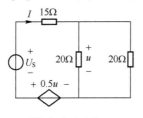

习题【1】解图（3）

其中 $u=20\times\dfrac{1}{2}I=10I$（分流），$U_S=15I+u-0.5u=20I$（KVL）。

等效电阻 $R_{eq}=\dfrac{U_S}{I}=20\Omega\Rightarrow\tau=R_{eq}C=2\text{s}$。

根据三要素法有 $u_C(t)=u_C(\infty)+[u_C(0_+)-u_C(\infty)]\text{e}^{-\frac{t}{2}}=(5-15\text{e}^{-\frac{t}{2}})\text{V}$。

习题【2】解　闭合开关 S 前，电路如习题【2】解图（1）所示。

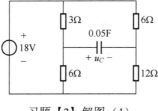

习题【2】解图（1）

根据电桥平衡，$u_C(0_-)=0$。闭合开关 S 后，$u_C(0_+)=u_C(0_-)=0$。

当电路达到稳态时，电路如习题【2】解图（2）所示，取电压源下端作为参考节点，有

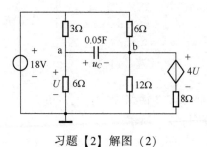

习题【2】解图（2）

$$U_a(\infty)=18\times\frac{6}{3+6}=12(V),\quad U=U_a(\infty)=12V,\quad U_b(\infty)=\frac{\frac{18}{6}+\frac{4U}{8}}{\frac{1}{6}+\frac{1}{12}+\frac{1}{8}}=24(V)$$

$$u_C(\infty)=U_a(\infty)-U_b(\infty)=-12V$$

开路短路法求输入端电阻，如习题【2】解图（3）所示。

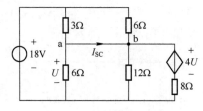

习题【2】解图（3）

$$\begin{cases}\dfrac{18-U}{3}-\dfrac{U}{6}=I_{SC}（节点\ a\ KCL）\\[3mm]\dfrac{U}{12}+\dfrac{U-4U}{8}=\dfrac{18-U}{6}+I_{SC}（节点\ b\ KCL）\end{cases}\Rightarrow I_{SC}=-6A$$

其中 $R_{eq}=\dfrac{-12}{-6}=2(\Omega)$，$\tau=R_{eq}C=0.1s$。

三要素法解得

$$u_C(t)=-12+12e^{-10t}V(t\geqslant0)$$

习题【3】解　$t=0_-$ 时，由换路定理有 $i_L(0_-)=3A=i_L(0_+)$。

$t>0$ 时，L 两端等效电阻为

$$R_{eq}=\frac{U}{I}=18\Omega$$

$$\tau=\frac{L}{R_{eq}}=\frac{2}{18}=\frac{1}{9}(s)$$

$t\to\infty$ 时，稳态值为

$$i_L(\infty) = \frac{9}{3+6} = 1(\mathrm{A})$$

三要素法有 $i_L(t) = i_L(\infty) + [i_L(0_+) - i_L(\infty)]\mathrm{e}^{-9t} = (1 + 2\mathrm{e}^{-9t})\,\mathrm{A}$

电感电压为

$$u_L(t) = L\frac{\mathrm{d}i_L}{\mathrm{d}t} = -36\mathrm{e}^{-9t}\,\mathrm{V} \quad (t \geq 0)$$

习题【4】解 闭合 S 时，由于电桥平衡，故 $i_L(0_+) = i_L(0_-) = 0\mathrm{A}$。

断开 S 时，电路如习题【4】解图（1）所示。

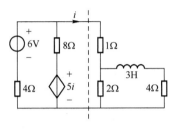

习题【4】解图（1）

对虚线左侧的电路进行戴维南化简，有

$$U_{\mathrm{OC}} = 4\mathrm{V}, \quad I_{\mathrm{SC}} = 4\mathrm{A} \Rightarrow R_{\mathrm{eq}} = 1\Omega \ (\text{两个 KVL 方程可以求解 } I_{\mathrm{SC}})$$

电路可化简为习题【4】解图（2）。

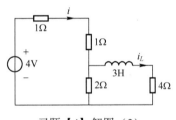

习题【4】解图（2）

稳态时有

$$i(\infty) = \frac{4}{1 + 1 + \dfrac{4}{3}} = \frac{12}{3+3+4} = 1.2(\mathrm{A}), \quad i_L(\infty) = 1.2 \times \frac{2}{2+4} = 0.4(\mathrm{A})$$

等效电阻 $R_{\mathrm{eq}} = 2//2 + 4 = 5(\Omega) \Rightarrow \tau = \dfrac{L}{R_{\mathrm{eq}}} = 0.6\mathrm{s}$。

三要素有 $i_L(t) = 0.4 - 0.4\mathrm{e}^{-\frac{5}{3}t}(t \geq 0)$。

根据 KVL 有

$$i(t) = \left(L\frac{\mathrm{d}i_L}{\mathrm{d}t} + 4i_L(t)\right)\Big/2 + i_L = 1.2 - 0.2\mathrm{e}^{-\frac{5}{3}t}\,\mathrm{A}(t \geq 0)$$

习题【5】解 （1）进行电源等效变换，做出等效电路如习题【5】解图所示。

$$i_L(\infty) = 3 \times \frac{2}{3} = 2(\mathrm{A}), \quad \tau = \frac{L}{R_{\mathrm{in}}} = 0.2\mathrm{s}$$

习题【5】解图

解得 $i_L(t) = 2(1-e^{-5t})\varepsilon(t)\,\text{A}$，$u_L(t) = 0.4\dfrac{\mathrm{d}i_L}{\mathrm{d}t} = 4e^{-5t}\varepsilon(t)\,\text{A}$。

（2）$i_S = 3\delta(t)\,\text{A}$ 时，先求 $i_S = 3\varepsilon(t)\,\text{A}$ 时的响应，再求导。

当 $i_S = 3\varepsilon(t)\,\text{A}$ 时，$i_L(t) = 2(1-e^{-5t})\varepsilon(t)\,\text{A}$。

当 $i_S = 3\delta(t)\,\text{A}$ 时，$i_L(t) = 10e^{-5t}\varepsilon(t)\,\text{A}$。

此时 $u_L(t) = 0.4\dfrac{\mathrm{d}i_L}{\mathrm{d}t} = -20e^{-5t}\varepsilon(t) + 4\delta(t)\,\text{V}$。

习题【6】解 先求电感以外部分的戴维南等效电路，有

$$u_{\text{OC}} = i_S(t) \times \frac{1\times10^3}{(1+3)\times10^3} \times 2\times10^3 = 500i_S(t)，\quad R_{\text{eq}} = 5\text{k}\Omega$$

根据习题【6】图（b），写出电流源的波形表达式为

$$i_S(t) = \varepsilon(t) - \varepsilon(t-1) + 2\varepsilon(t-2) - 2\varepsilon(t-3)$$

时间常数为

$$\tau = \frac{L}{R_{\text{eq}}} = 2\times10^{-6}\,\text{s}$$

在 $t\in(1,2)$ 期间，由于 $1 \geqslant 5\tau$，可认为过渡过程已结束，所以 $t\in(2,3)$ 时，电路属于零状态响应，即

$$i_L(t) = \frac{2\times500}{5\times10^3}(1-e^{-\left(\frac{t-2}{\tau}\right)}) = 0.2(1-e^{-5\times10^5(t-2)})\,\text{A}$$

电压为

$$u_0(t) = 4\times10^3 \times i_L(t) + L\frac{\mathrm{d}i_L(t)}{\mathrm{d}t} = 800 + 200e^{-5\times10^5(t-2)}\,\text{V}$$

习题【7】解 由题图可知 $u_S(t) = 2[\varepsilon(t-4) - \varepsilon(t-8)]\,\text{V}$。

求出除电容之外的戴维南等效电路为 $U_{\text{OC}} = U_S$，$R_{\text{eq}} = 0.8\Omega$，则 $u_C(0+) = u_C(0-) = 2\text{V}$，$\tau = R_{\text{eq}}C = 0.8\times5 = 4(\text{s})$。

零输入响应为 $u_C(t) = u_C(0+)e^{-\frac{t}{\tau}} = 2e^{-\frac{t}{4}}\,\text{V}$。

当 $U_{\text{OC}} = \varepsilon(t)$ 时，零状态响应 $u_C(t) = (1-e^{-\frac{1}{4}t})\varepsilon(t)\,\text{V}$。

那么当 $U_{\text{OC}} = 2[\varepsilon(t-4) - \varepsilon(t-8)]\,\text{V}$ 时，响应为

$$u_C(t) = \left[2(1-e^{-\frac{1}{4}(t-4)})\varepsilon(t-4) - 2(1-e^{-\frac{1}{4}(t-8)})\varepsilon(t-8) + 2e^{-\frac{1}{4}t}\right]\,\text{V}$$

电流为

$$i = \frac{u_S - u_C}{4} = \left[-\frac{1}{2}e^{-\frac{1}{4}t}\varepsilon(t) + \frac{1}{2}e^{-\frac{1}{4}(t-4)}\varepsilon(t-4) - \frac{1}{2}e^{-\frac{1}{4}(t-8)}\varepsilon(t-8)\right]\,\text{A}\quad(t>0)$$

习题【8】解　系统零输入响应为：±4 阶跃激励相加为两倍零状态响应，即

$$r_0(t) = \frac{1}{2}\left[2 + e^{-t} - 2 - 3e^{-t}\right] = -e^{-t}\varepsilon(t)\,\mathrm{V}$$

$u_1(t) = 4\varepsilon(t)\,\mathrm{V}$ 的零状态响应为

$$r_1(t) = 2 + e^{-t} + e^{-t} = (2 + 2e^{-t})\varepsilon(t)\,\mathrm{V}$$

$u_1(t) = \varepsilon(t)\,\mathrm{V}$ 时的零状态响应为

$$r_2(t) = \left(\frac{1}{2} + \frac{1}{2}e^{-t}\right)\varepsilon(t)\,\mathrm{V}$$

当 $u_1(t) = \left[\varepsilon(t) - \varepsilon(t-2)\right]\,\mathrm{V}$ 时，零状态响应为

$$r_3(t) = \left[\left(\frac{1}{2} + \frac{1}{2}e^{-t}\right)\right]\varepsilon(t) - \left(\frac{1}{2} + \frac{1}{2}e^{-(t-2)}\right)\varepsilon(t-2)\,\mathrm{V}$$

综上应用叠加定理有

$$r(t) = r_0(t) + r_3(t) = \left(\frac{1}{2} - \frac{1}{2}e^{-t}\right)\varepsilon(t) - \left(\frac{1}{2} + \frac{1}{2}e^{-(t-2)}\right)\varepsilon(t-2)\,\mathrm{V}$$

习题【9】解　根据换路定理可得 $i_L(0_+) = i_L(0_-) = 0\,\mathrm{A}$，如习题【9】解图所示。

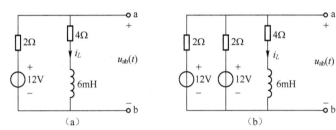

习题【9】解图

闭合开关 S_1 后，$i_L(\infty) = \dfrac{12}{2+4} = 2(\mathrm{A})$，$\tau_1 = \dfrac{L}{R_{eq}} = \dfrac{6}{2+4} = 1(\mathrm{ms})$。

由三要素得 $i_L(t) = i_L(\infty) + (i_L(0_+) - i_L(\infty))e^{-\frac{t}{\tau_1}} = 2 - 2e^{-1000t}\,\mathrm{A}\,(0 \leqslant t \leqslant 1\mathrm{ms})$。

由 KVL 有 $u_{ab}(t) = L\dfrac{\mathrm{d}i_L(t)}{\mathrm{d}t} + 4i_L = 8 + 4e^{-1000t}\,\mathrm{V}\,(0 \leqslant t \leqslant 1\mathrm{ms})$。

闭合开关 S_2 后，根据换路定则有

$$i_L(1\mathrm{ms}_+) = i_L(1\mathrm{ms}_-) = 2 - \frac{2}{e}\,\mathrm{A}$$

$$4i_L(\infty) = \frac{\dfrac{12}{2} + \dfrac{12}{2}}{\dfrac{1}{2} + \dfrac{1}{2} + \dfrac{1}{4}} \Rightarrow i_L(\infty) = \frac{12}{5} = 2.4(\mathrm{A})$$

$$\tau_2 = \frac{L}{R'_{eq}} = \frac{6}{4 + 2//2} = 1.2(\mathrm{ms})$$

根据三要素公式可得

$$i_L(t) = 2.4 + \left(2 - \frac{2}{e} - 2.4\right)e^{-\frac{(t-10^{-3})}{1.2\times10^{-3}}} = 2.4 - \left(0.4 + \frac{2}{e}\right)e^{-\frac{5}{6}\times10^3(t-10^{-3})}\,\mathrm{A}\quad(t \geqslant 1\mathrm{ms})$$

$$u_{ab}(t) = L\frac{\mathrm{d}i_L(t)}{\mathrm{d}t} + 4i_L = 9.6 + 1.136\mathrm{e}^{-\frac{5}{6}\times 10^3(t-10^{-3})}\,\mathrm{V}\,(t \geqslant 1\mathrm{ms})$$

综上有

$$u_{ab}(t) = \begin{cases} 8 + 4\mathrm{e}^{-1000t}\,\mathrm{V}\,(0 \leqslant t \leqslant 1\mathrm{ms}) \\ 9.6 + 1.136\mathrm{e}^{-\frac{5}{6}\times 10^3(t-10^{-3})}\,\mathrm{V}\,(t \geqslant 1\mathrm{ms}) \end{cases}$$

习题【10】解 标出电量如习题【10】解图所示。

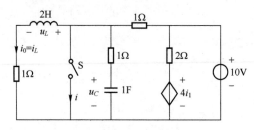

习题【10】解图

$t<0$ 时，电路已达稳态，可知

$$i_L(0_+) = i_L(0_-) = \frac{10}{1+1} = 5(\mathrm{A}), \quad u_C(0_+) = u_C(0_-) = 5\mathrm{V}$$

$t>0$ 时，电路被分成电感电路、电容电路和电压源电路三个独立电路，有

$$\tau_L = \frac{L}{R_{eqL}} = 2\mathrm{s}, \quad \tau_C = R_{eqC}C = 1\mathrm{s}$$

稳态值 $i_L(\infty) = 0$，$u_C(\infty) = 0$。

由三要素法有 $i_L(t) = 5\mathrm{e}^{-0.5t}\mathrm{A}$，$u_C(t) = 5\mathrm{e}^{-t}\mathrm{V}$。

电流 i 的分量 1：$i_1(t) = -i_L = -5\mathrm{e}^{-0.5t}\mathrm{A}$。

电流 i 的分量 2：$i_2(t) = -i_C = 5\mathrm{e}^{-t}\mathrm{A}$。

电流 i 的分量 3：$i_3(t) = \frac{10}{1} = 10(\mathrm{A})$。

流过开关的电流 $i(t) = i_1(t) + i_2(t) + i_3(t) = (10 - 5\mathrm{e}^{-0.5t} + 5\mathrm{e}^{-t})\mathrm{A}\,(t \geqslant 0)$。

习题【11】解 $t<0$ 时，电路已达稳态，由 KCL 和 KVL 有

$$\begin{cases} 2i_L(0_-) + u_C(0_-) = 16 \\ u_1(0_-) + u_C(0_-) = 4 \\ \dfrac{u_1(0_-)}{2} + i_L(0_-) + \dfrac{u_1(0_-) + 16 - u_C(0_-)}{6} - \dfrac{u_C(0_-)}{3} = 0 \end{cases}$$

联立解得 $i_L(0_+) = i_L(0_-) = 4\mathrm{A}$，$u_C(0_+) = u_C(0_-) = 8\mathrm{V}$，$u_1(0_-) = -4\mathrm{V}$。

$t>0$ 时，列出对应的电路方程为

$$R_{eqL} = 2 + 3 = 5(\Omega), \quad \tau_L = \frac{L}{R_{eqL}} = 0.2\mathrm{s}, \quad i_L(\infty) = \frac{16}{3+2} = \frac{16}{5}(\mathrm{A})$$

$$R_{eqC} = \frac{6}{5}\Omega, \quad \tau_C = R_{eqC}C = 0.6\mathrm{s}, \quad u_C(\infty) = \frac{32}{5}\mathrm{V}$$

由三要素法有

$$i_L(t) = \frac{4}{5}e^{-5t} + \frac{16}{5}\,(\text{A})\,, \quad u_C(t) = \frac{8}{5}e^{-\frac{5}{3}t} + \frac{32}{5}\,(\text{V})$$

由 KVL 得 $u_0(t) = u_C(t) - 3i_L(t) = \left(\dfrac{8}{5}e^{-\frac{5}{3}t} - \dfrac{12}{5}e^{-5t} - \dfrac{16}{5}\right)\varepsilon(t)\,\text{V}$。

习题【12】解 $t<0$ 时，电流源被短路，初值为

$$u_C(0_-) = u_C(0_+) = \frac{8//4//4}{6+2+8//4//4} \times 24 = 4\,(\text{V})$$

$$i_L(0_-) = i_L(0_+) = \frac{24}{6+2+8//4//4} \times \frac{8}{8+4//4} \times \frac{1}{2} = 1\,(\text{A})$$

$t>0$ 时，可以将电路分为两个独立部分（本题中可以认为是求 R_{eq} 时将电流源断路，两个存储元件互不影响），即

$$i_L(\infty) = -\frac{1}{2}I_{S2} = -1.5\text{A}\,, \quad u_C(\infty) = \frac{R_1+R_2}{R_1+R_2+R_3}I_{S2}R_3 + \frac{I_{S1}R_1}{R_1+R_2+R_3} \times R_3 = 24\text{V}$$

$R_{eqL} = R_4 + R_5 = 8\Omega$，$R_{eqC} = (R_1+R_2)//R_3 = 4\Omega$

$$\tau_L = \frac{L}{R_{eq}} = 1.25 \times 10^{-3}\text{s}\,, \quad \tau_C = R_{eq} \cdot C = 2 \times 10^{-3}\text{s}$$

由三要素法知

$$u_C(t) = (24 - 20e^{-500t})\text{V} \quad (t>0)\,, \quad i_L(t) = (-1.5 + 2.5e^{-800t})\text{A} \quad (t>0)$$

由 KVL 得 $u(t) = -u_C(t) + i_L(t) \times R_5 + u_L(t) = (-30 + 20e^{-500t} - 10e^{-800t})\text{V}$ $(t>0)$

习题【13】解 $t<0$ 时，电路达稳态，由 KCL 和 KVL 有

$$\begin{cases} 10 = 5i_L + u_C \\ i_L = i \\ u_C = 2i + 5i + 1 \times (i - 3i) \end{cases}$$

解得 $i_L(0_-) = i_L(0_+) = 1\text{A}$，$u_C(0_-) = u_C(0_+) = 5\text{V}$。

$t>0$ 时，画出等效电路图如习题【13】解图所示，有

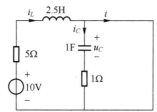

（右侧受控源与2Ω电阻等效为一根导线）

习题【13】解图

$i_L(\infty) = 2\text{A}$，$u_C(\infty) = 0\text{V}$，$R_{eqL} = 5\Omega$，$R_{eqC} = 1\Omega$

所以 $\tau_1 = \dfrac{L}{R_{eqL}} = 0.5\text{s}$，$\tau_2 = R_{eqC}C = 1\text{s}$。

由三要素法知 $i_L(t) = (2 - e^{-2t})\text{A}$，$u_C(t) = 5e^{-t}\text{V}$。

电容电流 $i_C(t) = C\dfrac{\mathrm{d}u_C(t)}{\mathrm{d}t} = -5e^{-t}\text{V}$。

根据 KCL 有 $i(t)=i_L(t)-i_C(t)=(2-\mathrm{e}^{-2t}+5\mathrm{e}^{-t})\mathrm{A}(t>0)$。

习题【14】解 由换路定则，有 $i_L(0_+)=i_L(0_-)=0$。电路时间常数 $\tau=L/R=1/3\mathrm{s}$。稳态时，$i_{LP}(t)$ 的相量为

$$\dot{I}_{LP}=\frac{10\angle\theta}{3+\mathrm{j}4}=2\angle(\theta-53.1°)(\mathrm{A})$$

稳态电流为 $i_{LP}(t)=2\sin(4t+\theta-53.1°)\mathrm{A}$。

所以，电流的全响应为

$$i_L(t)=i_{LP}(t)+[i_L(0_+)-i_{LP}(0_+)]\mathrm{e}^{-\frac{t}{\tau}}=2\sin(4t+\theta-53.1°)-2\sin(\theta-53.1°)\mathrm{e}^{-3t}\mathrm{A}$$

要使闭合 S 后电路不产生过渡过程，初相角 $\theta=53.1°$。

习题【15】解 题给响应 $u_C=100-60\mathrm{e}^{-0.1t}+40\sqrt{2}\sin(t+45°)\mathrm{V}$ 包含三个分量。其中，$u_{C_1}=100\mathrm{V}$ 为恒定电压源 U_S 单独作用时产生的稳态分量，$u_{C_2}=40\sqrt{2}\sin(t+45°)\mathrm{V}$ 为正弦电流源 i_S 单独作用时产生的正弦稳态分量，且 $u_C(0_+)=u_C(0_-)=80\mathrm{V}$。

（1）当 c、d 端开路时，响应由初始状态和电压源 U_S 引起，显然，响应 u_C 的稳态分量为

$$u_C(\infty)=u_{C_1}=100\mathrm{V}$$

由全响应分解方式可得

$$u_C=K\mathrm{e}^{-0.1t}+u_C(\infty)=K\mathrm{e}^{-0.1t}+100\mathrm{V}$$

式中，K 为待定积分常数，代入 $t=0_+$ 时的初始条件得

$$u_C(0_+)=K+100=80\mathrm{V}$$

解得 $K=-20$，因此 c、d 端开路时的响应 u_C 为

$$u_C=-20\mathrm{e}^{-0.1t}+100\mathrm{V}\quad(t\geqslant0)$$

（2）当 a、b 端短接时，响应由初始状态和正弦电流源引起，显然，响应 u_C 的正弦稳态分量为 $u_{CP}=u_{C_2}=40\sqrt{2}\sin(t+45°)\mathrm{V}$。

此时 $u_C=K\mathrm{e}^{-0.1t}+u_{CP}=K\mathrm{e}^{-0.1t}+40\sqrt{2}\sin(t+45°)\mathrm{V}$。

代入 $t=0_+$ 时的初始条件，有 $u_C(0_+)=80=K+40\sqrt{2}\sin45°\mathrm{V}$。

解得 $K=40$。

于是，a、b 端短路时的响应 u_C 为

$$u_C=40\mathrm{e}^{-0.1t}+40\sqrt{2}\sin(t+45°)\mathrm{V}\quad(t\geqslant0)$$

习题【16】解 （1）在负时域内，仅 2A 电流源作用，有

$$i_L(0_+)=-2\mathrm{A}=i_L(0_-)$$

因此仅 2A 电流源作用时，$i_{L_1}=-2\mathrm{A}$。

（2）仅 $U_S=10\varepsilon(t)\mathrm{V}$ 作用时，$i_L=(1-3\mathrm{e}^{-\frac{t}{2}})-(-2)=(3-3\mathrm{e}^{-\frac{t}{2}})\varepsilon(t)\mathrm{A}$。

（3）$L=1\mathrm{H}$ 时，$\tau=\dfrac{L}{R_{eq}}=\dfrac{1}{R_{eq}}=2\mathrm{s}$；$L=2\mathrm{H}$ 时，$\tau'=\dfrac{2}{R_{eq}}=4\mathrm{s}$。

因此，$L=2\mathrm{H}$，仅 $U_S=20\varepsilon(t)\mathrm{V}$ 单独作用时，$i_{L_2}=(6-6\mathrm{e}^{-\frac{t}{4}})\varepsilon(t)\mathrm{A}$。

综上有

$$i_L(t)=i_0(0_-)\varepsilon(t)+i_{L_1}+i_{L_2}=-2\varepsilon(-t)+(4-6\mathrm{e}^{-\frac{t}{4}})\varepsilon(t)\mathrm{A}$$

$$u_L(t)=L\frac{\mathrm{d}i_L}{\mathrm{d}t}=2\times\left[2\delta(t)+\frac{3}{2}\mathrm{e}^{-\frac{t}{4}}\varepsilon(t)-2\delta(t)\right]=3\mathrm{e}^{-\frac{t}{4}}\varepsilon(t)\mathrm{V}$$

习题【17】解 未断开开关时，$i_L(0_-)=2.5\mathrm{A}$，$u_C(0_-)=5\mathrm{V}$。

根据换路定理，$i_L(0_+)=i_L(0_-)=2.5\mathrm{A}$，$u_C(0_+)=u_C(0_-)=5\mathrm{V}$。

对于左侧的一阶 RC 电路，有

$$u_C(\infty)=10\mathrm{V},\quad \tau=RC=0.5\mathrm{s}$$

$$u_C(t)=10-5\mathrm{e}^{-2t}\mathrm{V},\quad i_C(t)=C\frac{\mathrm{d}u_C(t)}{\mathrm{d}t}=5\mathrm{e}^{-2t}\mathrm{A}$$

对于右侧电路，列写 KVL 可得

$$L\frac{\mathrm{d}i_L(t)}{\mathrm{d}t}=-4i_L(t)+2.5\mathrm{e}^{-2t}$$

解上述微分方程可得 $i_L(t)=\frac{5}{4}\mathrm{e}^{-2t}+C\mathrm{e}^{-4t}\mathrm{A}$，又 $i_L(0_+)=i_L(0_-)=2.5\mathrm{A}$，可得 $C=\frac{5}{4}\mathrm{F}$。

习题【18】解 当 $t<0$ 时，等效电路如习题【18】解图（1）所示。

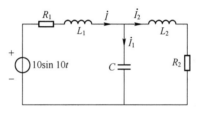

习题【18】解图（1）

电流 $\dot{I}=\dfrac{10\angle 0°}{1+\mathrm{j}+(1+\mathrm{j})//(-\mathrm{j}0.5)}=\dfrac{5\sqrt{10}}{2}\angle-18.43°(\mathrm{A})$，$i(t)=\dfrac{5\sqrt{10}}{2}\sin(10t-18.43°)\mathrm{A}$，$i_{L_1}(0_-)=-2.5\mathrm{A}$，则

$$\dot{I}_2=\dot{I}\times\frac{-\frac{1}{2}\mathrm{j}}{1-\frac{1}{2}\mathrm{j}+\mathrm{j}}=\frac{5\sqrt{2}}{2}\angle-135°(\mathrm{A}),\quad i_2(t)=\frac{5\sqrt{2}}{2}\sin(10t-135°)\mathrm{A},\quad i_{L_2}(0_-)=-2.5\mathrm{A}$$

（1）方法一：时域分析法，如习题【18】解图（2）所示。

先运用磁链守恒 $i_{L_1}(0_-)\cdot L_1+i_{L_2}(0_-)\cdot L_2=(L_1+L_2)i_L(0_+)\Rightarrow i_L(0_+)=-2.5\mathrm{A}$。

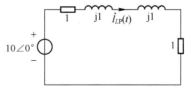

习题【18】解图（2）

达到稳态，$\dot{I}_{LP}=\dfrac{10\angle 0°}{2+\mathrm{j}2}=2.5\sqrt{2}\angle-45°(\mathrm{A})$，$i'_{LP}(t)=2.5\sqrt{2}\sin(10t-45°)\mathrm{A}$，$i'_{LP}(0_+)=-2.5\mathrm{A}$。

根据正弦的三要素公式有

$$i_L(t) = 2.5\sqrt{2}\sin(10t-45°) + [-2.5-(-2.5)]e^{-\frac{t}{\tau}} = 2.5\sqrt{2}\sin(10t-45°)\,(A)$$

$$u_2(t) = 1 \times i_L(t) = 2.5\sqrt{2}\sin(10t-45°)\,(V)$$

（2）方法二：复频域分析法，如习题【18】解图（3）所示。

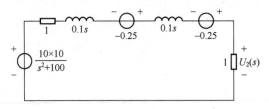

习题【18】解图（3）

当 $t>0$ 时，列写 KVL 可得

$$(2+0.2s)I_2(s) + 0.5 = \frac{100}{s^2+100}$$

$$\Rightarrow I_2(s) = \frac{-2.5(s-10)}{s^2+100} = \frac{-2.5s}{s^2+100} + \frac{25}{s^2+100}$$

根据拉式反变换有

$$i_2(t) = L^{-1}[I_2(s)] = 2.5\sqrt{2}\sin(10t-45°)\,A$$

则 $u_2(t) = 2.5\sqrt{2}\sin(10t-45°)\,V$。

习题【19】解　本题换路后电路中出现两个电感，这两个初始值不等的电感并非构成唯一的回路，所以电感两端电压不会出现冲激量，仍然满足换路定则。

（1）可确定初始条件为

$$i_{L_1}(0_+) = i_{L_1}(0_-) = 1A, \quad i_{L_2}(0_+) = i_{L_2}(0_-) = 0$$

则 $u_0(0_+) = R_2 i_{R_2}(0_+) = R_2[-i_{L_1}(0_+) - i_{L_2}(0_+)] = -0.5V$。

（2）确定等效电感为 $L_{eq} = \frac{L_1 L_2}{L_1+L_2} = \frac{2}{3}H$，所以时间常数 $\tau = \frac{L_{eq}}{R_2} = \frac{2}{1.5}s$。

（3）求稳态解 $u_0(\infty)$。开关合向 2 后，电路为零输入响应，所以

$$u_0(\infty) = 0V$$

（4）求 $u_0(t)$。应用三要素公式，可得响应为

$$u_0(t) = u_0(\infty) + [u_0(0_+) - u_0(\infty)]e^{-\frac{t}{\tau}} = -0.5e^{-0.75t}V \quad (t>0)$$

习题【20】解　如题【20】解图所示。

电路的初始状态为

$$i_{L_1}(0_-) = \frac{\frac{1}{R_2}}{\frac{1}{R_1}+\frac{1}{R_2}+\frac{1}{R_3}}I_S = 4A, \quad i_{L_2}(0_-) = \frac{\frac{1}{R_3}}{\frac{1}{R_1}+\frac{1}{R_2}+\frac{1}{R_3}}I_S = 2A$$

断开 S 后，L_1、L_2 为串联连接。由于两个电感初始电流不同，因而在 $t=0$ 时，两个电感电流必发生跳变。设断开 S 后的回路电流为 i_L，根据回路磁链守恒得

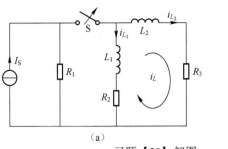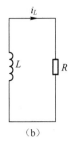

（a）　　　　　　　　　　　　　　　　（b）

习题【20】解图

$$-L_1 i_{L_1}(0_-) + L_2 i_{L_2}(0_-) = (L_1 + L_2) i_L(0_+)$$

解得

$$i_L(0_+) = \frac{-L_1 i_{L_1}(0_-) + L_2 i_{L_2}(0_+)}{L_1 + L_2} = -1.6\text{A}$$

断开 S 后的等效电路如习题【20】解图（b）所示，$L = L_1 + L_2 = 5\text{H}$，$R = R_2 + R_3 = 30\Omega$，$\tau = L/R = 1/6\text{s}$，于是

$$i_L = i_L(0_+)\mathrm{e}^{-\frac{1}{\tau}t} = -1.6\mathrm{e}^{-6t}\text{A} \quad (t>0)$$

显然，响应 i_{L_1}、i_{L_2} 分别为

$$i_{L_2} = i_L = -1.6\mathrm{e}^{-6t}\text{A} \quad (t>0), \quad i_{L_1} = -i_{L_2} = 1.6\mathrm{e}^{-6t}\text{A} \quad (t>0)$$

习题【21】解　闭合开关 S 前，电感视为短路，如习题【21】解图（1）所示。

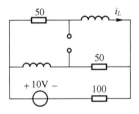

习题【21】解图（1）

$$i_L(0_-) = \frac{1}{2} \times \frac{10}{100 + 50//50} = \frac{1}{2} \times 0.08 = 0.04(\text{A})$$

根据换路定则可得 $i_L(0_+) = i_L(0_-) = 0.04\text{A}$。

闭合开关 S 后达到稳态，$i_L(\infty) = \frac{10}{100} = 0.1(\text{A})$。

对于三要素求解，最容易出错的地方在于求解时间常数 τ，由于并联部分对外等效一样，因此可以将 RL 支路旋转一下，中间的线去掉，如习题【21】解图（2）所示，有

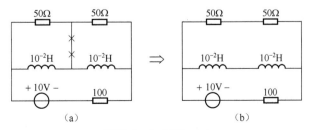

（a）　　　　　　　　　　⇒　　　　　　　　（b）

习题【21】解图（2）

$$L_{eq} = 2L = 2 \times 10^{-2} H, \quad R_{eq} = (50+50)//100 = 50(\Omega), \quad \tau = \frac{L_{eq}}{R_{eq}} = \frac{2 \times 10^{-2}}{50} = \frac{1}{2500}s$$

根据三要素公式可得

$$i_L(t) = 0.1 + (0.04 - 0.1)e^{-2500t} = 0.1 - 0.06e^{-2500t} A \quad (t \geq 0)$$

则 $u_0(t) = M \dfrac{di_L(t)}{dt} = 10^{-3} \times (-0.06) \times (-2500)e^{-2500t} = 0.15e^{-2500t} V (t \geq 0)$。

习题【22】解 由题意 $u_{C_1}(0_-) = u_{C_2}(0_-) = 0$。

电压分配与电容成反比，可得 $u_{C_1}(0_+) = 200V$，$u_{C_2}(0_+) = 100V$。

$t = \infty$ 时刻电路如习题【22】解图（1）所示。

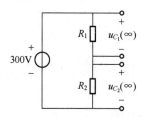

习题【22】解图（1）

稳态值 $u_{C_1}(\infty) = 100V$，$u_{C_2}(\infty) = 200V$，如习题【22】解图（2）所示。

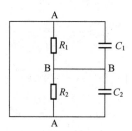

习题【22】解图（2）

时间常数为

$$\tau = R_{eq} \cdot C_{eq} = (100//200) \times (C_1//C_2) = 10^{-2}s$$

$$\Rightarrow u_{C_1}(t) = (100 + 100e^{-100t})\varepsilon(t)V, u_{C_2}(t) = (200 - 100e^{-100t})\varepsilon(t)V$$

电容电流为

$$i_{C_1}(t) = C_1 \frac{du_{C_1}(t)}{dt} = 10^{-2}\delta(t) - 0.5e^{-100t}\varepsilon(t)A$$

$$i_{C_2}(t) = C_2 \frac{du_{C_2}(t)}{dt} = 10^{-2}\delta(t) + e^{-100t}\varepsilon(t)A$$

习题【23】解 由题意，根据二端口参数得

$$\begin{cases} u_1 = u_2 - 2i_2 \\ i_1 = 0.1u_2 - 1.2i_2 \end{cases}$$

又

$$u_S(t) = i_1 R_1 + u_1 = 10i_1 + u_1 = 10\varepsilon(t) \Rightarrow u_2 = 5\varepsilon(t) + 7i_2$$

其中 $i_L = -i_2$，$u_2 = 5\varepsilon(t) - 7i_L$（一步法）。

若表示为戴维南等效电路，那么 $U_{OC} = 5\text{V}$，$R_{eq} = 10\Omega$，$\tau = \dfrac{L}{R} = 0.01\text{s}$，则

$$i_L(t) = 0.5(1 - e^{-100t})\text{A}, \quad u_L(t) = 5\varepsilon(t) - 10i_L = 5e^{-100t}\text{V}$$

习题【24】解　（1）由条件 1，有最简等效电路如习题【24】解图（1）所示。

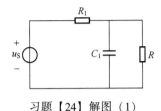

习题【24】解图（1）

$t \to \infty$ 时，有

$$\frac{R}{R+R_1} \cdot u_S = \frac{2}{3}, \quad \tau = R_3 C_1 = (R_1 // R) C_1 = \frac{2}{3}\text{s}$$

由条件 2，如习题【24】解图（2）所示。

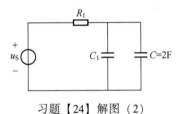

习题【24】解图（2）

当 $t \to \infty$ 时，有

$$u_S = 1\text{V}, \tau = R_1(C_1 + C) = 3\text{s}$$

得

$$R_1 = 1\Omega, R = 2\Omega, C_1 = 1\text{F}$$

（2）将 R、C 并联如习题【24】解图（3）所示，有

$$u(\infty) = \frac{2}{3}\text{V}, \quad \tau = (R_1 // R)(C_1 + C) = 2\text{s}$$

解得

$$u(t) = \frac{2}{3}(1 - e^{-0.5t})\varepsilon(t)\text{V}$$

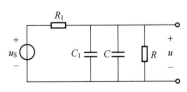

习题【24】解图（3）

A6 第 8 章习题答案

习题【1】解 Z_1 吸收的平均功率为

$$P = U_1 I_1 \cos\varphi = 100 I_1 \times 0.8 = 400\text{W} \Rightarrow I_1 = 5\text{A}$$

则

$$|Z_1| = \frac{|\dot{U}_1|}{|\dot{I}_1|} = \frac{100}{5} = 20(\Omega)(阻抗为感性), \quad Z_1 = |Z_1|\cos\varphi + j|Z_1|\sin\varphi = 16 + j12\Omega$$

设 $\dot{U}_1 = 100\angle 0°\text{V}$，则

$$\dot{I}_2 = \frac{100\angle 0°}{j100} = 1\angle -90°(\text{A})$$

$$\dot{I} = \dot{I}_1 + \dot{I}_2 = 4\sqrt{2}\angle -45°\text{A} \Rightarrow |\dot{I}| = 4\sqrt{2} = 5.66(\text{A})$$

电压 $\dot{U} = 25\dot{I} + \dot{U}_1 = 100\sqrt{5}\angle -26.56°\text{V}$，$U = 100\sqrt{5}\text{V}$。

习题【2】解 如习题【2】解图所示。

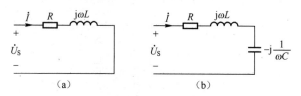

习题【2】解图

闭合开关时，有

$$|\dot{I}| = \frac{|\dot{U}_S|}{|R + j\omega L|} = 4\text{A} \qquad ①$$

断开开关时，有

$$|\dot{I}| = \frac{|\dot{U}_S|}{\left|R + j\left(\omega L - \dfrac{1}{\omega C}\right)\right|} = \frac{|\dot{U}_S|}{|R + j(\omega L - 48)|} = 4\text{A} \qquad ②$$

联立①②可得 $R^2 + (\omega L)^2 = R^2 + (\omega L - 48)^2 \Rightarrow \omega L = 24\Omega$，则

$$L = \frac{24}{\omega} = \frac{24}{2\pi f} = \frac{24}{2\pi \times 50} = 0.0764(\text{H})$$

回代入①中有

$$\frac{120}{|R + j24|} = 4 \Rightarrow R = 18\Omega$$

习题【3】解 如习题【3】解图所示。

设 $\dot{U} = U\angle 0° = 100\angle 0°\text{V}$，则

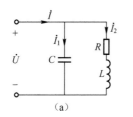 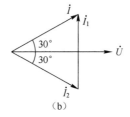

习题【3】解图

$$P = UI\cos\varphi = 100 \cdot I\cos30° = 866\text{W} \Rightarrow \dot{I} = 10\angle30°\text{A}$$

$$\begin{cases} \dot{I}_1 = j\omega C\dot{U} = 10\angle90°\text{A} \\ \dot{I}_2 = \dfrac{\dot{U}}{R+j\omega L} = 10\angle-30°\text{A} \end{cases} \Rightarrow \begin{cases} \omega C = 0.1s \\ R+j\omega L = 10\angle30°\Omega \end{cases}$$

$$R = 5\sqrt{3}\,\Omega, \quad \omega L = 5\Omega$$

若 $f = 25\text{Hz}$，则

$$\omega'C = 0.05s, \quad \omega'L = \frac{5}{2}\Omega$$

电流为

$$\dot{I}_1 = j\omega'C\dot{U} = 5\angle90°\text{A}, \dot{I}_2 = \frac{\dot{U}}{R+j\omega'L} = \frac{100\angle0°}{5\sqrt{3}+j\dfrac{5}{2}} = 11.09\angle-16.10°(\text{A})$$

KCL 方程为
$$\dot{I} = \dot{I}_1 + \dot{I}_2 = \frac{80\sqrt{3}+j25}{13} = 10.83\angle10.23°(\text{A})$$

功率为
$$P = 100×10.83\cos10.23° = 1065.877 \approx 1066(\text{W})$$

习题【4】解　做相量图如习题【4】解图所示。

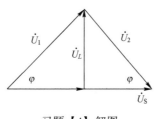

习题【4】解图

设 $\dot{I} = I\angle0°\text{A}$，$\dot{I}$ 与 $\dot{U}_\text{S}$ 同相位，由题意有

$$\dot{U}_\text{S} = \dot{U}_1 + \dot{U}_2, \quad \tan\varphi = \frac{U_L}{0.5U_\text{S}}, \quad \varphi = 54.73°$$

则电压 $\dot{U}_1 = 86.6\angle54.73°\text{V}$，$\dot{U}_2 = 86.6\angle-54.73°\text{V}$，那么

$$\omega L = 150\tan\varphi = 212.1\Omega, \quad \dot{I} = \frac{86.6\angle54.73°}{150+j212.1} = 0.33\angle0°\text{A}$$

导纳为

$$Y = \frac{1}{R} + j\omega C = \frac{\dot{I}}{\dot{U}_2} = 2.2 \times 10^{-3} + j3.11 \times 10^{-3}\,\text{S}$$

解得 $R = 454.55\Omega$，$\omega C = 3.11 \times 10^{-3}\,\text{S}$，$\dfrac{1}{\omega C} = 321.54\Omega$。

综上有 $\omega L = 212.1\Omega$、$I = 0.33\text{A}$、$R = 454.55\Omega$、$\dfrac{1}{\omega C} = 321.54\Omega$。

习题【5】解　如习题【5】解图所示。

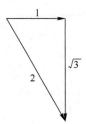

习题【5】解图

设 50Ω 上的电压为 $50\angle 0°\text{V}$，则 $\dot{I}_{50\Omega} = \dfrac{50\angle 0°}{50} = 1\angle 0°\,(\text{A})$。

根据 KCL 有

$$\dot{I} = \dot{I}_L + \dot{I}_{50\Omega}$$

则

$$\dot{I}_L = \sqrt{3}\angle -90°\text{A}, \quad \dot{I} = 2\angle -60°\text{A}$$

电流 $\dot{I}$ 超前 $\dot{U}$ $45°$，则

$$\dot{U} = U\angle -105°\text{V}$$

那么

$$100 = UI\cos(-45°), \quad \dot{U} = 50\sqrt{2}\angle -105°\text{V}$$

阻抗

$$Z = \frac{50\sqrt{2}\angle -105° - 50\angle 0°}{2\angle -60°} = 12.5 - j46.65\,(\Omega)$$

习题【6】解　如习题【6】解图所示。

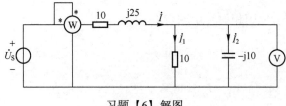

习题【6】解图

首先是功率守恒，即 $P_{R_1}+P_{R_2}=120\mathrm{W}$。

$P_{R_2}=\dfrac{20^2}{10}=40(\mathrm{W})$，$P_{R_1}=120-40=80(\mathrm{W})$，则 $|\dot{I}|=2\sqrt{2}\mathrm{A}$。

设 $\dot{U}_2=20\angle0°\mathrm{V}$，则 $\dot{I}_1=\dfrac{\dot{U}_2}{R_2}=2\angle0°\mathrm{A}$，$\dot{I}_2=\mathrm{j}\omega C\dot{U}_2$。

又 $|\dot{I}_1|^2+|\dot{I}_2|^2=(2\sqrt{2})^2$，解得 $\omega=100\mathrm{rad/s}$。
其中

$$\begin{cases}\dot{I}=\dot{I}_1+\dot{I}_2=2\sqrt{2}\angle45°\mathrm{A}\\\dot{U}_S=\dot{I}\times(10+\mathrm{j}25)+20\angle0°=50\sqrt{2}\angle98.13°(\mathrm{V})\end{cases}$$

电压源发出的复功率 $\widetilde{S}=\dot{U}_S\times\dot{I}^{*}=120+\mathrm{j}160\mathrm{V}\cdot\mathrm{A}$。

习题【7】解 （1）如习题【7】解图所示。

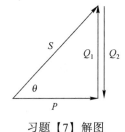

习题【7】解图

由 $I^2R=120\mathrm{W}$，得 $R=120\Omega$。

由 $\dfrac{200}{1}=\sqrt{120^2+(\omega L)^2}$，得 $\omega L=160\Omega$，$L=\dfrac{160}{2\pi f}\approx0.51\mathrm{H}$。

由 $UI\cos\varphi=120\mathrm{W}$，得 $\cos\varphi=0.6$，$\tan\varphi=\dfrac{160}{120}=\dfrac{4}{3}$。

（2）Q_2 为电容无功功率，即

$$\dfrac{U^2}{1/\omega C}=Q_2,\quad C=\dfrac{Q_2}{\omega U^2}$$

电容无功功率为 $-160\mathrm{Var}$，即

$$Q_2=P\tan\theta=160\mathrm{Var}$$

电容为

$$C=\dfrac{160}{314\times200^2}=1.27\times10^{-5}(\mathrm{F})$$

习题【8】解 题中出现了明显的边角关系，第一印象应该是采用相量法求解，以 $\dot{U}_1$ 为基准相量做成相量图，如习题【8】解图所示。

由于 $R=1000\Omega$，$X_C=500\Omega$，得出 $\sin\beta=\dfrac{1}{\sqrt{5}}$，$\cos\beta=\dfrac{2}{\sqrt{5}}$。

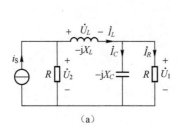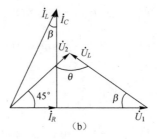

习题【8】解图

$\dot{I}_L = \dot{I}_R + \dot{I}_C$，又 $|\dot{I}_C| = 2|\dot{I}_R|$，则 $|\dot{I}_L| = \sqrt{5}|\dot{I}_R|$。

根据三角形的正弦定理，有

$$\frac{|\dot{U}_L|}{\sin 45°} = \frac{|\dot{U}_1|}{\sin\theta}$$

即

$$\sin\theta = \sin(\pi - (45° + \beta)) = \sin(45° + \beta) = \frac{\sqrt{2}}{2}\cos\beta + \frac{\sqrt{2}}{2}\sin\beta = \frac{3\sqrt{10}}{10}$$

$|\dot{U}_L| = |\dot{I}_L|X_L = \sqrt{5}|\dot{I}_R|X_L$，$|\dot{U}_1| = |\dot{I}_R|R = 1000|\dot{I}_R|$，回代可得 $X_L = \dfrac{1000}{3}\Omega$。

习题【9】解 （1）方法一，纯代数法，根据 KCL 可得电流 $\dot{I}$ 为

$$\dot{I} = \dot{I}_1 + \dot{I}_2 = \left(j\omega C + \frac{1}{R + j\omega L}\right)\dot{U} = \frac{1 - \omega^2 LC + j\omega CR}{R + j\omega L}\dot{U}$$

题中所给条件，当 R 改变时，电流 $\dot{I}$ 的有效值不变，这里不妨假设电流 $\dot{I}$ 的有效值为定值 k，即

$$|\dot{I}| = \left|\frac{1 - \omega^2 LC + j\omega CR}{R + j\omega L}\dot{U}\right| = k\,(k>0)$$

为方便化简，假设 $U = 1\text{V}$，整理可得

$$(k^2 - \omega^2 C^2)R^2 = (1 - \omega^2 LC)^2 - \omega^2 L^2 k^2$$

若要对 $\forall R$ 均成立，必有 $k^2 = \omega^2 C^2$，回代可得 $\omega^2 LC = \dfrac{1}{2}$。

此时电流 $\dot{I}$ 的有效值为定值，即 $|\dot{I}| = |\omega C \dot{U}|$。

（2）方法二，极限赋值法，题中要求 R 任意改变时，电流 $\dot{I}$ 的有效值不变，那么取 $R=0$ 和 $R=\infty$ 这两个极端依然满足条件。

当 $R=0$ 时，有效值 $|\dot{I}| = \left|\dfrac{1 - \omega^2 LC}{j\omega L}\dot{U}\right|$。

当 $R=\infty$ 时，有效值 $|\dot{I}| = |j\omega C\dot{U}|$。

根据电流 $\dot{I}$ 的有效值不变这一约束条件，联立可得

$$|\dot{I}| = \left|\frac{1 - \omega^2 LC}{j\omega L}\dot{U}\right| = |j\omega C\dot{U}| \Rightarrow \frac{1 - \omega^2 LC}{\omega L} = \omega C$$

进而解得 $\omega^2 LC = \dfrac{1}{2}$，此时电流 $\dot{I}$ 的有效值为定值，即 $|\dot{I}| = |\omega C\dot{U}|$。

（3）方法三，题中出现定值字眼，这就有很强的指向性，直指相量法！

首先设 R、L 串联部分的阻抗角为 φ，根据 KCL 可得

$$|\dot{I}_2| = \left|\frac{\dot{U}}{R+j\omega L}\right| = \left|\frac{\dot{U}}{Z_1}\right| = \left|\frac{\dot{U}}{\dfrac{\omega L}{\sin\varphi}}\right| = \frac{U}{\omega L}\sin\varphi\,(0 \leqslant \varphi \leqslant 90°)$$

根据这一结果可知，$\dot{I}_2$ 的轨迹是一个半径固定的半圆，非整圆。

以 $\dot{U}$ 为参考相量，做出如习题【9】解图所示相量图。

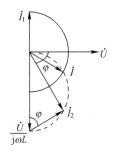

习题【9】解图

根据 KCL 可得 $\dot{I} = \dot{I}_1 + \dot{I}_2$。

由于 $\dot{I}_1$ 是固定的，当 R 改变时，电流 $\dot{I}$ 的有效值不变，$\dot{I}$ 的轨迹为以 $\dot{I}_1$ 的大小为半径的一个半圆（证明过程放在最后）。

当 $R = 0$ 时，$\dot{I}_2$ 的模值达到最大，此时 $\dot{I}_1$ 与 $\dot{I}_2$ 的方向相反，即

$$|\dot{I}| = \frac{U}{\omega L} - \omega C U = \omega C U \Rightarrow \omega^2 LC = \frac{1}{2}$$

证明过程为

$$\dot{I} = \dot{I}_1 + \dot{I}_2 = j\omega CU + \frac{U}{\omega L}\sin\varphi(\cos\varphi - j\sin\varphi)$$

$$= \frac{U}{\omega L}\sin\varphi\cos\varphi + j\left(\omega CU - \frac{U}{\omega L}\sin^2\varphi\right) = \frac{U}{2\omega L}2\sin\varphi\cos\varphi + j\frac{U}{2\omega L}(2\omega^2 LC - 2\sin^2\varphi)$$

利用倍角公式展开为

$$\dot{I} = \frac{U}{2\omega L}2\sin\varphi\cos\varphi + j\frac{U}{2\omega L}(2\omega^2 LC - 2\sin^2\varphi) = \frac{U}{2\omega L}\left[\sin 2\varphi + j(2\omega^2 LC - 1 + \cos 2\varphi)\right]$$

欲使电流 $\dot{I}$ 的有效值不变，只有 $2\omega^2 LC = 1$ 时才能满足条件，此时

$$|\dot{I}| = \left|\frac{U}{2\omega L}(\sin 2\varphi + j\cos 2\varphi)\right| = \frac{U}{2\omega L} = \omega CU = |\dot{I}_1|$$

说明 $\dot{I}$ 的轨迹为以 $\dot{I}_1$ 的大小为半径的一个半圆。

习题【10】解 由题目很容易联想到余弦定理，下面以电压$\dot{U}$为参考相量，做出相量图如习题【10】解图所示。

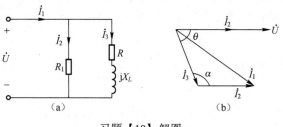

习题【10】解图

根据余弦定理 $\cos\alpha = \dfrac{I_2^2 + I_3^2 - I_1^2}{2I_2I_3}$。

$\alpha + \theta = \pi$，由诱导公式得 $\cos\theta = \dfrac{I_1^2 - I_2^2 - I_3^2}{2I_2I_3}$。

R、X_L 串联负载吸收有功功率为

$$P = UI_3\cos\theta = UI_3\frac{I_1^2 - I_2^2 - I_3^2}{2I_2I_3} = \frac{U}{2I_2}(I_1^2 - I_2^2 - I_3^2)$$

由 $\dfrac{U}{I_2} = R_1$，则

$$P = \frac{R_1}{2}(I_1^2 - I_2^2 - I_3^2)$$

习题【11】解 以$\dot{U}_S$作为参考相量做出相量图（共圆模型），如习题【11】解图所示。

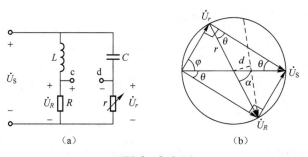

习题【11】解图

第一个关键点就是习题【11】解图（b）中的共圆模型。由于电阻r的变化导致$\dot{U}_r$在上半圆运动，进而导致$\dot{U}_{cd}$发生变化，而$|\dot{U}_{cd}| = 2\sqrt{r^2 - d^2}$（虚线所示），当且仅当$d = 0$时，$|\dot{U}_{cd}|$可以取得最大值，对应的就是$\dot{U}_{cd}$穿过圆心，记$L$、$R$支路阻抗角$\theta$，$\tan\theta = \dfrac{100 \times 0.03}{4} = \dfrac{3}{4}$，则$C$、$r$支路阻抗角$\varphi = \dfrac{\pi}{2} - \theta$，$\tan\varphi = \dfrac{4}{3} = \dfrac{40}{r}$，$r = 30\Omega$。

根据几何知识可知，$\alpha = 2\theta = 73.74°$，$u_{cd}(t) = 10\sqrt{2}\sin(100t - 73.74°)\text{V}$。

习题【12】解　沿用习题【11】的结论，A、B 均在以 C、D 为直径的圆上，如习题【12】解图所示。

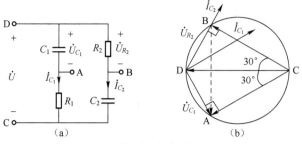

习题【12】解图

$\dot{U}_{AB}$、$\dot{U}_{BC}$、$\dot{U}_{CA}$ 构成一组对称电压，说明 A、B、C 三点组成一个等边三角形，结合相量图可以得出左右两个支路的阻抗角分别是 30°、60°，从而得到

$$\begin{cases} \dfrac{X_{C_1}}{R_1} = \tan 30° \\[2mm] \dfrac{X_{C_2}}{R_2} = \tan 60° \end{cases} \Rightarrow \begin{cases} R_1 = \sqrt{3}\,X_{C_1} \\[2mm] X_{C_2} = \sqrt{3}\,R_2 \end{cases}$$

习题【13】解　其他列方程强行解的方法在此不推荐，很容易出错。最值问题出现在这种考题中，就是采用相量图。正所谓数缺形时少直觉，形少数时难入微，形数结合百般好，割裂分家万事休。

结合相量图习题【13】解图（图中给出的是感性情况，容性情况可以共轭得到）中的边角关系可得如下关系，即

$$\begin{cases} \dfrac{|\dot{U}_2|}{|\dot{U}_1|} = \dfrac{|R+jX|}{10} = \dfrac{\sqrt{61}}{15} \times \dfrac{15}{2\sqrt{34}} = \dfrac{\sqrt{61}}{2\sqrt{34}} \\[3mm] \tan\theta = \dfrac{|X|}{R+10} = \dfrac{2}{5} \times \dfrac{3}{2} = \dfrac{3}{5} \end{cases} \Rightarrow \begin{cases} R = 1.072\,\Omega \\[2mm] X = \pm 6.643\,\Omega \end{cases}$$

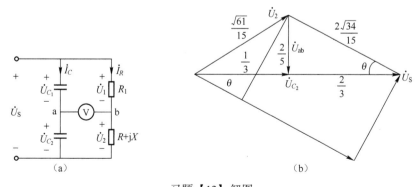

习题【13】解图

习题【14】解　为了画图方便，取 $\dot{U}_L$ 为参考相量，做出相量图如习题【14】解图所

示，自然 $\dot{I}_2$ 滞后 $\dot{U}_L 90°$。

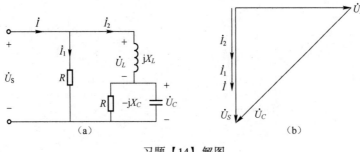

习题【14】解图

$\dot{U}_L$ 与 $\dot{U}_S$ 相位差为 $90°$，$\dot{U}_S = \dot{U}_L + \dot{U}_C = \dot{U}_L + \dot{I}_2 \cdot (R // -\mathrm{j}X_C)$，则 $\dot{U}_S$ 只能滞后 $\dot{U}_L 90°$，又 $U_S = U_L = 10\mathrm{V}$，则 $U_C = 10\sqrt{2}\,\mathrm{V}$。

有功功率 $P = 60\mathrm{W}$，只能由两个电阻消耗有功功率，即

$$P = \frac{U_S^2}{R} + \frac{U_C^2}{R} = \frac{10^2}{R} + \frac{\left(10\sqrt{2}\right)^2}{R} = \frac{300}{R} = 60\mathrm{W} \Rightarrow R = 5\Omega$$

由相量图可得 $P = U_S I = 60$，则 $I = 6\mathrm{A}$，$I_1 = \dfrac{10}{5} = 2(\mathrm{A})$，$I_2 = 6 - 2 = 4(\mathrm{A})$，$X_L = \dfrac{10}{4} = 2.5(\Omega)$。

利用图中的等腰直角三角形可得 $X_C = 5\Omega$。

习题【15】解　如习题【15】解图所示。

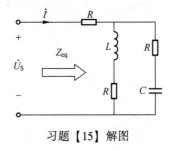

习题【15】解图

假设系统的等效阻抗为 $Z_{eq} = r + \mathrm{j}x$。其中，x 是与角频率有关的一个变量。

功率表的读数 $P = \mathrm{Re}(\dot{U}\dot{I}^*) = \mathrm{Re}\left(U\dfrac{U}{r - \mathrm{j}x}\right) = \dfrac{U^2 r}{r^2 + x^2}$。

当电源角频率改变时，欲使功率表的读数保持不变，即不随 x 变化，只有 $x = 0$ 这一种情况才符合条件。此时 Z_{eq} 虚部为 0。

根据题中电路图可知

$$Z_{eq} = R + \frac{(R + \mathrm{j}\omega L)\left(R - \mathrm{j}\dfrac{1}{\omega C}\right)}{2R + \mathrm{j}\left(\omega L - \dfrac{1}{\omega C}\right)} = R + \frac{R^2 + \dfrac{L}{C} + \mathrm{j}R\left(\omega L - \dfrac{1}{\omega C}\right)}{2R + \mathrm{j}\left(\omega L - \dfrac{1}{\omega C}\right)}$$

当且仅当 $\dfrac{R^2+\dfrac{L}{C}}{2R}=R$，即 $R^2=\dfrac{L}{C}$ 时，等效阻抗 $Z_{\mathrm{eq}}=2R$。

功率表读数 $P=\mathrm{Re}(\dot U\dot I^{*})=\mathrm{Re}\left(U\dfrac{U}{r-\mathrm jx}\right)=\dfrac{U^2r}{r^2+x^2}\bigg|_{r=2R,x=0}=\dfrac{U^2}{2R}$。

习题【16】解　存在明显的边角关系，相量图如习题【16】解图所示。

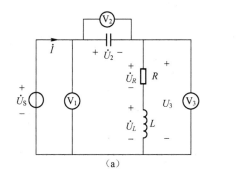 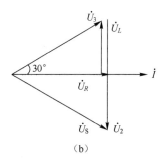

（a）　　　　　　　　　　（b）

习题【16】解图

根据相量图可知 $X_C=2X_L$，$X_L=R\tan30°=\dfrac{R}{\sqrt3}$，$U_2=X_CI=220\mathrm V$，$I^2R=3630\mathrm W$，解得

$$R=10\Omega,\qquad X_L=\dfrac{10\sqrt3}{3}\Omega,\qquad X_C=\dfrac{20\sqrt3}{3}\Omega$$

$$L=\dfrac{X_L}{\omega}=\dfrac{\dfrac{10\sqrt3}{3}}{314}=18.38(\mathrm{mH}),\qquad C=\dfrac{1}{\omega X_C}=\dfrac{1}{314\times\dfrac{20\sqrt3}{3}}=275.8(\mu\mathrm F)$$

习题【17】解　电路消耗的总功率 $P=U_1I\cos\varphi=250\times10\times\cos\varphi=2000\mathrm W$。其中

$$\begin{cases}\cos\varphi=0.8\Rightarrow\arccos0.8=36.87°\\[2mm]\sqrt{R^2+(-X_C)^2}=\dfrac{250}{10}\Omega\Rightarrow X_C=20\Omega\end{cases}$$

以 $\dot I=10\angle0°\mathrm A$ 为基准相量分别画出的感性与容性时的相量图，如习题【17】解图所示。

感性时有

$$\dot U_3=50+\mathrm j350\mathrm V,\qquad \dot I_1=\dfrac{\dot U_3}{\mathrm j50}=\dfrac{50+\mathrm j350}{\mathrm j50}=7-\mathrm j(\mathrm A)$$

其中

$$\dot I_2=\dot I-\dot I_1=10-(7-\mathrm j)=3+\mathrm j(\mathrm A),\qquad R_1+\mathrm jX_L=\dfrac{\dot U_3}{\dot I_2}=\dfrac{50+\mathrm j50}{3+\mathrm j}=50+\mathrm j100(\Omega)$$

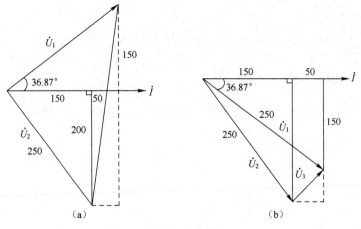

习题【17】解图

容性时有

$$\dot{U}_3 = 50 + j50V, \qquad \dot{I}_1 = \frac{\dot{U}_3}{j50} = \frac{50 + j50}{j50} = 1 - j(A)$$

其中

$$\dot{I}_2 = \dot{I} - \dot{I}_1 = 10 - (1-j) = 9 + j(A), \quad R_1 + jX_L = \frac{\dot{U}_3}{\dot{I}_2} = \frac{50 + j350}{9 + j} = \frac{250}{41} + j\frac{200}{41}(\Omega)$$

综上，解得 $R_1 = 50\Omega$，$X_L = 100\Omega$ 或者 $R_1 = \frac{250}{41}\Omega$，$X_L = \frac{200}{41}\Omega$。

习题【18】解 如习题【18】解图所示。

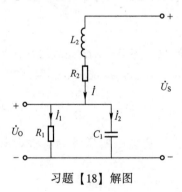

习题【18】解图

由 KCL 可得

$$\begin{cases} \dot{I} = \dot{I}_1 + \dot{I}_2 = \dfrac{\dot{U}_O}{R_1} + j\omega C_1 \dot{U}_O = \left(\dfrac{1}{R_1} + j\omega C_1\right)\dot{U}_O \\[3mm] \dot{U}_S = \dot{U}_O + \dot{I}(R_2 + j\omega L_2) = \left[\left(1 + \dfrac{R_2}{R_1} - \omega^2 L_2 C_1\right) + j\left(\dfrac{\omega L_2}{R_1} + \omega R_2 C_1\right)\right]\dot{U}_O \end{cases}$$

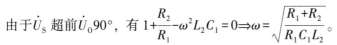

由于 $\dot{U}_S$ 超前 $\dot{U}_0$ 90°，有 $1+\dfrac{R_2}{R_1}-\omega^2 L_2 C_1=0 \Rightarrow \omega=\sqrt{\dfrac{R_1+R_2}{R_1 C_1 L_2}}$。

习题【19】解 （1）方法一：代数法，如习题【19】解图（1）所示。

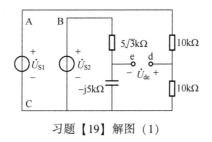

习题【19】解图（1）

设 $\dot{U}_{S2}=150\angle 0°\text{V}$，$\dot{U}_{S1}=150\angle\theta\text{V}$，则

$$\dot{U}_{de}=\frac{10}{10+10}\dot{U}_{S1}-\frac{-j5}{5\sqrt{3}-j5}\dot{U}_{S2}=75\angle\theta+75\angle 120°\text{V}$$

当 $\theta=60°$ 时，$|\dot{U}_{de}|=75\sqrt{3}\,\text{V}>100\text{V}$，氖灯发亮。

当 $\theta=-60°$ 时，$|\dot{U}_{de}|=0\text{V}<100\text{V}$，氖灯不亮。

（2）方法二：通过相量图求解，如习题【19】解图（2）所示。

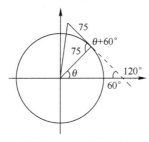

习题【19】解图（2）

$|\dot{U}_{de}|$ 可由余弦定理求得，即

$$|\dot{U}_{de}|=\sqrt{75^2+75^2-2\times 75\times 75\cos(\theta+60°)}$$

当 $\theta=60°$ 时，$|\dot{U}_{de}|=\sqrt{75^2+75^2-2\times 75^2\times\left(-\dfrac{1}{2}\right)}=75\sqrt{3}\,\text{V}>100\text{V}$。

当 $\theta=-60°$ 时，$|\dot{U}_{de}|=\sqrt{75^2+75^2-2\times 75^2\times 1}=0\text{V}<100\text{V}$。

当 $\theta=60°$ 时，氖灯发亮。当 $\theta=-60°$ 时，氖灯不亮。

习题【20】解 S 断开时，电压表读数为 10V，电容两端的开路电压 $\dot{U}_{OC}=10\angle 0°\text{V}$（指定相位为 0），等效阻抗 $Z_{eq}=Z_1//Z_2=2+j2\Omega$（电流源、电压源全部置 0），由题意知 Z_1 上的电压最大，获得有功功率最大，由于 Z_1 与电容并联，相当于电容上的电压最大。

（1）方法 1

电容两端的戴维南等效电路图如习题【20】解图（a）所示，将其变换成诺顿等效电图如习题【20】解图（b）所示。

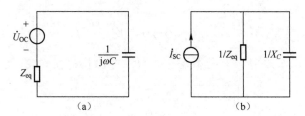

习题【20】解图

电容电压为

$$\dot{U}_C = \frac{\dot{U}_{OC}}{Z_{eq}} / \left(\frac{1}{Z_{eq}} + \frac{1}{X_C} \right) = \frac{2.5\sqrt{2} \angle -45°}{0.25 - j0.25 + j\omega C} V$$

当$-j0.25 + j\omega C = 0$，$|\dot{U}_C|$最大，电容 $C = 2.5 \times 10^{-3} F$。

电容电压$\dot{U}_C = 10\sqrt{2} \angle -45° V$。

电压表的读数为 14.14V。

（2）方法 2

$$\dot{U}_C = \frac{\dot{U}_{OC}}{Z_{eq} + 1/j\omega C} \times \frac{1}{j\omega C} = \frac{10 \angle 0°}{1 - 2\omega C + j2\omega C} V$$

当 $1 - 2\omega C + j2\omega C$ 的模值最小时，电容的电压最大，模值为

$$\sqrt{(1 - 2\omega C)^2 + (2\omega C)^2}$$

当 $2\omega C = 0.5$ 时，模值最小，即

$$C = 2.5 \times 10^{-3} F, \quad \dot{U}_C = 10\sqrt{2} \angle -45° V$$

电压表的读数为 14.14V。

习题【21】解 相量电路图如习题【21】解图所示。

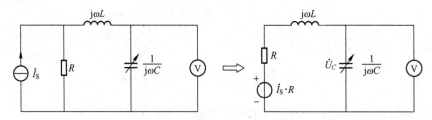

习题【21】解图

$$\dot{U}_C = \frac{\dfrac{1}{j\omega C}}{R + j\left(\omega L - \dfrac{1}{\omega C}\right)} \cdot \dot{I}_s \cdot R = \frac{1}{(1-C) + jC} \cdot 1 \angle -30° V$$

要使$|\dot{U}_C|$最大，$|(1-C) + jC|$需最小，即 $F(C) = (1-C)^2 + C^2$ 取最小值，令 $F'(C) = -2(1-C) + 2C = 0$，则 $C = 0.5F$。

电容电压 $\dot{U}_C = \dfrac{2}{1+\mathrm{j}} \angle -30° = \sqrt{2}\angle -75°(\mathrm{V})$。

电压表最大读数为 1.414V。

习题【22】解 （1）输入阻抗为

$$Z_{\mathrm{in}} = R_2 + \frac{-\mathrm{j}X_2(R_1+\mathrm{j}X_1)}{-\mathrm{j}X_2+R_1+\mathrm{j}X_1} = 10 + \frac{-\mathrm{j}20(20+\mathrm{j}40)}{-\mathrm{j}20+20+\mathrm{j}40} = 20-\mathrm{j}30(\Omega)$$

$$U = 120\mathrm{V}, \quad I = \frac{U}{|Z_{\mathrm{in}}|} = \frac{120}{\sqrt{20^2+30^2}}\mathrm{A}$$

有功功率 $P = I^2 R_{\mathrm{in}} = \dfrac{120^2}{20^2+30^2}\times 20 = 221.54(\mathrm{W})$。

无功功率 $Q = I^2 X_{\mathrm{in}} = \dfrac{120^2}{20^2+30^2}\times(-30) = -332.31(\mathrm{Var})$。

（2）如习题【22】解图所示。

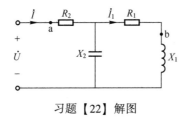

习题【22】解图

令 $\dot{U} = 120\angle 0°\mathrm{V}$，则电流为

$$\dot{I} = \frac{\dot{U}}{Z_{\mathrm{in}}} = \frac{24}{13}+\mathrm{j}\frac{36}{13}(\mathrm{A}), \quad \dot{I}_1 = \frac{-\mathrm{j}X_2}{-\mathrm{j}X_2+R_1+\mathrm{j}X_1}\times\dot{I} = \frac{6}{13}-\mathrm{j}\frac{30}{13}(\mathrm{A})$$

电压为

$$\dot{U}_{\mathrm{ab}} = \dot{U} - \dot{I}_1\mathrm{j}X_1 = 120\angle 0° - \left(\frac{6}{13}-\mathrm{j}\frac{30}{13}\right)\cdot\mathrm{j}40 = \frac{360}{13}-\mathrm{j}\frac{240}{13}(\mathrm{V})$$

功率 $P = U_{\mathrm{ab}}I_1\cos(\varphi_{U_{\mathrm{ab}}}-\varphi_{I_1}) = 55.38\mathrm{W}$。

习题【23】解 由题意知，电阻上的电压最大时，电阻获得的功率最大。

$$\dot{U}_R = \frac{\dot{U}_{\mathrm{S}}}{\mathrm{j}\omega L + R//\dfrac{1}{\mathrm{j}\omega C}}\times\left(R//\frac{1}{\mathrm{j}\omega C}\right) = \frac{\dot{U}_{\mathrm{S}}}{1-\omega^2 LC+\mathrm{j}\dfrac{\omega L}{R}}$$

显然 $\left|1-\omega^2 LC+\mathrm{j}\dfrac{\omega L}{R}\right|$ 模值最小时，$\dot{U}_R$ 最大，即

$$\sqrt{(1-\omega^2 LC)^2+\left(\frac{\omega L}{R}\right)^2} = \sqrt{\omega^4 L^2 C^2+\left(\frac{L^2}{R^2}-2LC\right)\omega^2+1}$$

在对称轴处取到最大值，$\omega^2 = -\dfrac{1}{2L^2C^2}\left(\dfrac{L^2}{R^2}-2LC\right) = 10000$，则 $\omega = 100\mathrm{rad/s}$，有

$$P_{\max} = \frac{U_R^2}{R} = 1800\mathrm{W}$$

习题【24】解　由题可知，$L_2 = 2L_1$，$C_1 = 2C_2$，$\omega = \dfrac{1}{\sqrt{L_1 C_1}}$，有 L_1、C_1 并联谐振对外等效为断路，L_2、C_2 串联谐振对外等效为短路，如习题【24】解图所示。

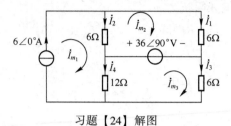

习题【24】解图

列写方程可得

$$\begin{cases} \dot{I}_{m_1} = 6\angle 0° \\ -6\dot{I}_{m_1} + (6+6)\dot{I}_{m_2} = 36\angle 90° \\ -12\dot{I}_{m_1} + (12+6)\dot{I}_{m_3} = -36\angle 90° \end{cases} \Rightarrow \begin{cases} \dot{I}_{m_1} = 6\angle 0°\,\text{A} \\ \dot{I}_{m_2} = 3\sqrt{2}\angle 45°\,\text{A} \\ \dot{I}_{m_3} = 2\sqrt{5}\angle -26.59° = 4-\text{j}2\,(\text{A}) \end{cases}$$

则

$$\dot{I}_1 = \dot{I}_{m_2} = 3\sqrt{2}\angle 45°\,\text{A}, \quad \dot{I}_2 = \dot{I}_{m_1} - \dot{I}_{m_2} = 6-3-\text{j}3 = 3\sqrt{2}\angle -45°\,(\text{A})$$

$$\dot{I}_3 = \dot{I}_{m_3} = 2\sqrt{5}\angle -26.59°\,\text{A}, \quad \dot{I}_4 = \dot{I}_{m_1} - \dot{I}_{m_3} = 6-4+\text{j}2 = 2\sqrt{2}\angle 45°\,(\text{A})$$

时域表达式为

$$i_1(t) = 6\sin(\omega t + 45°)\,\text{A}, \quad i_2(t) = 6\sin(\omega t - 45°)\,\text{A}$$

$$i_3(t) = 2\sqrt{10}\sin(\omega t - 26.59°)\,\text{A}, \quad i_4(t) = 4\sin(\omega t + 45°)\,\text{A}$$

习题【25】解　如习题【25】解图所示。

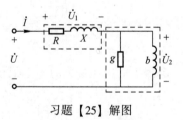

习题【25】解图

首先是直流源作用时，有

$$R = \frac{U}{I} = \frac{20}{4} = 5\,(\Omega)$$

正弦电压作用时，由于 $\dot{U}_1$ 与 $\dot{U}_2$ 同相位，图中两个虚线框中等效电阻的阻抗角和整个系统的阻抗角相等，即 $\theta_1 = \theta_2 = \theta$。

整个有功功率 $P = UI\cos\theta = 100 \times 2 \times \cos\theta = 80\text{W}$，则 $\cos\theta = 0.4$。

进而得到 $\tan\theta_1 = \tan\theta_2 = \tan\theta = \dfrac{\sqrt{21}}{2}$。其中

$$\tan\theta_1 = \frac{X}{R} = \frac{X}{5} = \frac{\sqrt{21}}{2}, \quad \tan\theta_2 = \frac{b}{g} = \frac{\sqrt{21}}{2}$$

而 $R=5\Omega$，则

$$X = \frac{5\sqrt{21}}{2}\Omega$$

电压

$$|\dot{U}_1| = |\dot{I}||R+jX| = 2\times\left|5+j\frac{5\sqrt{21}}{2}\right| = 25(\text{V})$$

$\dot{U}_1$ 与 $\dot{U}_2$ 同相位，则

$$|\dot{U}_2| = |\dot{U}| - |\dot{U}_1| = 100-25 = 75(\text{V})$$

又

$$P = |\dot{I}|^2 \times R + |\dot{U}_2|^2 \times g = 2^2\times 5 + g\times 75^2 = 80(\text{W})$$

则

$$g = \frac{60}{75^2} = \frac{4}{375}(\text{S}), \quad b = \frac{\sqrt{21}}{2}\times g = \frac{\sqrt{21}}{2}\times\frac{4}{375} = \frac{2\sqrt{21}}{375}(\text{S})$$

习题【26】解   由已知条件可知 N 为有源线性网络，故可用叠加原理求解。当 $\dot{U}_s = 0$ 时，$\dot{I}$ 为 N 单独作用的结果，这时用 $\dot{I}'$ 表示，有

$$\dot{I}' = \frac{3}{\sqrt{2}}\angle 0°\text{A}$$

当 $\dot{U}_s = \frac{3}{\sqrt{2}}\angle 30°\text{V}$ 时，$\dot{I} = 3\angle 45°\text{A}$，为 $\dot{U}_s$ 与 N 共同作用的结果，所以 $\dot{U}_s = \frac{3}{\sqrt{2}}\angle 30°\text{V}$ 单独作用时，有

$$\dot{I}'' = \dot{I} - \dot{I}' = 3\angle 45° - \frac{3}{\sqrt{2}} = j\frac{3}{\sqrt{2}}(\text{A})$$

当 $\dot{U}_s = \frac{4}{\sqrt{2}}\angle 30°\text{V}$ 与 N 共同作用时，N 单独作用的结果不变，即 $\dot{I}'$ 不变，仍为 $\frac{3}{\sqrt{2}}\angle 0°\text{A}$。

由齐性原理可求出 $\dot{U}_s = \frac{4}{\sqrt{2}}\angle 30°\text{V}$ 单独作用时的结果 $\dot{I}''$，即

$$\frac{\frac{3}{\sqrt{2}}\angle 30°}{\frac{4}{\sqrt{2}}\angle 30°} = \frac{\frac{3}{\sqrt{2}}\angle 90°}{\dot{I}''}$$

故 $\dot{I}'' = \frac{4}{\sqrt{2}}\angle 90°\text{A}$，有

$$\dot{I} = \dot{I}' + \dot{I}'' = \frac{3}{\sqrt{2}} + j\frac{4}{\sqrt{2}} = \frac{5}{\sqrt{2}}\angle 53.1°(\text{A})$$

$$i = 5\sin(\omega t + 53.1°)\,\text{A}$$

习题【27】解 （1）设 $Z_2 = R_2 + jX_2$，由 $P = 50\text{W} \Rightarrow I_2^2 R_2 = 50$，取 $\dot{U}_S = 100 \angle 0°\,\text{V}$，$U_1 = 100\text{V}$，$U_2 = 51.76\text{V}$，画相量图如习题【27】解图所示。

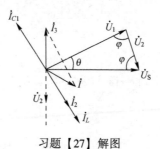

习题【27】解图

根据相量图可知，余弦定理为

$$\cos\theta = \frac{100^2 + 100^2 - 51.76^2}{2 \times 100 \times 100} \Rightarrow \theta = 30°$$

其中

$$U_1 = U_S \Rightarrow \varphi = 75°$$

$$\dot{U}_2 = 51.76 \angle -75°\,\text{V} \Rightarrow \dot{I}_2(R_2 + jX_2) = 51.76 \angle -75°\,\text{V} \Rightarrow R_2 + jX_2 = \frac{51.76 \angle -75°}{I_2 \angle -60°}\,\Omega$$

故有

$$\begin{cases} I_2 \cdot \sqrt{R_2^2 + X_2^2} = 51.76 \\ \tan 15 = \dfrac{X_2}{R} \\ I_2^2 R_2 = 50 \end{cases} \Rightarrow \begin{cases} I_2 = 1\text{A} \\ R_2 = 50\,\Omega \\ X_2 = 13.4\,\Omega \end{cases}, \quad Z_2 = 50 - j13.4\,(\Omega)\ （容性）$$

$$\dot{U}_1 = 100 \angle 30°\,\text{V}, \quad \dot{I}_L = \frac{100 \angle 30°}{50j} = 2 \angle -60°\,(\text{A}), \quad I_L = 2\text{A}$$

根据 $I_2 = 1\text{A} \Rightarrow I_{C_1} = 1\text{A} \Rightarrow X_{C_1} = 100\,\Omega$。

综上，$Z_2 = 50 - j13.4\,\Omega$，$X_{C_1} = 100\,\Omega$。

（2）功率因数是 0.9，$\dot{U}_S$ 超前 $\dot{I}$，有

$$\arccos 0.9 = 25.84°$$

$$U_S I \cos\alpha = 50 \Rightarrow I = \frac{5}{9}\text{A} \Rightarrow \dot{I} = \frac{5}{9} \angle -25.84°\,\text{A}$$

由 $\dot{I} = \dot{I}_2 + \dot{I}_3$ 得 $\dot{I}_3 = \dot{I} - \dot{I}_2 = \dfrac{5}{9} \angle -25.84° - 1 \angle -60° = 0.62 \angle 90°\,\text{A}$，$X_{C_2} = \dfrac{100}{0.62} = 161.29\,(\Omega)$。

习题【28】解

（1）$\begin{cases} \dot{U}_S = 4\dot{U}_2 \\ \dot{U}_2 = -R_2 \times 0.5\dot{I}_1 = -\dfrac{1}{2}R_2\dot{I}_1 \end{cases} \Rightarrow \dot{U}_S = -2R_2\dot{I}_1 \Rightarrow \dot{I}_1 = \dfrac{\dot{U}_S}{-2R_2}$

由 $\dot{I}_1 + \dot{I}_L = \dot{I} \Rightarrow \dfrac{\dot{U}_s}{-2R_2} + \dfrac{4\dot{U}_2}{R_1 + j\omega L} = \dot{I} \Rightarrow \dfrac{\dot{U}_s}{-2R_2} + \dfrac{\dot{U}_s}{R_1 + j\omega L} = \dot{I}$

$\dot{U}_s \cdot \left(-\dfrac{1}{2R_2} + \dfrac{1}{R_1 + j\omega L} \right) = \dot{I}$，若 $\dot{I}$ 有效值不变，则 $\left| -\dfrac{1}{2R_2} + \dfrac{1}{R_1 + j\omega L} \right|$ 不变。

整理得 $\left| \dfrac{R_1 - 2R_2 + j\omega L}{-2R_2(R_1 + j\omega L)} \right| = \dfrac{1}{2R_2} \left| \dfrac{R_1 - 2R_2 + j\omega L}{-R_1 - j\omega L} \right|$，要求分子和分母的模长为定值 $\Rightarrow R_1 - 2R_2 = -R_1$，即 $R_1 = R_2$。

（2）由（1）得

$$\dfrac{\dot{U}_s}{-2R_2} + \dfrac{\dot{U}_s}{R_1 + j\omega L} = \dot{I} \Rightarrow \left| \dot{I} \right| = \left| \dot{U}_s \right| \cdot \left| \dfrac{1}{-2R_2} + \dfrac{1}{R_1 + j\omega L} \right| = \dfrac{U_m}{\sqrt{2}} \cdot \left| \dfrac{-R_1 + j\omega L}{-R_1 - j\omega L} \right| \cdot \dfrac{1}{2R_1} = \dfrac{U_m}{2\sqrt{2}R_1}$$

$$\dot{I} = \dot{U}_s \cdot \left(\dfrac{1}{-2R_2} + \dfrac{1}{R_1 + j\omega L} \right) = \dot{U}_s \left(\dfrac{R_1 + j\omega L - 2R_2}{-2R_1(R_1 + j\omega L)} \right) = \dfrac{U_m}{\sqrt{2}} \angle 0° \cdot \left(\dfrac{R_1 - j\omega L}{R_1 + j\omega L} \right) \cdot \dfrac{1}{2R_1}$$

$\dot{I}$ 的相位记为 α，$\alpha = \alpha_1 - \alpha_2$，$\tan\alpha_1 = -\dfrac{\omega L}{R_1}$，$\tan\alpha_2 = \dfrac{\omega L}{R_1}$，可知 $\alpha \in (-180°, 0°)$（通过取极限值可判断）。

习题【29】解　并联部分的导纳为

$$Y = j\omega C + \dfrac{1}{R + j\omega L} = \dfrac{R}{R^2 + \omega^2 L^2} + \dfrac{j\omega(R^2 C + \omega^2 L^2 C - L)}{R^2 + \omega^2 L^2}$$

要使电流表读数 I 最小，则 $|Y|$ 应取最小值，即导纳 Y 虚部为 0，即

$$R^2 C + \omega^2 L^2 C - L = 0$$

折算到原边的电阻消耗 $P_{60\Omega} = 1^2 \times 60 = 60\text{W}$，电阻 R 上的功率为 $P_R = 100 - 60 = 40\text{W}$。又

$$P_R = \dfrac{R^2 + \omega^2 L^2}{R^2} \times 1^2 = 40$$

则 $L = 4 \times 10^{-3} R$。由于 $R^2 C + \omega^2 L^2 C - L = 0$，解得

$$R = 15.51\Omega, \quad L = 0.062\text{H}$$

A7　第 9、10 章习题答案

习题【1】解　本题第一个需要注意的是非同名端的问题，即

$$u_2(t) = -M \dfrac{di_s(t)}{dt} = \begin{cases} -\dfrac{A}{4}M & 0 \leq t < 4 \\ AM & 4 \leq t < 5 \end{cases}$$

第二个需要注意的是电压表测量的为有效值，即方均根值，有

$$U_2 = \sqrt{\dfrac{1}{5} \int_0^5 u_2^2(t)\,dt} = \sqrt{\dfrac{1}{5} \left[\int_0^4 \left(-\dfrac{MA}{4} \right)^2 dt + \int_4^5 (MA)^2\,dt \right]} = \dfrac{25A}{2} = 25 \Rightarrow A = 2$$

画出二次侧电压波形如习题【1】解图所示。

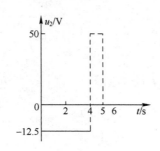

习题【1】解图

习题【2】解 令 $\dot{U}_S = 220\angle 0°\text{V}$，将原图进行电源等效变换得习题【2】解图。

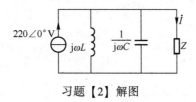

习题【2】解图

根据题意得电感和电容发生并联谐振，且 $I = \left| \dfrac{220\angle 0°}{j\omega L} \right| = 10\text{A}$。

解得 $L = \dfrac{220}{10\times 2\pi f} = \dfrac{220}{10\times 314} = 70(\text{mH})$，$\omega L = \dfrac{1}{\omega C} \Rightarrow C = \dfrac{1}{\omega^2 L} = 144.76\mu\text{F}$。

习题【3】解 本题可以先进行去耦处理，再求 R_L 左侧等效电路，如习题【3】解图所示。

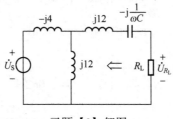

习题【3】解图

$$\dot{U}_{OC} = \frac{j12}{j12 - j4}\dot{U}_S = \frac{3}{2}\dot{U}_S, \qquad Z_{eq} = -j4//j12 + j12 - j\frac{1}{\omega C} = j\left(6 - \frac{1}{\omega C}\right)$$

$$\dot{U}_{R_L} = \frac{R_L}{R_L + Z_{eq}}\dot{U}_{OC} = \frac{R_L}{R_L + Z_{eq}}\frac{3}{2}\dot{U}_S$$

欲使 $\dot{U}_S$ 与 $\dot{U}_{R_L}$ 同相位，则必有 $I_m(Z_{eq}) = 0$，而 $I_m(Z_{eq}) = 6 - \dfrac{1}{\omega C} = 0$，则 $\dfrac{1}{\omega C} = 6\Omega$，$C = \dfrac{1}{6\omega} =$

$\dfrac{1}{6\times 2\pi\times 10^3} = 26.526(\mu\text{F})$，$\dot{U}_{R_L} = \dfrac{3}{2}\dot{U}_S = \dfrac{3}{2}\times 10\sqrt{2}\angle 0° = 15\sqrt{2}\angle 0°\text{V}$，则 $u_{R_L}(t) = 15\sqrt{2}\cos\omega t\text{V}$。

习题【4】解 将变压器的一次侧折算到二次侧，得到等效电路如习题【4】解图（1）所示。

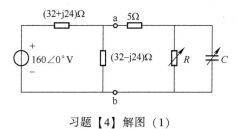

习题【4】解图（1）

求端口 a、b 左侧的戴维南等效电路并进行化简后如习题【4】解图（2）所示。

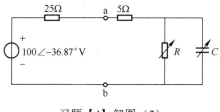

习题【4】解图（2）

阻抗有

$$Z_L = 5 + \cfrac{1}{\cfrac{1}{R} + j\omega C} = 5 + \frac{R}{1 + R^2\omega^2 C^2} + j\frac{-R^2\omega C}{1 + R^2\omega^2 C^2}$$

共轭匹配

$$C = 0, 5 + R = 25 \Rightarrow \begin{cases} C = 0F \\ R = 20\Omega \end{cases}$$

最大功率为

$$P_{\max} = \left(\frac{100}{25+25}\right)^2 \times 20 = 80(\text{W})$$

习题【5】解 （1）电路去耦后如习题【5】解图所示。

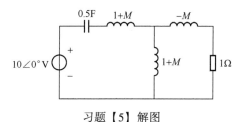

习题【5】解图

整个电路的电压、电流同相位，输入阻抗虚部为 0，有

$$Z_{in} = -j2 + j(1+M) + j(1+M)//(1-jM) = \frac{(1+M)^2}{2} - j\frac{(M-1)^2}{2}$$

得

$$(M-1)^2 = 0 \Rightarrow M = 1\text{H}$$

（2）此时 $R_{eq} = \dfrac{(1+1)^2}{2} = 2(\Omega)$，$P = \dfrac{U^2}{R_{eq}} = \dfrac{10^2}{2} = 50(\text{W})$。

习题【6】解　如习题【6】解图所示。

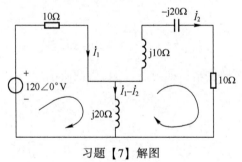

习题【6】解图

由电路图有 $\dfrac{\dot U_1}{\dot U_2}=\dfrac{1}{2}$ ，$\dfrac{\dot U_3}{\dot U_4}=\dfrac{1}{4}$ ，$\dfrac{\dot I_1}{\dot I_2}=-2$ ，$\dfrac{\dot I_1}{\dot I_3}=-4$ 。

其中 $\dot I=\dot I_2-\dot I_3$ ，$\dot U_2=-8\dot I-10\dot I_2=7\dot I_1$ ，$\dot U_4=8(\dot I_2-\dot I_3)=8\left(-\dfrac{\dot I_1}{2}+\dfrac{\dot I_1}{4}\right)$ ，则

$$40=5\dot I_1+\dot U_1+\dot U_3=5\dot I_1+\dfrac{1}{2}\dot U_2+\dfrac{1}{4}\dot U_4=8\dot I_1$$

解得

$$\dot I_1=5\mathrm{A}, \quad \dot I=\dot I_2-\dot I_3=\dfrac{5}{-2}-\dfrac{5}{-4}=-1.25(\mathrm{A})$$

因此 $\dot I=1.25\angle180°\mathrm{A}$ 。

习题【7】解　T形去耦，并将理想变压器的二次侧等效到一次侧，如习题【7】解图所示。

习题【7】解图

由图中两回路方向列写 KVL 有

$$\begin{cases}120\angle0°=10\dot I_1+\mathrm{j}20(\dot I_1-\dot I_2)\\ \mathrm{j}20(\dot I_1-\dot I_2)=(10-\mathrm{j}10)\dot I_2\end{cases}$$

联立解得

$$\dot I_1=4\angle0°\mathrm{A}, \quad \dot I_2=4\sqrt{2}\angle45°\mathrm{A}$$

则

$$\dot I_3=\dfrac{1}{2}\times4\sqrt{2}\angle45°=2\sqrt{2}\angle45°(\mathrm{A})$$

习题【8】解　如习题【8】解图（1）所示。由习题【8】图的广义 KCL 可以看出电流 $i(t)$ 与电容电流相等。

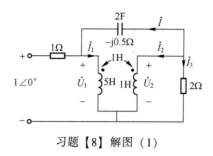

习题【8】解图（1）

去耦合后电路图如习题【8】解图（2）所示。

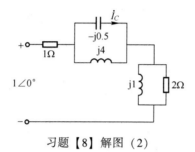

习题【8】解图（2）

$$\dot{I} = -\left(\dot{I}_2 + \frac{\mathrm{j}\dot{I}_2 + \mathrm{j}\dot{I}_1}{2}\right) = -(\dot{I}_2 + \dot{I}_3)$$

从 KCL 看

$$\dot{I} = -\dot{I}_C = -\frac{1}{1+(\mathrm{j}4)//(-\mathrm{j}0.5)+2//\mathrm{j}1} \times \frac{\mathrm{j}4}{\mathrm{j}4-\mathrm{j}0.5} = 0.81\angle 170.7°(\mathrm{A})$$

$$i(t) = 0.81\sqrt{2}\cos(t+170.7°)\,\mathrm{A}$$

习题【9】解　（1）b、c 未短接时，$R_{ab} = 1 + 2^2 \times 1 = 1 + 4 = 5(\Omega)$。

（2）b、c 短接后，采用外加电源法求解，如习题【9】解图所示。

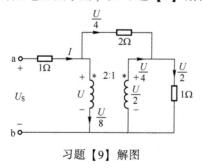

习题【9】解图

电流为

$$I = \frac{U}{4} + \frac{U}{8} = \frac{3}{8}U$$

等效电阻为

$$R_{ab} = \frac{U_S}{I} = \frac{I+U}{I} = 1 + \frac{U}{I} = 1 + \frac{8}{3} = \frac{11}{3}(\Omega)$$

习题【10】解 本题不可以用戴维南定理求解，因为开路电压和等效电阻都和变比 n 有关，如习题【10】解图所示。

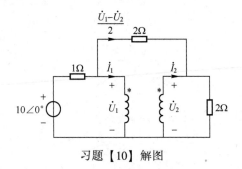

习题【10】解图

首先利用变压器的性质有

$$\frac{\dot{U}_1}{\dot{U}_2} = \frac{n}{1}, \quad \frac{\dot{I}_1}{\dot{I}_2} = \frac{1}{n}$$

然后列写 KVL 可得

$$\left(\dot{I}_1 + \frac{\dot{U}_1 - \dot{U}_2}{2}\right) \times 1 + \dot{U}_1 = 10\angle 0°, \quad \left(\dot{I}_2 + \frac{\dot{U}_1 - \dot{U}_2}{2}\right) \times 2 = \dot{U}_2$$

解得

$$|\dot{U}_2| = \frac{20n}{3n^2 - 2n + 2} = \frac{20}{3n + \dfrac{2}{n} - 2}\text{V}$$

当 $n = \sqrt{\dfrac{2}{3}}$ 时，$|\dot{U}_2|_{max} = \dfrac{20}{2\sqrt{6}-2}\text{V}$，$P_{max} = \left(\dfrac{20}{2\sqrt{6}-2}\right)^2 / 2 = 23.8(\text{W})$。

习题【11】解 电路图如习题【11】解图所示。

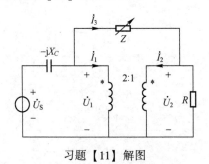

习题【11】解图

由变压器公式可知

$$\dot{U}_1 = 2\dot{U}_2 \qquad \begin{cases} \dfrac{\dot{U}_S - \dot{U}_1}{-jX_C} = \dot{I}_1 + \dot{I}_3 \\[3mm] \dot{I}_1 = -\dfrac{1}{2}\dot{I}_2 \end{cases} \Rightarrow \begin{cases} \dot{I}_3 = \dot{I}_2 + \dfrac{\dot{U}_2}{R} \end{cases}$$

$$\Rightarrow \dot{U}_2 = \frac{\dot{U}_S + \dfrac{1}{2}\dot{I}_3 \cdot jX_C}{2 - \dfrac{jX_C}{2R}} = 2\sqrt{2}\angle 45° + \frac{\sqrt{2}}{2}\angle 135°\dot{I}_3$$

得到 $\dot{U}_Z = \dot{U}_1 - \dot{U}_2 = 2\sqrt{2}\angle 45° - \dfrac{\sqrt{2}}{2}\angle -45°\dot{I}_3$，一步法可以看出，开路电压 $\dot{U}_{OC} = 2\sqrt{2}\angle 45°\text{V}$，等效

阻抗 $Z_{eq} = \dfrac{\sqrt{2}}{2}\angle -45°\Omega$，当 $Z = Z_{eq}^* = \dfrac{\sqrt{2}}{2}\angle 45° = \dfrac{1}{2} + j\dfrac{1}{2}(\Omega)$ 时，$P_{max} = \dfrac{(2\times\sqrt{2})^2}{4\times\dfrac{1}{2}} = 4(\text{W})$。

习题【12】解 功率表读数为 0，说明网络中没有有功功率。网络中只有电阻可以产生有功功率，通过电阻 R 的电流为 0，由解耦后的电桥平衡可知

$$\frac{1}{j\omega C_1}\times j\omega(L_2-M) = \frac{1}{j\omega C_2}\times j\omega(L_1-M) \Rightarrow \begin{cases} \dfrac{L_2-M}{C_1} = \dfrac{L_1-M}{C_2} \\[3mm] C_1 = 1.2C_2 \end{cases} \Rightarrow \frac{L_2-M}{L_1-M} = 1.2$$

解得 $M = 0.5\text{H}$。

习题【13】解 将原电路去耦合并将理想变压器二次侧折算至一次侧后，等效电路图如习题【13】解图所示。

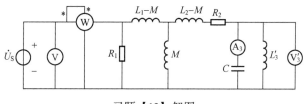

习题【13】解图

由题意知

$$P_{R_1} = \frac{U^2}{R_1} = 100\text{W}$$

电路中的功率应全部消耗在电阻 R_1 上，即电阻 R_2 上的电流为 0，L_3' 与 C 发生并联谐振，故角频率

$$\omega = \frac{1}{\sqrt{L_3'C}} = \frac{1}{\sqrt{3\times 3}} = \frac{1}{3}(\text{rad/s})$$

此时电流表 A_3 的读数为

$$I_3 = \frac{U_3'}{\frac{1}{\omega C}} = \frac{10 \times 0.5}{\frac{1}{\frac{1}{3} \times 3}} = 5(\text{A})$$

根据等效电路图，由串联分压有

$$\frac{\omega M}{\omega M + \omega(L_1 - M)} = \frac{U_3'}{U_S}$$

解得

$$M = L_1 \frac{U_3'}{U_S} = 1 \times \frac{10 \times 0.5}{10} = 0.5(\text{H})$$

习题【14】解 标出电路中的电量如习题【14】解图所示。

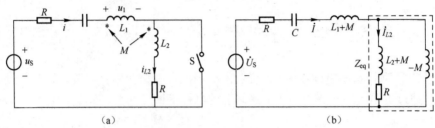

习题【14】解图

（1）断开开关时，电路的等效电感 $L_{eq} = L_1 + L_2 + 2M = 0.5\text{H}$，电路发生谐振时，有

$$\frac{1}{\omega C} = \omega L_{eq}$$

解得 $C = 200\mu\text{F}$，$\dot{I} = \frac{100\angle 0°}{10+10} = 5\angle 0°(\text{A})$，$\dot{U}_1 = 5\angle 0° \times \text{j}30 = 150\angle 90°(\text{V})$，所以

$$u_1 = 150\sqrt{2}\cos(100t + 90°)\text{V}$$

（2）闭合开关时，电感和电阻部分的等效阻抗 $Z_{eq} = (10+\text{j}20)//(-\text{j}10) = 5-\text{j}15(\Omega)$，电路发生谐振时，$\frac{1}{\omega C} = \omega(L_1+M) + I_m(Z_{eq}) = 15\Omega$，解得 $C = 666.7\mu\text{F}$，$\dot{I} = \frac{100\angle 0°}{10+5} = 6.67\angle 0°(\text{A})$，

$$\dot{I}_{L_2} = \frac{-\text{j}10}{10+\text{j}20-\text{j}10}\dot{I} = 4.72\angle -135°\text{A}。$$

解得 $\dot{U}_1 = \dot{I} \times \text{j}X_{L_1} + \dot{I}_{L_2} \times \text{j}X_M = 105.41\angle 71.57°\text{V}$。所以

$$u_1 = 105.41\sqrt{2}\cos(100t + 71.57°)\text{V}$$

习题【15】解 首先进行消耦，简化计算，如习题【15】解图所示。

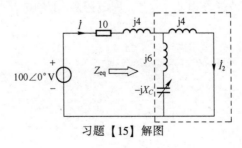

习题【15】解图

等效阻抗为

$$Z_{eq} = j4 // (j6-jX_C) + j4 + 10$$

$$= \frac{j4 \times (j6-jX_C) + j4 \times (j10-jX_C)}{j10-jX_C} + 10 = \frac{j4 \times (j16-j2X_C)}{j10-jX_C} + 10$$

这里通过调节 X_C 来控制等效阻抗的大小，进而调节电流大小。

（1）当电流 $\dot{I}$ 最小可以达到 0 时，相当于右侧断路，也就是分母为 0，即 $X_C = 10$，虚线框中发生并联谐振（并联谐振对外相当于断路，内部依然有电流！），即

$$C = \frac{1}{\omega X_C} = \frac{1}{10^4 \times 10} = 10^{-5}(F), \quad \dot{I}_{min} = 0A, \quad \dot{I}_2 = \frac{100\angle 0°}{j4} = 25\angle -90°(A)$$

（2）当电流 $\dot{I}$ 最大时，阻抗的模值达到最小，由于电阻固定不变，只能将虚部变为 0，$X_C = 8$，则

$$C = \frac{1}{\omega X_C} = \frac{1}{10^4 \times 8} = 1.25 \times 10^{-5}(F)$$

$$\dot{I}_{max} = \frac{100\angle 0°}{10} = 10\angle 0°(A), \quad \dot{I}_2 = \frac{-j2}{-j2+j4} \times 10\angle 0° = 10\angle 180°(A)$$

习题【16】解 若功率表读数为 0，则 R 应无电流，即 R 两端电压为 0。若从 R 处断开电路，则开路电压为 $\dot{U}_{OC}$。由此可得

$$j\omega L_2 \dot{I}_2 + j\omega M \dot{I}_1 = 0, \quad \dot{I}_1 = -\frac{L_2}{M}\dot{I}_2$$

考虑 a、d、e、b 构成的回路，由 KVL 有

$$j\left(\omega L_1 - \frac{1}{\omega C}\right)\dot{I}_1 + j\omega M \dot{I}_2 = \dot{U}$$

考虑 a、d、k、b 构成的回路，由 KVL 有

$$-j\frac{1}{\omega C}\dot{I}_2 = \dot{U}$$

解此方程组可得

$$\left[j\left(\omega L_1 - \frac{1}{\omega C}\right) \times \left(-j\omega \frac{L_2 C}{M}\right) + j\omega M \times j\omega C\right]\dot{U} = \dot{U}$$

则有

$$\omega^2 \frac{L_1 L_2 C}{M} - \frac{L_2}{M} - \omega^2 MC = 1 \Rightarrow \omega = \sqrt{\frac{L_2 + M}{C(L_1 L_2 - M^2)}}$$

习题【17】解 如习题【17】解图所示。

由于 $U_2 = U_3$，$Z_2 = R_2 - jX_C$，$Z_3 = R_1 + jX_L$，Z_2、Z_3 是串联连接，电流相等，电压也相等，所以 $|Z_2| = |Z_3|$。

因为 $|Z_2| = \sqrt{R_2^2 + X_C^2}$，$|Z_3| = \sqrt{R_1^2 + X_L^2}$，可得 $X_L = X_C$，端口发生谐振，整个电路呈阻性，于是 $\dot{U}_1$ 与 $\dot{I}_S$ 同相，$\varphi = 0°$，有

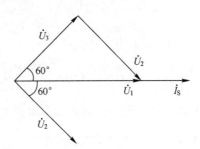

习题【17】解图

$$U_1 = \frac{P}{I_S\cos\varphi} = \frac{162}{9} = 18(\text{V}) \qquad (R_1+R_2)//3 = \frac{U_1}{I_S} = 2\Omega$$

又因 $R_1 = R_2$，所以 $R_1 = R_2 = 3\Omega$。

又 $U_1 = U_2 = U_3$，$\dot{U}_1 = \dot{U}_2 + \dot{U}_3$，因此 $\dot{U}_1$、$\dot{U}_2$、$\dot{U}_3$ 构成等边三角形，有

$$\arctan\frac{X_L}{R_1} = \arctan\frac{X_C}{R_2} = 60°$$

故 $X_L = X_C = 3\tan 60° = 3\sqrt{3}(\Omega)$。

习题【18】解 如习题【18】解图所示。

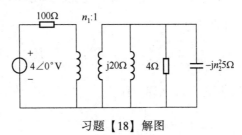

习题【18】解图

电压源的内阻抗 $Z_g = 100\Omega$。对 $n_1:1$ 变压器而言，二次侧在一次侧的折合阻抗也应为 100Ω 才能获得最大功率，由于 L、C 均不损耗有功功率，故对 $n_2:1$ 变压器而言，在一次侧折合阻抗为 $-jn_2^2 5\Omega$，若与 $j20\Omega$ 电感谐振，则一次侧阻抗等效为一个电阻，即

$$Y_L = \frac{1}{j20} + \frac{1}{4} + \frac{1}{-jn_2^2 5} = 0.25 + j\left(\frac{1}{5n_2^2} - \frac{1}{20}\right)$$

$$\frac{1}{5n_2^2} - \frac{1}{20} = 0$$

当 $n_2 = 2$ 时，$-j5\Omega$ 的电容容抗折合到变压器 $n_2:1$ 一次侧的容抗与 $j20\Omega$ 电感的感抗恰好谐振，对 $n_1:1$ 变压器而言，二次侧阻抗为 4Ω，在一次侧的折合阻抗为

$$Z_{in} = n_1^2 R_2 = 100\Omega$$

$$n_1 = \sqrt{\frac{100}{4}} = 5$$

故两个变压器的匝数比分别为 $n_1 = 5$、$n_2 = 2$ 时，电阻 R_2 可以获得最大功率，即

$$P_{max} = \frac{U_S^2}{4 \times Z_g} = \frac{16}{4 \times 100} = 0.04(\text{W})$$

习题【19】解 由耦合系数 $k = \dfrac{M}{\sqrt{L_1 \cdot L_2}}$，得 $M = 1\mathrm{H}$。对原电路进行 T 形去耦，得到一次侧对应的等效电路如习题【19】解图（1）所示。

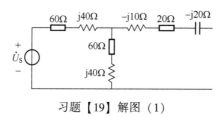

习题【19】解图（1）

进行戴维南等效如习题【19】解图（2）所示。

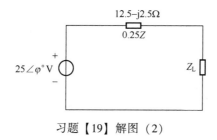

习题【19】解图（2）

（1）若 Z_L 任意可调，则由共轭匹配可知，当 $Z_L = \dfrac{1}{4}Z^* = 12.5 + \mathrm{j}2.5\Omega$ 时，可获得最大功率，即 $P_{\mathrm{Lmax}} = \dfrac{U_{\mathrm{OC}}^2}{4\mathrm{Re}[Z_L]} = \dfrac{25^2}{4 \times 12.5} = 12.5(\mathrm{W})$。

（2）若 $Z_L = R_L$，由共模匹配可知，$R_L = |0.25Z| = \dfrac{\sqrt{50^2 + 10^2}}{4} = \dfrac{5\sqrt{26}}{2}(\Omega)$ 时可获得最大功率。

习题【20】解 如习题【20】解图所示。
并联阻抗为

$$Z_1 = \frac{\mathrm{j}10 \times \left(-\mathrm{j}\dfrac{1}{10C}\right)}{\mathrm{j}10 - \mathrm{j}\dfrac{1}{10C}} = -\mathrm{j}\frac{10}{100C-1}, \quad Z_2 = \mathrm{j}10 + Z_1 = \mathrm{j}\frac{1000C-20}{100C-1}$$

整个动态元件部分的阻抗为

$$Z_3 = \frac{\mathrm{j}10 \times Z_2}{\mathrm{j}10 + Z_2} = \mathrm{j}\frac{1000C-20}{200C-3}$$

当 $Z_2 = 0$ 时，电路发生串联谐振，$Z = R = 5\Omega$，对应的电容为

$$1000C - 20 = 0, \quad C = \frac{20}{1000} = 0.02(\mathrm{F})$$

当 $Z_3 \to \infty$ 时，$Z \to \infty$，电路发生并联谐振，对应的电容为

$$200C - 3 = 0, \quad C = \frac{3}{200} = 0.015(\mathrm{F})$$

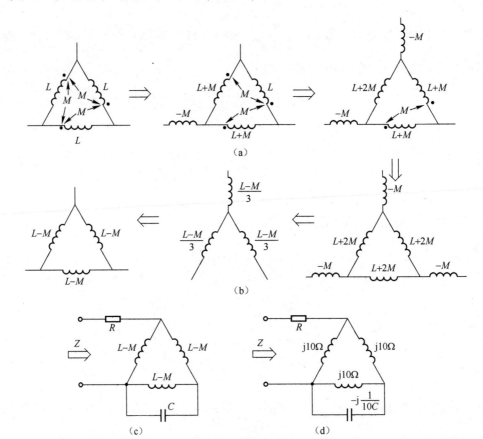

（a）

（b）

（c）　　　　　（d）

习题【20】解图

习题【21】解　由题得

$$-j\frac{1}{\omega C_2}=-j\frac{1}{2\times0.05}=-2j(\Omega)$$

$$j\omega L_2=j\times2\times2=4j(\Omega),\quad j\omega L_1=j\times2\times4=8j(\Omega)$$

$$-j\frac{1}{\omega C_1}=-j\frac{1}{2\times0.05}=-10j(\Omega),\quad j\omega M=j\times2\times1=2j(\Omega)$$

电压表左侧等效电路如习题【21】解图（1）所示。

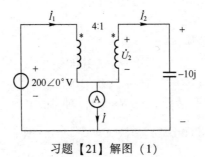

习题【21】解图（1）

得到

$$\dot{U}_2 = \frac{1}{4}\dot{U}_S = 50\angle 0°\text{V}, \quad \dot{I}_2 = \frac{\dot{U}_2}{-10\text{j}} = \frac{50\angle 0°}{-10\text{j}} = 5\text{jA}$$

其中

$$\frac{\dot{I}_1}{\dot{I}_2} = \frac{1}{4}, \quad \dot{I}_1 = \frac{5}{4}\text{jA}, \quad \dot{I} = \dot{I}_1 - \dot{I}_2 = -\frac{15}{4}\text{jA}$$

电流表读数为 3.75A。

电压表右侧等效电路如习题【21】解图（2）所示。

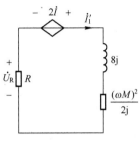

习题【21】解图（2）

电流为

$$\dot{I}_1' = \frac{2\dot{I}}{8\text{j}+2+\dfrac{4}{2\text{j}}} = \frac{-\dfrac{15}{2}\text{j}}{8\text{j}+2-2\text{j}} = 1.19\angle -161.6°(\text{A})$$

电阻上电压 $\dot{U}_R = -2\dot{I}_1' = 2.38\angle 18.4°\text{V}$，得到电压表读数为

$$\dot{U}_V = \dot{U}_2 - \dot{U}_R = 50 - 2.38\angle 18.4° = 47.75\angle -0.9°(\text{V})$$

电压表读数为 47.75V。

习题【22】解 去耦后的电路如习题【22】解图（a）所示，习题【22】解图（b）为其相量图。

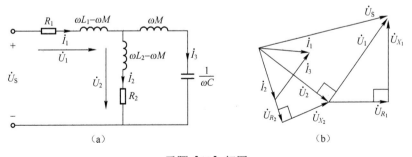

（a）　　　　　　　　　　　　　　　　（b）

习题【22】解图

先画 $\dot{I}_1 = \dot{I}_2 + \dot{I}_3$ 且构成等边三角形。$\dot{U}_2 \perp \dot{I}_3$ 且滞后 $\dot{I}_3 90°$，有

$$U_2 = I_3[(1/\omega C) - \omega M] = 1 \times (15-5) = 10(\text{V})$$
$$U_{R_2} = U_2 \cos 30° = 10 \times \cos 30° = 8.66(\text{V})$$
$$U_{X_2} = U_2 \sin 30° = 10 \times \sin 30° = 5(\text{V})$$

求得 $R_2 = U_{R_2}/I_2 = 8.66/1 = 8.66(\Omega)$，$X_2 = U_{X_2}/I_2 = 5/1 = 5(\Omega)$，$\omega L_2 = X_2 + \omega M = 5 + 5 = 10(\Omega)$，又

$$P_2 = I_2^2 R_2 = 1^2 \times 8.66 = 8.66(\text{W}), \quad P_1 = P - P_2 = 13.6 - 8.66 = 5(\text{W})$$

则 $R_1 = P_{R_1}/I_1^2 = 5/1^2 = 5(\Omega)$，其中

$$Q_{X_2} = I_2^2 X_2 = 1^2 \times (10-5) = 5(\text{Var}), \quad Q_{X_3} = I_3^2 X_3 = I_3^2(5-15) = -10(\text{Var})$$

则

$$Q_{X_1} = Q - Q_{X_2} - Q_{X_3} = 3.66 - 5 - (-10) = 8.66(\text{Var})$$

得到

$$X_1 = Q_{X_1}/I_1^2 = 8.66/1^2 = 8.66(\Omega)$$

求得

$$\omega L_1 = X_1 + \omega M = 8.66 + 5 = 13.66\Omega$$

由相量图分析得知（构成 U_1 和 U_2 的两个三角形全等）$\dot{U}_1 \perp \dot{U}_2$，则

$$U_{R_1} = I_1 R_1 = 1 \times 5 = 5(\text{V}), \quad U_{X_1} = I_1 X_1 = 1 \times 8.66 = 8.66(\text{V})$$
$$U_1 = \sqrt{U_{R_1}^2 + U_{X_1}^2} = \sqrt{5^2 + 8.66^2} = 10(\text{V})$$
$$U_S = \sqrt{U_1^2 + U_2^2} = \sqrt{10^2 + 10^2} = 14.14(\text{V})$$

习题【23】解 虚框内电路谐振，$\dot{U}_2$ 与 $\dot{I}$ 同相，相量图如习题【23】解图所示。

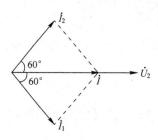

习题【23】解图

由电路图可得

$$\begin{cases} \dot{U}_2 = \dot{I}_1(R_1 + jX_1) - \dot{I}jX_M & \text{①} \\ \dot{U}_2 = \dot{I}_2(R_2 - jX_2) & \text{②} \end{cases}$$

令 $\dot{I} = I\angle 0°\text{A}$，$\dot{I}_1 = I_1\angle -60° = I\angle -60°\text{A}$，$\dot{I}_2 = I_2\angle 60° = I\angle 60°\text{A}$，则

$$\begin{cases} \dot{U}_2 = \dot{I}_1(R_1 + jX_1 - 10\angle 150°) \\ \dot{U}_2 = \dot{I}_1(10\angle 120° - jX_2\angle 120°) \end{cases} \Rightarrow \begin{cases} \dot{U}_2 = \dot{I}_1[(R + 5\sqrt{3}) + j(X_1 - 5)] \\ \dot{U}_2 = \dot{I}_1\left[\left(-5 + \dfrac{\sqrt{3}}{2}X_2\right) + j\left(5\sqrt{3} + \dfrac{X_2}{2}\right)\right] \end{cases}$$

由①②实、虚部分别对应，得

$$\begin{cases} R_1+5\sqrt{3}=-5+\dfrac{\sqrt{3}}{2}X_2 & ③\\[3mm] X_1-5=5\sqrt{3}+\dfrac{X_2}{2} & ④ \end{cases}$$

补充方程为

$$\frac{X_2}{R_2}=\sqrt{3} \qquad\qquad ⑤$$

由③④⑤得

$$R_1=(10-5\sqrt{3})\,\Omega,\quad X_1=(10\sqrt{3}+5)\,\Omega,\quad X_2=10\sqrt{3}\,\Omega$$

习题【24】解 右侧理想变压器：$u_1/u_2=1/2$，与此同时，由于导线连接，$u_1=u_2$，故 $u_1=u_2=0$。

将右侧视为短路，去耦等效电路如习题【24】解图所示。

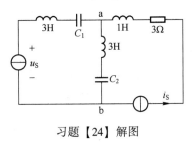

习题【24】解图

（1）当 $\omega=1\text{rad/s}$ 时，即 $\dot{U}_{S1}=18\angle0°\text{V}$，$\dot{I}_S=6\angle0°\text{A}$。

a、b 支路发生串联谐振，相当于短路，则

$$\dot{I}_1=\frac{\dot{U}_{S1}}{-\text{j}3}+6=6+6\text{j A}\Rightarrow i_1=12\cos(t+45°)\,\text{A}$$

当 $\omega=2\text{rad/s}$ 时，即 $\dot{U}_{S2}=9\angle30°\text{V}$，则

$$\dot{I}_2=\frac{\dot{U}_{S2}}{\text{j}7.5}=1.2\angle-60°\text{A},\quad i_2=1.2\sqrt{2}\cos(2t-60°)\,\text{A}$$

$$i=i_1+i_2=12\cos(t+45°)+1.2\sqrt{2}\cos(2t-60°)\text{A}\Rightarrow I=\sqrt{(6\sqrt{2})^2+1.2^2}=8.57(\text{A})$$

（2）电源发出的有功功率全部消耗在电阻上，因此 $P=6^2\times3=108(\text{W})$。

习题【25】解 解耦后电路如习题【25】解图所示。

原电路可利用同名端共端 T 形等效电路来求解，去耦等效电路如习题【25】解图（a）所示。

电路中电阻元件只有 R，故平均功率 $P=I_2^2R$，$R=\dfrac{P}{I_2^2}=\dfrac{433}{10^2}=4.33(\Omega)$。

因为 $I_1=I_2=I_3$，$\dot{I}_1=\dot{I}_2+\dot{I}_3$，故 $\dot{I}_1$、$\dot{I}_2$、$\dot{I}_3$ 可组成等边三角形。

若以 $\dot{I}_1$ 为参考相量，$\dot{I}_1=10\angle0°\text{A}$，则 $\dot{I}_2=10\angle-60°\text{A}$，$\dot{I}_3=10\angle60°\text{A}$。相量图如习题【25】解图（b）所示。

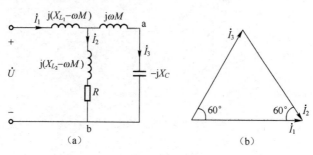

习题【25】解图

a、b端电压为

$$\dot{U}_{ab} = \left[R + j\left(X_{L_2} - \omega M \right) \right] \dot{I}_2 - j\omega M \dot{I}_3 = -jX_C \cdot \dot{I}_3$$

即

$$R\dot{I}_2 + j\left(X_{L_2} - \omega M \right) \dot{I}_2 = j\left(\omega M - X_C \right) \dot{I}_3$$

数学计算过程为

$$4.33 \times 10\angle -60° + \left(X_{L_2} - \omega M \right) \times 10\angle 30° = \left(\omega M - X_C \right) \times 10\angle 150°$$

$$4.33 \times 10\cos(-60°) + \left(X_{L_2} - \omega M \right) \times 10\cos30° = (\omega M - 10) \times 10\cos150°$$

$$4.33 \times 10\sin(-60°) + \left(X_{L_2} - \omega M \right) \times 10\sin30° = (\omega M - 10) \times 10\sin150°$$

由此可以解出 $X_{L_2} = 7.5\Omega$，$\omega M = 5\Omega$。

此题 $\dot{I}_1 = \dot{I}_2 + \dot{I}_3$，若 $\dot{I}_1 = 10\angle 0°A$ 时，$\dot{I}_2 = 10\angle 60°A$，$\dot{I}_3 = 10\angle -60°A$，即习题【25】解图
（a）中的 $\dot{I}_2$ 支路呈容性，$\dot{I}_3$ 支路呈感性，同样解法可解出 $X_{L_2} = 12.5\Omega$，$\omega M = 15\Omega$。

A8　第11章习题答案

习题【1】解　第一相负载 $\cos\varphi_1 = 0.5 \Rightarrow \varphi_1 = 60°$，有

$$P_1 = \frac{Q_1}{\tan\varphi_1} = \frac{5700}{\sqrt{3}}\text{W}$$

整个电路 $\cos\varphi = \frac{\sqrt{3}}{2} \Rightarrow \varphi = 30°$或$-30°$（该电路可能呈感性也可能呈容性），有

$$P_{总} = P_1 = \frac{5700}{\sqrt{3}}\text{W}$$

（1）$\varphi = 30°$时有

$$Q_{总} = P_{总}\tan\varphi = \frac{5700}{\sqrt{3}} \times \tan30° = 1900(\text{Var})$$

三相电容吸收无功功率为

$$Q_2 = Q_{总} - Q_1 = 1900 - 5700 = -3800(\text{Var})$$

每个电容吸收无功功率为

$$Q_C = \frac{1}{3}Q_2 = -\frac{3800}{3}\text{Var}$$

又因
$$Q_C = -U_l^2 \omega C = -380^2 \times 100C = -\frac{3800}{3} \Rightarrow C = \frac{1}{11400}\mathrm{F}$$

（2）$\varphi = -30°$ 时有
$$Q_总 = P_总 \tan\varphi = \frac{5700}{\sqrt{3}} \times \tan(-30°) = -1900\mathrm{Var}$$

三相电容吸收无功功率为
$$Q_2 = Q_总 - Q_1 = -1900 - 5700 = -7600(\mathrm{Var})$$

每个电容吸收无功功率为
$$Q_C = \frac{1}{3}Q_2 = -\frac{7600}{3} = -U_l^2 \omega C = -380^2 \times 100C = -\frac{7600}{3}(\mathrm{Var})$$

$$C = \frac{1}{5700}\mathrm{F}$$

习题【2】解 令 $\dot{U}_A = U\angle 0°\mathrm{V}$，$\dot{I}_A = I\angle -\varphi\mathrm{A}$。

功率表 W_1：$P_1 = U_{AC}I_A\cos(\varphi_{\dot{U}_{AC}} - \varphi_{\dot{I}_A}) = U_1 I_A \cos(\varphi - 30°)$（$U_1$ 为线电压）。

功率表 W_2：$P_2 = U_{BC}I_B\cos(\varphi_{\dot{U}_{BC}} - \varphi_{\dot{I}_B}) = U_1 I_B \cos(\varphi + 30°)$。

则
$$\frac{P_1}{P_2} = \frac{\cos(\varphi - 30°)}{\cos(\varphi + 30°)}$$

得
$$\varphi = \arctan\frac{\sqrt{3}(P_1 - P_2)}{P_1 + P_2}$$

习题【3】解 经过 Y-△ 变换的电路如习题【3】解图所示，图中
$$R = \frac{10}{3}\Omega$$

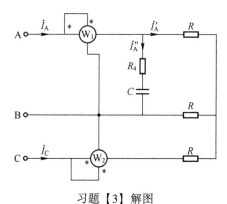

习题【3】解图

对于对称部分，取 A 相进行计算，有

$$\dot{I}'_A = \frac{\dot{U}_A}{R} = \frac{380/\sqrt{3}\angle-30°}{10/3} = 38\sqrt{3}\angle-30°(A)$$

C 相线电流为

$$\dot{I}_C = I'_A \angle 120° = 38\sqrt{3}\angle 90°(A)$$

并联的单相负载电流为

$$\dot{I}''_A = \frac{\dot{U}_{AB}}{R_4-jX_C} = \frac{380\angle 0°}{10-j10} = 19\sqrt{2}\angle 45°(A)$$

A 相总电流为

$$\dot{I}_A = \dot{I}'_A + \dot{I}''_A = 38\sqrt{3}\angle-30°+19\sqrt{2}\angle 45° = 77.26\angle-10.37°(A)$$

功率表 W_1 测量的是 A、B 两线间的线电压和 A 相的线电流，W_1 的读数为

$$P_1 = U_{AB}I_A\cos(\varphi_{\dot{U}_{AB}}-\varphi_{\dot{I}_A}) = 380\times77.26\times\cos10.37° = 28.88(kW)$$

功率表 W_2 测量的是 C、B 两线间的线电压和 C 相的线电流，C、B 两线间的电压为

$$\dot{U}_{CB} = -\dot{U}_{BC} = -380\angle-120° = 380\angle 60°(V)$$

W_2 的读数为

$$P_2 = U_{CB}I_C\cos(\varphi_{\dot{U}_{CB}}-\varphi_{\dot{I}_C}) = 380\times38\sqrt{3}\times\cos(60°-90°) = 21.66(kW)$$

习题【4】解 （1）电流参考方向如习题【4】解图所示。

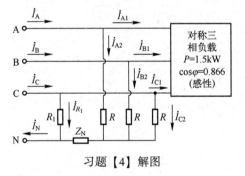

习题【4】解图

设 $\dot{U}_{AN} = 220\angle 0°V$，则 $\dot{U}_{BN} = 220\angle-120°V$，$\dot{U}_{CN} = 220\angle 120°V$。单相负载 R_1 接在 C 相电源两端，从等效结果看，不影响两组三相负载的运行，即从三相负载看，三相电源仍是对称的。

对三相感性负载，有

$$I_{A1} = \frac{1500}{\sqrt{3}\times380\times0.866} = 2.63(A)，\quad \varphi = 30°$$

$$\dot{I}_{A1} = 2.63\angle-30°A，\quad \dot{I}_{B1} = 2.63\angle-150°A，\quad \dot{I}_{C1} = 2.63\angle 90°A$$

对三相电阻负载，有

$$\dot{I}_{A2} = \frac{220\angle 0°}{100} = 2.2\angle 0°(A)，\quad \dot{I}_{B2} = 2.2\angle-120°A，\quad \dot{I}_{C2} = 2.2\angle 120°A$$

对单相电阻负载，有

$$I_{R_1} = \frac{P}{U_0} = \frac{1650}{220} = 7.5(A), \quad \dot{I}_{R_1} = 7.5\angle 120°A$$

总线电流分别为

$$\dot{I}_A = \dot{I}_{A1} + \dot{I}_{A2} = 4.478 - j1.315 = 4.67\angle -16.4°(A)$$

$$\dot{I}_B = 4.67\angle -136.4°A$$

$$\dot{I}_C = \dot{I}_{R_1} + \dot{I}_{C1} + \dot{I}_{C2} = -4.848 + j11.03 = 12.08\angle 113.7°(A)$$

中线电流为

$$\dot{I}_N = \dot{I}_{R_1} = 7.5\angle 120°A$$

（2）三相电源发出的总有功功率，即负载消耗的总有功功率为

$$P = 1500 + 1650 + 2.2^2 \times 100 \times 3 = 4602(W)$$

习题【5】解　如习题【5】解图所示。

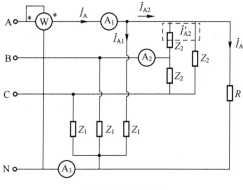

习题【5】解图

设 $\dot{U}_A = 220\angle 0°V$，有

$$\dot{I}_{A1} = \frac{\dot{U}_A}{Z_1} = \frac{220\angle 0°}{12 + j9} = 14.667\angle -36.87°(A)$$

将 Z_2 的△形连接转换为Y形连接，则

$$Z' = \frac{Z_2}{3} = \frac{j20}{3}\Omega$$

电流为

$$\dot{I}'_{A2} = \frac{\dot{U}_A}{Z'_2} = \frac{220\angle 0°}{\frac{20}{3}\angle 90°} = 33\angle -90°(A)$$

$$\dot{I}_{A3} = \frac{\dot{U}_A}{R} = \frac{220\angle 0°}{10} = 22\angle 0°(A)$$

$$\dot{I}_{B2} = \dot{I}'_{A2}\angle -120° = 33\angle -90° -120° = 33\angle 150°(A)$$

A 相电流 $\dot{I}_A = \dot{I}_{A1} + \dot{I}_{A2} + \dot{I}_{A3} = 53.714\angle -51.10°A$。

功率表 $P_W = \mathrm{Re}[\,\dot{U}_A\,\dot{I}_A^*\,] = \mathrm{Re}[\,220\angle 0°\times 53.714\angle 51.10°\,] = 7420.69(\mathrm{W})$。

故 A_1 读数为 53.714A，A_2 读数为 33A，A_3 读数为 22A，W 读数为 7420.69W。

习题【6】解 （1）测量电路如习题【6】解图所示。

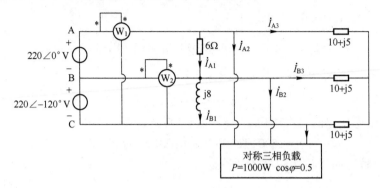

习题【6】解图

功率为

$$P = P_1 + P_2 = \mathrm{Re}(\dot{U}_{AC}\dot{I}_A^*) + \mathrm{Re}(\dot{U}_{BC}\dot{I}_B^*) = \mathrm{Re}[\,(\dot{U}_A - \dot{U}_C)\dot{I}_A^* + (\dot{U}_B - \dot{U}_C)\dot{I}_B^*\,]$$

$$= \mathrm{Re}[\,\dot{U}_A\,\dot{I}_A^* + \dot{U}_B\,\dot{I}_B^* + \dot{U}_C(-\dot{I}_A^* - \dot{I}_B^*)\,] = \mathrm{Re}[\,\dot{U}_A\,\dot{I}_A^* + \dot{U}_B\,\dot{I}_B^* + \dot{U}_C\,\dot{I}_C^*\,]$$

$$= \mathrm{Re}[\,\widetilde{S}_A + \widetilde{S}_B + \widetilde{S}_C\,] = \mathrm{Re}(\widetilde{S}) = P_{总}$$

证毕！

（2）由题意知：$\dot{U}_A = \dfrac{220}{\sqrt{3}}\angle -30°\mathrm{V}$，$\dot{U}_B = \dfrac{220}{\sqrt{3}}\angle -150°\mathrm{V}$，$\dot{U}_C = \dfrac{220}{\sqrt{3}}\angle 90°\mathrm{V}$。

本电路消耗的功率为

$$P' = \frac{220^2}{6} + 3\times\left(\frac{\frac{220}{\sqrt{3}}}{|10+j5|}\right)^2\times 10 + 1000 = 12924(\mathrm{W})$$

功率表读数计算为

$$\dot{I}_A = \dot{I}_{A1} + \dot{I}_{A2} + \dot{I}_{A3} = \frac{220\angle 0°}{6} + \frac{100\angle -90°}{11\sqrt{3}} + \frac{\frac{220}{\sqrt{3}}\angle -30°}{10+j5} = 45.36\angle -18.92°(\mathrm{A})$$

$$\dot{I}_B = \dot{I}_{B1} + \dot{I}_{B2} + \dot{I}_{B3} - \dot{I}_{A1} = \frac{220\angle -120°}{j8} + \frac{100\angle -210°}{11\sqrt{3}} + \frac{\frac{220}{\sqrt{3}}\angle -150°}{10+j5} - \frac{220\angle 0°}{6}$$

$$= 76.37\angle 168.38°(\mathrm{A})$$

于是知

$$\begin{cases} P_1 = U_{AC}I_A\cos(\dot{U}_{AC}\wedge\dot{I}_A) = 220\times 45.36\cos(-60°+18.92°) = 7522.25(\mathrm{W}) \\ P_2 = U_{BC}I_B\cos(\dot{U}_{BC}\wedge\dot{I}_B) = 220\times 76.37\cos(-120°-168.38°) = 5297.78(\mathrm{W}) \end{cases}$$

功率表测得的功率为 $P_总 = P_1 + P_2 \approx 12820\text{W}$。

功率表测得的功率 $P_总$ 与电路消耗的功率在计算误差内是一致的，验证了所求功率的正确性。

习题【17】解　（1）设 $\dot{U}_A = U\angle 0°\text{V}$，$\dot{I}_A = I\angle -\varphi\text{A}$，故

$$\dot{U}_{AB} = \sqrt{3}\,U\angle 30°\text{V}, \quad \dot{U}_{BC} = \sqrt{3}\,U\angle -90°\text{V}, \quad \dot{U}_{CA} = \sqrt{3}\,U\angle 150°\text{V}, \quad \dot{U}_{AC} = \sqrt{3}\,U\angle -30°$$

功率为

$$P_1 = \sqrt{3}\,UI\cos(-30°+\varphi) = 4000\text{W}, \quad P_2 = \sqrt{3}\,UI\cos(-90°+\varphi+120°) = 2000\text{W}$$

功率比值为

$$\frac{P_1}{P_2} = \frac{\cos(\varphi-30°)}{\cos(\varphi+30°)} = 2 \Rightarrow \varphi = 30°$$

功率因数为

$$\cos\varphi = 0.866 \quad （三相对称负载功率因数）$$

则

$$UI = \frac{4000}{\sqrt{3}\cos(0°)} = \frac{4000}{\sqrt{3}}$$

（2）由题目

$$P_3 = \text{Re}\left[\dot{U}_{CA}\cdot\overset{*}{\dot{I}_B}\right] = \text{Re}\left[\sqrt{3}\,U\angle 150°\cdot I\angle(120°+\varphi)\right] = \sqrt{3}\,UI\cos(270°+\varphi)$$

$$= \sqrt{3}\,UI\times\frac{1}{2} = \frac{\sqrt{3}}{2}\times\frac{4000}{\sqrt{3}} = 2000(\text{W})$$

（3）两种方法。

方法一：

$$Q = 3UI\sin\varphi = 3\times\frac{4000}{\sqrt{3}}\times\frac{1}{2} = 2000\sqrt{3}(\text{Var})$$

方法二：

$$Q = P\tan\varphi = (4000+2000)\times\frac{\sqrt{3}}{3} = 2000\sqrt{3}(\text{Var})$$

习题【8】解　首先做出等效Y形电路如习题【8】解图所示。

习题【8】解图

电压为

$$\dot{U}_{A'} = \frac{\dot{U}_{A'B'}}{\sqrt{3}} \angle -30° = 220 \angle -30°V$$

其中 $P = 3U_{A'}I_A\cos\varphi = 10000W \Rightarrow I_A = 18.94A$，且 $\varphi = \arccos 0.8 = 36.87°$，则

$$\dot{I}_A = 18.94 \angle -66.87°A, \qquad \frac{Z}{3} = \frac{\dot{U}_{A'}}{\dot{I}_A} \Rightarrow Z = 34.85 \angle 36.87°\Omega$$

解得

$$\dot{U}_A = \dot{I}_A\left(Z_l + \frac{Z}{3}\right) = 285.32 \angle -25.43°V$$

线电压为

$$\begin{cases} \dot{U}_{AB} = \sqrt{3}\dot{U}_A \angle 30° = 494.2 \angle 4.57°V \\ \dot{U}_{BC} = 494.2 \angle -115.43°V \\ \dot{U}_{CA} = 494.2 \angle 124.57°V \end{cases}$$

习题【9】解 （1）断开开关 S，将负载端等效成Y形，取一相，如习题【9】解图（1）所示。

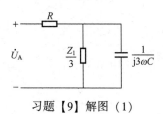

习题【9】解图（1）

导纳为

$$Y = j3\omega C + \frac{3}{Z_1} = \frac{2}{25} + j\left(3\omega C - \frac{3}{50}\right)$$

其中

$$\cos\varphi = 1 \Rightarrow \varphi = 0°$$

电容为

$$3\omega C - \frac{3}{50} = 0 \Rightarrow C = 63.7\mu F$$

（2）闭合开关 S，如习题【9】解图（2）所示。

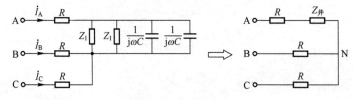

习题【9】解图（2）

并联阻抗为

$$Z_{并} = \frac{1}{\dfrac{2}{Z}+j2\omega C} = \frac{1}{\dfrac{2}{24+j18}+j2\times314\times63.7\times10^{-6}} = 18.75(\Omega)$$

令

$$\dot{U}_A = 220\angle0°\text{V}, \quad \dot{U}_B = 220\angle-120°\text{V}, \quad \dot{U}_C = 220\angle120°\text{V}$$

由节点电压法有

$$\left(\frac{1}{R+Z_{并}}+\frac{1}{R}+\frac{1}{R}\right)\dot{U}_N = \frac{\dot{U}_A}{R+Z_{并}}+\frac{\dot{U}_B}{R}+\frac{\dot{U}_C}{R}$$

解得

$$\dot{U}_N = -91.67\angle0°\text{V}$$

$$\begin{cases} \dot{I}_A = \dfrac{\dot{U}_A-\dot{U}_N}{R+Z_{并}} = 14.67\angle0°\text{A} \\[3mm] \dot{I}_B = \dfrac{\dot{U}_B-\dot{U}_N}{R} = 76.56\angle-95.50°\text{A} \\[3mm] \dot{I}_C = \dfrac{\dot{U}_C-\dot{U}_N}{R} = 76.56\angle95.50°\text{A} \end{cases}$$

习题【10】解　（1）设 $\dot{U}_A = 220\angle0°\text{V}$，$\dot{U}_{AB} = 380\angle30°\text{V}$，$\dot{I}_Z = \dfrac{\dot{U}_{AB}}{Z} = \dfrac{380\angle30°}{190\angle30°} = 2(\text{A})$，

$I_{Z1} = \dfrac{U_A}{Z_1} = \dfrac{220\angle0°}{176-j132} = 1\angle36.8°(\text{A})$，功率为

$$P_2 = 3U_A I_2\cos\varphi = 528\text{W}$$

电流 $\dot{I}_2 = 1\angle-36.8°\text{A}$，$\dot{I}_A = \dot{I}_Z+\dot{I}_{Z1}+\dot{I}_2 = 3.6\text{A}$。

（2）功率 $P_W = U_{AB}I_A\cos\theta = 380\times3.6\times\cos30° = 1184.7(\text{W})$。

（3）C 相电流 $\dot{I}_C = 1\angle156.8°+1\angle83.2° = 1.6\angle120°(\text{A})$。

功率表 $P' = U_{CB}I_C\cos\theta' = 380\times1.6\times\cos(-30°) = 526.5(\text{W})$。

接线图如习题【10】解图所示。

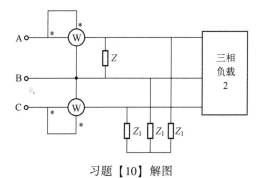

习题【10】解图

习题【11】解 （1）本题只能从功率表读数的表达式寻求解法。

在对称情况下，令对称三相电源的相电压 $\dot{U}_A = U_A \angle 0°\text{V}$，对称线电流 $I_A = I_B = I_C$。

令 $\dot{I}_A = I_1 \angle -\varphi_Z$，则有 $\dot{I}_C = I_1 \angle(-\varphi_Z + 120°)\text{A}$，$\dot{U}_{AB} = U_1 \angle 30°\text{V}$，$\dot{U}_{CB} = U_1 \angle 90°\text{V}$，功率表读数可表示为

$$\begin{cases} P_1 = \text{Re}[\dot{U}_{AB}\dot{I}_A^*] = \text{Re}[U_1 \angle 30° \cdot I_1 \angle +\varphi_Z] = U_1 I_1 \cos(30° + \varphi_Z) \\ P_2 = \text{Re}[\dot{U}_{CA}\dot{I}_C^*] = \text{Re}[U_1 \angle 90° \cdot I_1 \angle(-120° + \varphi_Z)] = U_1 I_1 \cos(-30° + \varphi_Z) \end{cases}$$

可解得

$$\tan\varphi_Z = \frac{\sqrt{3}\left(1 - \dfrac{P_1}{P_2}\right)}{1 + \dfrac{P_1}{P_2}} = 0.75, \quad \varphi_Z = 36.87°$$

三相电路吸收的无功功率 Q 为

$$Q = P\tan\varphi_Z = \tan\varphi_Z \cdot (P_1 + P_2) = 2068.83\text{Var}$$

三相电路吸收的复功率 $\tilde{S}$ 为

$$\tilde{S} = (P_1 + P_2) + jQ = 3448.05 \angle 36.87°(\text{V} \cdot \text{A})$$

因为 $\tilde{S} = 3U_1^2 Y^*$，所以

$$Z = \frac{3U_1^2}{\tilde{S}^*} = \frac{3 \times (380)^2}{3448.05 \angle -36.87°} = 125.64 \angle 36.87°(\Omega)$$

（2）断开开关 S 后，W_1 的读数为 A、B 相负载的功率，W_2 的读数为 C、B 相负载吸收的功率，则 $P_1 = P_2$，即

$$P_1 = P_2 = \left(\frac{U_1}{|Z|}\right)^2 \times \text{Re}[Z] = \left(\frac{380}{125.64}\right)^2 \times 100.5 = 919.34(\text{W})$$

读者也可以按功率表读数的规则求解，即

$$P = P_1 + P_2 = 1838.90\text{W}$$

习题【12】解 （1）令对称线电压 $\dot{U}_{AB} = 1 \angle 0°\text{V}$，则三角形负载中的相电流分别为

$$\dot{I}_{AB} = G \angle 0°\text{A}, \quad \dot{I}_{BC} = j\omega C \angle -120°\text{A}, \quad \dot{I}_{CA} = -j\frac{1}{\omega L} \angle 120°\text{A}$$

各线电流分别为（KCL）

$$\dot{I}_A = \dot{I}_{AB} - \dot{I}_{CA} = G \angle 0° - \frac{1}{\omega L} \angle 30°\text{A}, \quad \dot{I}_B = \dot{I}_{BC} - \dot{I}_{AB} = j\omega C \angle -120° - G \angle 0°\text{A}$$

$$\dot{I}_C = \dot{I}_{CA} - \dot{I}_{BC} = -j\frac{1}{\omega L} \angle 120° - j\omega C \angle -120°\text{A}$$

若线电流为对称组（顺序），则有

$$\dot{I}_A = \dot{I}_B \cdot 1 \angle -120° = \dot{I}_C \cdot 1 \angle 120°$$

实部和虚部分别对应相等，解得 $\omega C = \dfrac{1}{\omega L} = \dfrac{G}{\sqrt{3}}$。

对称线电流为

$$\dot{I}_{A}=\frac{1}{\omega L}\angle-30°\mathrm{A}, \quad \dot{I}_{B}=\dot{I}_{A}\cdot1\angle-120°=\frac{1}{\omega L}\angle-150°\mathrm{A}, \quad \dot{I}_{C}=\dot{I}_{A}\cdot1\angle120°=\frac{1}{\omega L}\angle90°\mathrm{A}$$

（2）若 $R=\infty$ （开路）时，则各线电流分别为

$$\dot{I}_{A}=\frac{1}{\omega L}\angle-150°\mathrm{A}, \quad \dot{I}_{B}=\omega C\angle-30°\mathrm{A}, \quad \dot{I}_{C}=-(\dot{I}_{B}+\dot{I}_{A})=\frac{1}{\omega L}\angle90°\mathrm{A}$$

线电流的模值不变，$\dot{I}_{A}$、$\dot{I}_{B}$ 和 $\dot{I}_{C}$ 为逆序对称。

习题【13】解 解耦后的等效电路如习题【13】解图（1）所示。

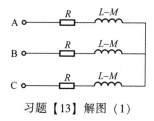

习题【13】解图（1）

（1）$U_{1}=380\mathrm{V}$，$U_{P}=220\mathrm{V}$，电流为

$$\begin{cases}\dot{I}_{AN}=\dfrac{220\angle0°}{R+\mathrm{j}\omega(L-M)}=3.6\angle-60.7°\mathrm{A}\\[2mm]\dot{I}_{BN}=3.6\angle-180.7°\mathrm{A}\\[2mm]\dot{I}_{CN}=3.6\angle59.3°\mathrm{A}\end{cases}$$

负载吸收的总功率 $P=3I^{2}R=3\times3.6^{2}\times30=1166.4(\mathrm{W})$。

（2）如习题【13】解图（2）所示。（注：两表法有两种接法，均可）

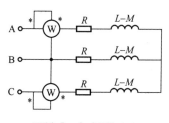

习题【13】解图（2）

$$P_{1}=\mathrm{Re}[\dot{U}_{AB}\cdot\dot{I}_{A}^{*}], \quad P_{2}=\mathrm{Re}[\dot{U}_{CB}\cdot\dot{I}_{C}^{*}]$$

$$\dot{U}_{AB}=380\angle30°\mathrm{V}, \quad \dot{U}_{CB}=380\angle90°\mathrm{V}$$

$$P_{1}=-16.7\mathrm{W}, \quad P_{2}=1176.3\mathrm{W}$$

（3）无功补偿需要电容（Y形连接），即

$$C=\frac{P}{3\omega\cdot U^{2}}(\tan\varphi_{1}-\tan\varphi_{2})=33.24\times10^{-6}\mathrm{F}$$

其中

$$\omega=2\pi f, \quad U=220\text{V}, \quad P=1166.4\text{W}$$

代入数据有

$$\tan\varphi_1=\frac{0.17\times100\pi}{30}, \quad \tan\varphi_2=0.48$$

习题【14】解　如习题【14】解图所示。

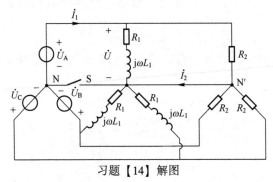

习题【14】解图

对于（1）（2），由于是对称负载，故断开或闭合开关 S 没有影响，$\dot U_{N'N}=0$ 恒成立，电表读数不变。设 $\dot U_{AN}=\frac{380}{\sqrt3}\angle0°\text{V}$，电流为

$$\begin{cases}\dot I_1=\dfrac{\dot U_{AN}}{R_1+j\omega L_1}+\dfrac{\dot U_{AN}}{R_2}=\dfrac{\frac{380}{\sqrt3}\angle0°}{40+j30}+\dfrac{\frac{380}{\sqrt3}\angle0°}{50}=8.305\angle-18.43°(\text{A})\\[2mm]\dot I_2=\dfrac{\dot U_{AN}}{R_2}+\dfrac{\dot U_{BN}}{R_2}+\dfrac{\dot U_{CN}}{R_2}=\dfrac{\dot U_{AN}+\dot U_{BN}+\dot U_{CN}}{R_2}=0\text{A}\end{cases}$$

电压为

$$\dot U=\dot U_{AN}=\frac{380}{\sqrt3}\angle0°=219.4\angle0°(\text{V})$$

A_1 的读数为 8.325A，V 的读数为 219.4V，A_2 的读数为 0A。

对于（3），闭合开关 S，将 A′N′间电阻改为 $0.5R_2$，有

$$\dot I_1=\frac{\dot U_{AN}}{R_1+j\omega L_1}+\frac{\dot U_{AN}}{0.5R_2}=\frac{\frac{380}{\sqrt3}\angle0°}{40+j30}+\frac{\frac{380}{\sqrt3}\angle0°}{25}=12.56\angle-12.1°(\text{A})$$

$$\dot I_2=\frac{\dot U_{AN}}{0.5R_2}+\frac{\dot U_{BN}}{R_2}+\frac{\dot U_{CN}}{R_2}=\frac{\dot U_{AN}}{R_2}+\frac{\dot U_{AN}}{R_2}+\frac{\dot U_{BN}}{R_2}+\frac{\dot U_{CN}}{R_2}=\frac{\dot U_{AN}}{R_2}=4.388\angle0°\text{A}$$

电压为

$$\dot U=\dot U_{AN}=\frac{380}{\sqrt3}\angle0°\text{V}$$

A_1 的读数为 12.56A，V 的读数为 219.4V，A_2 的读数为 4.388A。

习题【15】解　（1）第二相负载功率 $P_2=3\times220I_{A2}\times0.5$，$I_{A2}=21.88\text{A}$，$\varphi_2=\arccos0.5=$

60°，假设第二相负载为 Y 形连接，如习题【15】解图（1）所示且 $\dot{U}_\text{A}' = 220\angle0°\text{V}$，则电流

$$\dot{I}_{\text{A}_2} = 21.88\angle-60° = 10.94-\text{j}18.95(\text{A}), \qquad \dot{I}_{\text{A}_1} = \frac{220\angle0°}{\text{j}22} = 10\angle-90°(\text{A})$$

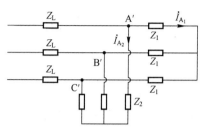

习题【15】解图（1）

阻抗为

$$Z_2 = \frac{\dot{U}_\text{A}'}{\dot{I}_{\text{A}_2}} = 10\angle60°\Omega$$

由 KCL 有

$$\dot{I}_\text{A} = \dot{I}_{\text{A}_1} + \dot{I}_{\text{A}_2} = 30.95\angle-69.3°\text{A}$$

A 相电压为

$$\dot{U}_\text{A} = \text{j}2 \cdot \dot{I}_\text{A} + \dot{U}_\text{A}' = 278.76\angle4.5°\text{V}$$

电源侧的线电压及功率因数为

$$U_\text{L} = 278.76\sqrt{3} = 482.83\text{V}, \qquad \cos[4.5°-(-69.3°)] = 0.28$$

（2）A 相开路故障的等效电路如习题【15】解图（2）所示。

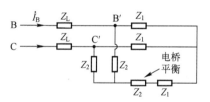

习题【15】解图（2）

由图可知

$$I_\text{B} = I_\text{C} = \frac{U_\text{BC}}{|2Z_\text{L}+2Z_1//2Z_2|} = \frac{482.83}{|\text{j}4+5.01+\text{j}13.24|} = \frac{482.83}{17.95} = 26.9(\text{A})$$

习题【16】解　（1）设线电压为 U_1，线电流为 I_1，则

$$P_{\text{W}_1} = U_1 I_1 \cos(\theta-30°), \quad -90°<\theta<0; \quad P_{\text{W}_2} = U_1 I_1 \cos(\theta+30°), \quad -90°<\theta<0,$$ 并假设 L_1、L_2、L_3 正序，其中 L_1、L_2、L_3 依次滞后，两个功率表的读数为

$$P_{\text{W}_1} < P_{\text{W}_2}, \quad P_{\text{W}_1}-P_{\text{W}_2} = U_1 I_1 [\sin\theta\sin30°+\sin\theta\sin30°] < 0 (说明假设成立)$$

相序为 A、B、C。

（2）功率表读数为

$$\begin{cases} P_{W_1} = U_1 I_1 \cos\theta\cos30° + U_1 I_1 \sin\theta\sin30° \\ P_{W_2} = U_1 I_1 \cos\theta\cos30° - U_1 I_1 \sin\theta\sin30° \end{cases}$$

总功率为

$$P = P_{W_1} + P_{W_2} = 2U_1 I_1 \cos\theta\cos30°$$

则

$$P_{W_1} - P_{W_2} = \frac{Q}{\sqrt{3}} \Rightarrow Q = 2\sqrt{3}\, U_1 I_1 \sin\theta\sin30°$$

（3）$P_1 = 0 \Rightarrow \theta = -60°$，取单相等效电路如习题【16】解图所示。

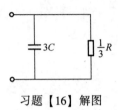

习题【16】解图

导纳为

$$Y = \frac{3}{R} + j\omega 3C$$

导纳角是 60°，即

$$\frac{\omega 3C}{\dfrac{3}{R}} = \tan60° \Rightarrow X_C = \frac{R}{\sqrt{3}}$$

习题【17】解　令 $\dot{U}_A = 1\angle0°\text{V}$，则 $\dot{U}_B = 1\angle-120°\text{V}$，$\dot{U}_C = 1\angle120°\text{V}$，当断开 S 时，有

$$\left(\frac{1}{Z_A} + \frac{1}{Z_B} + \frac{1}{Z_C}\right)\dot{U}'_N = \frac{\dot{U}_A}{Z_A} + \frac{\dot{U}_B}{Z_B} + \frac{\dot{U}_C}{Z_C}$$

即

$$(j\omega C + \omega C + \omega C)\dot{U}'_N = j\omega C + \omega C\angle-120° + \omega C\angle120° \Rightarrow \dot{U}'_N = 0.63\angle108.4°\text{V}$$

电压为

$$\begin{cases} \dot{U}_{Z_A} = \dot{U}'_N - \dot{U}_A = 1.34\angle153.5°\text{V} \\ \dot{U}_{Z_B} = \dot{U}'_N - \dot{U}_B = 1.49\angle78.4°\text{V} \\ \dot{U}_{Z_C} = \dot{U}'_N - \dot{U}_C = 0.4\angle-41.7°\text{V} \end{cases}$$

当断开开关 S 时，灯泡变亮的为 B 相，灯泡变暗的为 C 相。

习题【18】解　将原电路等效变换为习题【18】解图。

令 $\dot{U}_A = \dfrac{100}{\sqrt{3}}\angle0°\text{V}$，$\dot{U}_B = \dfrac{100}{\sqrt{3}}\angle-120°\text{V}$，$\dot{U}_C = \dfrac{100}{\sqrt{3}}\angle120°\text{V}$。

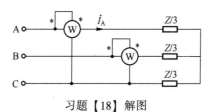

习题【18】解图

相电流为

$$\dot{I}_A = \frac{\dot{U}_A}{Z/3} = \frac{100\sqrt{3}}{|Z|} \angle -\varphi_Z \text{A}, \qquad \dot{I}_B = \frac{100\sqrt{3}}{|Z|} \angle -\varphi_Z -120°\text{A}$$

功率表读数为

$$P_{W_1} = U_{AC} I_A \cos\varphi_1 = \frac{10000\sqrt{3}}{|Z|} \cos(\varphi_Z - 30°) = 250\sqrt{3}\,\text{W}$$

$$P_{W_2} = U_{BC} I_B \cos\varphi_2 = \frac{10000\sqrt{3}}{|Z|} \cos(\varphi_Z + 30°) = 500\sqrt{3}\,\text{W}$$

令 $\dfrac{10000\sqrt{3}}{|Z|} = B$，则

$$\begin{cases} \dfrac{\sqrt{3}}{2}B\cos\varphi_Z + \dfrac{1}{2}B\sin\varphi_Z = 250\sqrt{3} & ① \\ \dfrac{\sqrt{3}}{2}B\cos\varphi_Z - \dfrac{1}{2}B\sin\varphi_Z = 500\sqrt{3} & ② \end{cases} \Rightarrow \begin{cases} ①+② & B\cos\varphi_Z = 750 \\ ①-② & B\sin\varphi_Z = -250\sqrt{3} \end{cases}$$

解得 $\qquad \varphi_Z = \arctan\left(\dfrac{-250\sqrt{3}}{750}\right) = -30°, \quad B = 500\sqrt{3} = \dfrac{10000\sqrt{3}}{|Z|} \Rightarrow |Z| = 20\Omega$

解得阻抗 $Z = |Z| \angle\varphi_Z = 20 \angle -30°\Omega$。

习题【19】解 （1）断开 S 时，有

$$\dot{U}_{AB} = 380 \angle 30°\text{V} \Rightarrow \dot{U}_A = 220 \angle 0°\text{V}$$

电流为

$$\dot{I}_A = \frac{\dot{U}_A}{10+30} = 5.5 \angle 0°\text{A}, \quad \dot{I}_B = 5.5 \angle -120°\text{A}, \quad \dot{I}_C = 5.5 \angle 120°\text{A}$$

其中

$$\dot{I}_{B'C'} = \frac{5.5}{\sqrt{3}} \angle -90°\text{A}, \qquad \dot{U}_{B'C'} = \dot{I}_{B'C'} \times 90 = 165\sqrt{3} \angle -90°\text{V}$$

（2）闭合 K 时，求 $\dot{I}$ 需求阻抗 Z 两端戴维南等效电路，开路电压为

$$\dot{U}_{OC} = \dot{U}_{B'C'} = 165\sqrt{3} \angle -90°\text{V}$$

如习题【19】解图（1）所示。

满足电桥平衡条件

$$R_{eq} = 90//180//20 = 15(\Omega)$$

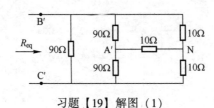

习题【19】解图（1）

Z 两端戴维南等效电路如习题【19】解图（2）所示。

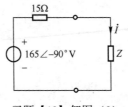

习题【19】解图（2）

解得

$$\dot{I} = \frac{165\sqrt{3}\angle -90°}{15+j15} = \frac{11\sqrt{6}}{2}\angle -135°(A)$$

习题【20】解　设 $\dot{U}_A = 220\angle 0°V$，$\dot{U}_B = 220\angle -120°V$，$\dot{U}_C = 220\angle 120°V$。
（1）根据题目，各相电流为

$$\begin{cases} \dot{I}_1 = \dfrac{\dot{U}_{AB}}{Z_1} = \dfrac{380\angle 30°}{10+j10} = 26.87\angle -15°(A) \\[3mm] \dot{I}_{AC} = \dfrac{\dot{U}_{AC}}{Z_1} = \dfrac{380\angle -30°}{10+j10} = 26.87\angle -75°(A) \\[3mm] \dot{I}_{A_2} = \dfrac{220\angle 0°}{20} = 11\angle 0°(A) \end{cases}$$

由 KCL 有

$$\dot{I}_A = \dot{I}_1 + \dot{I}_{AC} + \dot{I}_{A_2} = 43.9 - j32.9 = 54.86\angle -36.8°(A)$$

电压表 A_1 的读数为 54.86A，A_2 的读数为 26.87A，A_3 的读数为 11A。
（2）第二组 A 相负载发生短路后，A_2 的读数不变，仍为 26.87A，电流为

$$\dot{I}_{B_2} = \frac{\dot{U}_{BA}}{20} = -11\sqrt{3}\angle 30°A, \quad \dot{I}_{A_2} = \frac{\dot{U}_{AB}}{20} + \frac{\dot{U}_{AC}}{20} = 19\sqrt{3}\,A$$

由 KCL 方程有

$$\dot{I}_A = 19\sqrt{3} + 26.87\angle -75° + 26.87\angle -15° = 73.6\angle -26.6°(A)$$

A_1 的读数为 73.6A，A_2 的读数为 26.87A，A_3 的读数为 19A。
（3）第二组 A 相负载发生断路故障后，A_2 的读数不变，仍为 26.87A，电流为

$$\dot{I}_{B_2} = \frac{\dot{U}_{BC}}{40} = \frac{380\angle -90°}{40} = 9.5\angle -90°(A)$$

根据 KCL 有

$$\dot{I}_A = \dot{I}_1 + \dot{I}_{AC} = 26.87\angle{-15°} + 26.87\angle{-75°} = 46.5\angle{-45°}(A)$$

A_1 的读数为 46.5A，A_2 的读数 26.87A，A_3 的读数为 9.5A。

习题【21】解　（1）为比较电压表 V_1 和 V_2 读数的大小，分别做出两电路的相量图，各电压的参考方向如习题【21】解图（a）所示。设 $\dot{U}_{AB} = U_{AB}\angle{0°}$，则习题【21】图（a）（b）对应习题【21】解图（b）（c）。

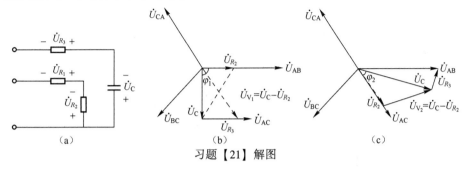

习题【21】解图

习题【21】解图（b）（c）中，$\varphi_1 > 60°$，$\varphi_2 < 60°$，故 V_1 的读数比 V_2 大。

（2）由习题【21】图（b），当 $R_1 = R_2$ 时，若电压表 V_2 的读数为 0，则

$$\dot{U}_{R_2} = \dot{U}_C$$

$$\frac{R_2 \dot{U}_{AC}}{R_1 + R_2} = \frac{jX_C \dot{U}_{AB}}{R_3 + jX_C}$$

由此可求得 $\dfrac{|\dot{U}_{R_3}|}{|\dot{U}_C|} = \tan60°$，即 $R_3 / |X_C| = \sqrt{3}$。

习题【22】解　在电路中设各电流相量的正方向如习题【22】解图所示。

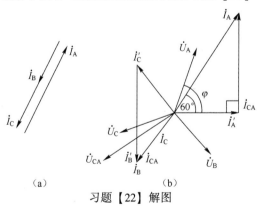

习题【22】解图

因为 $I_A = 10A$，$I_B = 5A$，$I_C = 5A$，所以有习题【22】解图（a）所示的相量关系。设 $\dot{I}_A' = 5\angle{0°}A$，则 $\dot{I}_B' = 5\angle{-120°}A$，$\dot{I}_C' = 5\angle{120°}A$。根据题意可画出习题【22】解图（b）所示的相量图。由相量图可得

$$\dot{I}_{B} = \dot{I}_{B}' = 5\angle -120°A, \quad \dot{I}_{A} = 10\angle -120° -180° = 10\angle 60°(A),$$

$$\dot{I}_{CA} = \dot{I}_{A}' - \dot{I}_{A} = 5\angle 0° -10\angle 60° = 8.66\angle -90°(A)$$

$$\dot{I}_{CA} = \dot{I}_{C} - \dot{I}_{C}' = 5\angle -120° -5\angle 120° = 8.66\angle -90°(A)。$$

对称三相感性负载 M 的功率因数为

$$\cos\varphi = P/\sqrt{3}\,U_1 I_1 = 1000/\sqrt{3}\times 380\times 5 = 0.303, \quad \varphi = 72.3°$$

电压为

$$\begin{cases} \dot{U}_{A}' = 220\angle 72.3°(V) \\ \dot{U}_{B}' = 220\angle 72.3° -120° = 220\angle -47.7°(V) \\ \dot{U}_{C}' = 220\angle -47.7° -120° = 220\angle -167.7°(V) \\ \dot{U}_{CA} = 220\sqrt{3}\angle -167.7° +30° = 380\angle -137.7°(V) \end{cases}$$

阻抗为

$$Z = \dot{U}_{CA}/\dot{I}_{CA} = 380\angle -137.7°/8.66\angle -90° = 29.5 - j32.4(\Omega)$$

功率为

$$P_Z = I_{CA}^2 R_Z = 2.21\text{kW}, \quad Q_Z = I_{CA}^2(-X_Z) = -2.43\text{kVar}$$

习题【23】解　（1）由题意令

$$\dot{U}_{AB} = 380\angle 30°V, \quad \dot{U}_{A} = 220\angle 0°V, \quad \dot{U}_{BC} = 380\angle -90°V$$

设电流 $\dot{I}_{A} = 2\sqrt{3}\angle \varphi A$，其中 $\varphi \in \left[-\dfrac{\pi}{2}, \dfrac{\pi}{2}\right]$。

依题 $-90° < \varphi < 0°$（因为有功功率，故非纯电感 $\varphi \neq 90°$），有

$$P = 380\times 2\sqrt{3}\times \cos(-90° -\varphi) = 658.2 \Rightarrow \varphi = -30°$$

功率因数为

$$\cos\varphi = \frac{\sqrt{3}}{2}$$

总功率为

$$P_{总} = \sqrt{3}\times 380\times 2\sqrt{3}\times \cos(-30°) = 1974.54(W)$$

（2）依题有 $\dot{I}_{A}$ 的角度为 $\varphi = 0°$。

$\dot{I}_{A1}$ 不变，$\dot{I}_{A1} = 2\sqrt{3}\angle -30°A$，$\dot{I}_{C} = \dfrac{\dot{U}_{AB}}{-jX_C} = \dfrac{\dot{U}_{AB}j}{X_C}$。

做出相量图如习题【23】解图所示。

根据 KCL 有

$$\dot{I}_{A} = \dot{I}_{A1} + \dot{I}_{C} \Rightarrow I_{C} = 2A$$

解得

$$X_C = \frac{U_{AB}}{I_C} = \frac{380}{2} = 190(\Omega)$$

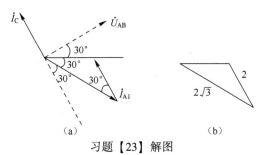

习题【23】解图

习题【24】解 （1）设 $\dot{U}_{AB}=220\angle 30°\mathrm{V}$。因为 R_V 很大，与 W 电压线圈内阻相当，呈Y形连接，为一对称Y形负载，有 $\dot{U}_{N'N''}=0$，N″为中性点，则

$$\dot{U}_{AN'}=\dot{U}_{AN''}=\frac{220}{\sqrt{3}}\angle 0°\mathrm{V}$$

所以

$$\dot{I}_A=\frac{\dot{U}_{AN'}}{Z}=\frac{220/\sqrt{3}\angle 0°}{4+j3}=25.4\angle -36.9°(\mathrm{A})$$

功率表的读数为

$$P=U_{AN''}I_A\cos(\dot{U}_{AN''},\dot{I}_A)=\frac{220}{\sqrt{3}}\times 25.4\times\cos 36.9°=2580(\mathrm{W})$$

（2）断开 P 点后，N′与 N″仍为等电位点，即 $\dot{U}_{N'N''}=0$，功率表上的电压为 $\frac{1}{2}\dot{U}_{AC}$，是 R_V 与 W 电压线圈内阻的分压，而 $\dot{U}_{CA}=220\angle 150°\mathrm{V}$，所以 $\dot{U}_{AC}=220\angle -30°\mathrm{V}$，其中

$$\dot{U}_{AN''}=\frac{1}{2}\dot{U}_{AC}=110\angle -30°\mathrm{V}$$

电流为

$$\dot{I}_A=\frac{\dot{U}_{AN'}}{Z}=\frac{\dot{U}_{AN''}}{Z}=\frac{\dot{U}_{AC}}{2Z}=\frac{220\angle -30°}{2\times(4+j3)}=22\angle -66.9°(\mathrm{A})(\mathrm{B}\text{ 相被断开})$$

功率表的读数为

$$P=U_{AN''}I_A\cos(\dot{U}_{AN''},\dot{I}_A)=110\times 22\times\cos 36.9°=1935(\mathrm{W})$$

（3）断开 Q 点后，N′与 N″不再为等电位点，$\dot{U}_{N'N''}\neq 0$，但 N″仍与三相电源中性点 N 等电位，$\dot{U}_{NN''}=0$，所以

$$\dot{U}_{AN''}=\frac{220}{\sqrt{3}}\angle 0°\mathrm{V}(\text{相当于 A 相的相电压})$$

电流为

$$\dot{I}_A=\frac{\dot{U}_{AC}}{2Z}=22\angle -66.9°\mathrm{A}$$

功率表的读数为

$$P=\dot{U}_{AN''}I_A\cos(\dot{U}_{AN''},\dot{I}_A)=\frac{220}{\sqrt{3}}\times 22\times\cos 66.9°=1096(\mathrm{W})(\mathrm{B}\text{ 相仍被断开})$$

A9　第12章习题答案

习题【1】解　（1）由题意知 $\omega_2 = 3000\text{rad/s}$ 时，L 与 C_1 发生并联谐振；$\omega_1 = 1000\text{rad/s}$ 时，L 与 C_1 并联再与 C_2 构成串联谐振时，有

$$C_1 = \frac{1}{3000^2 \times 1} = 1.11 \times 10^{-7} (\text{j}1000) // (-\text{j}9000) + \frac{1}{\text{j}\omega C_2} = 0(\text{F})$$

$$C_2 = \frac{1}{1000 \times 1125} = 8.89 \times 10^{-7} (\text{j}1000) // (-\text{j}9000) = \text{j}1125(\text{F})$$

（2）当10V电压作用时，$P_1 = 0\text{W}$，$\dot{U}_V = 0$。

$u_S = 200\cos 1000t\,\text{V}$ 单独作用时，有

$$P_2 = \frac{\left(\dfrac{200}{\sqrt{2}}\right)^2}{1000} = 20(\text{W}), \quad \dot{U}_V = \text{j}1125 \times \left(\frac{200}{1000\sqrt{2}}\right) = 159.1\angle 90°(\text{V})$$

$u_S = 15\cos 3000t\,\text{V}$ 单独作用时，有

$$P_3 = 0\text{W}, \quad \dot{U}_V = \frac{15}{\sqrt{2}}\angle 0°\text{V}$$

综上有

$$U = \sqrt{159.1^2 + \left(\frac{15}{\sqrt{2}}\right)^2} = 159.45(\text{V}), \quad P = P_1 + P_2 + P_3 = 20\text{W}$$

习题【2】解　将一次侧电路等效到二次侧，如习题【2】解图（1）所示。

习题【2】解图（1）

（1）电流源独立作用时，等效电路如习题【2】解图（2）所示。

习题【2】解图（2）

由图可知

$$\dot{I}_S = 2\angle 0°\text{A}, \quad Z_{eq} = 5 // (-\text{j}20) // \text{j}5 = 4\angle 36.87°(\Omega)$$

$$\dot{U}' = \dot{I}_S Z_{eq} = 8\angle 36.87°\text{V}, \quad P_1 = U'I_S\cos 36.87° = 12.8\text{W}$$

（2）电压源单独作用时，等效电路如习题【2】解图（3）所示。

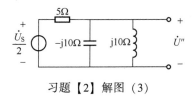

习题【2】解图（3）

由图可知，电路发生并联谐振，有

$$\dot{U}'' = \frac{\dot{U}_{\mathrm{S}}}{2} = 20\angle 0°\mathrm{V}, \quad P_2 = 0\mathrm{W}$$

综上

$$u(t) = u'(t) + u''(t) = 8\sqrt{2}\cos(\omega t + 36.87°) + 20\sqrt{2}\cos 2\omega t\,\mathrm{V}$$

i_{S} 发出的有功功率

$$P = P_1 + P_2 = 12.8\mathrm{W}$$

习题【3】解　（1）当 $u_{\mathrm{S}}(t) = 40\cos 1000t\,\mathrm{V}$ 单独作用时，发生串联谐振，如习题【3】解图（1）所示，有

$$\dot{I} = \frac{40\angle 0°}{5\times 2\times \sqrt{2}} = 2\sqrt{2}\angle 0°(\mathrm{A}), \quad P_1 = \frac{\left(\dfrac{40}{2\sqrt{2}}\right)^2}{5} = 40(\mathrm{W})$$

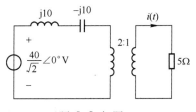

习题【3】解图（1）

（2）当 $u_{\mathrm{S}}(t) = 10\cos 2000t\,\mathrm{V}$ 单独作用时，如习题【3】解图（2）所示，有

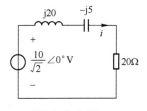

习题【3】解图（2）

$$\dot{I}_1 = \frac{10/\sqrt{2}}{20 + \mathrm{j}15} = \frac{\sqrt{2}}{5}\angle -36.87°(\mathrm{A})$$

理想变压器有

$$\frac{\dot{I}_1}{\dot{I}} = \frac{1}{2}, \quad \dot{I} = 2\dot{I}_1 = \frac{2\sqrt{2}}{5} \angle -36.87° \text{A}$$

功率为

$$P_2 = \left(\frac{2\sqrt{2}}{5}\right)^2 \times 5 = 1.6(\text{W})$$

综上

$$P = P_1 + P_2 = 41.6\text{W}, \quad i(t) = 4\cos 1000t + 0.8\cos(2000t - 36.87°)\text{A}$$

习题【4】解 如习题【4】解图所示。

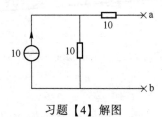

习题【4】解图

（1）$i_S = 10\text{A}$ 单独作用时，有

$$U_{\text{ab}} = 10 \times 10 = 100(\text{V}), \quad P_1 = U_{\text{ab}} \cdot I = 1000\text{W}$$

（2）$\dot{I}_S = 4 \angle 0° \text{A}$，基波作用时，$L_1$、$C_1$ 串联谐振，把 C_2、L_2 支路短掉，有

$$P_2 = \left(\frac{4}{2}\right)^2 \times (R_1 + R_2) = 80\text{W}, \quad \dot{U}_{\text{ab}} = \frac{1}{2}\dot{I}_S \frac{1}{\text{j}\omega C} = 200 \angle -90° \text{V}$$

（3）二次谐波作用时，$\dot{I}_S = 2 \angle 90° \text{A}$，电压为

$$U_{\text{ab}(2)} = \dot{I}_S \cdot R_1 \cdot \left(\frac{\dfrac{1}{\text{j}2\omega C_1}}{\text{j}2\omega L_1 + \dfrac{1}{\text{j}2\omega C_1}} - \frac{\text{j}2\omega L_2}{\text{j}2\omega L_2 + \dfrac{1}{\text{j}2\omega C_2}}\right) = 0$$

其中

$$2\omega L_1 = 200 \times \frac{1}{2\omega C_1} = 50\Omega, \quad 2\omega L_2 = 50 \times \frac{1}{2\omega C_2} = 200\Omega$$

两并联支路发生并联谐振，有

$$U_{\text{ab}} = 0\text{V} \Rightarrow (U_{\text{a}} = U_{\text{b}}), \quad P_3 = 2^2 \times 10 = 40(\text{W})$$

得到

$$P = P_1 + P_2 + P_3 = 1000 + 80 + 40 = 1120(\text{W})$$

$$u_{\text{ab}} = 100 + 200\sqrt{2}\sin(\omega t - 90°)\text{V}$$

$$U_{\text{ab}} = \sqrt{100^2 + 200^2} = 223.61(\text{V})$$

习题【5】解 如习题【5】解图所示。

（1）直流分量单独作用时，习题【5】解图（a）中，将电感视为短路，电容视为开路，有

$$U_{C(0)} = 0\text{V}, \quad U_{(0)} = -\frac{1}{1+2} \times 3 = -1(\text{V})$$

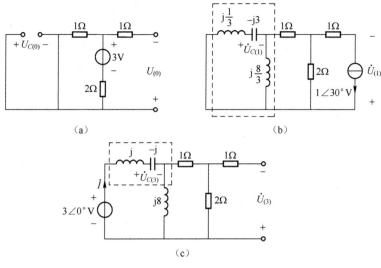

习题【5】解图

（2）基波分量单独作用时，习题【5】解图（b）中，L_1 与 C 串联后与 L_2 发生并联谐振，对外等效为断路，即

$$\dot{U}_{(1)}=1\angle30°\times(1+2)=3\angle30°(\text{V})，\quad \dot{U}_{C(1)}=\frac{-\text{j}3}{\text{j}\dfrac{1}{3}-\text{j}3}\times2\angle30°=\frac{9}{4}\angle30°(\text{V})$$

（3）三次谐波分量单独作用时，习题【5】解图（c）中，L_1 与 C 发生串联谐振，对外等效为短路，即

$$\dot{U}_{(3)}=-\frac{2}{1+2}\times3\angle0°=-2\angle0°(\text{V})，\quad \dot{I}=\frac{3\angle0°}{3//\text{j}8}=\frac{\sqrt{73}}{8}\angle-20.56°(\text{A})$$

则

$$\dot{U}_{C(3)}=-\text{j}\cdot\dot{I}=\frac{\sqrt{73}}{8}\angle-110.56°\text{V}$$

综上

$$\begin{cases}u_C(t)=\dfrac{9}{4}\sqrt{2}\cos(t+30°)+\dfrac{\sqrt{146}}{8}\cos(3t-110.56°)\ \text{V}\\[2mm] u(t)=-1+3\sqrt{2}\cos(t+30°)-2\sqrt{2}\cos3t\ \text{V}\end{cases}$$

习题【6】解　如习题【6】解图所示。

（1）电源直流分量作用时，电路如习题【6】解图（b）所示，有

$$I_{10}=I_{30}=\frac{30}{30}=1(\text{A}),\quad I_{20}=0,\quad U_0=30\text{V},\quad P_0=U_0I_{10}=30\times1=30(\text{W})$$

（2）电源基波作用时，电路如习题【6】解图（c）（相量电路）所示，40mH 与 25μF 发生并联谐振，A、B 相当于开路，有

$$\dot{I}_{11}=\dot{I}_{31}=0,\quad \dot{U}_1=120\angle0°\text{V},\quad \dot{I}_{21}=\frac{120\angle0°}{-\text{j}40}=\text{j}3(\text{A}),\quad P_1=0$$

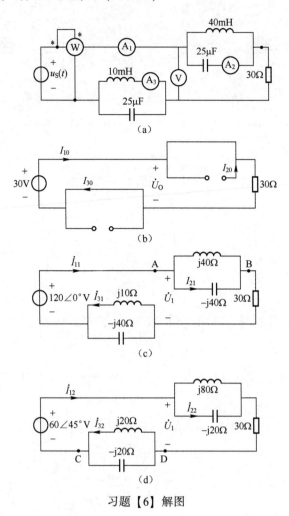

习题【6】解图

（3）电源二次谐波作用时，电路如习题【6】解图（d）所示，10mH 与 25μF 发生并联谐振，C、D 相当于开路，有

$$I_{12}=I_{22}=0, \quad U_2=0, \quad I_{32}=\frac{60}{20}=3(\text{A}), \quad P_2=0$$

因此，各电表的读数：

$$\text{A}_1 \text{读数为} \sqrt{I_{10}^2+I_{11}^2+I_{12}^2}=\sqrt{1^2+0^2+0^2}=1(\text{A})$$

$$\text{A}_2 \text{读数为} \sqrt{I_{20}^2+I_{21}^2+I_{22}^2}=\sqrt{0^2+3^2+0^2}=3(\text{A})$$

$$\text{A}_3 \text{读数为} \sqrt{I_{30}^2+I_{31}^2+I_{32}^2}=\sqrt{1^2+0^2+3^2}=3.16(\text{A})$$

$$\text{V 读数为} \sqrt{U_0^2+U_1^2+U_2^2}=\sqrt{30^2+120^2+0^2}=123.7(\text{V})$$

$$\text{W 读数为} P=P_0+P_1+P_2=30+0+0=30(\text{W})$$

习题【7】解 （1）基波分量单独作用时，电路发生串并联谐振，即

$$u_{O(1)}(t)=u_{S(1)}(t)=220\sqrt{2}\cos314t\,\text{V}$$

（2）三次谐波单独作用时，有

$$X_{L_1} = X_{L_2} = 94.2\Omega, \quad X_{C_1} = X_{C_2} = \frac{31.4}{3}\Omega$$

$$\dot{U}_{O(3)} = \dot{U}_{S(3)} \cdot \frac{j94.2 // -\frac{31.4}{3}j}{j94.2 // -\frac{31.4}{3}j + 94.2j - \frac{31.4}{3}j} = 55\angle 0° \times \left(-\frac{9}{55}\right) = -9\angle 0° (\text{V})$$

则

$$u_{O(3)}(t) = -9\sqrt{2}\cos(3\times 314t)\,\text{V}$$

解得

$$u_O(t) = 220\sqrt{2}\cos(314t) - 9\sqrt{2}\cos(3\times 314t)\,\text{V}$$

习题【8】解　右侧理想变压器：$u_1/u_2 = 1/2$，与此同时，由于导线连接，$u_1 = u_2$，故 $u_1 = u_2 = 0$。

将右侧视为短路，去耦等效电路如习题【8】解图所示。

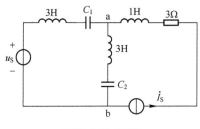

习题【8】解图

（1）当 $\omega = 1\text{rad/s}$ 时，即 $\dot{U}_{S1} = 18\angle 0°\text{V}$，$\dot{I}_S = 6\angle 0°\text{A}$。

a、b 支路发生串联谐振，相当于短路，则

$$\dot{I}_1 = \frac{\dot{U}_{S1}}{-j3} + 6 = 6 + 6j \Rightarrow i_1 = 12\cos(t+45°)\,\text{A}$$

当 $\omega = 2\text{rad/s}$ 时，即 $\dot{U}_{S2} = 9\angle 30°\text{V}$，有

$$\dot{I}_2 = \frac{\dot{U}_{S2}}{j7.5} = 1.2\angle -60°\text{A}, \quad i_2 = 1.2\sqrt{2}\cos(2t-60°)\,\text{A}$$

综合 $i = i_1 + i_2 = 12\cos(t+45°) + 1.2\sqrt{2}\cos(2t-60°)\,\text{A} \Rightarrow I = \sqrt{(6\sqrt{2})^2 + 1.2^2} = 8.57(\text{A})$。

（2）电源发出的有功功率全部消耗在电阻上，因此有

$$P = 6^2 \times 3 = 108(\text{W})$$

习题【9】解　（1）当 $u_1(t) = 15\text{V}$ 单独作用时，$i_1 = 0\text{A}$。

（2）当 $u_2(t) = 20\sqrt{2}\cos\left(\frac{1}{3}t+30°\right)\text{V}$ 单独作用时，有

$$U_2 = 20\angle 30°\text{V}, \quad i_2(t) \approx 1\angle 30°\text{A}$$

（3）当 $u_3(t) = 10\sqrt{2}\cos\text{V}$、$i_S(t) = 9\sqrt{2}\cos t\,\text{A}$ 一起作用时，解得

$$\dot{I}_3 = 5\angle 0°\text{A} \Rightarrow i_3 = 5\sqrt{2}\cos t\,\text{A}$$

最后

$$i(t)=i_1+i_2+i_3=\sqrt{2}\cos\left(\frac{1}{3}t+30°\right)+5\sqrt{2}\cos t\,\mathrm{A}$$

有效值

$$I=\sqrt{1^2+5^2}=5.1\mathrm{A},\quad P=\left|1^2R_1+4^2R_1\right|=170\mathrm{W}$$

习题【10】解 由于 $u_2(t)$ 不含 ω_2 分量，所以 ω_2 分量使 L_1 和 C_2 发生并联谐振，那么

$$\mathrm{j}\omega_2L_1+\frac{1}{\mathrm{j}\omega_2C_2}=0\Rightarrow C_2=\frac{1}{\omega_2^2L_1}$$

由于 $u_2(t)$ 含全部 ω_1 分量，Z_3 与 L_1、C_2 发生串联谐振，那么

$$Z_3+\mathrm{j}\omega_1L_1//\frac{1}{\mathrm{j}\omega_1C_2}=Z_3+\frac{\omega_1L_1}{\mathrm{j}(\omega_1^2L_1C_2-1)}=0$$

综合

$$Z_3=-\mathrm{j}\frac{\omega_1\omega_2^2L_1}{\omega_2^2-\omega_1^2}(\omega_2>\omega_1\ \text{电容性})$$

习题【11】解 如习题【11】解图所示。

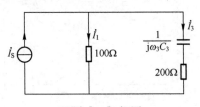

习题【11】解图

（1）C_1 中只有基波电流。当三次谐波作用时，L 与 C_2 并联谐振，有

$$\omega_3=\frac{1}{\sqrt{LC_2}}\Rightarrow C_2=\frac{1}{\omega_3^2L}=\frac{1}{(3000)^2\times0.1}=\frac{1}{9}\times10^{-5}(\mathrm{F})$$

C_3 中只有三次谐波电流，当基波作用时，C_1 与 $(L//C_2)$ 串联谐振，有

$$\mathrm{j}\omega L//\left(\frac{1}{\mathrm{j}\omega C_2}\right)=\mathrm{j}\frac{225}{2}\Rightarrow C_1=\frac{8}{9}\times10^{-5}\mathrm{F}$$

（2）① 当 $i_S=5\mathrm{A}$ 作用时，有

$$i_1=5\mathrm{A},\quad i_2=i_3=0$$

② 当 $i_S=20\sin1000t\,\mathrm{A}$ 作用时（串联谐振相当于短路），有

$$i_2=i_S=20\sin1000t\,\mathrm{A},\quad i_1=i_3=0$$

③ 当 $i_S=10\sin3000t\,\mathrm{A}$ 作用时，有

$$\dot{I}_S=\frac{10}{\sqrt{2}}\angle0°\mathrm{A},\quad \dot{I}_2=0$$

$$\begin{cases}\dot{I}_1+\dot{I}_3=\frac{10}{\sqrt{2}}\angle0°\mathrm{A}\\100\dot{I}_1=\dot{I}_3\left(200+\mathrm{j}\frac{1}{\mathrm{j}\omega_3C_3}\right)\end{cases}\Rightarrow\begin{cases}\dot{I}_1=6.13\angle-11°\mathrm{A}\\\dot{I}_3=1.58\angle48°\mathrm{A}\end{cases}$$

应用叠加定理可得

$$i_1(t)=5+6.13\sqrt{2}\sin(3000t-11°)\text{A}, \quad i_2(t)=20\sin1000t\text{A}, \quad i_3(t)=1.58\sqrt{2}\sin(3000t+48°)\text{A}$$

习题【12】解　由题意有 $P=5^2\times0.4+5^2\times R=17.5(\text{W})$。

解得 $R=0.3\Omega$。

直流电流源 $I_0=7\text{A}$ 单独作用时，有

$$\text{A}_1:3\text{A}, \quad \text{A}_3:4\text{A}, \quad \text{A}_2:0\text{A}（电容开路）$$

电压源 $\dot{U}_\text{S}$ 单独作用时，有

$$\text{A}_1:\sqrt{5^2-3^2}=4\text{A}, \quad \text{A}_3:\sqrt{5^2-4^2}=3\text{A}, \quad \text{A}_2:5\text{A}$$

设 $\dot{U}_C=U_C\angle0°\text{V}$，画出电压电流相量图如习题【12】解图所示。

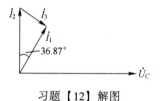

习题【12】解图

$$X_L=R\cdot\tan36.87°=0.225\Omega, \quad 5X_C=3\sqrt{X_L^2+R^2}$$

并联电路电压相等，即

$$X_C=0.225\Omega$$

$$\dot{U}_C=-\text{j}0.225\times5\text{j}=1.125\angle0°(\text{V}), \quad \dot{U}_\text{S}=0.4\times\dot{I}_1+\dot{U}_C=2.447\angle31.5°(\text{V})$$

综上所述

$$R=0.3\Omega, \quad X_L=0.225\Omega, \quad X_C=0.225\Omega, \quad U_\text{S}=2.447\text{V}$$

习题【13】解　如习题【13】解图所示。

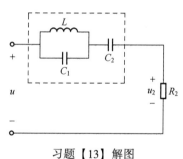

习题【13】解图

由题意 $u=\sqrt{2}U_1\sin\omega t+\sqrt{2}U_3\sin3\omega t$，$u_2=\sqrt{2}U_1\sin\omega t$。

通过分别分析 u、u_2 表达式可知，基波时出现整体串联揩振，三次谐波时出现局部并联谐振，即

$$3\omega L=\frac{1}{3\omega C_1}\Rightarrow L=\frac{1}{9\omega^2C_1}=0.12\text{H}$$

阻抗为

$$Z_{(1)}=\dfrac{\mathrm{j}\omega L\dfrac{1}{\mathrm{j}\omega C_1}}{\mathrm{j}\omega L+\dfrac{1}{\mathrm{j}\omega C_1}}+\dfrac{1}{\mathrm{j}\omega C_2}=\dfrac{\mathrm{j}\omega L}{1-\omega^2 LC_1}-\mathrm{j}\dfrac{1}{\omega C_2}\Rightarrow\dfrac{\omega L}{1-\omega^2 LC_1}=\dfrac{1}{\omega C_2}$$

$$1-\omega^2 LC_1=\omega^2 LC_2\Rightarrow C_2=\dfrac{1}{\omega^2 L}-C_1=\dfrac{1}{314^2\times0.12}-9.4\times10^{-6}=7.512\times10^{-5}(\mathrm{F})$$

习题【14】解　(1) 当只有一次谐波分量通过时，$u(t)=100\cos314t\mathrm{V}$，$i(t)=10\cos314t\mathrm{A}$。$L$、$C$ 发生串联谐振，则

$$R=\dfrac{100}{10}=10(\Omega),\qquad\dfrac{1}{\omega C}=\omega L$$

只有三次谐波分量通过时，则

$$u(t)=50\cos(924t-30°)\mathrm{V},\quad i(t)=1.755\cos(924t+\theta_3)\mathrm{A}$$

$$R+\mathrm{j}\left(3\omega L-\dfrac{1}{3\omega C}\right)=\dfrac{50\angle-30°}{1.755\angle\theta_3}=28.5\angle(-30°-\theta_3)$$

$$\Rightarrow10+\mathrm{j}\left(3\omega L-\dfrac{1}{3\omega C}\right)=\dfrac{50\angle-30°}{1.755\angle\theta_3}=28.5\angle(-30°-\theta_3)$$

联立

$$\begin{cases}10=28.5\cos(-30°-\theta_3)\\3\omega L-\dfrac{1}{3\omega C}=28.5\sin(-30°-\theta_3)\\\dfrac{1}{\omega C}=\omega L\end{cases}\Rightarrow\begin{cases}\theta_3=-99.46°\\L=31.87\mathrm{mH}\\C=318.22\mu\mathrm{F}\end{cases}$$

电流

$$I=\sqrt{I_{(1)}^2+I_{(3)}^2}=\sqrt{\left(\dfrac{10}{\sqrt2}\right)^2+\left(\dfrac{1.755}{\sqrt2}\right)^2}=7.18(\mathrm{A})$$

(2) 总功率

$$P_{总}=I^2\cdot R=515.52\mathrm{W}$$

习题【15】解　如习题【15】解图（1）所示。

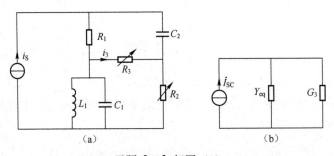

习题【15】解图（1）

(1) i_S 的有效值 $I_S=\sqrt{15^2+12^2+16^2}=25(\mathrm{A})$。

(2) 对基波分量，调节 R_2，使 $i_3=0$，即电桥平衡，各元件参数满足

$$\frac{1}{R_1 R_2} = j\omega C_2 \left(j\omega C_1 + \frac{1}{j\omega L_1} \right)$$

代入数值可得

$$R_2 = 2\Omega$$

（3）三次谐波分量单独作用时，取 $\dot{I}_{S(3)} = 16\angle 0° A$，等效电路如习题【15】解图（2）所示。

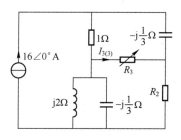

习题【15】解图（2）

断开 R_3，求开路电压 $\dot{U}_{OC}$，其中等效阻抗 $Z = j2 // \left(-j\frac{1}{3} \right) = -j\frac{5}{2}$，如习题【15】解图（3）所示。

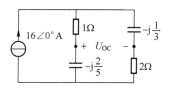

习题【15】解图（3）

开路电压为

$$\dot{U}_{OC} = \frac{2-j\frac{1}{3}}{2-j\frac{1}{3}+1-j\frac{2}{5}} \times 16\angle 0° \times \left(-j\frac{2}{5} \right) - \frac{1-j\frac{2}{5}}{2-j\frac{1}{3}+1-j\frac{2}{5}} \times 16\angle 0° \times 2 = 11.05\angle -116.26° (V)$$

R_3 以外的等效阻抗为

$$Z_{eq} = \left(1-j\frac{1}{3} \right) // \left(2-j\frac{2}{5} \right) = 0.7\angle -16° (\Omega)$$

R_3 为纯电阻，而等效阻抗含有虚部，无法共轭匹配，因而为共模匹配的情况。

$R_3 = |Z_{eq}| = 0.7\Omega$ 时，最大功率为

$$P_{max} = \left(\frac{U_{OC}}{|Z_{eq}+R_2|} \right)^2 \times R_3 = 44.46W$$

A10　第 13 章习题答案

习题【1】解　$t<0$ 时，$i_L(0_-)=2$A，$u_C(0_-)=6$V，做出 $t\geq0_+$ 时复频域等效电路如习题【1】解图所示。

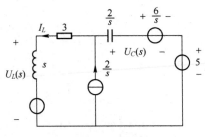

习题【1】解图

$$(3+s)I_L(s)-2=\frac{2}{s}\left(\frac{2}{s}-I_L\right)+5+\frac{6}{s}\Rightarrow I_L(s)=\frac{7s^2+6s+4}{s(s+1)(s+2)}$$

则

$$U_C(s)=\left[\frac{2}{s}-I_L(s)\right]\frac{2}{s}+\frac{6}{s}=\frac{6}{s}-\frac{10}{s+1}+\frac{10}{s+2},\quad U_L(s)=sI_L(s)-2=5+\frac{5}{s+1}-\frac{20}{s+2}$$

反变换得

$$u_C(t)=(6-10\mathrm{e}^{-t}+10\mathrm{e}^{-2t})\varepsilon(t)\mathrm{V},\quad u_L(t)=5\delta(t)+(5\mathrm{e}^{-t}-20\mathrm{e}^{-2t})\varepsilon(t)\mathrm{V}$$

习题【2】解　运算电路图如习题【2】解图所示。

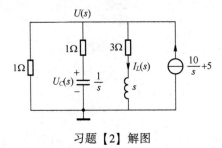

习题【2】解图

列节点电压方程为

$$\left(1+\frac{1}{1+\frac{1}{s}}+\frac{1}{3+s}\right)U(s)=\frac{10}{s}+5\Rightarrow U(s)=\frac{5(s+1)(s+2)(s+3)}{2s(s^2+4s+2)}$$

则

$$\begin{cases}I_L(s)=\dfrac{U(s)}{s+3}=\dfrac{5(s+1)(s+2)}{2s(s^2+4s+2)}=\dfrac{5}{2}\left(\dfrac{1}{s}+\dfrac{-0.35}{s+0.59}+\dfrac{0.35}{s+3.41}\right)\\[4mm]U_C(s)=\dfrac{\frac{1}{s}}{1+\frac{1}{s}}U(s)=\dfrac{5(s+2)(s+3)}{2s(s^2+4s+2)}=\dfrac{5}{2}\left(\dfrac{3}{s}+\dfrac{-2.04}{s+0.59}+\dfrac{0.06}{s+3.41}\right)\end{cases}$$

故

$$\begin{cases} i_L(t) = L^{-1}[I_L(s)] = (2.5 - 0.875e^{-0.59t} + 0.875e^{-3.41t})\varepsilon(t)\,\mathrm{A} \\ u_C(t) = L^{-1}[U_C(s)] = (7.5 - 5.1e^{-0.59t} + 0.15e^{-3.41t})\varepsilon(t)\,\mathrm{V} \end{cases}$$

习题【3】解 做出复频域图如习题【3】解图所示。

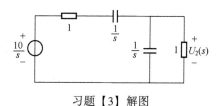

习题【3】解图

$$u_{C_1}(0_-) = u_{C_2}(0_-) = 0\,\mathrm{V}$$

闭合开关 K 前，进行拉氏变换时，无附加电源，有

$$U_2(s) = \frac{\dfrac{\dfrac{10}{s}}{1+\dfrac{1}{s}}}{\dfrac{1}{1+\dfrac{1}{s}}+\dfrac{1}{\dfrac{1}{s}}+\dfrac{1}{1}} = \frac{10}{s^2+3s+1} = \frac{k_1}{s-\dfrac{-3+\sqrt{5}}{2}} + \frac{k_2}{s-\dfrac{-3-\sqrt{5}}{2}}$$

则系数为

$$k_1 = \left(s-\frac{-3+\sqrt{5}}{2}\right)U_2(s)\,\Big|_{s=\frac{-3+\sqrt{5}}{2}} = 4.472, \quad k_2 = \left(s-\frac{-3-\sqrt{5}}{2}\right)U_2(s)\,\Big|_{s=\frac{-3-\sqrt{5}}{2}} = -4.472$$

$$U_2(s) = \frac{4.472}{s-\dfrac{-3+\sqrt{5}}{2}} - \frac{4.472}{s-\dfrac{-3-\sqrt{5}}{2}}$$

进行拉氏反变换有

$$u_2(t) = L^{-1}[U_2(s)] = (4.472e^{-0.382t} - 4.472e^{-2.618t})\varepsilon(t)\,\mathrm{V}$$

习题【4】解 画出运算电路如习题【4】解图所示。

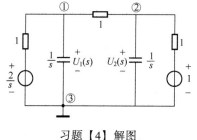

习题【4】解图

以节点③为参考节点，列写节点电压方程为

$$\begin{cases} \left(\dfrac{1}{1}+\dfrac{1}{1}+\dfrac{1}{\frac{1}{s}}\right)U_1(s)-\dfrac{1}{1}U_2(s)=\dfrac{2}{s} \\ -\dfrac{1}{1}U_1(s)+\left(\dfrac{1}{1}+\dfrac{1}{1}+\dfrac{1}{\frac{1}{s}}\right)U_2(s)=1 \end{cases} \Rightarrow \begin{cases} U_1(s)=\dfrac{3s+4}{s(s+1)(s+3)} \\ U_2(s)=\dfrac{s^2+2s+2}{s(s+1)(s+3)} \end{cases}$$

解得

$$U_1(s)=\frac{3s+4}{s(s+1)(s+3)}=\frac{A}{s}+\frac{B}{s+1}+\frac{C}{s+3}$$

$$A=sU_1(s)\big|_{s=0}=\frac{4}{3},\quad B=(s+1)U(s)\big|_{s=-1}=-\frac{1}{2},\quad C=(s+3)U(s)\big|_{s=-3}=-\frac{5}{6}$$

得到

$$U_1(s)=\frac{4}{3}\times\frac{1}{s}-\frac{1}{2}\times\frac{1}{s+1}-\frac{5}{6}\times\frac{1}{s+3}$$

经过逆变换可得

$$u_1(t)=\left(\frac{4}{3}-\frac{1}{2}e^{-t}-\frac{5}{6}e^{-3t}\right)\varepsilon(t)\text{V}$$

同理

$$U_2(s)=\frac{s^2+2s+2}{s(s+1)(s+3)}=\frac{k_1}{s}+\frac{k_2}{s+1}+\frac{k_3}{s+3}$$

$$k_1=sU_2(s)\big|_{s=0}=\frac{2}{3},\quad k_2=(s+1)U_2(s)\big|_{s=-1}=-\frac{1}{2},\quad k_3=(s+3)U_2(s)\big|_{s=-3}=\frac{5}{6}$$

解得

$$U_2(s)=\frac{2}{3}\times\frac{1}{s}-\frac{1}{2}\times\frac{1}{s+1}+\frac{5}{6}\times\frac{1}{s+3}$$

经过逆变换可得

$$u_2(t)=\left(\frac{2}{3}-\frac{1}{2}e^{-t}+\frac{5}{6}e^{-3t}\right)\varepsilon(t)\text{V}$$

习题【5】解 结合电路图可知，$t<0$ 时，有

$$i_L(0_-)=\frac{U_\text{S}}{R}=\frac{10}{1}=10(\text{A})=i_L(0_+)$$

$$u_{C_1}(0_-)=\frac{C_2}{C_1+C_2}U_\text{S}=5\text{V}=u_{C_1}(0_+),\quad u_{C_2}(0_-)=\frac{C_1}{C_1+C_2}U_\text{S}=5\text{V}=u_{C_2}(0_+)$$

$t>0$ 时，运算电路如习题【5】解图（1）所示。

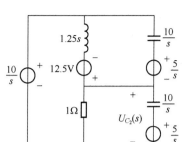

习题【5】解图（1）

化简后如习题【5】解图（2）所示。

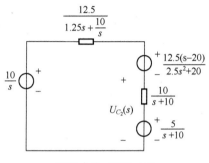

习题【5】解图（2）

故

$$U_{C_2}(s) = \frac{\dfrac{10}{s} - \dfrac{12.5(s-20)}{2.5s^2+20} - \dfrac{5}{s+10}}{\dfrac{12.5}{1.25s+\dfrac{10}{s}} + \dfrac{10}{s+10}} \times \frac{10}{s+10} + \frac{5}{s+10} = -\frac{20}{3} \times \frac{1}{s+4} + \frac{5}{3} \times \frac{1}{s+1} + \frac{10}{s}$$

反拉式变换后有

$$u_{C_2}(t) = L^{-1}[U_{C_2}(s)] = \left(-\frac{20}{3}e^{-4t} + \frac{5}{3}e^{-t} + 10\right)\varepsilon(t)\,\mathrm{V}$$

习题【6】解 开关未动作前，电路达到稳态，根据分压公式有

$$\dot{U}_C = \frac{\dfrac{1}{j\omega C_2}}{R + \dfrac{1}{j\omega C_2}} \cdot \dot{U}_S = \frac{-j500}{500-j500} \cdot 100\angle 0° = 50\sqrt{2}\angle -45°(\mathrm{V})$$

$$\dot{I}_C = \frac{100\angle 0°}{500-j500} = 0.1\sqrt{2}\angle 45°(\mathrm{A})$$

则

$$u_C(t) = 50\sqrt{2}\sin(\omega t - 45°)\,\mathrm{V}, \quad u_C(0_-) = 50\sqrt{2}\sin(-45°) = -50(\mathrm{V}),$$

$$i_C(t) = 0.1\sqrt{2}\sin(\omega t + 45°)\,\mathrm{A}, \quad i_C(0_-) = 0.1\sqrt{2} \times \frac{\sqrt{2}}{2} = 0.1(\mathrm{A})$$

根据运算电路，如习题【6】解图所示，有

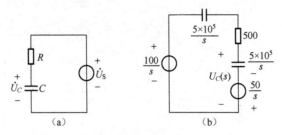

习题【6】解图

$$U_C(s) = \frac{\dfrac{5\times10^5}{s}}{\dfrac{5\times10^5}{s}+\dfrac{5\times10^5}{s}+500}\left(\frac{100}{s}+\frac{50}{s}\right)-\frac{50}{s} = \frac{-50s+50000}{s(s+2000)} = \frac{A}{s}+\frac{B}{s+2000}$$

$$A = \lim_{s\to 0}sU_C(s) = \frac{50000}{2000} = 25, \quad B = \lim_{s\to -2000}(s+2000)U_C(s) = \frac{150000}{-2000} = -75$$

则

$$U_C(s) = \frac{25}{s}-\frac{75}{s+2000}$$

根据拉氏变换有

$$u_C(t) = L^{-1}\left[U_C(s)\right] = \left(25-75\mathrm{e}^{-2000t}\right)\varepsilon(t)\,\mathrm{V}$$

习题【7】解　$t<0$ 时，电路达稳态，有

$$u_C(0_-) = u_C(0_+) = 0\mathrm{V}, \quad i_L(0_-) = i_L(0_+) = 0\mathrm{A}$$

画出运算电路，标出节点如习题【7】解图所示。

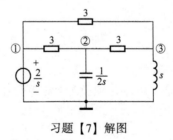

习题【7】解图

由节点电压法有

$$\begin{cases} U_{n1}(s) = \dfrac{2}{s} \\[2mm] \left(\dfrac{1}{3}+\dfrac{1}{3}+2s\right)U_{n2}(s)-\dfrac{1}{3}U_{n1}(s)-\dfrac{1}{3}U_{n3}(s) = 0 \\[2mm] \left(\dfrac{1}{3}+\dfrac{1}{3}+\dfrac{1}{s}\right)U_{n3}(s)-\dfrac{1}{3}U_{n1}(s)-\dfrac{1}{3}U_{n2}(s) = 0 \end{cases}$$

联立解得

$$U_{n2}(s) = \frac{6(s+1)}{S(12s^2+21s+6)} = \frac{1}{s} + \frac{-0.864}{s+0.36} + \frac{-0.136}{s+1.39}$$

反拉式变换后，有

$$u_C(t) = L^{-1}[U_{n2}(s)] = (1-0.864e^{-0.36t}-0.136e^{-1.39t})\,\mathrm{V} \quad t \geqslant 0$$

习题【8】解 运算电路如习题【8】解图所示，由节点电压法有

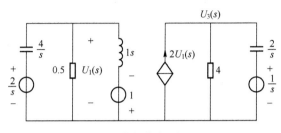

习题【8】解图

$$\left(\frac{s}{4}+2+\frac{1}{s}\right)U_1(s) = \frac{1}{2} - \frac{1}{s}$$

$$U_3(s) = \frac{2+8U_1(s)}{2s+1} = \frac{2}{2s+1} + \frac{8(2s-4)}{(s^2+8s+4)(2s+1)} = -\frac{79}{s+\frac{1}{2}} - \frac{1.569}{s+7.464} + \frac{81.56}{s+0.536}$$

所以

$$u_2(t) = (2.732e^{-7.464t}-0.732e^{-0.536t})\varepsilon(t)\,\mathrm{V}$$

$$u_3(t) = (-79e^{-\frac{1}{2}t}-1.569e^{-7.464t}+81.56e^{-0.536t})\varepsilon(t)\,\mathrm{V}$$

习题【9】解 $t<0$ 时，稳态电路如习题【9】解图（1）所示，有

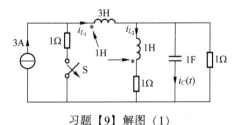

习题【9】解图（1）

$$i_{L_1}(0_-) = 2\mathrm{A}, \quad i_{L_2}(0_-) = 1\mathrm{A}, \quad i(0_-) = 1\mathrm{A}, \quad u_C(0_-) = 1\mathrm{V}$$

$t \geqslant 0$ 时，做出运算电路，如习题【9】解图（2）所示。

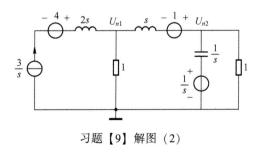

习题【9】解图（2）

由节点电压法有

$$\begin{cases} \left(1+\dfrac{1}{s}\right)U_{n1}(s)-\dfrac{1}{s}U_{n2}(s)=\dfrac{3}{s}+\dfrac{-1}{s}=\dfrac{2}{s} \\ -\dfrac{1}{s}U_{n1}(s)+\left(1+s+\dfrac{1}{s}\right)U_{n2}(s)=1+\dfrac{1}{s} \end{cases}$$

整理得

$$\begin{cases} (1+s)U_{n1}(s)-U_{n2}(s)=2 \\ -U_{n1}(s)+(1+s+s^2)U_{n2}(s)=1+s \end{cases}$$

运用克莱默法则有

$$U_{n2}(s)=\dfrac{\begin{vmatrix} s+1 & 2 \\ -1 & s+1 \end{vmatrix}}{\begin{vmatrix} s+1 & -1 \\ -1 & s^2+s+1 \end{vmatrix}}=\dfrac{s^2+2s+3}{s(s^2+2s+2)}, \quad I_C(s)=\left(U_{n2}(s)-\dfrac{1}{s}\right)\cdot s=\dfrac{1}{(s+1)^2+1}$$

反变换为 $i_C(t)=\mathrm{e}^{-t}\sin t\varepsilon(t)\,\mathrm{A}$。

习题【10】解　画出 s 域电路如习题【10】解图所示，得网孔方程为

$$\begin{cases} -5I_2(s)+(sL_1+5)I_1(s)=U_S(s)-M[sI_2-i_2(0_-)]+L_1i_1(0)-0.5U_2(s) \\ -5I_1(s)+(5+sL_2+10)I_2(s)=0.5U_2(s)+L_2i_2(0_-)-M[sI_1(s)-i_1(0_-)] \end{cases}$$

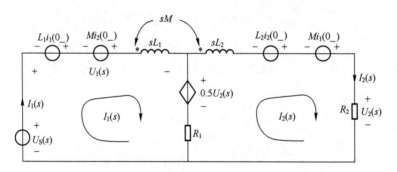

习题【10】解图

辅助方程为

$$U_2(s)=10I_2(s)$$

联立上述方程，代入数据并整理，得

$$\begin{cases} (s+5)I_1(s)+0.5sI_2(s)=\dfrac{2}{s}+0.25 \\ (-5+0.5s)I_1(s)+(s+10)I_2(s)=0.2 \end{cases}$$

解得

$$\begin{cases} I_1(s) = \dfrac{3s^2+90s+400}{15s\left(s+\dfrac{10}{3}\right)(s+20)} = \dfrac{0.15s^2+4.5s+20}{0.75s\left(s+\dfrac{10}{3}\right)(s+20)} \\[4ex] I_2(s) = \dfrac{1.5s^2+25s+200}{15s\left(s+\dfrac{10}{3}\right)(s+20)} = \dfrac{0.075s^2+1.25s+10}{0.75s\left(s+\dfrac{10}{3}\right)(s+20)} \end{cases}$$

所以

$$U_1(s) = M[sI_2(s)-i_2(0_-)] - L_1 i_1(0_-) + sL_1 I_1(s) = \dfrac{0.8}{s+\dfrac{10}{3}} + \dfrac{0.2}{s+20}$$

$$U_2(s) = 10 I_2(s) = \dfrac{2}{s} - \dfrac{1.6}{s+\dfrac{10}{3}} + \dfrac{0.6}{s+20}$$

取逆变换可得

$$u_1(t) = \left(0.8e^{-\frac{10}{3}t} + 0.2e^{-20t}\right)\varepsilon(t)\,\mathrm{V}, \quad u_2(t) = \left(2 - 1.6e^{-\frac{10}{3}t} + 0.6e^{-20t}\right)\varepsilon(t)\,\mathrm{V}$$

习题【11】解 如习题【11】解图所示。

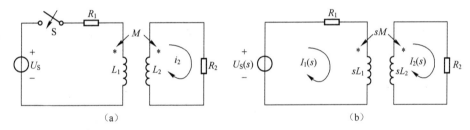

习题【11】解图

做电路运算模型如习题【11】解图（b）所示，$U_S(s) = L[U_S] = \dfrac{1}{s}$，按网孔分析法有

$$\begin{cases} R_1 I_1(s) + sL_1 I_1(s) - sM I_2(s) = U_S(s) \\ -sM I_1(s) + sL_2 I_2(s) + R_2 I_2(s) = 0 \end{cases}$$

代入元件参数值，整理得

$$\begin{cases} (s+1) I_1(s) - 2s I_2(s) = \dfrac{1}{s} \\ -2s I_1(s) + (4s+1) I_2(s) = 0 \end{cases}$$

解得

$$I_1(s) = \dfrac{4s+1}{s(5s+1)} = \dfrac{1}{s} - \dfrac{1}{5} \times \dfrac{1}{s+\dfrac{1}{5}}, \quad I_2(s) = \dfrac{2}{5s+1}$$

所以零状态响应 i_1、i_2 分别为

$$i_1(t) = L^{-1}[I_1(s)] = \left(1 - \dfrac{1}{5}e^{-\frac{1}{5}t}\right)\varepsilon(t)\,\mathrm{A}, \quad i_2(t) = L^{-1}[I_2(s)] = \dfrac{2}{5}e^{-\frac{1}{5}t}\varepsilon(t)\,\mathrm{A}$$

习题【12】解 如习题【12】解图所示。

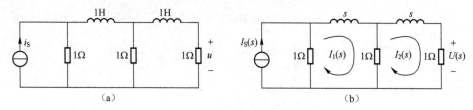

习题【12】解图

（1）运算电路如习题【12】解图（b）所示，由网孔分析法有

$$\begin{cases} (s+1+1)I_1(s)-1\cdot I_2(s)=1\cdot I_S(s) \\ -1\cdot I_1(s)+(s+1+1)I_2(s)=0 \end{cases}$$

解得

$$I_2(s)=\frac{I_S(s)}{(s+1)(s+3)},\quad U(s)=1\cdot I_2(s)=\frac{I_S(s)}{(s+1)(s+3)}$$

相应的网络函数为

$$H(s)=\frac{U(s)}{I_S(s)}=\frac{1}{(s+1)(s+3)}$$

（2）求冲激响应 $h(t)=u(t)$，根据 $H(s)$ 与 $h(t)$ 之间的关系，易得

$$h(t)=u(t)=L^{-1}[H(s)]=L^{-1}\left[\frac{1}{2}\cdot\frac{1}{s+1}-\frac{1}{2}\cdot\frac{1}{s+3}\right]=\left(\frac{1}{2}e^{-t}-\frac{1}{2}e^{-3t}\right)\varepsilon(t)$$

（3）求当 $i_S=2\sqrt5\sin(t+30°)$A 时的正弦稳态响应 $u(t)$。根据 $H(s)$ 与 $H(j\omega)$ 之间的关系有

$$H(j\omega)=H(s)\,\big|_{s=j\omega}=\frac{1}{(s+1)(s+3)}\bigg|_{s=j\omega}=\frac{1}{(j\omega+1)(j\omega+3)}$$

当 $i_S=2\sqrt5\sin(t+30°)$A 时，$\omega=1\text{rad/s}$，$\dot I_{Sm}=2\sqrt5\angle30°$A，由正弦稳态时网络函数的定义知，输出相量 $\dot U_m$ 为

$$\dot U_m=H(j\omega)\,\big|_{\omega=1}\cdot\dot I_{Sm}=\frac{1}{(j+1)(j+3)}\cdot2\sqrt5\angle30°=1\angle-33.43°(\text{A})$$

正弦稳态响应为

$$u(t)=\sin(t-33.43°)\text{V}$$

习题【13】解 当 $u_S(t)=12\varepsilon(t)$V 时，零状态响应为

$$u_0'(t)=[6-3e^{-10t}-(-e^{-10t})]\varepsilon(t)=(6-2e^{-10t})\varepsilon(t)\text{V}$$

故 $U_S(s)=\dfrac{12}{s}$时，有

$$U_0'(s)=\frac{6}{s}-\frac{2}{s+10}$$

传递函数为

$$H(s)=\frac{U_0'(s)}{U_S(s)}=\frac{s+15}{3(s+10)}$$

故当 $u_S(t)=6e^{-5t}\varepsilon(t)\,\mathrm{V}$，即 $U_S(s)=\dfrac{6}{s+5}$ 时，零状态响应为

$$U''_0(s)=H(s)\cdot U_S(s)=\frac{s+15}{3(s+10)}\cdot\frac{6}{s+5}=\frac{4}{s+5}-\frac{2}{s+10}$$

拉氏反变换得

$$u''_0(t)=(4e^{-5t}-2e^{-10t})\varepsilon(t)\,\mathrm{V}$$

全响应为

$$u_0(t)=\left[(-e^{10t})+(4e^{-5t}-2e^{-10t})\right]\varepsilon(t)=(4e^{-5t}-3e^{-10t})\varepsilon(t)\,\mathrm{V}$$

习题【14】解　运算电路图如习题【14】解图所示。设网孔电流为 $I_1(s)$ 和 $I_2(s)$，列网孔电流方程为

$$(R_1+R_2)I_1(s)-R_2I_2(s)=U_S(s)$$
$$-R_2I_1(s)+(R_2+s)I_2(s)=-\mu U_L(s)$$

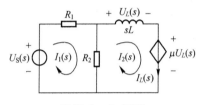

习题【14】解图

代入参数整理，得

$$9I_1(s)-3I_2(s)=U_S(s)$$
$$-3I_1(s)+(3+s)I_2(s)=-U_L(s)$$

而

$$U_L(s)=sI_2(s)$$

联立解得

$$I_2(s)=I_L(s)=\frac{1}{6}\times\frac{U_S(s)}{s+1}$$

又因为

$$u_S(t)=t[\varepsilon(t)-\varepsilon(t-1)]=t\varepsilon(t)-(t-1)\varepsilon(t-1)-\varepsilon(t-1)$$

故

$$U_S(s)=\frac{1}{s^2}-\frac{e^{-s}}{s^2}-\frac{e^{-s}}{s}$$

所以

$$I_L(s)=\frac{1}{6}\left[\frac{1}{s^2(s+1)}-\frac{e^{-s}}{s^2(s+1)}-\frac{e^{-s}}{s(s+1)}\right]=\frac{1}{6}\left(\frac{1}{s+1}+\frac{1-e^{-s}}{s^2}+\frac{-1}{s}\right)$$

拉式逆变换为

$$i_L(t)=\frac{1}{6}\left[e^{-t}\varepsilon(t)+(t-1)\varepsilon(t)-(t-1)\varepsilon(t-1)\right]\mathrm{A}$$

习题【15】解　如习题【15】解图所示。

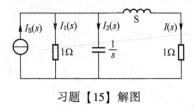

习题【15】解图

根据电路有

$$I_1(s) = \frac{I_2(s) \cdot \dfrac{1}{s}}{1} = (s+1)I(s), \quad I_2(s) = \frac{(s+1)I(s)}{\dfrac{1}{s}} = s(s+1)I(s)$$

网络函数为

$$H(s) = \frac{I(s)}{I(s)+I_1(s)+I_2(s)} = \frac{1}{s^2+2s+2} = \frac{1}{(s+1)^2+1}$$

冲激响应为

$$h(t) = \mathrm{e}^{-t}\sin t \cdot \varepsilon(t)$$

当 $I_S(s) = \dfrac{1}{s}$ 时，有

$$I(s) = \frac{H(s)}{s} = \frac{1}{s\left[(s+1)^2+1\right]}$$

拉氏反变换为

$$i(t) = 0.5 + \frac{\sqrt{2}}{2}\mathrm{e}^{-t}\cos(t+135°)\,\mathrm{A}$$

$i_S(t) = \varepsilon(t) - \varepsilon(t-1)$ 时，全响应为

$$i(t) = \left[0.5 + \frac{\sqrt{2}}{2}\mathrm{e}^{-t}\cos(t+135°)\right]\varepsilon(t) - \left[0.5 + \frac{\sqrt{2}}{2}\mathrm{e}^{-(t-1)}\cos(t-1+135°)\right]\varepsilon(t-1)\,\mathrm{A}$$

习题【16】解　（1）Y 参数方程为

$$I_1(s) = \left(10+\frac{4}{s}\right)U_1(s) - \frac{4}{s}U_2(s), \quad I_2(s) = -\frac{4}{s}U_1(s) + \left(5+\frac{4}{s}\right)U_2(s)$$

又 $U_2(s) = U_0(s) = -\dfrac{1}{s}I_2(s)$，$U_1(s) = U_S(s)$，联立上述方程解得

$$\frac{U_0(s)}{U_S(s)} = \frac{4}{s^2+5s+4}$$

（2）令 $U_S(s) = \dfrac{1}{s}$，则

$$U_0(s) = \frac{4}{s(s+1)(s+4)} = \frac{1}{s} - \frac{4}{3}\frac{1}{s+1} + \frac{1}{3}\frac{1}{s+4}$$

经拉氏反变换得

$$u_0(t) = \left(1 - \frac{4}{3}e^{-t} + \frac{1}{3}e^{-4t}\right)\varepsilon(t)\,\mathrm{V}$$

习题【17】解　网络的全响应 $u(t) = u_{cf}(t) + u_{ce}(t)$，即全响应等于零输入响应加零状态响应。现已知零输入响应 $u_{cf}(t) = 20e^{-2t}$，又知

$$H(s) = \frac{4s}{s+2}$$

网络函数 $H(s)$ 是网络零状态响应与激励之比，即 $H(s) = \dfrac{R(s)}{E(s)}$，所以 $R(s) = H(s)E(s)$。

（1）当 $i_S(t) = 5\varepsilon(t)\,\mathrm{V}$ 时，有

$$E(s) = I_S(s) = \frac{5}{s}$$

$$R(s) = \frac{4s}{s+2} \times \frac{5}{s} = \frac{20}{s+2}$$

零状态响应的像函数 $R(s)$ 就是 $U_{ce}(s)$，即

$$U_{ce}(s) = R(s)$$

$$U_{ce}(s) = L^{-1}\left[R(s)\right] = L^{-1}\left(\frac{20}{s+2}\right) = 20e^{-2t}\varepsilon(t)\,(\mathrm{V})$$

所以当 $i_S(t) = 5\varepsilon(t)\,\mathrm{V}$ 时，$u(t)$ 的全响应为

$$u(t) = u_{cf}(t) + u_{ce}(t) = 20e^{-2t}\varepsilon(t) + 20e^{-2t}\varepsilon(t) = 40e^{-2t}\varepsilon(t)\,(\mathrm{V})$$

（2）当 $i_S(t) = 5\varepsilon(t-1)$ 时

$$E(s) = I_s(s) = \frac{5e^{-s}}{s} \Rightarrow R(s) = H(s)E(s) = \frac{4s}{s+2}\frac{5e^{-s}}{s} = \frac{20e^{-s}}{s+2}$$

$$U_{ce}(s) = R(s) \Rightarrow u_{ce}(t) = L^{-1}\left[R(s)\right] = L^{-1}\left[\frac{20e^{-s}}{s+2}\right] = 20e^{-2(t-1)}\varepsilon(t-1)\,(\mathrm{V})$$

所以，当 $i_S(t) = 5\varepsilon(t-1)$ 时，$u(t)$ 的全响应为

$$u(t) = u_{cf}(t) + u_{ce}(t) = 20e^{-2t}\varepsilon(t) + 20e^{-2(t-1)}\varepsilon(t-1)\,(\mathrm{V})$$

（3）等效网络可以是 4Ω 电阻与 $2\mathrm{H}$ 电感的并联，电感的初始电流 $i_L(0_-) = 5\mathrm{A}$，方向如习题【17】解图所示。

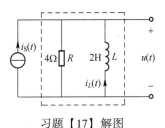

习题【17】解图

习题【18】解　电感电流 $i_L(0_-)$ 的值为

$$i_L(0_-) = U/R = 6/2.5 = 2.4\,(\mathrm{A})$$

电感的附加电源为

$$L_{i_L}(0_-) = 6.5 \times 10^{-3} \times 2.4 = 15.6 \times 10^{-3}\,(\mathrm{V})$$

画出运算电路如习题【18】解图所示。选择回路电流法求解运算电路。

习题【18】解图

回路电压方程为

$$I(s)\left(R+sL+\frac{1}{sC}\right)=\frac{6}{s}+15.6\times10^{-3}$$

代入参数，求解上述方程，计算 $I(s)$ 的像函数为

$$I(s)=\frac{4.68\times10^{-9}s+1.8\times10^{-6}}{1.95\times10^{-9}s^2+0.75\times10^{-6}s+1}=\frac{F_1(s)}{F_2(s)}=\frac{k_1}{s-p_1}-\frac{k_2}{s-p_2}$$

$F_2(s)=0$ 的根为

$$p_1=-192.33+j2.26\times10^4,\quad p_2=-192.33+j2.26\times10^4$$

求得待定系数

$$k_1=1.2\angle0°,\quad k_2=1.2\angle0°$$

运用拉普拉斯反变换，求出 $i(t)$ 的原函数为

$$i(t)=L^{-1}[I(s)]=2.4e^{-192.3t}\cos2.26\times10^4t\text{A}$$

电感电压

$$u=L\frac{\mathrm{d}i}{\mathrm{d}t}=-352e^{-192.3t}\sin2.26\times10^4t-3e^{-192.3t}\cos2.26\times10^4t\text{V}$$

当 $\dfrac{\mathrm{d}u}{\mathrm{d}t}=0$ 时，电感电压有极大值，由此计算极大值出现的时间，即

$$t=6.94\times10^{-5}\text{s}$$

电感电压的极大值为

$$u_{\max}=-352e^{-192.3\times6.94\times10^{-5}}\sin2.26\times10^4\times6.94\times10^{-5}=-347.3(\text{V})$$

a、b 的最高电压为

$$u_{\text{abmax}}=-347.3\times70=-24.3(\text{kV})$$

习题【19】解　题目中含理想运算放大器。对节点 a、b 分别列出节点电压方程为

$$\begin{cases}\left(\dfrac{1}{R_1}+\dfrac{1}{R_2}+sC_3+sC_4\right)U_a(s)-sC_3U_b(s)-sC_4U_2(s)=\dfrac{1}{R_1}U_1(s)\\[2mm]-sC_3U_a(s)+\left(sC_3+\dfrac{1}{R_5}\right)U_b(s)-\dfrac{1}{R_5}U_2(s)=0\end{cases}$$

根据理想运算放大器的性质有

$$U_b(s)=0\quad（虚地）$$

且在列节点 b 的方程时已考虑虚断，所以有

$$U_a(s)=-\frac{U_2(s)}{R_5C_3s}$$

将上述表达式中的电阻用相应的电导表示，得

$$U_a(s) = -\frac{G_5 U_2(s)}{sC_3}$$

将其代入节点 a 的方程，解得

$$U_2(s) = \frac{-G_1 C_2 s U_1(s)}{s^2 C_3 C_4 + s(C_3+C_4)G_5 + (G_1+G_2)G_5}$$

代入给定参数，即

$$U_2(s) = \frac{-40}{s^2+6s+8} = (-20) \times \left(\frac{1}{s+2} - \frac{1}{s+4}\right)$$

反变换有

$$u_2(t) = L^{-1}[U_2(s)] = (20e^{-4t} - 20e^{-2t})\varepsilon(t)\,\mathrm{V}$$

习题【20】解　设 N_0 的输入运算阻抗为 $Z(s)$，在 $R=1\Omega$ 和 $R=R_1$ 时分别为

$$Z(s) = \frac{\frac{1}{s} - I_0(s)\times 1}{I_0(s)} = \frac{1}{sI_0(s)} - 1, \quad Z(s) = \frac{\frac{1}{s} - I_1(s)\times R_1}{I_1(s)} = \frac{1}{sI_1(s)} - R_1$$

由于外接电阻 R 发生变化不会影响网络 N_0 的输入阻抗，故有

$$\frac{1}{sI_0(s)} - 1 = \frac{1}{sI_1(s)} - R_1$$

整理得

$$I_1(s) = \frac{I_0(s)}{1 - sI_0(s)(1-R_1)}$$

将 $I_0(s) = L[i_0(t)] = \frac{1}{s+1} - \frac{2}{s+3} + \frac{1}{s+4} = \frac{s+7}{(s+1)(s+3)(s+4)}$ 代入，得

$$I_1(s) = \frac{\frac{s+7}{(s+1)(s+3)(s+4)}}{\left[1 - s(1-R_1)\frac{s+7}{(s+1)(s+3)(s+4)}\right]} = \frac{s+7}{s^3 + (7+R_1)s^2 + (12+7R_1)s + 12}$$

由于 $s=-2$ 是 $I_1(s)$ 的极点，故有

$$[s^3 + (7+R_1)s^2 + (12+7R_1)s + 12]\,|_{s=-2} = 0$$

求得 $R_1 = 0.8\Omega$，将 R_1 代入 $I_1(s)$ 的表达式，可得

$$I_1(s) = \frac{s+7}{s^3+7.8s^2+17.6s+12} = -\frac{3.14}{s+2} + \frac{2.80}{s+1.35} + \frac{0.34}{s+4.45}$$

所以

$$i_1(t) = (-3.14e^{-2t} + 2.80e^{-1.35} + 0.34e^{-4.45})\varepsilon(t)\,\mathrm{A}$$

A11 第14章习题答案

习题【1】解 列出节点电压方程为

$$\begin{cases} \left(\dfrac{1}{4}+\dfrac{1}{4}\right)\dot{U}_1-\dfrac{1}{4}\dot{U}_2=\dot{I}_1 \\[2mm] -\dfrac{1}{4}\dot{U}_1+\left(\dfrac{1}{4}+\dfrac{1}{4}\right)\dot{U}_2=\dot{I}_2+0.2\dot{U}_1 \end{cases} \Rightarrow \begin{cases} \dot{U}_1=\dfrac{40}{11}\dot{I}_1+\dfrac{20}{11}\dot{I}_2 \\[2mm] \dot{U}_2=\dfrac{36}{11}\dot{I}_1+\dfrac{40}{11}\dot{I}_2 \end{cases}$$

得到 **Z** 参数矩阵为

$$\mathbf{Z}=\begin{bmatrix} \dfrac{40}{11} & \dfrac{20}{11} \\[3mm] \dfrac{36}{11} & \dfrac{40}{11} \end{bmatrix}\Omega$$

习题【2】解 将二端口两侧分别看作电流源单独作用，由叠加定理：

（1）当 2、2′ 开路时，有

$$\dot{U}_1'=\dot{I}_1\left[R+\dfrac{1}{j\omega C_1}+j\omega(L_1+L_2-2M)\right]$$

$$\dot{U}_2'=-4U'+\dot{I}_1\left[\dfrac{1}{j\omega C_1}+j\omega(L_2-M)\right],\qquad \dot{U}'=\dot{I}_1 j\omega(L_1-M)$$

（2）当 1、1′ 开路时，有

$$\dot{U}_1''=-j\omega M\dot{I}_2+\dot{I}_2\left(\dfrac{1}{j\omega C_1}+j\omega L_2\right),\qquad \dot{U}_2''=-4\dot{U}''+\dot{I}_2\left(\dfrac{1}{j\omega C_2}+\dfrac{1}{j\omega C_1}+j\omega L_2\right)$$

其中

$$\dot{U}''=-j\omega M\dot{I}_2$$

综上有

$$\dot{U}_1=\dot{U}_1'+\dot{U}_1''=\dot{I}_1\left[R+\dfrac{1}{j\omega C_1}+j\omega(L_1+L_2-2M)\right]+\dot{I}_2\left[\dfrac{1}{j\omega C_1}+j\omega(L_2-M)\right]$$

$$\dot{U}_2=\dot{U}_2'+\dot{U}_2''=\dot{I}_1\left[\dfrac{1}{j\omega C_1}+j\omega(L_2-4L_1+3M)\right]+\dot{I}_2\left[\dfrac{1}{j\omega C_2}+\dfrac{1}{j\omega C_1}+j\omega(L_2+4M)\right]$$

则

$$\mathbf{Z}=\begin{bmatrix} R+\dfrac{1}{j\omega C_1}+j\omega(L_1+L_2-2M) & \dfrac{1}{j\omega C_1}+j\omega(L_2-M) \\[4mm] \dfrac{1}{j\omega C_1}+j\omega(L_2-4L_1+3M) & \dfrac{1}{j\omega C_2}+\dfrac{1}{j\omega C_1}+j\omega(L_2+4M) \end{bmatrix}$$

习题【3】解 标出电路中电量如习题【3】解图所示。

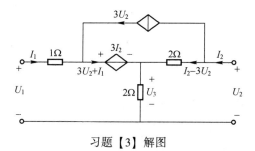

习题【3】解图

根据电路有

$$\begin{cases} U_1 = I_1 + 3I_2 + 2\times(I_1+I_2) \\ U_2 = 2\times(I_2 - 3U_2) + 2\times(I_1+I_2) \end{cases} \Rightarrow \begin{cases} I_1 = 2U_1 - \dfrac{35}{2}U_2 \\ I_2 = -U_1 + \dfrac{21}{2}U_2 \end{cases}$$

解得

$$\boldsymbol{Y} = \begin{bmatrix} 2 & -17.5 \\ -1 & 10.5 \end{bmatrix} \mathrm{S}$$

习题【4】解　设 $\begin{bmatrix} \dot{I}_1 \\ \dot{I}_2 \end{bmatrix} = \begin{bmatrix} Y_{11} & Y_{12} \\ Y_{21} & Y_{22} \end{bmatrix} \begin{bmatrix} \dot{U}_1 \\ \dot{U}_2 \end{bmatrix}$，令 $\dot{U}_2 = 0$，则

$$\dot{U}_1 = [(1/\!/-\mathrm{j}) + (1/\!/\mathrm{j})]\dot{I}_1 = \dot{I}_1, \quad \dot{I}_2 = (1/\!/\mathrm{j})\dot{U}_1 - \dfrac{(1/\!/-\mathrm{j})\dot{U}_1}{-\mathrm{j}} = 0$$

令 $\dot{U}_1 = 0$，则 $\dot{U}_2 = [(1/\!/-\mathrm{j}) + (1/\!/\mathrm{j})]\dot{I}_2 = \dot{I}_2, \quad \dot{I}_1 = (1/\!/\mathrm{j})\dot{U}_2 - \dfrac{(1/\!/-\mathrm{j})\dot{U}_2}{-\mathrm{j}} = 0$，解得

$$\boldsymbol{Y} = \begin{bmatrix} 1 & 0 \\ 0 & 1 \end{bmatrix} \mathrm{S}$$

习题【5】解　如习题【5】解图所示。

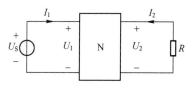

习题【5】解图

由题得

$$\begin{cases} U_1 = h_{11}I_1 + h_{12}U_2 \\ I_2 = h_{21}I_1 + h_{22}U_2 \end{cases}$$

当 a、b 外加 U_S 电压源时，$U_1 = U_\mathrm{S}$，$U_2 = -RI_2$。
代入上式可得

$$U_2 = -\dfrac{Rh_{21}}{1 + Rh_{22}}I_1$$

解得

$$R_{ab}=\frac{U_S}{I_1}=\frac{U_1}{I_1}=\frac{h_{11}I_1-\dfrac{Rh_{21}h_{12}}{1+Rh_{22}}I_1}{I_1}=h_{11}-\frac{Rh_{21}h_{12}}{1+Rh_{22}}$$

习题【6】解 各电流如习题【6】解图所示。

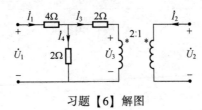

习题【6】解图

由图可知

$$\frac{\dot{U}_3}{\dot{U}_2}=2,\quad \frac{\dot{I}_3}{\dot{I}_2}=-\frac{1}{2}$$

列写 KVL、KCL 方程可得

$$\begin{cases}\dot{U}_1=4\dot{I}_1+2\dot{I}_3+\dot{U}_3\\[2mm]\dot{I}_1=\dot{I}_3+\dot{I}_4=\dot{I}_3+\dfrac{2\dot{I}_3+\dot{U}_3}{2}\end{cases}$$

化简得

$$\begin{cases}\dot{U}_1=6\dot{I}_1+\dot{I}_2\\\dot{U}_2=\dot{I}_1+\dot{I}_2\end{cases}\Rightarrow\begin{cases}\dot{U}_1=6\dot{U}_2-5\dot{I}_2\\\dot{I}_1=\dot{U}_2-\dot{I}_2\end{cases}$$

参数矩阵

$$\boldsymbol{Z}=\begin{bmatrix}6&1\\1&1\end{bmatrix}\Omega,\quad \boldsymbol{T}=\begin{bmatrix}6&5\\1&1\end{bmatrix}$$

习题【7】解 由理想变压器的电压、电流关系可得

$$\dot{U}_2=4\dot{U}_1/2=2\dot{U}_1 \qquad\qquad ①$$

$$\dot{I}_5=2\dot{I}_4=2\times(\dot{I}_3/4)=0.5\dot{I}_3$$

按 KCL 有

$$\dot{I}_1=\dot{I}_3-\dot{I}_7,\ \ \dot{I}_2=\dot{I}_7-\dot{I}_5,\ \ \dot{I}_6=\dot{I}_7$$

由上述各个关系式消去中间变量$\dot{I}_3$、$\dot{I}_4$、$\dot{I}_5$ 得

$$\dot{I}_7=\dot{I}_1+2\dot{I}_2 \qquad\qquad ②$$

$$\dot{I}_6=\dot{I}_1+2\dot{I}_2 \qquad\qquad ③$$

按 KVL 有

$$\dot{U}_1=-Z_1\dot{I}_7+\dot{U}_2-Z_2\dot{I}_6 \qquad\qquad ④$$

将式①②③代入式④得

$$\dot{U}_1=(Z_1+Z_2)\dot{I}_1+2(Z_1+Z_2)\dot{I}_2,\quad \dot{U}_2=2(Z_1+Z_2)\dot{I}_1+4(Z_1+Z_2)\dot{I}_2$$

因此，Z 参数矩阵为

$$Z=\begin{bmatrix}(Z_1+Z_2)&2(Z_1+Z_2)\\2(Z_1+Z_2)&4(Z_1+Z_2)\end{bmatrix}$$

习题【8】解 由耦合电感先去耦，如习题【8】解图所示。

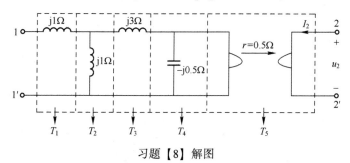

习题【8】解图

该复合二端口由五个二端口级联而成，易求得每个二端口传输参数

$$T=T_1T_2T_3T_4T_5$$

$$T_1=\begin{pmatrix}1&\mathrm{j}1\\0&1\end{pmatrix},\quad T_2=\begin{pmatrix}1&0\\\frac{1}{\mathrm{j}1}&1\end{pmatrix},\quad T_3=\begin{pmatrix}1&\mathrm{j}3\\0&1\end{pmatrix},\quad T_4=\begin{pmatrix}1&0\\\mathrm{j}2&1\end{pmatrix}$$

求 T_5，根据回转器方程

$$\begin{cases}u_1=-ri_2=-0.5i_2\\u_2=ri_1=0.5i_1\end{cases}\Rightarrow\begin{cases}u_1=0.5(-i_2)\\i_1=2u_2\end{cases}$$

解得

$$T_5=\begin{pmatrix}0&0.5\\2&0\end{pmatrix}$$

最后

$$T=T_1T_2T_3T_4T_5=\begin{pmatrix}\mathrm{j}14&-6\\8&\mathrm{j}3.5\end{pmatrix}$$

习题【9】解 电路是两个二端口串联，$Z=Z_1+Z_2$，先求出第一个网络的 Y 参数，即

$$\begin{cases}I_1=U_1+U_1-U_2\\I_2=U_2+U_2-U_1\end{cases}\Rightarrow\begin{cases}I_1=2U_1-U_2\\I_2=-U_1+2U_2\end{cases}\Rightarrow Y_1=\begin{bmatrix}2&-1\\-1&2\end{bmatrix}$$

得到

$$Z_1=\begin{bmatrix}\frac{2}{3}&\frac{1}{3}\\\frac{1}{3}&\frac{2}{3}\end{bmatrix},\quad Z_2=\begin{bmatrix}1&1\\1&1\end{bmatrix}$$

综合有

$$Z = Z_1 + Z_2 = \begin{bmatrix} \dfrac{5}{3} & \dfrac{4}{3} \\ \dfrac{4}{3} & \dfrac{5}{3} \end{bmatrix} \Omega$$

习题【10】解 电路是两个二端口并联，$Y = Y_1 + Y_N$，先求出未知网络的 Y 参数，即

$$\begin{cases} I_1 = \dfrac{1}{6}U_1 + \dfrac{1}{6}(U_1 - U_2) \\ I_2 = \dfrac{1}{6}U_2 + \dfrac{1}{6}(U_2 - U_1) \end{cases} \Rightarrow \begin{cases} I_1 = \dfrac{1}{3}U_1 - \dfrac{1}{6}U_2 \\ I_2 = -\dfrac{1}{6}U_1 + \dfrac{1}{3}U_2 \end{cases} \Rightarrow Y_1 = \begin{bmatrix} \dfrac{1}{3} & -\dfrac{1}{6} \\ -\dfrac{1}{6} & \dfrac{1}{3} \end{bmatrix}, \quad Y_N = \begin{bmatrix} 1 & -0.5 \\ -0.5 & 1 \end{bmatrix}$$

得到

$$Y = Y_1 + Y_N = \begin{bmatrix} \dfrac{4}{3} & -\dfrac{2}{3} \\ -\dfrac{2}{3} & \dfrac{4}{3} \end{bmatrix}$$

代入整个二端口参数，利用 $U_S = 12\text{V}$，解得

$$I = 8\text{A}$$

习题【11】解 （1）复合双口网络的传输参数方程为

$$U_1 = T_{11}U_3 + T_{12}(-I_3), \quad I_1 = T_{21}U_3 + T_{22}(-I_3)$$

根据第一个已知条件可求出

$$T_{11} = \left.\frac{U_1}{U_3}\right|_{I_3=0} = \frac{10}{2} = 5, \quad T_{21} = \left.\frac{I_1}{U_3}\right|_{I_3=0} = \frac{0.2}{2} = 0.1$$

根据第二个条件可知

$$T_{12} = \left.\frac{U_1}{-I_3}\right|_{U_3=0} = \frac{2}{0.4} = 5(\Omega)$$

由互易网络 $T_{11}T_{22} - T_{12}T_{21} = 1$，求出 $T_{22} = 0.3$，所以

$$T = \begin{bmatrix} 5 & 5 \\ 0.1 & 0.3 \end{bmatrix}$$

（2）复合双口网络传输方程为

$$\begin{cases} U_1 = 5U_3 + 5(-I_3) \\ I_1 = 0.1U_3 + 0.3(-I_3) \end{cases}$$

则 3-3′端接 7Ω 电阻时，$U_3 = -7I_3$，且 $U_1 = 80\text{V}$，解出 $I_1 = 2\text{A}$。

（3）复合双口网络为由两个受控源组成的双口网络和双口网络 N_2 的级联，传输参数 $T = \begin{bmatrix} 5 & 5 \\ 0.1 & 0.3 \end{bmatrix}$。

对两个受控源构成的双口网络，有 $\begin{cases} U_1 = -rI_2 \\ U_2 = rI_1 \end{cases}$，即 $\begin{cases} U_1 = 0 + 10(-I_2) \\ I_1 = 0.1U_2 + 0 \end{cases}$，有

$$T_1 = \begin{bmatrix} 0 & 10 \\ 0.1 & 0 \end{bmatrix}$$

设双口网络 N_2 的传输参数为 T_2，由于 $T = T_1 \times T_2$，所以

$$T_2 = T_1^{-1}T = -1 \times \begin{bmatrix} 0 & -10 \\ -0.1 & 0 \end{bmatrix} \begin{bmatrix} 5 & 5 \\ 0.1 & 0.3 \end{bmatrix} = \begin{bmatrix} 1 & 3 \\ 0.5 & 0.5 \end{bmatrix}$$

习题【12】解　（1）根据 T 参数方程

$$\begin{cases} \dot{U}_1 = 2\dot{U}_2 + 4(-\dot{I}_2) \\ \dot{I}_1 = 0.5\dot{U}_2 + 1.5(-\dot{I}_2) \end{cases} \Rightarrow \begin{cases} \dot{U}_1 = 4\dot{I}_1 + 2\dot{I}_2 \\ \dot{U}_2 = 2\dot{I}_1 + 3\dot{I}_2 \end{cases} \Rightarrow Z = \begin{pmatrix} 4 & 2 \\ 2 & 3 \end{pmatrix}$$

网络 N 的 T 形等效电路如习题【12】解图（1）所示。

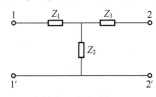

习题【12】解图（1）

$$Z_1 = Z_{11} - Z_{12} = 2\Omega, \quad Z_2 = Z_{12} = 2\Omega, \quad Z_3 = Z_{22} - Z_{12} = 1\Omega$$

（2）如习题【12】解图（2）所示。

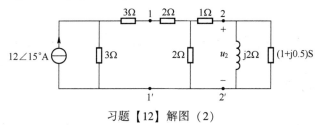

习题【12】解图（2）

求 2-2′端口左侧戴维南等效电路

$$R_{eq} = (8//2) + 1 = 2.6(\Omega)$$

如习题【12】解图（3）所示。

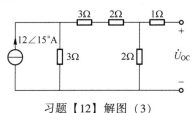

习题【12】解图（3）

$$\dot{U}_{OC} = 12\angle 15° \times \frac{3}{7+3} \times 2 = 7.2\angle 15°(V)$$

戴维南等效电路如习题【12】解图（4）所示。

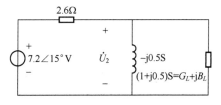

习题【12】解图（4）

由电压

$$\dot{U}_2=\frac{7.2\angle 15°}{2.6+1}\times 1=2\angle 15°(\text{V})$$

得 $P_L=U_2^2G_L=2^2\times 1=4(\text{W})$，$Q_L=-U_2^2B_L=-2^2\times 0.5=-2(\text{Var})$（容性负载发出功率）。

习题【13】解　如习题【13】解图所示。

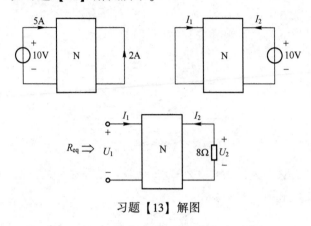

习题【13】解图

（1）由于网络 N 为线性无源对称电阻二端口网络，2-2′端加 10V 电压、1-1′端短路时，$I_1=2\text{A}$，$I_2=5\text{A}$。

（2）当 2-2′端短路时，有

$$U_2=0\text{V}，\quad Y_{11}=\left.\frac{I_1}{U_1}\right|_{U_2=0}=\frac{5}{10}=\frac{1}{2}(\text{S})，\quad Y_{21}=\frac{I_2}{U_1}=\frac{2}{10}=\frac{1}{5}(\text{S})$$

当 1-1′端短路时，有

$$U_1=0\text{V}，\quad Y_{12}=\left.\frac{I_1}{U_2}\right|_{U_1=0}=\frac{2}{10}=\frac{1}{5}(\text{S})，\quad Y_{22}=\left.\frac{I_2}{U_2}\right|_{U_1=0}=\frac{5}{10}=\frac{1}{2}(\text{S})$$

网络 N 的 Y 参数矩阵为

$$\begin{bmatrix}\dfrac{1}{2} & \dfrac{1}{5}\\[2mm]\dfrac{1}{5} & \dfrac{1}{2}\end{bmatrix}$$

则有

$$\begin{cases}I_1=\dfrac{1}{2}U_1+\dfrac{1}{5}U_2\\[2mm]I_2=\dfrac{1}{5}U_1+\dfrac{1}{2}U_2\end{cases}，\quad I_2=\dfrac{1}{5}U_1-4I_2\Rightarrow I_2=\dfrac{1}{25}U_1，\quad U_2=-\dfrac{8}{25}U_1$$

即

$$I_1=\frac{1}{2}U_1+\frac{1}{5}\times\left(-\frac{8}{25}\right)U_1=\left(\frac{1}{2}-\frac{8}{125}\right)U_1=\frac{125-16}{250}=\frac{109}{250}U_1$$

解得

$$R_{\text{eq}} = \frac{U_1}{I_1} = \frac{U_1}{\dfrac{109}{250}U_1} = \frac{250}{109}(\Omega)$$

习题【14】解 （1）将电路分成三部分，即电阻 R 与回转器部分，有

$$T_2 = \begin{bmatrix} 1 & 0 \\ 0.5 & 1 \end{bmatrix}, \quad T_3 = \begin{bmatrix} 0 & 2 \\ 0.5 & 0 \end{bmatrix}$$

故

$$T = T_1 \cdot T_2 \cdot T_3 = \begin{bmatrix} 1.5 & 5 \\ 2.5 & 8 \end{bmatrix}$$

（2）由（1）及 $U_{\text{S}} = 15\text{V}$ 得

$$\begin{cases} U_1 = 1.5U_2 - 5I_2 \\ I_1 = 2.5U_2 - 8I_2 \Rightarrow U_2 = \dfrac{10}{3}I_2 + 10 \\ U_1 = U_{\text{S}} = 15\text{V} \end{cases}$$

左侧戴维南等效为 $U_{\text{OC}} = 10\text{V}$，$R_{\text{eq}} = \dfrac{10}{3}\Omega$。

当 $R_{\text{L}} = R_{\text{eq}} = \dfrac{10}{3}\Omega$ 时，$P_{\max} = \dfrac{U_{\text{OC}}^2}{4R_{\text{eq}}} = 7.5\text{W}$。

（3）$R_{\text{L}} = \dfrac{10}{3}\Omega$ 时，有

$$\begin{cases} 15 = 1.5U_2 - 5I_2 \\ U_2 = -\dfrac{10}{3}I_2 \Rightarrow I_1 = 24.5\text{A} \\ I_1 = 2.5U_2 - 8I_2 \end{cases}$$

从而 $P_{\text{S}} = 15 \times 24.5 = 367.5(\text{W})$。

习题【15】解 初始值 $i_L(0_+) = i_L(0_-) = 0$。

开关投向 b 后，对 L 左侧电路做戴维南等效，如习题【15】解图（1）所示。

$$U_{\text{OC}} = 4\text{V}, \quad R_{\text{eq}} = 2\Omega$$

由习题【15】解图（2）可求得 $i_L(\infty) = 2\text{A}$，$\tau = \dfrac{L}{R} = \dfrac{0.1}{2} = 0.05(\text{s})$。

根据三要素法，$i_L(t) = i_L(\infty) + [i_L(0_+) - i_L(\infty)]e^{-\frac{t}{\tau}} = 2 - 2e^{-20t}\text{A}(t > 0)$。

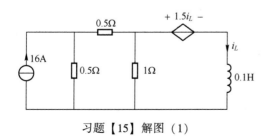

习题【15】解图（1）

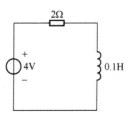

习题【15】解图（2）

习题【16】解 在习题【16】图（a）中，由 T 知 $U_1 = 2U_2 - 30I_2$，$I_1 = 0.1U_2 - 2I_2$。令 $I_2 = 0$，得

$$\frac{U_1}{I_1} = \frac{2U_2}{0.1U_2} = 20\Omega$$

在习题【16】图（b）中，由 T 知 $U_1 = 2U_2 - 30I_2$，$I_1 = 0.1U_2 - 2I_2$。此时

$$R_{in} = \frac{U_1}{I_1} = \frac{-2R - 30}{-0.1R - 2} = \frac{2R + 30}{0.1R + 2}$$

且 $U_2 = -RI_2$，在习题【16】图（c）中，$R_{in} = R//20 = \frac{20R}{R+20}$。

由题知

$$\frac{2R+30}{0.1R+2} = 6 \times \frac{20R}{R+20}$$

解得 $R = 3\Omega$。

习题【17】解 （1）习题【17】解图（a）中，双口网络 N′可看作双口网络 N 和习题【17】解图（b）中双口网络 N_a 的并联，所以有 $G_{N'} = G_N + G_{N_a}$，$G_N = G_{N'} - G_{N_a}$。

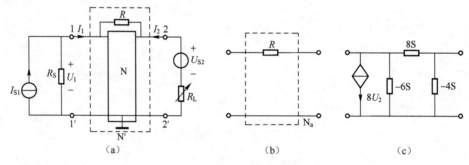

习题【17】解图

① 求双口网络 N_a 的短路电导参数矩阵 G_{N_a}。由习题【17】解图（b）可得

$$G_{N_a} = \begin{bmatrix} 2 & -2 \\ -2 & 2 \end{bmatrix} S$$

② 求双口网络 N′的短路电导参数矩阵 $G_{N'}$。当 $R_L = \frac{1}{2}R_S = \frac{1}{2} \times \frac{3}{2} = \frac{3}{4}(\Omega)$ 时，$I_1 = 6A$，$I_2 = -4A$，由此可求得

$$U_1 = (I_{S1} - I_1)R_S = \left(\frac{32}{3} - 6\right) \times \frac{3}{2} = 7(V)$$

$$U_2 = U_{S2} - I_2R_L = 8 - (-4) \times \frac{3}{4} = 11(V)$$

所以，双口网络 N′的短路电导参数方程为

$$\begin{cases} 6 = 7G'_{11} + 11G'_{12} \\ -4 = 7G'_{21} + 11G'_{22} \end{cases}$$

当 $R_L = \dfrac{1}{18}R_S = \dfrac{1}{18} \times \dfrac{3}{2} = \dfrac{1}{12}(\Omega)$ 时，$I_2 = -8\mathrm{A}$，有

$$U_2 = U_{S2} - R_L I_2 = 8 - \dfrac{1}{12} \times (-8) = \dfrac{26}{3}(\mathrm{V})$$

将 N′ 的输出支路用电压为 U_2 的电压源替代，利用叠加定理和齐次性原理可得

$$I_2 = k_1 I_{S1} + k_2 U_2$$

将 $I_2 = -4\mathrm{A}$、$U_2 = 11\mathrm{V}$ 和 $I_2 = -8\mathrm{A}$、$U_2 = \dfrac{26}{3}\mathrm{V}$ 两组数据分别代入，有

$$\begin{cases} -4 = \dfrac{32}{3}k_1 + 11k_2 \\[2mm] -8 = \dfrac{32}{3}k_1 + \dfrac{26}{3}k_2 \end{cases}$$

解得 $k_1 = -\dfrac{15}{7}$，$k_2 = \dfrac{12}{7}$，因此有

$$I_2 = -\dfrac{15}{7}I_{S1} + \dfrac{12}{7}U_2 \qquad\qquad ①$$

当 $R_L = 0$ 时，$I_1 = \dfrac{48}{7}\mathrm{A}$，故有

$$U_2 = U_{S2} = 8\mathrm{V}, \quad U_1 = (I_{S1} - I_1)R_S = \left(\dfrac{32}{3} - \dfrac{48}{7}\right) \times \dfrac{3}{2} = \dfrac{40}{7}(\mathrm{V})$$

由①可求得

$$I_2 = -\dfrac{15}{7} \times \dfrac{32}{3} + \dfrac{12}{7} \times 8 = -\dfrac{64}{7}(\mathrm{A})$$

代入 N′ 的短路电导参数方程可得

$$\begin{cases} \dfrac{48}{7} = \dfrac{40}{7}\boldsymbol{G}'_{11} + 8\boldsymbol{G}'_{12} \\[2mm] -\dfrac{64}{7} = \dfrac{40}{7}\boldsymbol{G}'_{21} + 8\boldsymbol{G}'_{22} \end{cases} \qquad\qquad ②$$

联立求解上述两个关于 $\boldsymbol{G}'_{11}$、$\boldsymbol{G}'_{12}$、$\boldsymbol{G}'_{21}$、$\boldsymbol{G}'_{22}$ 的方程组得

$$\boldsymbol{G}'_{11} = 4\mathrm{S}, \quad \boldsymbol{G}'_{12} = -2\mathrm{S}, \quad \boldsymbol{G}'_{21} = -10\mathrm{S}, \quad \boldsymbol{G}'_{22} = 6\mathrm{S}$$

双口网络 N′ 的短路电导参数矩阵 $\boldsymbol{G}_{N'}$ 为

$$\boldsymbol{G}_{N'} = \begin{bmatrix} 4 & -2 \\ -10 & 6 \end{bmatrix}\mathrm{S}$$

因此，双口网络 N 的短路电导参数矩阵 $\boldsymbol{G}_N$ 为

$$\boldsymbol{G}_N = \boldsymbol{G}_{N'} - \boldsymbol{G}_{N_a} = \begin{bmatrix} 2 & 0 \\ -8 & 4 \end{bmatrix}\mathrm{S}$$

（2）由 $\boldsymbol{G}_N$ 表示矩阵可以求出双口网络 N 的一种等效电路，如习题【17】解图（c）所示。

习题【18】解　如习题【18】解图所示。

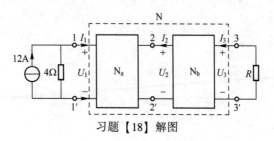

习题【18】解图

（1）设 N_b 的 $\boldsymbol{T}$ 参数矩阵 $\boldsymbol{T}_b = \begin{bmatrix} a & b \\ c & d \end{bmatrix}$，根据级联性质，虚线框中 N_a 与 N_b 组成的新网络 N 的 $\boldsymbol{T}$ 参数矩阵为

$$\boldsymbol{T} = \boldsymbol{T}_a \cdot \boldsymbol{T}_b = \begin{bmatrix} \dfrac{4}{3} & 2 \\ \dfrac{1}{6} & 1 \end{bmatrix} \begin{bmatrix} a & b \\ c & d \end{bmatrix} = \begin{bmatrix} \dfrac{4}{3}a+2c & \dfrac{4}{3}b+2d \\ \dfrac{1}{6}a+c & \dfrac{1}{6}b+d \end{bmatrix}$$

即

$$\begin{bmatrix} U_1 \\ I_1 \end{bmatrix} = \begin{bmatrix} \dfrac{4}{3}a+2c & \dfrac{4}{3}b+2d \\ \dfrac{1}{6}a+c & \dfrac{1}{6}b+d \end{bmatrix} \begin{bmatrix} U_3 \\ -I_3 \end{bmatrix}$$

已知 3-3′端短路时，$U_3 = 0$，$I_1 = 5.5\text{A}$，$I_3 = -2\text{A}$。

其中，$U_1 = (12 - I_1) \times 4 = 48 - 5.5 \times 4 = 26(\text{V})$。

代入可得

$$\begin{cases} 2\left(\dfrac{4}{3}b+2d\right) = 26 \\ 2\left(\dfrac{1}{6}b+d\right) = 5.5 \end{cases} \Rightarrow \begin{cases} b = 7.5 \\ d = 1.5 \end{cases}$$

又 N_b 为结构对称的无源二端口网络，有

$$\begin{cases} a = d = 1.5 \\ ad - bc = 1 \end{cases} \Rightarrow \begin{cases} a = 1.5 \\ c = \dfrac{1}{6} \end{cases}$$

得到

$$\boldsymbol{T}_b = \begin{bmatrix} 1.5 & 7.5 \\ \dfrac{1}{6} & 1.5 \end{bmatrix}$$

（2）$\boldsymbol{T} = \boldsymbol{T}_a \cdot \boldsymbol{T}_b = \begin{bmatrix} \dfrac{7}{3} & 13 \\ \dfrac{5}{12} & \dfrac{11}{4} \end{bmatrix}$，$U_1 = (12 - I_1) \times 4 = 48 - 4I_1$，因此有

$$\begin{bmatrix} U_1 \\ I_1 \end{bmatrix} = \begin{bmatrix} \dfrac{7}{3} & 13 \\ \dfrac{5}{12} & \dfrac{11}{4} \end{bmatrix} \begin{bmatrix} U_3 \\ -I_3 \end{bmatrix}, \quad \begin{cases} U_1 = \dfrac{7}{3}U_3 - 13I_3 \\ I_1 = \dfrac{5}{12}U_3 - \dfrac{11}{4}I_3 \end{cases}$$

解得

$$U_1 = 48 - 4I_1 = 48 - 4 \times \left(\frac{5}{12} U_3 - \frac{11}{4} I_3 \right) = \frac{7}{3} U_3 - 13 I_3 \Rightarrow U_3 = 12 + 6 I_3$$

R 左侧的戴维南等效电路中，$U_{OC} = 12\text{V}$，$R_{eq} = 6\Omega$。

根据最大功率传输定理，当 $R_{eq} = 4\Omega$ 时，获得最大功率，即

$$P_{max} = \frac{U_{OC}^2}{4R_{eq}} = \frac{12^2}{4 \times 6} = 6(\text{W})$$

习题【19】解　Z_{11} 和 Z_{12} 的定义式为

$$Z_{11}(s) = \frac{U_1(s)}{I_1(s)} \bigg|_{I_2(s)=0}, \quad Z_{12}(s) = \frac{U_1(s)}{I_2(s)} \bigg|_{I_1(s)=0}$$

显然电容、电感的接入使得 $Z_{11}(s)$ 与电容的运算阻抗 $\frac{1}{s}$ 串联，电感的运算阻抗 s 对 $Z_{11}'(s)$ 没有影响，即

$$Z_{11}'(s) = Z_{11}(s) + \frac{1}{s} = 1 + s + \frac{1}{s}$$

对 $Z_{12}'(s)$ 而言，由于 $I_1(s) = 0$，所以电容上没有电压降，N_0 的端口电压就是 $U_1(s)$，s 的接入不改变 $I_2(s)$，即

$$Z_{12}'(s) = Z_{12}(s) = s$$

同理可计算出 $Z_{22}'(s)$ 和 $Z_{21}'(s)$。

$$\mathbf{Z}'(s) = \begin{bmatrix} 1 + s + \dfrac{1}{s} & s \\[2mm] s & 1 + s + \dfrac{1}{s} \end{bmatrix}$$

当 $1\text{-}1'$ 端电压源为 $U_1(s)$ 时，$2\text{-}2'$ 端开路电压 $U_2(s)$ 为

$$U_2(s) \big|_{I_2(s)=0} = Z_{21}'(s) I_1(s), \quad I_1(s) \big|_{I_2(s)=0} = \frac{U_1(s)}{Z_{11}'(s)}$$

解得

$$\frac{U_2(s)}{U_1(s)} = \frac{Z_{21}'(s)}{Z_{11}'(s)} = \frac{s^2}{1 + s + s^2}$$

习题【20】解　如习题【20】解图所示。

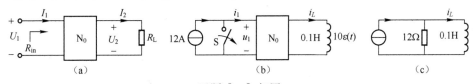

习题【20】解图

（1）设 N_0 的 $\mathbf{T}$ 参数为 $\mathbf{T} = \begin{pmatrix} A & B \\ C & D \end{pmatrix}$，输入电阻为

$$R_{in} = \frac{U_1}{I_1} = \frac{AU_2 + BI_2}{CU_2 + DI_2} = \frac{AR_L + B}{CR_L + D}$$

323

由于 N_0 为线性二端口无源电阻网络，故有 $AD-BC=1$，将此关系代入上式可得

$$R_{\text{in}}=\frac{A}{C}-\frac{\dfrac{1}{C^2}}{\dfrac{D}{C}+R_{\text{L}}}$$

与 $R_{\text{in}}=\left(10-\dfrac{100}{12+R_{\text{L}}}\right)\Omega$ 比较得

$$\frac{A}{C}=10,\quad \frac{1}{C^2}=100,\quad \frac{D}{C}=12$$

解得 $A=1$，$C=0.1$，$D=1.2$ 或 $A=-1$，$C=-0.1$，$D=-1.2$。取前者因为是纯电阻网络，所以参数为正，有

$$B=\frac{AD-1}{C}=\frac{1.2-1}{0.1}=2$$

（2）对习题【20】解图（b），输出端口的开路电压 U_{20C} 为 $12=0.1U_{\text{20C}}$，即 $U_{\text{20C}}=120\text{V}$；短路电流 I_{2SC} 为 $12=1.2I_{\text{2SC}}$，即 $I_{\text{2SC}}=10\text{A}$。

$$R_0=\frac{U_{\text{20C}}}{I_{\text{2SC}}}=\frac{120}{10}=12(\Omega)$$

输出端口的等效电路如习题【20】解图（c）所示，由此可得

$$i_L(t)=10(1-e^{-120t})\varepsilon(t)\text{A}$$

注：（1）也可以通过对网络进行 T 等效求解，请自己尝试一下。

习题【21】解　分析题意，由给定的数值之间的关系可得

$$I_{\text{S}}R=\frac{1}{2}U_{\text{S}}=10\text{V}$$

计算电路如习题【21】解图（b）所示，由图可知一端口网络 N_1、N_2 的等效电阻相等。利用齐次性定理和网络 P 的对称性可知 N_2 的开路电压为 N_1 开路电压 U_0 的一半，即 $\frac{1}{2}U_0$，由此建立的戴维南等效电路如习题【21】解图（c）所示。

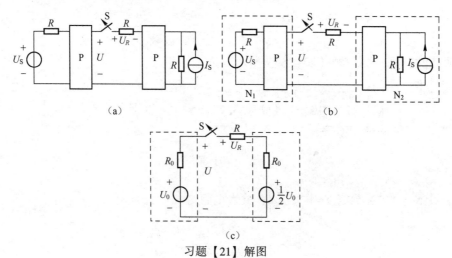

习题【21】解图

在习题【21】解图（c）中，当闭合开关 S 时，利用 KVL 和 KCL 可得

$$\begin{cases} 8 = U_0 - \dfrac{U_0 - \dfrac{1}{2}U_0}{2R_0 + R}R_0 \\ \dfrac{U_0 - \dfrac{1}{2}U_0}{2R_0 + R} = \dfrac{U_R}{R} = \dfrac{1}{5} \end{cases}$$

解得 $U_0 = 10\text{V}$，$R_0 = 10\Omega$。

当断开开关 S 时，$U = U_0 = 10\text{V}$。

习题【22】解 如习题【22】解图所示。

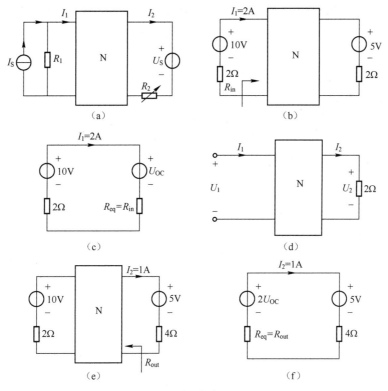

习题【22】解图

设双口网络 N 的传输矩阵为 $\boldsymbol{T}_N = \begin{bmatrix} A & B \\ C & D \end{bmatrix}$。

将习题【22】解图（a）等效为习题【22】解图（b），当 $R_2 = R_1 = 2\Omega$ 时，将习题【22】解图（b）中除 10V 电压源所在支路以右部分用戴维南等效电路代替，如习题【22】解图（c）所示，求 R_{in} 的电路如习题【22】解图（d）所示。在习题【22】解图（d）中，N 的传输参数方程为

$$\begin{cases} U_1 = AU_2 + BI_2 \\ I_1 = CU_2 + DI_2 \end{cases} \qquad \text{①}$$

N 输出端口电路的伏安关系为

$$U_2 = 2I_2 \qquad\qquad ②$$

由①和②可得

$$R_{in} = \frac{U_1}{I_1} = \frac{2A+B}{2C+D}$$

当 $R_2 = 2R_1 = 4\Omega$ 时，$I_2 = 1A$，电路如习题【22】解图（e）所示。将习题【22】解图（e）中 5V 电压源所在支路以左部分用戴维南等效电路代替，电路如习题【22】解图（f）所示。其中

$$R_{out} = \frac{2D+B}{2C+A}$$

由于 N 为对称双口网络，所以 $R_{in} = R_{out}$。由互易定理和齐次性原理可知，习题【22】解图（f）中的开路电压为习题【22】解图（c）中开路电压的 2 倍，故有

$$\begin{cases} 2\times(2+R_{eq}) = 10-U_{OC} \\ 1\times(4+R_{eq}) = 2U_{OC}-5 \end{cases}$$

解得 $R_{eq} = 0.6\Omega$，$U_{OC} = 4.8V$。由最大功率传输定理可知，当 $R_2 = R_{eq} = 0.6\Omega$ 时，可获得最大功率，最大功率为

$$P_{max} = \frac{(2U_{OC}-U_S)^2}{4R_{eq}} = \frac{(2\times4.8-5)^2}{4\times0.6} = 8.82(W)$$

习题【23】解 如习题【23】解图所示。

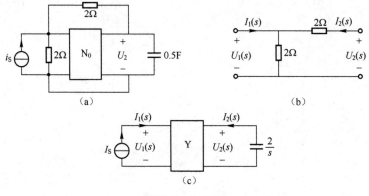

习题【23】解图

（1）根据电路结构，可将其作为两个二端口网络的并联。习题【23】解图（b）二端口网络 Y'' 参数为

$$Y''_{11} = \left.\frac{I_1(s)}{U_1(s)}\right|_{U_2(s)=0} = 1S, \quad Y''_{21} = \left.\frac{I_2(s)}{U_1(s)}\right|_{U_2(s)=0} = -\frac{1}{2}S = Y''_{12}, \quad Y''_{22} = \left.\frac{I_2(s)}{U_2(s)}\right|_{U_1(s)=0} = \frac{1}{2}S$$

即

$$Y''(s) = \begin{bmatrix} 1 & -0.5 \\ -0.5 & 0.5 \end{bmatrix}$$

所以

$$Y = Y' + Y'' = \begin{bmatrix} 1.5+0.5s & 0 \\ -1.5 & 1.5+0.5s \end{bmatrix}$$

由 $Y(s)$ 参数方程求 $H(s) = \dfrac{U_2(s)}{I_S(s)}$，电路的参数方程为

$$I_1(s) = Y_{11}(s)U_1(s) + Y_{12}(s)U_2(s), \quad I_2(s) = Y_{21}(s)U_1(s) + Y_{22}(s)U_2(s)$$

因

$$I_1(s) = I_S(s), \quad Y_{12}(s) = 0$$

有

$$I_S(s) = (1.5+0.5s)U_1(s) \qquad\qquad ①$$
$$I_2(s) = -1.5U_1(s) + (1.5+0.5s)U_2(s)$$

将给定电路转换为运算电路，如习题【23】解图（c）所示，有

$$I_2(s) = -\frac{U_2(s)}{\dfrac{2}{s}} = -0.5sU_2(s)$$

$$-0.5sU_2(s) = -1.5U_1(s) + (1.5+0.5s)U_2(s) \Rightarrow 1.5U_1(s) = (1.5+s)U_2(s) \qquad ②$$

将①代入②，有

$$1.5 \times \frac{I_S(s)}{1.5+0.5s} = (1.5+s)U_2(s)$$

$$H(s) = \frac{U_2(s)}{I_S(s)} = \frac{3}{(s+1.5)(s+3)}$$

（2）网络函数 $H(s)$ 的性质：对于任一线性时不变网络，冲激响应的拉氏变换等于该网络相应的网络函数，即

$$H(s) = \frac{L[h(t)]}{L[\delta(t)]} = L[h(t)]$$

$$u_2(t) = L^{-1}[H(s)] = L^{-1}\left[\frac{3}{(s+1.5)(s+3)}\right] = (2e^{-1.5t} - 2e^{-3t})\varepsilon(t)\,(\text{V})$$

A12 第 15 章习题答案

习题【1】解 如习题【1】解图所示。

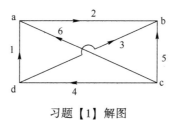

习题【1】解图

含支路 1 的树有

$$\{1,2,5\}、\{1,3,5\}、\{1,4,5\}、\{1,5,6\}$$

选择$\{2,3,6\}$为树，基本割集有

$$\{1,2,4,5\}、\{1,3,4\}、\{4,5,6\}$$

基本回路有

$$\{1,2,3\}、\{2,3,4,6\}、\{2,5,6\}$$

基本回路矩阵为

$$
\boldsymbol{B}_f=\begin{matrix}1\\4\\5\end{matrix}
\begin{array}{c}\quad1\quad4\quad5\quad2\quad3\quad6\\
\left[\begin{array}{cccccc}
1 & 0 & 0 & 1 & -1 & 0\\
0 & 1 & 0 & -1 & 1 & -1\\
0 & 0 & 1 & -1 & 0 & -1
\end{array}\right]\end{array}
$$

基本割集矩阵为

$$
\boldsymbol{Q}_f=\begin{matrix}2\\3\\6\end{matrix}
\begin{array}{c}\quad2\quad3\quad6\quad1\quad4\quad5\\
\left[\begin{array}{cccccc}
1 & 0 & 0 & -1 & 1 & 1\\
0 & 1 & 0 & 1 & -1 & 0\\
0 & 0 & 1 & 0 & 1 & 1
\end{array}\right]\end{array}
$$

习题【2】解 （1）由题意得

$$
\boldsymbol{A}=\begin{matrix}①\\②\\③\end{matrix}
\left[\begin{array}{cccccc}
1 & 1 & 1 & 0 & 0 & 0\\
0 & -1 & 0 & 1 & 1 & 0\\
0 & 0 & -1 & 0 & -1 & 1
\end{array}\right]
$$

（2）由题意得

$$
\boldsymbol{B}_f=\begin{array}{c}\quad3\quad4\quad6\quad1\quad2\quad5\\
\left[\begin{array}{cccccc}
1 & 0 & 0 & 0 & -1 & -1\\
0 & 1 & 0 & -1 & 1 & 0\\
0 & 0 & 1 & -1 & 1 & 1
\end{array}\right]\end{array},\quad
\boldsymbol{Q}_f=\begin{array}{c}\quad1\quad2\quad5\quad3\quad4\quad6\\
\left[\begin{array}{cccccc}
1 & 0 & 0 & 0 & 1 & 1\\
0 & 1 & 0 & 1 & -1 & -1\\
0 & 0 & 1 & 1 & 0 & -1
\end{array}\right]\end{array}
$$

（3）由题意得

$$
\boldsymbol{Y}=\left[\begin{array}{cccccc}
\dfrac{1}{R_1} & 0 & 0 & 0 & 0 & 0\\[2mm]
0 & G_2 & 0 & 0 & 0 & 0\\[2mm]
0 & 0 & \dfrac{1}{R_3} & 0 & gj\omega C_5 & 0\\[2mm]
0 & 0 & 0 & \dfrac{1}{j\omega L_4} & 0 & 0\\[2mm]
0 & 0 & 0 & 0 & j\omega C_5 & 0\\[2mm]
-g & 0 & 0 & 0 & 0 & \dfrac{1}{R_6}
\end{array}\right]
$$

$$\boldsymbol{I}_S=\begin{bmatrix}\dot{I}_{S1} & 0 & 0 & 0 & 0 & 0\end{bmatrix}^{\mathrm{T}},\quad \boldsymbol{U}_S=\begin{bmatrix}0 & 0 & -\dot{U}_S & 0 & 0 & 0\end{bmatrix}^{\mathrm{T}}$$

习题【3】解 如习题【3】解图所示。

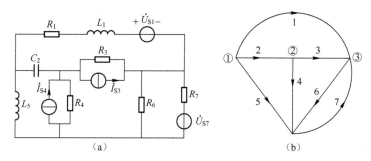

习题【3】解图

由习题【3】解图（b）得关联矩阵为

$$A = \begin{bmatrix} 1 & 1 & 0 & 0 & 1 & 0 & 0 \\ 0 & -1 & 1 & 1 & 0 & 0 & 0 \\ -1 & 0 & -1 & 0 & 0 & 1 & -1 \end{bmatrix}$$

设 $Y_1 = \dfrac{1}{R_1 + j\omega L_1}$，$Y_2 = j\omega C_2$，$Y_3 = \dfrac{1}{R_3}$，$Y_4 = \dfrac{1}{R_4}$，$Y_5 = \dfrac{1}{j\omega L_5}$，$Y_6 = \dfrac{1}{R_6}$，$Y_7 = \dfrac{1}{R_7}$，则支路导纳矩阵为

$$Y = \mathrm{diag}\begin{bmatrix} Y_1 & Y_2 & Y_3 & Y_4 & Y_5 & Y_6 & Y_7 \end{bmatrix}$$

电压源列向量矩阵为

$$U_S = \begin{bmatrix} -U_{S1} & 0 & 0 & 0 & 0 & 0 & \dot{U}_{S7} \end{bmatrix}^{\mathrm{T}}$$

电流源列向量矩阵为

$$I_S = \begin{bmatrix} 0 & 0 & -\dot{I}_{S3} & \dot{I}_{S4} & 0 & 0 & 0 \end{bmatrix}^{\mathrm{T}}$$

节点导纳矩阵为

$$Y_n = AYA^{\mathrm{T}}$$

$$= \begin{bmatrix} 1 & 1 & 0 & 0 & 1 & 0 & 0 \\ 0 & -1 & 1 & 1 & 0 & 0 & 0 \\ -1 & 0 & -1 & 0 & 0 & 1 & -1 \end{bmatrix} \begin{bmatrix} Y_1 & 0 & 0 & 0 & 0 & 0 & 0 \\ 0 & Y_2 & 0 & 0 & 0 & 0 & 0 \\ 0 & 0 & Y_3 & 0 & 0 & 0 & 0 \\ 0 & 0 & 0 & Y_4 & 0 & 0 & 0 \\ 0 & 0 & 0 & 0 & Y_5 & 0 & 0 \\ 0 & 0 & 0 & 0 & 0 & Y_6 & 0 \\ 0 & 0 & 0 & 0 & 0 & 0 & Y_7 \end{bmatrix} \times \begin{bmatrix} 1 & 0 & -1 \\ 1 & -1 & 0 \\ 0 & 1 & -1 \\ 0 & 1 & 0 \\ 1 & 0 & 0 \\ 0 & 0 & 1 \\ 0 & 0 & -1 \end{bmatrix}$$

$$= \begin{bmatrix} Y_1 + Y_2 + Y_5 & -Y_2 & -Y_1 \\ -Y_2 & Y_2 + Y_3 + Y_4 & -Y_3 \\ -Y_1 & -Y_3 & Y_1 + Y_3 + Y_6 + Y_7 \end{bmatrix}$$

$$\boldsymbol{J}_n = \boldsymbol{AI}_S - \boldsymbol{AYU}_S$$

$$= \begin{bmatrix} 1 & 1 & 0 & 0 & 1 & 0 & 0 \\ 0 & -1 & 1 & 1 & 0 & 0 & 0 \\ -1 & 0 & -1 & 0 & 0 & 1 & -1 \end{bmatrix} \begin{bmatrix} 0 \\ 0 \\ -\dot{I}_{S3} \\ \dot{I}_{S4} \\ 0 \\ 0 \\ 0 \end{bmatrix} - \begin{bmatrix} 1 & 1 & 0 & 0 & 1 & 0 & 0 \\ 0 & -1 & 1 & 1 & 0 & 0 & 0 \\ -1 & 0 & -1 & 0 & 0 & 1 & -1 \end{bmatrix} \times$$

$$\begin{bmatrix} Y_1 & 0 & 0 & 0 & 0 & 0 & 0 \\ 0 & Y_2 & 0 & 0 & 0 & 0 & 0 \\ 0 & 0 & Y_3 & 0 & 0 & 0 & 0 \\ 0 & 0 & 0 & Y_4 & 0 & 0 & 0 \\ 0 & 0 & 0 & 0 & Y_5 & 0 & 0 \\ 0 & 0 & 0 & 0 & 0 & Y_6 & 0 \\ 0 & 0 & 0 & 0 & 0 & 0 & Y_7 \end{bmatrix} \begin{bmatrix} -\dot{U}_{S1} \\ 0 \\ 0 \\ 0 \\ 0 \\ 0 \\ \dot{U}_{S7} \end{bmatrix}$$

$$= \begin{bmatrix} Y_1 \dot{U}_{S1} \\ -\dot{I}_{S3} + \dot{I}_{S4} \\ -Y_1 \dot{U}_{S1} + \dot{I}_{S3} + Y_7 \dot{U}_{S7} \end{bmatrix}$$

最后可得

$$\begin{bmatrix} Y_1+Y_2+Y_5 & -Y_2 & -Y_1 \\ -Y_2 & Y_2+Y_3+Y_4 & -Y_3 \\ -Y_1 & -Y_3 & Y_1+Y_3+Y_6+Y_7 \end{bmatrix} \begin{bmatrix} \dot{U}_{n1} \\ \dot{U}_{n2} \\ \dot{U}_{n3} \end{bmatrix} = \begin{bmatrix} Y_1 \dot{U}_{S1} \\ -\dot{I}_{S3} + \dot{I}_{S4} \\ -Y_1 \dot{U}_{S1} + \dot{I}_{S3} + Y_7 \dot{U}_{S7} \end{bmatrix}$$

习题【4】解

(1) $\quad \begin{matrix} & 1 & 2 & 3 & 4 & 5 & 6 \end{matrix}$

$$[\boldsymbol{B}_f] = \begin{bmatrix} -1 & 1 & -1 & 0 & 0 & 0 \\ 1 & 0 & 0 & 1 & 0 & 1 \\ 0 & 0 & -1 & 0 & 1 & 1 \end{bmatrix}, \quad [\boldsymbol{Q}_f] = \begin{bmatrix} 1 & 1 & 0 & -1 & 0 & 0 \\ 0 & 1 & 1 & 0 & 1 & 0 \\ 0 & 0 & 0 & -1 & -1 & 1 \end{bmatrix}$$

$\begin{matrix} 1 & 2 & 3 & 4 & 5 & 6 \end{matrix}$ (header over $\boldsymbol{Q}_f$)

(2) 由题意得

$$[\boldsymbol{Z}] = \begin{bmatrix} R_1 & & & & & \\ & R_2+j\omega L_2 & -j\omega M & & & \\ & -j\omega M & j\omega L_3 & & & \\ & & & \dfrac{1}{j\omega C_4} & & \\ & & & & R_5 & \\ & & & & & R_6 \end{bmatrix}$$

$$\left[\mathbf{Z}_L\right]=\begin{bmatrix} R_1+R_2+\mathrm{j}\omega L_2+\mathrm{j}\omega L_3+\mathrm{j}2\omega M & -R_1 & \mathrm{j}\omega L_3+\mathrm{j}\omega M \\ -R_1 & R_1+\dfrac{1}{\mathrm{j}\omega C_4}+R_6 & R_6 \\ \mathrm{j}\omega L_3+\mathrm{j}\omega M & R_6 & \mathrm{j}\omega L_3+R_5+R_6 \end{bmatrix}$$

习题【5】解　（1）根据题中所示电路可得关联矩阵为

$$\mathbf{A}=\begin{bmatrix} 1 & 1 & 0 & 0 & 0 & -1 & -1 \\ -1 & -1 & 0 & -1 & 1 & 0 & 0 \\ 0 & 0 & 1 & 1 & 0 & 0 & 1 \end{bmatrix}$$

（2）支路导纳矩阵 Y 为

$$\mathbf{Y}=\begin{bmatrix} 1 & 0 & 0 & 0 & 0 & 0 & 0 \\ 0 & 1 & -2 & 0 & 0 & 0 & 0 \\ 0 & 0 & 1 & 0 & 0 & 0 & 0 \\ 0 & 0 & -2 & 1 & 0 & 0 & 0 \\ 0 & 0 & 0 & 0 & 1 & 0 & 0 \\ 0 & 0 & 0 & 0 & 0 & 1 & 0 \\ 0 & 0 & 0 & 0 & 0 & 0 & 1 \end{bmatrix}$$

（3）电压源列向量矩阵为
$$\mathbf{U}_\mathrm{S}=\begin{bmatrix} 0 & 0 & 0 & 0 & 0 & 0 & -1 \end{bmatrix}^\mathrm{T}$$

（4）电流源列向量矩阵为
$$\mathbf{I}_\mathrm{S}=\begin{bmatrix} 0 & 0 & 0 & 0 & 0 & -1 & 0 \end{bmatrix}^\mathrm{T}$$

（5）节点电压方程为
$$\mathbf{AYA}^\mathrm{T}\mathbf{U}_n=\mathbf{AYU}_\mathrm{S}-\mathbf{AI}_\mathrm{S}$$

习题【6】解　（1）由题意得

$$\mathbf{A}=\begin{bmatrix} -1 & -1 & -1 & 0 & 0 & 0 & -1 \\ 0 & 0 & 1 & -1 & 0 & -1 & 0 \\ 0 & 1 & 0 & 1 & -1 & 0 & 1 \end{bmatrix}$$

（2）由题意得

$$\mathbf{Y}_b=\begin{bmatrix} \dfrac{1}{R_1} & 0 & 0 & 0 & 0 & 0 & 0 \\ 0 & \dfrac{1}{R_2} & 0 & 0 & 0 & 0 & 0 \\ 0 & 0 & \dfrac{1}{R_3} & 0 & 0 & 0 & 0 \\ 0 & 0 & 0 & \dfrac{1}{R_4} & 0 & 0 & 0 \\ 0 & 0 & 0 & 0 & \dfrac{1}{R_5} & 0 & 0 \\ 0 & 0 & 0 & 0 & 0 & \mathrm{j}\omega C_6 & 0 \\ 0 & 0 & 0 & 0 & 0 & 0 & \dfrac{1}{\mathrm{j}\omega L_7} \end{bmatrix}$$

由题意得

$$Y_n = \begin{bmatrix} \dfrac{1}{R_1}+\dfrac{1}{R_2}+\dfrac{1}{R_3}+\dfrac{1}{j\omega L_7} & -\dfrac{1}{R_3} & -\dfrac{1}{R_2}-\dfrac{1}{j\omega L_7} \\ -\dfrac{1}{R_3} & \dfrac{1}{R_3}+\dfrac{1}{R_4}+j\omega C_6 & -\dfrac{1}{R_4} \\ -\dfrac{1}{R_2}-\dfrac{1}{j\omega L_7} & -\dfrac{1}{R_4} & \dfrac{1}{R_2}+\dfrac{1}{R_4}+\dfrac{1}{R_5}+\dfrac{1}{j\omega L_7} \end{bmatrix}$$

（3）
$$\begin{bmatrix} \dfrac{1}{R_1}+\dfrac{1}{R_2}+\dfrac{1}{R_3}+\dfrac{1}{j\omega L_7} & -\dfrac{1}{R_3} & -\dfrac{1}{R_2}-\dfrac{1}{j\omega L_7} \\ -\dfrac{1}{R_3} & \dfrac{1}{R_3}+\dfrac{1}{R_4}+j\omega C_6 & -\dfrac{1}{R_4} \\ -\dfrac{1}{R_2}-\dfrac{1}{j\omega L_7} & -\dfrac{1}{R_4} & \dfrac{1}{R_2}+\dfrac{1}{R_4}+\dfrac{1}{R_5}+\dfrac{1}{j\omega L_7} \end{bmatrix} \begin{pmatrix} \dot U_{n1} \\ \dot U_{n2} \\ \dot U_{n3} \end{pmatrix} = \begin{pmatrix} \dfrac{\dot U_S}{R_1} \\ 0 \\ 0 \end{pmatrix}$$

习题【7】解 由题意得

$$B = \begin{bmatrix} 0 & 1 & 0 & 0 & -1 & -1 \\ 1 & 0 & 1 & 0 & 1 & 0 \\ 0 & 0 & -1 & -1 & 0 & 1 \end{bmatrix}, \quad Z = \begin{bmatrix} R_1 & -\alpha & 0 & 0 & 0 & 0 \\ 0 & R_2 & 0 & 0 & 0 & 0 \\ 0 & 0 & R_3 & 0 & 0 & 0 \\ 0 & 0 & 0 & R_4 & 0 & 0 \\ 0 & 0 & 0 & 0 & \dfrac{1}{j\omega C} & 0 \\ 0 & 0 & 0 & 0 & 0 & j\omega L \end{bmatrix}$$

$$U_S = \begin{bmatrix} 0 & -\dot U_{S2} & 0 & \dot U_{S4} & 0 & 0 \end{bmatrix}^T, \quad I_S = \begin{bmatrix} \dot I_{S1} & 0 & 0 & 0 & 0 & 0 \end{bmatrix}^T$$

整理得

$$\begin{bmatrix} R_2+j\omega L+\dfrac{1}{j\omega C} & -\dfrac{1}{j\omega C} & -j\omega L \\ -\dfrac{1}{j\omega C} & R_1+R_3+\dfrac{1}{j\omega C} & -R_3 \\ -j\omega L & -R_3 & R_1+R_3+j\omega L \end{bmatrix} \begin{bmatrix} \dot I_{l1} \\ \dot I_{l2} \\ \dot I_{l3} \end{bmatrix} = \begin{bmatrix} -\dot U_{S2} \\ -\dot I_{S1}R_1 \\ -\dot U_{S4} \end{bmatrix}$$

习题【8】解 由题意，阻抗矩阵为

$$Z_b = \begin{bmatrix} sL_1 & -sM & 0 & 0 & 0 & 0 & 0 & 0 \\ -sM & sL_2 & 0 & 0 & 0 & 0 & 0 & 0 \\ 0 & 0 & R_3 & 0 & 0 & 0 & 0 & 0 \\ 0 & 0 & 0 & R_4 & -3R_4R_5 & 0 & 0 & 0 \\ 0 & 0 & 0 & 0 & R_5 & 0 & 0 & 0 \\ 0 & 0 & 0 & 0 & 0 & \dfrac{1}{sC_6} & 0 & 0 \\ 0 & 0 & 0 & 0 & 0 & -2 & sL_7 & 0 \\ 0 & 0 & 0 & 0 & 0 & 0 & 0 & \dfrac{1}{sC_8} \end{bmatrix}$$

电流源列向量矩阵为

$$\dot{I}_S(s) = \begin{bmatrix} 0 & 0 & 0 & 0 & 0 & 0 & 0 & 0 \end{bmatrix}^T$$

方程为

$$\begin{bmatrix} Y_{11}-sC_8 & Y_{12} & Y_{13}+sC_8 & Y_{14} \\ Y_{21} & Y_{22} & Y_{23} & Y_{24} \\ Y_{31}+sC_8 & Y_{32} & Y_{33}-sC_8 & Y_{34} \\ Y_{41} & Y_{42} & Y_{43} & Y_{44} \end{bmatrix} \begin{bmatrix} U_{n1}(s) \\ U_{n2}(s) \\ U_{n3}(s) \\ U_{n4}(s) \end{bmatrix} = \begin{bmatrix} sC_6 U_{S6}(s) \\ 0 \\ 0 \\ 0 \end{bmatrix}$$

习题【9】解　根据习题【9】图（b），标出回路，如习题【9】解图所示。

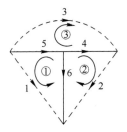

习题【9】解图

（1）电感 L_5 与 L_6 之间无互感时，有

$$\boldsymbol{B} = \begin{bmatrix} 1 & 0 & 0 & 0 & -1 & -1 \\ 0 & 1 & 0 & 1 & 0 & -1 \\ 0 & 0 & 1 & -1 & -1 & 0 \end{bmatrix}, \quad \boldsymbol{Z} = \mathrm{diag}\left[R_1, R_2, \frac{1}{sC_3}, \frac{1}{sC_4}, sL_5, sL_6 \right]$$

$$\boldsymbol{U}_S = [0, -U_{S2}, 0, 0, 0, 0]^T, \quad \boldsymbol{I}_S = [I_{S1}, 0, 0, 0, 0, 0]^T$$

代入 $\boldsymbol{BZB}^T\boldsymbol{I}_l = \boldsymbol{BU}_S - \boldsymbol{BZI}_S$，可得

$$\begin{bmatrix} R_1+sL_5+sL_6 & sL_6 & sL_5 \\ sL_6 & R_2+\dfrac{1}{sC_4}+sL_6 & -\dfrac{1}{sC_4} \\ sL_5 & -\dfrac{1}{sC_4} & \dfrac{1}{sC_3}+\dfrac{1}{sC_4}+sL_5 \end{bmatrix} \begin{bmatrix} I_{l1}(s) \\ I_{l2}(s) \\ I_{l3}(s) \end{bmatrix} = \begin{bmatrix} -R_1 I_{S1}(s) \\ -U_{S2} \\ 0 \end{bmatrix}$$

（2）电感 L_5 与 L_6 之间有互感 M，则

$$\boldsymbol{Z}(s) = \begin{bmatrix} R_1 & 0 & 0 & 0 & 0 & 0 \\ 0 & R_2 & 0 & 0 & 0 & 0 \\ 0 & 0 & \dfrac{1}{sC_3} & 0 & 0 & 0 \\ 0 & 0 & 0 & \dfrac{1}{sC_4} & 0 & 0 \\ 0 & 0 & 0 & 0 & sL_5 & sM \\ 0 & 0 & 0 & 0 & sM & sL_6 \end{bmatrix}, \quad \boldsymbol{B} = \begin{bmatrix} 1 & 0 & 0 & 0 & -1 & -1 \\ 0 & 1 & 0 & 1 & 0 & -1 \\ 0 & 0 & 1 & -1 & -1 & 0 \end{bmatrix}$$

$$\boldsymbol{U}_S(s) = [0, -U_{S2}, 0, 0, 0, 0]^T, \quad \boldsymbol{I}_S(s) = [I_{S1}, 0, 0, 0, 0, 0]^T$$

代入 $BZB^TI_l=BU_S-BZI_S$，可得

$$\begin{bmatrix} R_1+sL_5+sL_6+2sM & sM+sL_6 & sM+sL_5 \\ sL_6+sM & sL_6+\dfrac{1}{sC_4}+R_2 & sM-\dfrac{1}{sC_4} \\ sL_5+sM & sM-\dfrac{1}{sC_4} & \dfrac{1}{sC_3}+\dfrac{1}{sC_4}+sL_5 \end{bmatrix}\begin{bmatrix} I_{l1}(s) \\ I_{l2}(s) \\ I_{l3}(s) \end{bmatrix}=\begin{bmatrix} -R_1I_{S1}(s) \\ -U_{S2} \\ 0 \end{bmatrix}$$

习题【10】解　按习题【10】解图取单树支割集 U_{t1}、U_{t2}、U_{t6}、U_{t7}，支路导纳为矩阵

$$Y(s)=\mathrm{diag}[\,G_1,G_2,G_3,G_4,G_5,G_6,G_7,G_8\,]$$

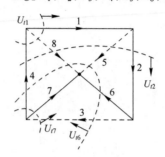

习题【10】解图

基本割集矩阵为

$$Q_f=\begin{bmatrix} 1 & 0 & 0 & -1 & 0 & 0 & 0 & 1 \\ 0 & 1 & 0 & -1 & 1 & 0 & 0 & 1 \\ 0 & 0 & 1 & -1 & 1 & 1 & 0 & 1 \\ 0 & 0 & -1 & 1 & 0 & 0 & 1 & 0 \end{bmatrix}$$

用拉式变换表示时，电压源 U_S 的列向量矩阵为

$$U_S(s)=[\,0,0,0,U_{S4},0,0,0,-U_{S8}\,]^T$$

电压源 I_S 的列向量矩阵为

$$I_S(s)=[\,0,I_{S2},0,0,0,0,0,0\,]^T$$

代入割集电压方程的标准矩阵形式

$$Q_fYQ_f^TU_t=Q_fI_S-Q_fYU_S$$

可得割集电压方程矩阵形式为

$$\begin{bmatrix} G_1+G_4+G_8 & G_4+G_8 & G_4+G_8 & -G_4 \\ G_4+G_8 & G_4+G_8+G_2+G_5 & G_4+G_8+G_5 & -G_4 \\ G_4+G_8 & G_4+G_8+G_5 & G_3+G_4+G_5+G_6+G_8 & -G_4-G_3 \\ -G_4 & -G_4 & -G_4-G_3 & G_3+G_4+G_7 \end{bmatrix}\begin{bmatrix} U_{t1} \\ U_{t2} \\ U_{t6} \\ U_{t7} \end{bmatrix}=\begin{bmatrix} G_4U_{S4}+G_8U_{S8} \\ I_{S2}+G_4U_{S4}+G_8U_{S8} \\ G_4U_{S4}+G_8U_{S8} \\ -G_4U_{S4} \end{bmatrix}$$

习题【11】解　易知 $\dot{I}_{d3}=R_{35}\dot{U}_5$，$\dot{I}_{d6}=\beta_{62}\dot{I}_2=\dfrac{\beta_{62}}{R_2}(\dot{U}_2-\dot{U}_{S2})$，有向图如习题【11】解图所示，各支路方程为

$$\dot{I}_k=Y_k(\dot{U}_k+\dot{U}_{Sk})+\dot{I}_{dk}-\dot{I}_{Sk}$$

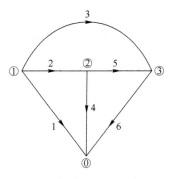

习题【11】解图

支路导纳矩阵为

$$
Y = \begin{bmatrix}
\dfrac{1}{R_1} & 0 & 0 & 0 & 0 & 0 \\
0 & \dfrac{1}{R_2} & 0 & 0 & 0 & 0 \\
0 & 0 & \dfrac{1}{R_3} & 0 & R_{35} & 0 \\
0 & 0 & 0 & \dfrac{1}{j\omega L_4} & 0 & 0 \\
0 & 0 & 0 & 0 & j\omega C_5 & 0 \\
0 & -\dfrac{\beta_{62}}{R_2} & 0 & 0 & 0 & \dfrac{1}{R_6}
\end{bmatrix}
$$

电流源列向量与电压源列向量矩阵为

$$
\boldsymbol{I}_S = \begin{bmatrix} -\dot{I}_{S1} & 0 & -\dot{I}_{S3} & 0 & 0 & 0 \end{bmatrix}^{\mathrm{T}}, \quad \boldsymbol{U}_S = \begin{bmatrix} 0 & -\dot{U}_{S2} & 0 & 0 & 0 & 0 \end{bmatrix}^{\mathrm{T}}
$$

因此，支路方程的矩阵形式为

$$
\begin{bmatrix}
\dot{I}_1 \\
\dot{I}_2 \\
\dot{I}_3 \\
\dot{I}_4 \\
\dot{I}_5 \\
\dot{I}_6
\end{bmatrix}
=
\begin{bmatrix}
\dfrac{1}{R_1} & 0 & 0 & 0 & 0 & 0 \\
0 & \dfrac{1}{R_2} & 0 & 0 & 0 & 0 \\
0 & 0 & \dfrac{1}{R_3} & 0 & R_{35} & 0 \\
0 & 0 & 0 & \dfrac{1}{j\omega L_4} & 0 & 0 \\
0 & 0 & 0 & 0 & j\omega C_5 & 0 \\
0 & -\dfrac{\beta_{62}}{R_2} & 0 & 0 & 0 & \dfrac{1}{R_6}
\end{bmatrix}
\begin{bmatrix}
\dot{U}_1 + 0 \\
\dot{U}_2 - \dot{U}_{S2} \\
\dot{U}_3 + 0 \\
\dot{U}_4 + 0 \\
\dot{U}_5 - 0 \\
\dot{U}_6 + 0
\end{bmatrix}
-
\begin{bmatrix}
-\dot{I}_{S1} \\
0 \\
-\dot{I}_{S3} \\
0 \\
0 \\
0
\end{bmatrix}
$$

习题【12】解　先画出电路的有向图如习题【12】解图所示，以支路（1，2，5）为树支，单树支基本割集矩阵为

$$\begin{array}{cccccccc}
 & 1 & 2 & 5 & 3 & 4 & 6 & 7 \\
\mathbf{Q}_f = & \begin{bmatrix} 1 & 0 & 0 & 1 & 0 & -1 & 1 \\ 0 & 1 & 0 & 0 & 1 & 0 & 0 \\ 0 & 0 & 1 & 0 & -1 & 0 & -1 \end{bmatrix}
\end{array}$$

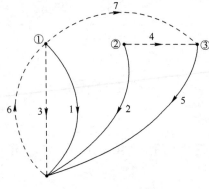

习题【12】解图

注意：习题【12】解图中实线为树支，虚线为连支。

由于

$$\dot{U}_1 = \mathrm{j}\omega L_1 \dot{I}_1 + \mathrm{j}\omega M \dot{I}_2, \qquad \dot{U}_2 = \mathrm{j}\omega M \dot{I}_1 + \mathrm{j}\omega L_2 \dot{I}_2$$

而

$$\begin{bmatrix} \dot{I}_1 \\ \dot{I}_2 \end{bmatrix} = \begin{bmatrix} \mathrm{j}\omega L_1 & \mathrm{j}\omega M \\ \mathrm{j}\omega M & \mathrm{j}\omega L_2 \end{bmatrix}^{-1} \begin{bmatrix} \dot{U}_1 \\ \dot{U}_2 \end{bmatrix} = \frac{1}{\mathrm{j}\omega(L_1 L_2 - M^2)} \begin{bmatrix} L_2 & -M \\ -M & L_1 \end{bmatrix} \begin{bmatrix} \dot{U}_1 \\ \dot{U}_2 \end{bmatrix} = \begin{bmatrix} \dfrac{L_2}{\Delta} & \dfrac{-M}{\Delta} \\ \dfrac{-M}{\Delta} & \dfrac{L_1}{\Delta} \end{bmatrix} \begin{bmatrix} \dot{U}_1 \\ \dot{U}_2 \end{bmatrix}$$

其中，$\Delta = \mathrm{j}\omega(L_1 L_2 - M^2)$。

由于电路中有受控源 VCCS，故在 Y 矩阵的 k 行 j 列位置写上受控源的控制电导，支路导纳矩阵为

$$\mathbf{Y} = \begin{bmatrix}
\dfrac{L_2}{\Delta} & \dfrac{-M}{\Delta} & 0 & 0 & 0 & 0 & 0 \\
\dfrac{-M}{\Delta} & \dfrac{L_1}{\Delta} & 0 & 0 & 0 & 0 & 0 \\
0 & 0 & \dfrac{1}{R_5} & 0 & 0 & 0 & 0 \\
0 & 0 & 0 & \dfrac{1}{R_3} & g & 0 & 0 \\
0 & 0 & 0 & 0 & \dfrac{1}{R_4} & 0 & 0 \\
0 & 0 & 0 & 0 & 0 & \dfrac{1}{R_6} & 0 \\
0 & 0 & 0 & 0 & 0 & 0 & \mathrm{j}\omega C_7
\end{bmatrix}$$

电流源列向量矩阵为

$$\boldsymbol{I}_{S} = \begin{bmatrix} 0 & 0 & -\dot{I}_{S5} & 0 & 0 & 0 & 0 \end{bmatrix}^{T}$$

电压源列向量矩阵为

$$\boldsymbol{U}_{S} = \begin{bmatrix} 0 & 0 & 0 & 0 & 0 & \dot{U}_{S6} & 0 \end{bmatrix}^{T}$$

代入

$$\boldsymbol{Q}_{f}\boldsymbol{Y}\boldsymbol{Q}_{f}^{T}\boldsymbol{U}_{t} = \boldsymbol{Q}_{f}\boldsymbol{I}_{S} - \boldsymbol{Q}_{f}\boldsymbol{Y}\boldsymbol{U}_{S}$$

得

$$\begin{bmatrix} \dfrac{L_2}{\Delta}+\dfrac{1}{R_3}+\dfrac{1}{R_6}+j\omega C_7 & g-\dfrac{M}{\Delta} & -g \\[3mm] -\dfrac{M}{\Delta} & \dfrac{L_1}{\Delta}+\dfrac{1}{R_4} & -\dfrac{1}{R_4} \\[3mm] -j\omega C_7 & -\dfrac{1}{R_4} & \dfrac{1}{R_4}+\dfrac{1}{R_5}+j\omega C_7 \end{bmatrix} \begin{bmatrix} \dot{U}_{t1} \\[3mm] \dot{U}_{t2} \\[3mm] \dot{U}_{t3} \end{bmatrix} = \begin{bmatrix} \dfrac{\dot{U}_{S6}}{R_6} \\[3mm] 0 \\[3mm] -\dot{I}_{S5} \end{bmatrix}$$

习题【13】解　（1）结合基本回路矩阵，可知题中网络的回路阻抗矩阵为

$$\boldsymbol{Z}_{l} = \boldsymbol{B}_{f}\boldsymbol{Z}\boldsymbol{B}_{f}^{T} = \begin{bmatrix} R_2+\dfrac{1}{j\omega C_1}+j\omega L_3 & -j\omega L_3 & -R_2-j\omega L_3 \\[3mm] -j\omega L_3 & R_4+\dfrac{1}{j\omega C_5}+j\omega L_3 & \dfrac{1}{j\omega C_5}+j\omega L_3 \\[3mm] -R_2-j\omega L_3 & \dfrac{1}{j\omega C_5}+j\omega L_3 & R_2+R_6+\dfrac{1}{j\omega C_5}+j\omega L_3 \end{bmatrix}$$

（2）

$$\boldsymbol{B}_{f} = \begin{bmatrix} \boldsymbol{B}_{t} & \boldsymbol{B}_{l} \end{bmatrix} = \begin{matrix} & 2 & 3 & 5 & 1 & 4 & 6 \\ & \begin{bmatrix} 1 & 1 & 0 & 1 & 0 & 0 \\ 0 & -1 & 1 & 0 & 1 & 0 \\ -1 & -1 & 1 & 0 & 0 & 1 \end{bmatrix} \end{matrix}$$

对应于 B_f 的基本割集矩阵为

$$\boldsymbol{Q}_{f} = \begin{bmatrix} \boldsymbol{E} & -\boldsymbol{B}_{t}^{T} \end{bmatrix} = \begin{matrix} & 2 & 3 & 5 & 1 & 4 & 6 \\ & \begin{bmatrix} 1 & 0 & 0 & -1 & 0 & 1 \\ 0 & 1 & 0 & -1 & 1 & 1 \\ 0 & 0 & 1 & 0 & -1 & -1 \end{bmatrix} \end{matrix} = \begin{matrix} & 1 & 2 & 3 & 4 & 5 & 6 \\ & \begin{bmatrix} -1 & 1 & 0 & 0 & 0 & 1 \\ -1 & 0 & 1 & 1 & 0 & 1 \\ 0 & 0 & 0 & -1 & 1 & -1 \end{bmatrix} \end{matrix}$$

（3）由已知的支路阻抗矩阵得支路导纳矩阵为

$$\boldsymbol{Y} = \text{diag}\begin{bmatrix} j\omega C_1 & \dfrac{1}{R_2} & \dfrac{1}{j\omega L_3} & \dfrac{1}{R_4} & j\omega C_5 & \dfrac{1}{R_6} \end{bmatrix}$$

因此，割集导纳矩阵为

$$Y_t = Q_f Y Q_f^T = \begin{bmatrix} j\omega C_1 + \dfrac{1}{R_2} + \dfrac{1}{R_6} & j\omega C_1 + \dfrac{1}{R_6} & -\dfrac{1}{R_6} \\[3mm] j\omega C_1 + \dfrac{1}{R_6} & j\omega C_1 + \dfrac{1}{j\omega L_3} + \dfrac{1}{R_4} + \dfrac{1}{R_6} & -\dfrac{1}{R_4} - \dfrac{1}{R_6} \\[3mm] -\dfrac{1}{R_6} & -\dfrac{1}{R_4} - \dfrac{1}{R_6} & \dfrac{1}{R_4} + j\omega C_5 + \dfrac{1}{R_6} \end{bmatrix}$$

习题【14】解　以 3、4、5 为树支的基本回路如习题【14】图（b）所示，对应的基本回路矩阵为

$$\boldsymbol{B}_f = \begin{array}{c} \\ 1 \\ 2 \end{array} \begin{array}{cccccc} 1 & 2 & 3 & 4 & 5 \\ \left[\begin{array}{ccccc} 1 & 0 & -1 & -1 & 0 \\ 0 & 1 & -1 & 0 & 1 \end{array}\right] \end{array}$$

列出支路阻抗矩阵为

$$\boldsymbol{Z} = \begin{bmatrix} R_1 & 0 & 0 & 0 & 0 \\ 0 & R_2 & 0 & 0 & 0 \\ 0 & 0 & R_3 & 0 & 0 \\ 0 & 0 & 0 & sL_4 & -sM \\ 0 & 0 & 0 & -sM & sL_5 \end{bmatrix}$$

回路阻抗矩阵为

$$\boldsymbol{Z}_l = \boldsymbol{B}_f \boldsymbol{Z} \boldsymbol{B}_f^T = \begin{bmatrix} R_1 + R_3 + sL_4 & R_3 + sM \\ R_3 + sM & R_2 + R_3 + sL_5 \end{bmatrix}$$

支路电流源列向量矩阵 $\boldsymbol{I}_S(s)$ 和支路电压源列向量矩阵 $\boldsymbol{U}_S(s)$ 分别为

$$\boldsymbol{I}_S(s) = \begin{bmatrix} 0 & I_S(s) & 0 & 0 & 0 \end{bmatrix}^T, \quad \boldsymbol{U}_S(s) = \begin{bmatrix} -U_S(s) & 0 & 0 & 0 & 0 \end{bmatrix}^T$$

基本回路的等效电压源列向量矩阵 $\boldsymbol{U}_l(s)$ 为

$$\boldsymbol{U}_l(s) = \boldsymbol{B}_f \boldsymbol{U}_S(s) - \boldsymbol{B}_l \boldsymbol{Z} \boldsymbol{I}_S(s) = \begin{bmatrix} -U(s) \\ -R_2 I(s) \end{bmatrix}$$

矩阵形式的回路电流方程 $\boldsymbol{Z}_l \boldsymbol{I}_l(s) = \boldsymbol{U}_l(s)$ 为

$$\begin{bmatrix} R_1 + R_3 + sL_4 & R_3 + sM \\ R_3 + sM & R_2 + R_3 + sL_5 \end{bmatrix} \begin{bmatrix} I_{l1}(s) \\ I_{l2}(s) \end{bmatrix} = \begin{bmatrix} -U(s) \\ -R_2 I(s) \end{bmatrix}$$

习题【15】解　基本回路矩阵为

$$\boldsymbol{B}_f = \begin{array}{c} \\ 6 \\ 7 \\ 8 \\ 9 \\ 10 \\ 11 \\ 12 \end{array} \begin{array}{cccccccccccc} 6 & 7 & 8 & 9 & 10 & 11 & 12 & 1 & 2 & 3 & 4 & 5 \\ \left[\begin{array}{cccccccccccc} 1 & 0 & 0 & 0 & 0 & 0 & 0 & 0 & 1 & -1 & -1 & 0 \\ 0 & 1 & 0 & 0 & 0 & 0 & 0 & 0 & -1 & 0 & 0 & -1 \\ 0 & 0 & 1 & 0 & 0 & 0 & 0 & 0 & 0 & -1 & -1 & -1 \\ 0 & 0 & 0 & 1 & 0 & 0 & 0 & -1 & -1 & 1 & 1 & 0 \\ 0 & 0 & 0 & 0 & 1 & 0 & 0 & 0 & 0 & 0 & -1 & -1 \\ 0 & 0 & 0 & 0 & 0 & 1 & 0 & -1 & -1 & 0 & 1 & 0 \\ 0 & 0 & 0 & 0 & 0 & 0 & 1 & -1 & -1 & 0 & 0 & 0 \end{array}\right] \end{array}$$

基本割集矩阵为

$$Q_f = \begin{array}{c} \\ 1 \\ 2 \\ 3 \\ 4 \\ 5 \end{array} \begin{array}{cccccccccccc} 1 & 2 & 3 & 4 & 5 & 6 & 7 & 8 & 9 & 10 & 11 & 12 \\ \begin{bmatrix} 1 & 0 & 0 & 0 & 0 & 0 & 0 & 0 & 1 & 0 & 1 & 1 \\ 0 & 1 & 0 & 0 & 0 & -1 & 1 & 0 & 1 & 0 & 1 & 1 \\ 0 & 0 & 1 & 0 & 0 & 1 & 0 & 1 & -1 & 0 & 0 & 0 \\ 0 & 0 & 0 & 1 & 0 & 1 & 0 & 1 & -1 & 1 & -1 & 0 \\ 0 & 0 & 0 & 0 & 1 & 0 & 1 & 1 & 0 & 1 & 0 & 0 \end{bmatrix} \end{array}$$

关联矩阵为

$$A = \begin{array}{c} \\ a \\ b \\ c \\ d \\ e \end{array} \begin{array}{cccccccccccc} 1 & 2 & 3 & 4 & 5 & 6 & 7 & 8 & 9 & 10 & 11 & 12 \\ \begin{bmatrix} -1 & 1 & 0 & 0 & 0 & -1 & 1 & 0 & 0 & 0 & 0 & 0 \\ 0 & 1 & 1 & 0 & 0 & 1 & 0 & 1 & -1 & 0 & 0 & 0 \\ 0 & 0 & 0 & 0 & -1 & 0 & -1 & -1 & 0 & -1 & 0 & 0 \\ 0 & 0 & -1 & 1 & 0 & 0 & 0 & 0 & 0 & 1 & -1 & 0 \\ 1 & 0 & 0 & 0 & 0 & 0 & 0 & 0 & 1 & 0 & 1 & 1 \end{bmatrix} \end{array}$$

支路导纳矩阵为

$$Y_b = \mathrm{diag}\begin{bmatrix} 1 & 1 & 2 & 3 & 3 & 1 & 1 & 2 & 0 & 3 & 3 & 3 \end{bmatrix}^{\mathrm{T}}$$

节点导纳矩阵为

$$Y = AY_bA^{\mathrm{T}}, \quad Y = \begin{bmatrix} 4 & -1 & -1 & 0 & 1 \\ -1 & 5 & -2 & -2 & 0 \\ -1 & -2 & 9 & -3 & 0 \\ 0 & -2 & -3 & 11 & -3 \\ 1 & 0 & 0 & -3 & 7 \end{bmatrix}$$

习题【16】解 （1）等效后电路如习题【16】解图所示。

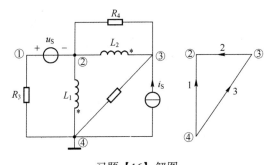

习题【16】解图

选④为参考点，有

$$A = \begin{bmatrix} -1 & -1 & 0 \\ 0 & 1 & -1 \end{bmatrix}$$

（2）

$$Y_b = \begin{bmatrix} 1-3j & j & 0 \\ j & 1-2j & 0 \\ 0 & 0 & 1 \end{bmatrix}, \quad Y_n = \begin{bmatrix} 2-5j & -1+j & -1+2j \\ -1+j & 2-2j & -1 \\ -1+2j & -1 & 2-3j \end{bmatrix}$$

（3）根据题目有

$$AY_b = \begin{bmatrix} -1+2j & -1+j & 0 \\ j & 1-2j & -1 \end{bmatrix}, \quad AY_b A^{\mathrm{T}} = \begin{bmatrix} 2-3j & -1+j \\ -1+j & 2-2j \end{bmatrix}$$

列出方程有

$$\begin{bmatrix} 2-3j & -1+j \\ -1+j & 2-2j \end{bmatrix} \begin{bmatrix} \dot{U}_2 \\ \dot{U}_S \end{bmatrix} = \begin{bmatrix} 5 \\ -2 \end{bmatrix}$$

解得

$$\dot{U}_2 = \frac{8}{3-5j} = 1.372\angle 59.04°\mathrm{V}$$

解得

$$\dot{U}_1 = \dot{U}_2 + \dot{U}_S = \dot{U}_2 + 5\angle 0° = 5.826\angle 11.65°\mathrm{V}$$

A13　第 16 章习题答案

习题【1】解　利用电源间的等效变换将电路图等效为如习题【1】解图所示。

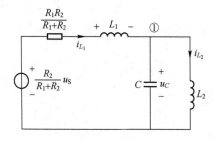

习题【1】解图

对节点①列写 KCL 有

$$C\frac{\mathrm{d}u_C}{\mathrm{d}t} = i_{L_1} - i_{L_2} \qquad ①$$

对电感所在支路列 KCL 方程有

$$L_2\frac{\mathrm{d}i_{L_2}}{\mathrm{d}t} = u_C \qquad ②$$

$$L_1 \frac{\mathrm{d}i_{L_1}}{\mathrm{d}t} = -u_C - \frac{R_1 R_2}{R_1 + R_2} i_{L_1} + \frac{R_2}{R_1 + R_2} u_S \qquad ③$$

将上述方程整理为矩阵形式得

$$\begin{bmatrix} \dfrac{\mathrm{d}u_C}{\mathrm{d}t} \\[2mm] \dfrac{\mathrm{d}i_{L_1}}{\mathrm{d}t} \\[2mm] \dfrac{\mathrm{d}i_{L_2}}{\mathrm{d}t} \end{bmatrix} = \begin{bmatrix} 0 & \dfrac{1}{C} & -\dfrac{1}{C} \\[2mm] -\dfrac{1}{L_1} & -\dfrac{R_1 R_2}{(R_1 + R_2) L_1} & 0 \\[2mm] \dfrac{1}{L_2} & 0 & 0 \end{bmatrix} \begin{bmatrix} u_C \\[2mm] i_{L_1} \\[2mm] i_{L_2} \end{bmatrix} + \begin{bmatrix} 0 \\[2mm] \dfrac{R_2}{(R_1 + R_2) L_1} \\[2mm] 0 \end{bmatrix} u_S$$

习题【2】解　列 KCL 和 KVL 方程为

$$C_3 \frac{\mathrm{d}u_{C_3}}{\mathrm{d}t} - i_{L_4} + i_{L_5} = 0 \qquad ①$$

$$L_4 \frac{\mathrm{d}i_{L_4}}{\mathrm{d}t} + R_3 i_3 + u_{C_3} - u_{S1}(t) = 0 \qquad ②$$

$$L_5 \frac{\mathrm{d}i_{L_5}}{\mathrm{d}t} - R_2 i_2 - u_{S2}(t) - u_{C_3} - R_3 i_3 = 0 \qquad ③$$

方程中含非状态变量 i_2、i_3，为消去 i_2、i_3，补充下列三个方程，即

$$i_3 - i_{L_4} + i_{L_5} = 0 \qquad ④$$

$$i_2 + i_{L_5} + i_1 = 0 \qquad ⑤$$

$$R_1 i_1 - R_2 i_2 - u_{S2}(t) - u_{S1}(t) = 0 \qquad ⑥$$

由⑤⑥可解出

$$i_2 = -\frac{R_1}{R_1 + R_2} i_{L_5} - \frac{u_{S1}(t) + u_{S2}(t)}{R_1 + R_2} \cdot \qquad ⑦$$

由④可直接得到

$$i_3 = i_{L_4} - i_{L_5} \qquad ⑧$$

将⑦⑧代入②③，并整理①②③，得状态方程为

$$\dot{x} = Ax + Bv$$

其中

$$x = \begin{bmatrix} u_{C_3} & i_{L_4} & i_{L_5} \end{bmatrix}^{\mathrm{T}}, \quad \dot{x} = \begin{bmatrix} \dfrac{\mathrm{d}u_{C_3}}{\mathrm{d}t} & \dfrac{\mathrm{d}i_{L_4}}{\mathrm{d}t} & \dfrac{\mathrm{d}i_{L_5}}{\mathrm{d}t} \end{bmatrix}^{\mathrm{T}}$$

$$A = \begin{bmatrix} 0 & \dfrac{1}{C_3} & -\dfrac{1}{C_3} \\[3mm] -\dfrac{1}{L_4} & -\dfrac{R_3}{L_4} & \dfrac{R_3}{L_4} \\[3mm] \dfrac{1}{L_5} & \dfrac{R_3}{L_5} & -\dfrac{R_1 R_2 + R_2 R_3 + R_3 R_1}{(R_1 + R_2) L_5} \end{bmatrix}, \quad B = \begin{bmatrix} 0 & 0 \\[3mm] \dfrac{1}{L_4} & 0 \\[3mm] \dfrac{-R_2}{L_5(R_1 + R_2)} & \dfrac{R_1}{L_5(R_1 + R_2)} \end{bmatrix}$$

习题【3】解 列写 KVL 方程：$i_1 \times 2 = i_2 \times 2 - 6$，即 $i_2 = i_1 + 3$，流过 1F 电容的电流为

$$i_{C_1} = i_1 + i_2 = 2i_1 + 3$$

根据 KVL 可得

$$u_{C_1} + u_{C_2} + i_{C_1} \times 2 = -2i_1 = 3 - i_{C_1}$$

因此有

$$i_{C_1} = -\frac{1}{3}u_{C_1} - \frac{1}{3}u_{C_2} + 1$$

又由于 $i_{C_1} = i_{C_2} + i_L$，所以流过 2F 电容的电流为

$$i_{C_2} = i_{C_1} - i_L = -\frac{1}{3}u_{C_1} - \frac{1}{3}u_{C_2} - i_L + 1$$

且 $u_{C_2} = u_L + 2 \times i_L$，所以电感两端电压 $u_L = u_{C_2} - 2 \times i_L$，状态方程为

$$\begin{bmatrix} \dfrac{\mathrm{d}u_{C_1}}{\mathrm{d}t} \\[2mm] \dfrac{\mathrm{d}u_{C_2}}{\mathrm{d}t} \\[2mm] \dfrac{\mathrm{d}i_L}{\mathrm{d}t} \end{bmatrix} = \begin{bmatrix} -\dfrac{1}{3} & -\dfrac{1}{3} & 0 \\[2mm] -\dfrac{1}{6} & -\dfrac{1}{6} & -\dfrac{1}{2} \\[2mm] 0 & \dfrac{1}{2} & -1 \end{bmatrix} \begin{bmatrix} u_{C_1} \\[2mm] u_{C_2} \\[2mm] i_L \end{bmatrix} + \begin{bmatrix} 1 \\[2mm] 1/2 \\[2mm] 0 \end{bmatrix}$$

由于 $-2i_1 = u_{C_2} + u_{C_1} + 2(2i_1 + 3)$，所以 $i_1 = -\dfrac{1}{6}u_{C_1} - \dfrac{1}{6}u_{C_2} - 1$，又因 $i_2 = i_1 + 3 = -\dfrac{1}{6}u_{C_1} - \dfrac{1}{6}u_{C_2} + 2$，所以输出方程为

$$\begin{bmatrix} i_1 \\[2mm] i_2 \end{bmatrix} = \begin{bmatrix} -\dfrac{1}{6} & -\dfrac{1}{6} \\[2mm] -\dfrac{1}{6} & -\dfrac{1}{6} \end{bmatrix} \begin{bmatrix} u_{C_1} \\[2mm] u_{C_2} \end{bmatrix} + \begin{bmatrix} -1 \\[2mm] 2 \end{bmatrix}$$

习题【4】解 有电流源电感割集，选 i_{L_2}、u_C 作为状态变量

$$\begin{cases} 2(i_S - i_{L_2}) - 0.1 \times \dfrac{\mathrm{d}i_{L_2}}{\mathrm{d}t} - u_C + 0.1 \times \dfrac{\mathrm{d}(i_S - i_{L_2})}{\mathrm{d}t} = 0 \\[3mm] 1 \times \dfrac{\mathrm{d}u_C}{\mathrm{d}t} = i_{L_2} \end{cases}$$

整理得

$$\frac{\mathrm{d}i_{L_2}}{\mathrm{d}t} = -5u_C - 10i_{L_2} + 10i_S + 0.5 \times \frac{\mathrm{d}i_S}{\mathrm{d}t}$$

矩阵为

$$\begin{bmatrix} \dfrac{\mathrm{d}u_C}{\mathrm{d}t} \\[2mm] \dfrac{\mathrm{d}i_{L_2}}{\mathrm{d}t} \end{bmatrix} = \begin{bmatrix} 0 & 1 \\ -5 & -10 \end{bmatrix} \begin{bmatrix} u_C \\[2mm] i_{L_2} \end{bmatrix} + \begin{bmatrix} 0 & 0 \\ 10 & 0.5 \end{bmatrix} \begin{bmatrix} i_S \\[2mm] \dfrac{\mathrm{d}i_S}{\mathrm{d}t} \end{bmatrix}$$

习题【5】解　如习题【5】解图所示。用直观法列写状态方程。

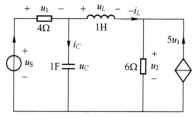

习题【5】解图

对有电容的节点列写 KCL，对包含电感的回路列写 KVL，有

$$\frac{\mathrm{d}u_C}{\mathrm{d}t}+i_L-\frac{u_1}{4}=0, \quad \frac{\mathrm{d}i_L}{\mathrm{d}t}+u_2-u_C=0$$

$$u_1=u_\mathrm{S}-u_C, \quad u_2=6\times(5u_1+i_L)$$

整理得状态方程为

$$\begin{bmatrix}\dfrac{\mathrm{d}u_C}{\mathrm{d}t}\\[2mm]\dfrac{\mathrm{d}i_L}{\mathrm{d}t}\end{bmatrix}=\begin{bmatrix}-\dfrac{1}{4}&-1\\[2mm]31&-6\end{bmatrix}\begin{bmatrix}u_C\\i_L\end{bmatrix}+\begin{bmatrix}\dfrac{1}{4}\\[2mm]-30\end{bmatrix}u_\mathrm{S}$$

输出方程为

$$\begin{bmatrix}u_1\\u_2\end{bmatrix}=\begin{bmatrix}-1&0\\-30&6\end{bmatrix}\begin{bmatrix}u_C\\i_L\end{bmatrix}+\begin{bmatrix}1\\30\end{bmatrix}u_\mathrm{S}$$

习题【6】解　（1）i_{L_2} 为非独立状态变量，选取 u_C、i_{L_1} 为状态变量。由 KCL 有

$$\frac{u_\mathrm{S}-u_C}{R_1}=i_C-i_{L_1}\Rightarrow\frac{\mathrm{d}u_C}{\mathrm{d}t}=-\frac{1}{R_1C}u_C+\frac{1}{C}i_{L_1}+\frac{1}{R_1C}u_\mathrm{S}$$

由 KVL 有

$$u_\mathrm{S}-u_C=u_{L_1}+(i_{L_1}+i_\mathrm{S})R_2\Rightarrow\frac{\mathrm{d}i_{L_1}}{\mathrm{d}t}=-\frac{1}{L_1}u_C-\frac{R_2}{L_1}i_{L_1}+\frac{1}{L_1}u_\mathrm{S}-\frac{R_2}{L_1}i_\mathrm{S}$$

（2）矩阵形式为

$$\begin{bmatrix}\dfrac{\mathrm{d}u_C}{\mathrm{d}t}\\[2mm]\dfrac{\mathrm{d}i_{L_1}}{\mathrm{d}t}\end{bmatrix}=\begin{bmatrix}-\dfrac{1}{R_1C}&\dfrac{1}{C}\\[2mm]-\dfrac{1}{L_1}&-\dfrac{R_2}{L_1}\end{bmatrix}\begin{bmatrix}u_C\\i_{L_1}\end{bmatrix}+\begin{bmatrix}\dfrac{1}{R_1C}&0\\[2mm]\dfrac{1}{L_1}&-\dfrac{R_2}{L_1}\end{bmatrix}\begin{bmatrix}u_C\\i_\mathrm{S}\end{bmatrix}$$

习题【7】解　如习题【7】解图所示。

由题目有 $C_1\dfrac{\mathrm{d}u_{C_1}}{\mathrm{d}t}+i_5=i_3$，$C_2\dfrac{\mathrm{d}u_{C_2}}{\mathrm{d}t}+i_7=i_4+i_3$，$L_3\cdot\dfrac{\mathrm{d}i_{L_3}}{\mathrm{d}t}=u_8-u_{C_2}-u_{C_1}$，消去非状态变量 $u_4=$

$u_\mathrm{S}-u_{C_2}$，$i_5=\dfrac{u_{C_1}}{R_5}=u_{C_1}$，$u_8=2\cdot u_4$，有

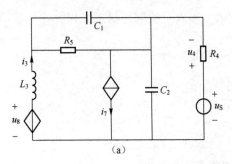 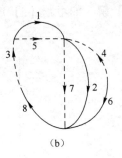

习题【7】解图

$$
\begin{bmatrix} \dfrac{\mathrm{d}u_{C_1}}{\mathrm{d}t} \\[2mm] \dfrac{\mathrm{d}u_{C_2}}{\mathrm{d}t} \\[2mm] \dfrac{\mathrm{d}i_{L_3}}{\mathrm{d}t} \end{bmatrix} = \begin{bmatrix} -1 & 0 & 1 \\[1mm] 0 & -\dfrac{1}{2} & -1 \\[1mm] -1 & -3 & 0 \end{bmatrix} \begin{bmatrix} u_{C_1} \\[1mm] u_{C_2} \\[1mm] i_{L_3} \end{bmatrix} + \begin{bmatrix} 0 \\[1mm] \dfrac{1}{2} \\[1mm] 2 \end{bmatrix} u_{\mathrm{S}}
$$

习题【8】解 （1）如习题【8】解图所示。

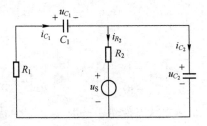

习题【8】解图

电阻电流为

$$
i_{R_2} = \frac{u_{C_2} - u_{\mathrm{S}}}{R_2}
$$

电容电流为

$$
i_{C_1} = -\frac{u_{C_1} + u_{C_2}}{R_1}
$$

$$
i_{C_2} = i_{C_1} - i_{R_2} = -\frac{u_{C_1}}{R_1} - \frac{R_1 + R_2}{R_1 R_2} u_{C_2} + \frac{1}{R_2} u_{\mathrm{S}}
$$

又电容特性为

$$
i_{C_1} = C_1 \frac{\mathrm{d}u_{C_1}}{\mathrm{d}t}, \quad i_{C_2} = C_2 \frac{\mathrm{d}u_{C_2}}{\mathrm{d}t}
$$

$$
\begin{bmatrix} \dfrac{\mathrm{d}u_{C_1}}{\mathrm{d}t} \\[3mm] \dfrac{\mathrm{d}u_{C_2}}{\mathrm{d}t} \end{bmatrix} = \begin{bmatrix} -\dfrac{1}{R_1 C_1} & -\dfrac{1}{R_1 C_1} \\[3mm] -\dfrac{1}{R_1 C_2} & -\dfrac{R_1 + R_2}{R_1 R_2 C_2} \end{bmatrix} \begin{bmatrix} u_{C_1} \\[1mm] u_{C_2} \end{bmatrix} + \begin{bmatrix} 0 \\[2mm] \dfrac{1}{R_2 C_2} \end{bmatrix} u_{\mathrm{S}}
$$

（2）方法一：$R_1\left(i_{C_2}+\dfrac{u_{C_2}-u_S}{R_2}\right)+u_{C_1}=-u_{C_2}$，两边分别对 t 求导得

$$R_1C_2\frac{\mathrm{d}^2u_{C_2}}{\mathrm{d}t}+\frac{R_1}{R_2}\frac{\mathrm{d}u_{C_2}}{\mathrm{d}t}+\frac{\mathrm{d}u_{C_1}}{\mathrm{d}t}+\frac{\mathrm{d}u_{C_2}}{\mathrm{d}t}=0 \qquad\text{①}$$

$$R_2(i_{C_1}-i_{C_2})+u_S=u_{C_2},\qquad \frac{\mathrm{d}u_{C_1}}{\mathrm{d}t}=\frac{u_{C_2}-u_S}{C_1R_2}+\frac{C_2}{C_1}\frac{\mathrm{d}u_{C_2}}{\mathrm{d}t} \qquad\text{②}$$

将②代入①中得

$$R_1C_2\frac{\mathrm{d}^2u_{C_2}}{\mathrm{d}t}+\left(1+\frac{R_1}{R_2}+\frac{C_2}{C_1}\right)\frac{\mathrm{d}u_{C_2}}{\mathrm{d}t}+\frac{1}{C_1R_2}u_{C_2}=\frac{u_S}{C_1R_2}$$

方法二：

$$R_1i_{C_1}+\frac{1}{C_1}\int i_{C_1}\mathrm{d}t=-u_{C_2} \qquad\text{①}$$

$$i_{C_1}=\frac{u_{C_2}-u_S}{R_2}+C_2\frac{\mathrm{d}u_{C_2}}{\mathrm{d}t} \qquad\text{②}$$

将①代入②中得

$$R_1\left(\frac{u_{C_2}-u_S}{R_2}+C_2\frac{\mathrm{d}u_{C_2}}{\mathrm{d}t}\right)+\frac{1}{C_1}\int i_{C_1}\mathrm{d}t=-u_{C_2} \qquad\text{③}$$

对③的两端对 t 求导，化简得

$$R_1C_2\frac{\mathrm{d}^2u_{C_2}}{\mathrm{d}t}+\left(1+\frac{R_1}{R_2}+\frac{C_2}{C_1}\right)\frac{\mathrm{d}u_{C_2}}{\mathrm{d}t}+\frac{1}{C_1R_2}u_{C_2}=\frac{u_S}{C_1R_2}$$

习题【9】解　如习题【9】解图所示。

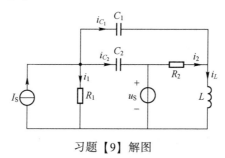

习题【9】解图

电阻电流为

$$i_1=\frac{u_{C_2}+u_S}{R_1},\quad i_2=\frac{u_{C_1}-u_{C_2}}{R_2}$$

电容 C_1 电流为

$$i_{C_1}=i_L-i_2=i_L-\frac{u_{C_1}-u_{C_2}}{R_2},\quad i_{C_1}=C_1\frac{\mathrm{d}u_{C_1}}{\mathrm{d}t}$$

电容 C_2 电流为

$$i_{C_2}=I_S-\frac{u_{C_2}+u_S}{R_1}+\frac{u_{C_1}-u_{C_2}}{R_2}-i_L,\quad i_{C_2}=C_2\frac{\mathrm{d}u_{C_2}}{\mathrm{d}t}$$

其中

$$L \frac{\mathrm{d}i_L}{\mathrm{d}t} = u_\mathrm{S} + u_{C_2} - u_{C_1}$$

$$\begin{bmatrix} \dfrac{\mathrm{d}u_{C_1}}{\mathrm{d}t} \\[2mm] \dfrac{\mathrm{d}u_{C_2}}{\mathrm{d}t} \\[2mm] \dfrac{\mathrm{d}i_L}{\mathrm{d}t} \end{bmatrix} = \begin{bmatrix} -\dfrac{1}{R_2 C_1} & \dfrac{1}{R_2 C_1} & \dfrac{1}{C_1} \\[2mm] \dfrac{1}{R_2 C_2} & -\dfrac{R_1 + R_2}{R_1 R_2 C_2} & -\dfrac{1}{C_2} \\[2mm] -\dfrac{1}{L} & \dfrac{1}{L} & 0 \end{bmatrix} \begin{bmatrix} u_{C_1} \\[2mm] u_{C_2} \\[2mm] i_L \end{bmatrix} + \begin{bmatrix} 0 & 0 \\[2mm] -\dfrac{1}{R_1 C_2} & \dfrac{1}{C_2} \\[2mm] \dfrac{1}{L} & 0 \end{bmatrix} \begin{bmatrix} u_\mathrm{S} \\[2mm] I_\mathrm{S} \end{bmatrix}$$

习题【10】解　如习题【10】解图所示。

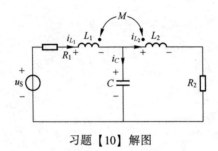

习题【10】解图

电容电流为

$$i_C = i_{L_1} - i_{L_2} , \qquad \frac{\mathrm{d}u_C}{\mathrm{d}t} = \frac{1}{C}i_{L_1} - \frac{1}{C}i_{L_2}$$

电感 L_1：$u_1 = u_\mathrm{S} - R_1 i_{L_1} - u_C$，$L_1 \dfrac{\mathrm{d}i_{L_1}}{\mathrm{d}t} - M \dfrac{\mathrm{d}i_{L_2}}{\mathrm{d}t} = u_\mathrm{S} - R_1 i_{L_1} - u_C$。

电感 L_2：$u_2 = u_C - R_2 i_{L_1}$，$-M \dfrac{\mathrm{d}i_{L_1}}{\mathrm{d}t} + L_2 \dfrac{\mathrm{d}i_{L_2}}{\mathrm{d}t} = u_C - R_2 i_{L_2}$。

其中

$$\frac{\mathrm{d}i_{L_1}}{\mathrm{d}t} = \frac{\begin{vmatrix} u_\mathrm{S} - R_1 i_{L_1} - u_C & -M \\ u_C - R_2 i_{L_2} & L_2 \end{vmatrix}}{\begin{vmatrix} L_1 & -M \\ -M & L_2 \end{vmatrix}} = \frac{(M - L_2) u_C - R_1 L_2 i_{L_1} - M R_2 i_{L_2} + u_\mathrm{S} L_2}{L_1 L_2 - M^2}$$

$$\frac{\mathrm{d}i_{L_2}}{\mathrm{d}t} = \frac{\begin{vmatrix} L_1 & u_\mathrm{S} - R_1 i_{L_1} - u_C \\ -M & u_C - R_2 i_{L_2} \end{vmatrix}}{\begin{vmatrix} L_1 & -M \\ -M & L_2 \end{vmatrix}} = \frac{(L_1 - M) u_C - M R_1 i_{L_1} - L_1 R_2 i_{L_2} + M u_\mathrm{S}}{L_1 L_2 - M^2}$$

解得

$$\begin{bmatrix} \dfrac{\mathrm{d}u_C}{\mathrm{d}t} \\[2mm] \dfrac{\mathrm{d}i_{L_1}}{\mathrm{d}t} \\[2mm] \dfrac{\mathrm{d}i_{L_2}}{\mathrm{d}t} \end{bmatrix} = \begin{bmatrix} 0 & \dfrac{1}{C} & -\dfrac{1}{C} \\[2mm] \dfrac{M-L_2}{\Delta} & -\dfrac{R_1 L_2}{\Delta} & -\dfrac{MR_2}{\Delta} \\[2mm] \dfrac{L_1-M}{\Delta} & -\dfrac{MR_1}{\Delta} & -\dfrac{L_1 R_2}{\Delta} \end{bmatrix} \begin{bmatrix} u_C \\[2mm] i_{L_1} \\[2mm] i_{L_2} \end{bmatrix} + \begin{bmatrix} 0 \\[2mm] \dfrac{L_2}{\Delta} \\[2mm] \dfrac{M}{\Delta} \end{bmatrix} \begin{bmatrix} u_S \end{bmatrix}$$

其中

$$\Delta = L_1 L_2 - M^2$$

习题【11】解 如习题【11】解图所示选树支（用实线表示），对基本割集 Q_1、Q_2 列 KCL 方程有

$$C_1 \frac{\mathrm{d}u_{C_1}}{\mathrm{d}t} = -i_{L_2} - i_{R_3} - i_{R_1} + i_S \qquad ①$$

$$C_2 \frac{\mathrm{d}u_{C_2}}{\mathrm{d}t} = -i_{R_1} - i_{R_3} - i_{L_1} + i_S \qquad ②$$

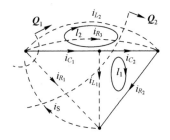

习题【11】解图

对基本回路 l_1、l_2 列写 KVL 方程有

$$L_1 \frac{\mathrm{d}i_{L_1}}{\mathrm{d}t} = u_{C_2} + u_{R_2} + u_S \qquad ③$$

$$L_2 \frac{\mathrm{d}i_{L_2}}{\mathrm{d}t} = u_{C_1} + u_{C_2} \qquad ④$$

消去中间变量 i_{R_1}、i_{R_3}、u_{R_2} 得

$$i_{R_3} = \frac{u_{C_1} + u_{C_2}}{R_3} \qquad ⑤$$

$$i_{R_1} = \frac{1}{R_1}(u_{C_1} + u_{C_2} + u_{R_2} + u_S) \qquad ⑥$$

$$u_{R_2} = R_2(-i_{L_1} - i_{R_1} + i_S) \qquad ⑦$$

由⑥⑦可得

$$i_{R_1} = \frac{G_2(u_{C_1} + u_{C_2} + u_S) + i_S - i_{L_1}}{R_1 G_2 + 1} \qquad ⑧$$

$$u_{R_2} = \frac{R_1(-i_{L_1} + i_S) - u_{C_1} - u_{C_2} - u_S}{R_1 G_2 + 1} \qquad ⑨$$

将⑤⑧⑨代入①~④，消去非状态变量，代入数据后可得

$$
\frac{\mathrm{d}}{\mathrm{d}t}
\begin{bmatrix} u_{C_1} \\ u_{C_2} \\ i_{L_1} \\ i_{L_2} \end{bmatrix}
=
\begin{bmatrix}
-1 & -1 & \dfrac{1}{2} & -1 \\
-1 & -1 & -\dfrac{1}{2} & -1 \\
-\dfrac{1}{2} & \dfrac{1}{2} & -\dfrac{1}{2} & 0 \\
\dfrac{1}{2} & \dfrac{1}{2} & 0 & 0
\end{bmatrix}
\begin{bmatrix} u_{C_1} \\ u_{C_2} \\ i_{L_1} \\ i_{L_2} \end{bmatrix}
+
\begin{bmatrix}
-\dfrac{1}{2} & \dfrac{1}{2} \\
-\dfrac{1}{2} & \dfrac{1}{2} \\
\dfrac{1}{2} & \dfrac{1}{2} \\
0 & 0
\end{bmatrix}
\begin{bmatrix} 2\sin t \\ 2\mathrm{e}^{-t} \end{bmatrix}
$$

习题【12】解　选取习题【12】图（b）所示的常态树，列写电容树支的基本割集方程及电感连支的基本回路方程为

$$
\begin{cases}
C_1 \dfrac{\mathrm{d}u_{C_1}}{\mathrm{d}t} = i_{L_1} - i_{L_2} \\[2mm]
C_2 \dfrac{\mathrm{d}u_{C_2}}{\mathrm{d}t} = i_3 \\[2mm]
L_1 \dfrac{\mathrm{d}i_{L_1}}{\mathrm{d}t} = i_1 R_1 - u_{C_1} \\[2mm]
L_2 \dfrac{\mathrm{d}i_{L_2}}{\mathrm{d}t} = u_{C_1} - u_{\mathrm{s}} - i_2 R_2
\end{cases}
\tag{①}
$$

①中含有非状态变量 i_1、i_2 和 i_3，i_1、i_2 为树支电流，分别列写 i_1、i_2 所在树支的基本割集方程，i_3 为连支电流，列写 i_3 所在连支的基本回路方程可得

$$
\begin{cases}
i_1 = i_{\mathrm{s}} - i_{L_1} - i_3 \\
i_2 = i_{L_2} + i_3 \\
R_3 i_3 = R_1 i_1 - u_{\mathrm{s}} - R_2 i_2 - u_{C_2}
\end{cases}
\tag{②}
$$

由②解得

$$
\begin{cases}
i_1 = \left[u_{C_2} - (R_2+R_3) i_{L_1} + R_2 i_{L_2} + u_{\mathrm{s}} + (R_2+R_3) i_{\mathrm{s}} \right] / (R_1+R_2+R_3) \\
i_2 = \left[-u_{C_2} - R_1 i_{L_1} + (R_1+R_3) i_{L_2} - u_{\mathrm{s}} + R_1 i_{\mathrm{s}} \right] / (R_1+R_2+R_3) \\
i_3 = \left(-u_{C_2} - R_1 i_{L_1} - R_2 i_{L_2} - u_{\mathrm{s}} + R_1 i_{\mathrm{s}} \right) / (R_1+R_2+R_3)
\end{cases}
\tag{③}
$$

令 $R = R_1 + R_2 + R_3$，并将③代入①得

$$
C_1 \frac{\mathrm{d}u_{C_1}}{\mathrm{d}t} = i_{L_1} - i_{L_2}
$$

$$
C_2 \frac{\mathrm{d}u_{C_2}}{\mathrm{d}t} = -\frac{1}{R} u_{C_2} - \frac{R_1}{R} i_{L_1} - \frac{R_2}{R} i_{L_2} - \frac{1}{R} u_{\mathrm{s}} + \frac{R_1}{R} i_{\mathrm{s}}
$$

$$
L_1 \frac{\mathrm{d}i_{L_1}}{\mathrm{d}t} = -u_{C_1} + \frac{R_1}{R} u_{C_2} - \frac{R_1(R_2+R_3)}{R} i_{L_1} + \frac{R_1 R_2}{R} i_{L_2} + \frac{R_1}{R} u_{\mathrm{s}} + \frac{R_1(R_1+R_2)}{R} i_{\mathrm{s}}
$$

$$
L_2 \frac{\mathrm{d}i_{L_2}}{\mathrm{d}t} = u_{C_1} + \frac{R_2}{R} u_{C_2} + \frac{R_1 R_2}{R} i_{L_1} - \frac{R_2(R_1+R_3)}{R} i_{L_2} - \frac{(R_1+R_3)}{R} u_{\mathrm{s}} - \frac{R_1 R_2}{R} i_{\mathrm{s}}
$$

进一步整理成矩阵形式为

$$
\begin{bmatrix} \dfrac{\mathrm{d}u_{C_1}}{\mathrm{d}t} \\[2mm] \dfrac{\mathrm{d}u_{C_2}}{\mathrm{d}t} \\[2mm] \dfrac{\mathrm{d}i_{L_1}}{\mathrm{d}t} \\[2mm] \dfrac{\mathrm{d}i_{L_2}}{\mathrm{d}t} \end{bmatrix} = \begin{bmatrix} 0 & 0 & \dfrac{1}{C_1} & -\dfrac{1}{C_1} \\[2mm] 0 & -\dfrac{1}{C_2R} & -\dfrac{R_1}{C_2R} & -\dfrac{R_2}{C_2R} \\[2mm] -\dfrac{1}{L_1} & \dfrac{R_1}{L_1R} & -\dfrac{R_1(R_2+R_3)}{L_1R} & \dfrac{R_1R_2}{L_1R} \\[2mm] \dfrac{1}{L_2} & \dfrac{R_2}{L_2R} & \dfrac{R_2R_1}{L_2R} & -\dfrac{R_2(R_1+R_3)}{L_2R} \end{bmatrix} \begin{bmatrix} u_{C_1} \\[2mm] u_{C_2} \\[2mm] i_{L_1} \\[2mm] i_{L_2} \end{bmatrix} + \begin{bmatrix} 0 & 0 \\[2mm] -\dfrac{1}{C_2R} & \dfrac{R_1}{C_2R} \\[2mm] \dfrac{R_1}{L_1R} & \dfrac{R_1(R_1+R_2)}{L_1R} \\[2mm] -\dfrac{R_1+R_3}{L_2R} & -\dfrac{R_1R_2}{L_2R} \end{bmatrix} \begin{bmatrix} u_{S} \\[2mm] i_{S} \end{bmatrix}
$$

习题【13】解 （1）根据待求量 M 在矩阵中的位置可知，通过计算如习题【13】解图所示电路的 i'_1，可以求出 M。根据电桥平衡原理可知，$i'_1=0$。令 $u'_1=Mi_L$，则

$$
i'_1 = C_1 u'_1 = C_1 M i_L = 0
$$

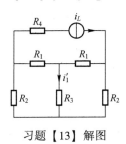

习题【13】解图

所以 $M=0$。

（2）将所给状态方程的第一行乘以 $1/C_1=2$，第二行乘以 $0.5/C_2=0.5$，第三行乘以 $1/L=1/3$，即得新的状态方程为

$$
\begin{bmatrix} \dfrac{\mathrm{d}u_1}{\mathrm{d}t} \\[2mm] \dfrac{\mathrm{d}u_2}{\mathrm{d}t} \\[2mm] \dfrac{\mathrm{d}i_L}{\mathrm{d}t} \end{bmatrix} = \begin{bmatrix} -\dfrac{4}{9} & \dfrac{2}{9} & 0 \\[2mm] \dfrac{1}{9} & -\dfrac{2}{9} & -\dfrac{1}{3} \\[2mm] 0 & -\dfrac{1}{9} & -\dfrac{16}{9} \end{bmatrix} \begin{bmatrix} u_1 \\[2mm] u_2 \\[2mm] i_L \end{bmatrix} + \begin{bmatrix} \dfrac{2}{9} \\[2mm] \dfrac{1}{9} \\[2mm] \dfrac{1}{9} \end{bmatrix} u_{S}
$$

习题【14】解 由题意 $i=u^3$，以 i_{L_1}、u_{C_1}、u_{C_2} 为状态变量列写电路的状态方程，如习题【14】解图所示。

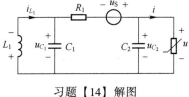

习题【14】解图

电感 L_1 电流为

$$i_{L_1} = C_1 \frac{\mathrm{d}u_{C_1}}{\mathrm{d}t} + \frac{u_{C_1} - u_{C_2} + u_S}{R_1}$$

KCL 为

$$\frac{u_{C_1} - u_{C_2} + u_S}{R_1} = C_2 \frac{\mathrm{d}u_{C_2}}{\mathrm{d}t} + i$$

其中

$$L_1 \frac{\mathrm{d}i_{L_1}}{\mathrm{d}t} = -u_{C_1}, \quad i = u^3 = u_{C_2}^2$$

联立可解得

$$\begin{cases} \dfrac{\mathrm{d}u_{C_1}}{\mathrm{d}t} = \dfrac{i_{L_1}}{C_1} - \dfrac{u_{C_1} - u_{C_2} + u_S}{C_1 R_1} \\ \dfrac{\mathrm{d}u_{C_2}}{\mathrm{d}t} = \dfrac{u_{C_1} - u_{C_2} + u_S}{C_2 R_1} - \dfrac{u_{C_2}^3}{C_2} \\ \dfrac{\mathrm{d}i_{L_1}}{\mathrm{d}t} = -\dfrac{1}{L_1} u_{C_1} \end{cases}$$

整理有

$$\begin{bmatrix} \dfrac{\mathrm{d}u_{C_1}}{\mathrm{d}t} \\ \dfrac{\mathrm{d}u_{C_2}}{\mathrm{d}t} \\ \dfrac{\mathrm{d}i_{L_1}}{\mathrm{d}t} \end{bmatrix} = \begin{bmatrix} -\dfrac{1}{C_1 R_1} & \dfrac{1}{C_1 R_1} & \dfrac{1}{C_1} \\ \dfrac{1}{C_2 R_1} & -\dfrac{1}{C_2 R_1} & 0 \\ -\dfrac{1}{L_1} & 0 & 0 \end{bmatrix} \begin{bmatrix} u_{C_1} \\ u_{C_2} \\ i_{L_1} \end{bmatrix} + \begin{bmatrix} 0 \\ -\dfrac{1}{C_2} \\ 0 \end{bmatrix} [u_{C_2}^3] + \begin{bmatrix} -\dfrac{1}{C_1 R_1} \\ \dfrac{1}{C_2 R_1} \\ 0 \end{bmatrix} u_S$$

习题【15】解 （1）求初始状态。闭合开关 S 前，电路如习题【15】解图（a）所示。其中，电流源与 R 串联等效为 i_S，即

$$C \frac{\mathrm{d}u_C}{\mathrm{d}t} = -i_2 = ni_1 = ni_S$$

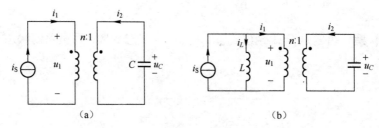

习题【15】解图

进一步可得

$$u_C = \frac{n}{C} \int_{-\infty}^{t} i_S \mathrm{d}\tau$$

故而有

$$u_C(0_-) = u_C(-1) + \frac{n}{C}\int_{-1}^{0} i_S d\tau = 0 + 4n\int_{-1}^{0} 5d\tau = 20n\,\text{V}$$

由题给条件可知 $i_L(0_-) = 0$，因此初始状态为

$$\begin{bmatrix} u_C(0_-) \\ i_L(0_-) \end{bmatrix} = \begin{bmatrix} 20n \\ 0 \end{bmatrix}$$

（2）求状态方程，闭合开关 S 后，可得习题【15】解图（b），由此可得

$$C\frac{du_C}{dt} = -ni_L + ni_S, \quad L\frac{di_L}{dt} = nu_C$$

整理后可得

$$\begin{bmatrix} \dfrac{du_C}{dt} \\ \dfrac{di_L}{dt} \end{bmatrix} = \begin{bmatrix} 0 & -\dfrac{n}{C} \\ \dfrac{n}{L} & 0 \end{bmatrix}\begin{bmatrix} u_C \\ i_L \end{bmatrix} + \begin{bmatrix} \dfrac{n}{C} \\ 0 \end{bmatrix} i_S$$

代入数据后可得

$$\begin{bmatrix} \dfrac{du_C}{dt} \\ \dfrac{di_L}{dt} \end{bmatrix} = \begin{bmatrix} 0 & -4n \\ n & 0 \end{bmatrix}\begin{bmatrix} u_C \\ i_L \end{bmatrix} + \begin{bmatrix} 4n \\ 0 \end{bmatrix}10\delta(t) \quad \left(\text{初始条件}\begin{bmatrix} u_C(0_-) \\ i_L(0_-) \end{bmatrix} = \begin{bmatrix} 20n \\ 0 \end{bmatrix}\right)$$

习题【16】解 开关闭合前处于零状态，$t=0$ 时闭合开关，可视为 $2\varepsilon(t)$ V 电源作用下的零状态响应，先列写状态方程为

$$\frac{du_C}{dt} = i_L - \frac{1}{2}u_C, \quad 2\frac{di_L}{dt} = 2\varepsilon(t) - u_C - 4i_L$$

即

$$\begin{bmatrix} \dfrac{du_C}{dt} \\ \dfrac{di_L}{dt} \end{bmatrix} = \begin{bmatrix} -\dfrac{1}{2} & 1 \\ -\dfrac{1}{2} & -2 \end{bmatrix}\begin{bmatrix} u_C \\ i_L \end{bmatrix} + \begin{bmatrix} 0 \\ \dfrac{1}{2} \end{bmatrix}2\varepsilon(t)$$

在 $u_C(0_-) = 0$、$i_L(0_-) = 0$ 的条件下求解状态方程有

$$\varphi(s) = (sI - A)^{-1}\begin{bmatrix} s+\dfrac{1}{2} & -1 \\ \dfrac{1}{2} & s+2 \end{bmatrix}^{-1} = \frac{1}{s^2 + \dfrac{5}{2}s + \dfrac{3}{2}}\begin{bmatrix} s+2 & 1 \\ -\dfrac{1}{2} & s+\dfrac{1}{2} \end{bmatrix}$$

$$X(s) = \varphi(s)[X(0_-) + BF(s)] = \frac{1}{s^2 + \dfrac{5}{2}s + \dfrac{3}{2}}\begin{bmatrix} s+2 & 1 \\ -\dfrac{1}{2} & s+\dfrac{1}{2} \end{bmatrix}\begin{bmatrix} 0 \\ \dfrac{1}{2} \end{bmatrix}\frac{2}{s} = \begin{bmatrix} \dfrac{2/3}{s} + \dfrac{-2}{s+1} + \dfrac{4/3}{s+\dfrac{3}{2}} \\ \dfrac{1/3}{s} + \dfrac{1}{s+1} + \dfrac{-4/3}{s+\dfrac{3}{2}} \end{bmatrix}$$

所以

$$X(t) = L^{-1}[X(s)] = \begin{bmatrix} \left(\dfrac{2}{3} - 2e^{-t} + \dfrac{4}{3}e^{-\frac{3}{2}t}\right)\varepsilon(t) \\[2mm] \left(\dfrac{1}{3} + e^{-t} - \dfrac{4}{3}e^{-\frac{3}{2}t}\right)\varepsilon(t) \end{bmatrix}$$

即

$$u_C(t) = \left(\frac{2}{3} - 2e^{-t} + \frac{4}{3}e^{-\frac{3}{2}t}\right)\varepsilon(t)\,\mathrm{V}, \quad i_L(t) = \left(\frac{1}{3} + e^{-t} - \frac{4}{3}e^{-\frac{3}{2}t}\right)\varepsilon(t)\,\mathrm{A}$$

习题【17】解 用替代法列状态方程。将各电容用对应的电压源替代可得如习题【17】解图所示的等效电路。

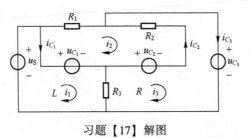

习题【17】解图

由网孔分析法得

$$R_3 i_1 - R_3 i_3 = u_S - u_{C_1}$$
$$(R_1 + R_2)i_2 - R_2 i_3 = u_{C_1} + u_{C_2}$$
$$-R_3 i_1 - R_2 i_2 + (R_2 + R_3)i_3 = -u_{C_2} - u_{C_3}$$

代入各元件参数得

$$i_1 = -3u_{C_1} - u_{C_2} - 2u_{C_3} + 4u_S$$
$$i_2 = -u_{C_3} + u_S$$
$$i_3 = -u_{C_1} - u_{C_2} - 2u_{C_3} + 2u_S$$

于是

$$i_{C_1} = i_1 - i_2 = -3u_{C_1} - u_{C_2} - u_{C_3} + 3u_S$$
$$i_{C_2} = i_3 - i_2 = -u_{C_1} - u_{C_2} - u_{C_3} + u_S$$
$$i_{C_3} = i_3 - i_1 = -u_{C_1} - u_{C_2} - 2u_{C_3} + 2u_S$$

将 $i_{C_1} = C_1 \dfrac{\mathrm{d}u_{C_1}}{\mathrm{d}t}$、$i_{C_2} = -C_2 \dfrac{\mathrm{d}u_{C_2}}{\mathrm{d}t}$、$i_{C_3} = C_3 \dfrac{\mathrm{d}u_{C_3}}{\mathrm{d}t}$ 代入方程整理得

$$\begin{bmatrix} \dfrac{\mathrm{d}u_{C_1}}{\mathrm{d}t} \\[2mm] \dfrac{\mathrm{d}u_{C_2}}{\mathrm{d}t} \\[2mm] \dfrac{\mathrm{d}u_{C_3}}{\mathrm{d}t} \end{bmatrix} = \begin{bmatrix} -3 & -1 & -1 \\ -1 & -1 & -1 \\ -\dfrac{1}{2} & -\dfrac{1}{2} & -1 \end{bmatrix} \begin{bmatrix} u_{C_1} \\ u_{C_2} \\ u_{C_3} \end{bmatrix} + \begin{bmatrix} 3 \\ 1 \\ 1 \end{bmatrix} u_S$$

习题【18】解 （1）以 i_1、i_2、u 为状态变量，列写状态方程为

$$\begin{cases} C\dfrac{\mathrm{d}u}{\mathrm{d}t}=i_2 \\[2mm] L_1\dfrac{\mathrm{d}i_1}{\mathrm{d}t}+M\dfrac{\mathrm{d}i_2}{\mathrm{d}t}=u_{\mathrm{S}} \\[2mm] u+M\dfrac{\mathrm{d}i_1}{\mathrm{d}t}+L_2\dfrac{\mathrm{d}i_2}{\mathrm{d}t}+i_2=u_{\mathrm{S}} \end{cases}$$

代入整值，整理得

$$\begin{bmatrix} \dfrac{\mathrm{d}i_1}{\mathrm{d}t} \\[2mm] \dfrac{\mathrm{d}i_2}{\mathrm{d}t} \\[2mm] \dfrac{\mathrm{d}u}{\mathrm{d}t} \end{bmatrix} = \begin{bmatrix} 0 & 4 & 4 \\ 0 & -4 & -4 \\ 0 & 1 & 0 \end{bmatrix} \begin{bmatrix} i_1 \\ i_2 \\ u \end{bmatrix} + \begin{bmatrix} 0.25 \\ 0 \\ 0 \end{bmatrix} u_{\mathrm{S}}$$

（2）因状态方程的系数矩阵不满秩，秩为 2，因此为二阶电路。去耦等效，电路如习题【18】解图所示，也可以得到相同的结论。

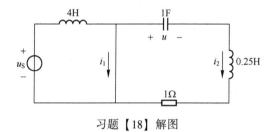

习题【18】解图

（3）由状态方程写成复域形式求解（进行拉普拉斯变换），即

$$\begin{bmatrix} s & -4 & -4 \\ 0 & s+4 & 4 \\ 0 & -1 & s \end{bmatrix} \begin{bmatrix} I_1(s) \\ I_2(s) \\ I_3(s) \end{bmatrix} = \begin{bmatrix} \dfrac{\sqrt{2}}{4}\cdot\dfrac{1}{s^2+1} \\[2mm] 0 \\ 0 \end{bmatrix}$$

得

$$I_1(s)=\frac{\dfrac{\sqrt{2}}{4}\cdot\dfrac{1}{s^2+1}\cdot(s^2+4s+4)}{s\cdot(s^2+4s+4)}=\frac{\sqrt{2}}{4}\cdot\frac{1}{s(s^2+1)}=\frac{\sqrt{2}}{4}\cdot\left(\frac{1}{s}+\frac{-s}{s^2+1}\right)$$

拉普拉斯反变换得

$$i_1(t)=\frac{\sqrt{2}}{4}(1-\cos t)\cdot\varepsilon(t)\,\mathrm{A}$$

A14　第 17 章习题答案

习题【1】解　如习题【1】解图所示。

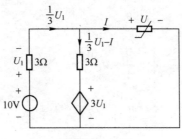

习题【1】解图

列写 KVL 可得

$$\begin{cases} 3 \times \left(\dfrac{1}{3}U_1 - I \right) + 3U_1 = U \\ 10 - U_1 = U \end{cases}$$

其中

$$I = 0.06U^2 + 0.3U$$

解得 $U = 4.95\text{V}$ 或 -23.84V，经校验，二者均正确。

习题【2】解 如习题【2】解图所示。

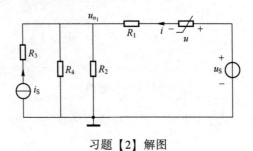

习题【2】解图

由节点电压法有

$$\left(\frac{1}{4} + \frac{1}{4} \right) u_{n1} = i_S + i = 1 + i \qquad ①$$

由 KVL 有

$$u_{n1} = u_S - u - R_1 i = 10 - u - 3i \qquad ②$$

且

$$i = u^2 + u \qquad ③$$

联立①②③得

$$2.5u^2 + 3u - 4 = 0$$

解得

$$u = 0.8\text{V} \ \text{或} \ u = -2\text{V}$$

习题【3】解 如习题【3】解图（a）所示，先求静态工作点，根据 KVL 有 $4(5-I) = 6I + U$，即 $20 = 10I + U$。又 $I = 0.5U^2$，整理可得

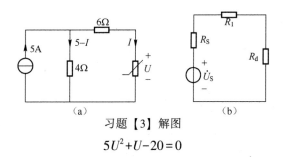

（a）　　　　　　　　　　（b）

习题【3】解图

$$5U^2 + U - 20 = 0$$

解得

$$U = 1.9\text{V} \ \text{或} \ U = -2.1(\text{舍去}) \Rightarrow U = 1.9\text{V}, \quad I = 1.805\text{A}$$

动态电导为

$$G_{\text{d}} = \frac{\mathrm{d}I}{\mathrm{d}U}\bigg|_{U=1.9\text{V}} = 1.9\text{S}$$

动态电阻为

$$R_{\text{d}} = \frac{1}{G_{\text{d}}} = 0.526\Omega$$

如习题【3】解图（b）所示，当小信号源 $U_{\text{S}} = 0.02\sin100t\text{V}$ 单独作用时，有

$$\dot{I} = \frac{\dot{U}_{\text{S}}}{R_{\text{S}} + R_1 + R_{\text{d}}} = \frac{0.02\angle0°}{4+6+0.526} = 1.9\times10^{-3}\angle0°(\text{A}), \quad I = 1.9\times10^{-3}\sin100t(\text{A})$$

根据叠加定理有

$$i(t) = 1.805 + 1.9\times10^{-3}\sin100t\text{A}$$

习题【4】解　如习题【4】解图所示。

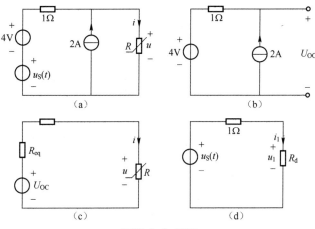

（a）　　　　　　　　　　（b）

（c）　　　　　　　　　　（d）

习题【4】解图

（1）先求出非线性电阻以外电路的戴维南等效电路，以求得静态工作点，然后计算结果。非线性电阻以外电路的戴维南等效电路如习题【4】解图（b）所示。由图可知，开路电压 $U_{\text{OC}} = 4 + 2\times1 = 6(\text{V})$，短路电流 $I_{\text{SC}} = 2 + \dfrac{4}{1} = 6(\text{A})$，等效电阻为

$$R_{\text{eq}} = \frac{U_{\text{OC}}}{I_{\text{SC}}} = \frac{6}{6} = 1(\Omega)$$

戴维南电路图如习题【4】解图（c）所示，则

$$u = U_{OC} - R_{eq}i$$

即

$$u = 6 - i$$

又由于 $i = u^2$，可得 $u = 6 - u^2$，即

$$u^2 + u - 6 = 0$$

解得 $u = 2V$ 或者 $u = -3V$（舍去），当 $U_Q = 2V$ 时，$I_Q = U_Q^2 = 4A$。

（2）求静态工作点处的动态电导为

$$G_d = \frac{dg(u)}{du}\bigg|_{u=U_Q} = 2u\,|_{u=U_Q} = 4S$$

$$R_d = \frac{1}{G_d} = = \frac{1}{4}\Omega$$

（3）小信号等效电路如习题【4】解图（d）所示。小信号产生的电流、电压分别为

$$i_1(t) = \frac{u_S(t)}{1+R_d} = \frac{2\times10^{-3}\cos\omega t}{1+\dfrac{1}{4}} = 1.6\times10^{-3}\cos\omega t\,(A)$$

$$u_1(t) = R_d i_1 = \frac{1}{4}\times1.6\times10^{-3}\cos\omega t = 0.4\times10^{-3}\cos\omega t\,(V)$$

工作点的电压、电流分别为

$$u(t) = 2 + 0.4\times10^{-3}\cos\omega t\,V$$

$$i(t) = 4 + 1.6\times10^{-3}\cos\omega t\,A$$

习题【5】解　由题意有

$$u_S = 10\cos100\pi t\,V,\qquad T = \frac{2\pi}{\omega} = 20ms$$

其中，各个时间段有

$$-10 \leqslant u \leqslant -5,\quad i = \frac{1}{5}u + 2 = 2\cos100\pi t + 2\left(\frac{2\pi}{3}\leqslant100\pi t\leqslant\pi,\text{即}\frac{20}{3}ms\leqslant t\leqslant10ms\right)$$

$$-5 \leqslant u \leqslant 5,\quad i = -\frac{1}{5}u = -2\cos100\pi t\left(\frac{\pi}{3}\leqslant100\pi t\leqslant\frac{2\pi}{3},\text{即}\frac{10}{3}ms\leqslant t\leqslant\frac{20}{3}ms\right)$$

$$5 \leqslant u \leqslant 10,\quad i = \frac{1}{5}u - 2 = 2\cos100\pi t - 2\left(0\leqslant100\pi t\leqslant\frac{\pi}{3},\text{即}0\leqslant t\leqslant\frac{10}{3}ms\right)$$

由对称性可得 $i\text{-}t$ 的图形如习题【5】解图所示。

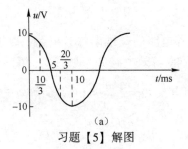

（a）

习题【5】解图

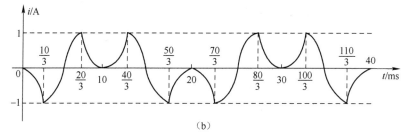

（b）

习题【5】解图（续）

习题【6】解　列写非线性方程组为

$$\begin{cases} \left(\dfrac{1}{R_1}+\dfrac{1}{R_2}+\dfrac{1}{R_3}\right)u_1-\dfrac{1}{R_3}u_2=\dfrac{2i_4}{R_1}-\dfrac{u_S}{R_3}-i \\[3mm] \left(\dfrac{1}{R_4}+\dfrac{1}{R_3}\right)u_2-\dfrac{1}{R_3}u_1=\dfrac{u_S}{R_3}+i-i_S \end{cases}$$

补充方程为

$$\begin{cases} i=u^3 \\ u=u_1-u_2 \\ u_2=i_4R_4 \end{cases}$$

习题【7】解　当 I_S 单独作用时，等效电路如习题【7】解图所示。

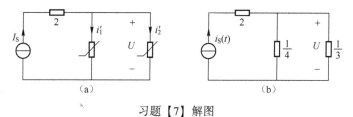

习题【7】解图

由图可知 $I_S=i_1'+i_2'=8$，即 $U^2+0.5U'^2+U'=8$。又 $U=U'\Rightarrow U'=2\text{V}$（负值舍去）$\Rightarrow i_1'=i_2'=$ 4A，动态电导为

$$G_{1d}=2U'\big|_{U'=2}=4\text{S},\quad G_{2d}=1+U'\big|_{U'=2}=3\text{S}$$

动态电阻为

$$R_1=\frac{1}{4}\Omega,\quad R_2=\frac{1}{3}\Omega$$

当 $i_S(t)$ 单独作用时

$$U''=0.5\sin t\times\left(\frac{1}{4}/\!/\frac{1}{3}\right)=\frac{1}{14}\sin t(\text{V})$$

$$i_1''=i_S(t)\cdot\frac{4}{3+4}=\frac{2}{7}\sin t(\text{A}),\quad i_2''=i_S(t)\cdot\frac{3}{3+4}=\frac{3}{14}\sin t(\text{A})$$

综上

$$U=2+\frac{1}{14}\sin t\,\text{V},\quad i_1=4+\frac{2}{7}\sin t\,\text{A},\quad i_2=4+\frac{3}{14}\sin t\,\text{A}$$

习题【8】解 如习题【8】解图所示。

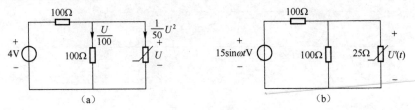

习题【8】解图

先求静态工作点：

（1）$U>0$ 时，$i=\dfrac{1}{50}U^2$，又 $100\left(\dfrac{U}{100}+\dfrac{1}{50}U^2\right)+U=4\text{V}\Rightarrow U=1\text{V}$ 或 $U=-2\text{V}$（舍去），动态电导为

$$\left.\frac{\mathrm{d}i}{\mathrm{d}U}\right|_{U=1\text{V}}=\frac{1}{25}\text{S}\Rightarrow \text{动态电阻 } R_{\mathrm{d}}=\frac{1}{\dfrac{1}{25}}=25(\Omega)$$

（2）$U<0$ 时，$i=0\Rightarrow U=2\text{V}$，$I=0$ 与 $U<0$ 矛盾，也舍去。

根据分压公式有

$$U'(t)=\frac{25//100}{25//100+100}\times15\sin\omega t=\frac{20}{100+20}\times15\sin\omega t=2.5\sin\omega t(\text{mV})$$

工作点小信号产生的 $U=2.5\sin\omega t\,\text{mV}$。

习题【9】解 如习题【9】解图（1）所示，非线性电阻左侧戴维南电路等效电压、等效电阻分别为

$$U_{\mathrm{OC}}=\frac{3}{3+6}\times45=15(\text{V}),\qquad R_{\mathrm{eq}}=\frac{6\times3}{6+3}=2(\Omega)$$

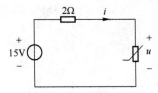

习题【9】解图（1）

（1）当非线性电阻工作在 AB 段时，等效电路如习题【9】解图（2）所示。

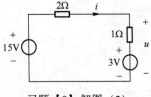

习题【9】解图（2）

$$i=\frac{15-3}{3}=4(\text{A}),\qquad u=4+3=7(\text{V})（\text{不在 AB 段，舍去}）$$

（2）当非线性电阻工作在 BC 段时，等效电路如习题【9】解图（3）所示。

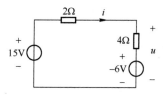

习题【9】解图（3）

$$i=\frac{15+6}{2+4}=3.5(\text{A}), \quad u=4i-6=8(\text{V})(\text{在 BC 段上})$$

综上所述

$$i=3.5\text{A}, \quad u=8\text{V}$$

习题【10】解 如习题【10】解图所示。

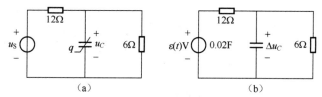

习题【10】解图

当直流电压源 $u_S(t)=12\text{V}$ 单独作用时，直流工作点为

$$U_{C_0}=\frac{6}{6+12}\times12=4(\text{V})$$

动态电容为

$$C_\text{d}=\frac{\text{d}q}{\text{d}u_C}\bigg|_{u_C=U_{C_0}}=2.5\times10^{-3}\times2\times4=0.02(\text{F})$$

小信号等效电路如习题【10】解图（b）所示。用三要素公式求小信号响应，即

$$\Delta u_C(0_+)=0, \quad \Delta u_C(\infty)=\frac{6}{6+12}\times1=\frac{1}{3}(\text{V}), \quad \tau=RC=\frac{6\times12}{6+12}\times0.02=0.08(\text{s})$$

则

$$\Delta u_C(t)=\Delta u_C(\infty)+[\Delta u_C(0_+)-\Delta u_C(\infty)]\text{e}^{-t/\tau}=\frac{1}{3}(1-\text{e}^{-12.5t})\varepsilon(t)\text{V}$$

电容电压 $u_C(t)$ 的全解为

$$u_C(t)=U_{C_0}+\Delta u_C(t)=4+\frac{1}{3}(1-\text{e}^{-12.5t})\varepsilon(t)\text{V}$$

习题【11】解 先将非线性电阻元件左侧的电路化简，如习题【11】解图（a）所示。对 a、b 左边的单口有

$$i_3=1-u_3$$

对 a、b 右边的单口有

$$i_3=2u_3^2$$

在 i_3-u_3 平面做出上面两个方程的曲线，如习题【11】解图（b）所示。曲线交点对应的 u_3、i_3 为

$$u_3 = 0.5\text{V}, \quad i_3 = 0.5\text{A}$$

或

$$u_3 = -1\text{V}, \quad i_3 = 2\text{A}$$

即为所求。

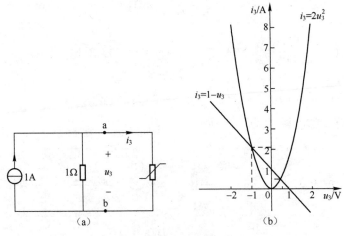

习题【11】解图

本题中，非线性电阻元件的电压-电流关系是能以解析式给出的，且解析式本身也不复杂，所以也可以用解析法求解。当非线性电阻元件的电压-电流关系只能以曲线形式给出时，用解析法就不行了。图解法是求解非线性电路的常用方法之一。

习题【12】解 （1）做出等效电路如习题【12】解图（1）所示。

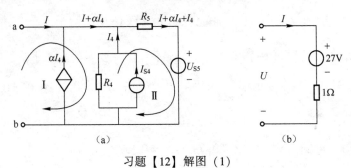

习题【12】解图（1）

（2）原电路图等效如习题【12】解图（2）所示。

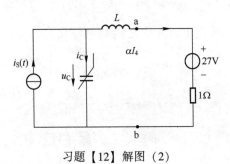

习题【12】解图（2）

直流时，$U_{C_0}=27\mathrm{V}$，$I_{C_0}=0$，电容的动态电容值为

$$C=\frac{\mathrm{d}q}{\mathrm{d}u}\bigg|_{U=27}=13.5\times\frac{1}{3}u^{-2/3}\times10^{-4}\bigg|_{U=27}=0.5\times10^{-4}\mathrm{F}$$

微变等效电路（电源角频率 $\omega=10^4\mathrm{rad/s}$）如习题【12】解图（3）所示。

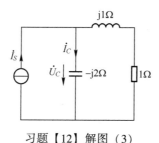

习题【12】解图（3）

有

$$\begin{cases}\dot{I}'_C=\dfrac{\mathrm{j}1+1}{1-\mathrm{j}1}\times\dot{I}_S=\dfrac{\sqrt{2}\angle45°}{\sqrt{2}\angle-45°}\times2\angle30°=2\angle120°\,(\mathrm{mA})\\[3mm]\dot{U}'_C=-\mathrm{j}2\times\dot{I}'_C=-\mathrm{j}2\times2\angle120°=4\angle30°\,(\mathrm{mV})\end{cases}$$

综合

$$\begin{cases}i_C(t)=I_{C_0}+i'_C(t)=2\times10^{-3}\sin(10^4t+120°)\,\mathrm{A}\\[2mm]u_C(t)=U_{C_0}+u'_C(t)=27+4\times10^{-3}\sin(10^4t+30°)\,\mathrm{V}\end{cases}$$

习题【13】解　由戴维南定理可得习题【13】解图（a）所示电路的等效电路如习题【13】解图（b）所示。

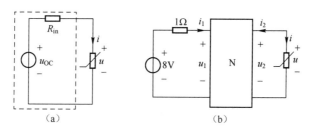

习题【13】解图

设二端口的电压、电流方向如习题【13】解图（b）所示，则二端口的传输参数方程为

$$\begin{cases}u_1=1.5u_2-2.5i_2\\i_1=0.5u_2-1.5i_2\end{cases}\qquad①$$

当输出端口开路时，输入和输出端口的特性方程为

$$\begin{cases}u_1=8-i_1\\i_2=0\end{cases}\qquad②$$

由①②可求得 $u_2=4\mathrm{V}$，即 $u_{OC}=u_2=4\mathrm{V}$。

当将 8V 独立源置 0 时，二端口网络输入端口的支路方程为

$$u_1=-i_1\qquad③$$

由①②可求得从二端口网络输出端口向左看入时的等效电阻，即

$$R_{in} = \frac{u_2}{i_2} = 2\Omega$$

由此可知，习题【13】解图（b）所示电路中戴维南等效电路的电压、电流关系为

$$u = u_{OC} - R_{in}i = 4 - 2i \qquad ④$$

非线性电阻的电压、电流关系如习题【13】解图（b）所示，分两段表示为

$$u = i \quad (u<1V, \quad i<1A) \qquad ⑤$$
$$u = 2i - 1 \quad (u>1V, \quad i>1A) \qquad ⑥$$

⑤不满足④，由④⑥可解得

$$u = 1.5V, \quad i = 1.25A$$

A15 第 18 章习题答案

习题【1】解 终端开路（$i_2=0$）时的无损线方程为

$$\lambda = \frac{3\times10^8}{f} = \frac{3\times10^8}{100\times10^6} = 3(m)$$

输入阻抗为

$$Z_i = \frac{\dot{U}_1}{\dot{I}_1} = -jZ_C \cot\frac{2\pi}{\lambda}l$$

按题中输入端相当于 100pF 的电容，即

$$Z_i = \frac{1}{j\omega C} = -j\frac{1}{2\pi\times10^8\times10^{-10}} = -j\frac{50}{\pi}(\Omega)$$

则

$$Z_C \cot\frac{2\pi}{\lambda}l = \frac{50}{\pi}, \quad \cot\frac{2\pi}{\lambda}l = \frac{50}{\pi \cdot Z_C} = \frac{50}{\pi \cdot 400} = \frac{1}{8\pi}$$

$$\frac{2\pi}{\lambda}l = \operatorname{arccot}\frac{1}{8\pi} = 87.72°\times\frac{\pi}{180°}$$

$$l = \frac{3}{2}\times\frac{87.72°}{180°} = 0.731(m)$$

习题【2】解 如习题【2】解图所示。

习题【2】解图

$$\lambda = \frac{2\pi}{\beta}, \quad \beta = \frac{2\pi}{\lambda} = \frac{\pi}{150}, \quad \frac{\beta l}{2} = \frac{\pi}{150}\times\frac{50}{2} = \frac{\pi}{6}$$

（1）终端开路时，$\dot{I}_2' = 0$，$\dot{U}_1 = \dot{U}_2 \cos\dfrac{\pi}{6}$，则

$$\dot{U}_2 = 2\sqrt{3}\angle 30°\,\text{V}, \qquad \dot{I}_1' = \text{j}\dfrac{\dot{U}_2}{Z_\text{C}}\sin\beta L = 0.01\angle 120°\,\text{A}$$

（2）终端短路时，$\dot{U}_2 = 0$，$\dot{U}_1 = \text{j}Z_\text{C}\dot{I}_2''\sin\dfrac{\pi}{6}$，则

$$\dot{I}_2'' = \dfrac{\sqrt{3}}{50}\angle -60°\,\text{A}, \qquad \dot{I}_1'' = \dot{I}_2''\cos\dfrac{\pi}{6} = 0.03\angle -60°\,\text{A}$$

综上

$$\dot{I} = \dot{I}_1' + \dot{I}_1'' = 0.02\angle -60°\,\text{A}, \qquad i(t) = 0.02\sqrt{2}\cos(\omega t - 60°)\,\text{A}$$

习题【3】解 如习题【3】解图所示。

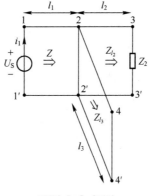

习题【3】解图

由 $U = \dfrac{\omega}{\beta}$ 可得相位系数为

$$\beta = \dfrac{\omega}{U} = \dfrac{2\pi \times 10^8}{3 \times 10^8} = \dfrac{2\pi}{3}$$

又

$$Z_{l_2} = Z_\text{C}\dfrac{Z_2 + \text{j}Z_\text{C}\tan\beta l_2}{Z_\text{C} + \text{j}Z_l\tan\beta l_2}, \quad \beta l_2 = \dfrac{2}{3}\pi \times \dfrac{3}{4} = \dfrac{\pi}{2}, \quad \tan\beta l_2 \to \infty$$

对无损线，l_2 从 2-2′端向终端看进去的输入阻抗为

$$Z_{l_2} = \dfrac{Z_\text{C}^2}{Z_l} = \dfrac{Z_\text{C}^2}{Z_2} = \dfrac{100^2}{10} = 1000\,(\Omega)$$

对无损线 l_3，从 2-2′端向终端看进去的输入阻抗为

$$Z_{l_3} = \text{j}Z_\text{C}\tan\beta l_3, \quad \beta l_3 = \dfrac{2\pi}{3} \times \dfrac{3}{4} = \dfrac{\pi}{2}, \quad \tan\beta l_3 \to \infty$$

从 1-1′端看进去的输入阻抗为

$$Z = Z_\text{C}\dfrac{Z_{l_2} + \text{j}Z_\text{C}\tan\beta l_1}{Z_\text{C} + \text{j}Z_{l_2}\tan\beta l_1} = \dfrac{Z_\text{C}^2}{Z_{l_2}} = \dfrac{100^2}{1000} = 10\,(\Omega)$$

而 $U_S = 10\cos(2\pi \times 10^8 t)\,\mathrm{V}$，则

$$i_1(t) = \frac{U_S(t)}{Z} = \cos(2\pi \times 10^8 t)\,\mathrm{A}$$

习题【4】解 无损线的传输方程为

$$\dot{U}_1 = \dot{U}_2' \cos\left(\frac{2\pi}{\lambda} \times \frac{\lambda}{4}\right) + j300\dot{I}_2' \sin\left(\frac{2\pi}{\lambda} \times \frac{\lambda}{4}\right) = j300\dot{I}_2'$$

$$\dot{I}_1 = \dot{I}_2' \cos\left(\frac{2\pi}{\lambda} \times \frac{\lambda}{4}\right) + j\frac{\dot{U}_2'}{300} \sin\left(\frac{2\pi}{\lambda} \times \frac{\lambda}{4}\right) = j\frac{\dot{U}_2'}{300}$$

以传输线的传输参数矩阵为

$$A_1 = \begin{bmatrix} 0 & j300 \\ \dfrac{j}{300} & 0 \end{bmatrix}$$

理想变压器的传输参数矩阵为

$$A_2 = \begin{bmatrix} n & 0 \\ 0 & 1/n \end{bmatrix} = \begin{bmatrix} 3 & 0 \\ 0 & 1/3 \end{bmatrix}$$

传输线和理想变压器级联，总的传输参数矩阵为

$$A = A_1 A_2 = \begin{bmatrix} 0 & j300 \\ \dfrac{j}{300} & 0 \end{bmatrix} \begin{bmatrix} 3 & 0 \\ 0 & 1/3 \end{bmatrix} = \begin{bmatrix} 0 & j100 \\ \dfrac{j}{100} & 0 \end{bmatrix}$$

习题【5】解 如习题【5】解图所示，将电感 L 用一段长度为 l' 且终端短路的无损线等效，当 l' 为某一数值时，存在 $Z_i = jX_L$。

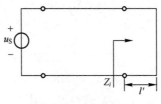

习题【5】解图

从终端看无损线的输入阻抗为

$$Z_i = jZ_C \tan\left(\frac{2\pi}{\lambda} \times l'\right)$$

所以

$$j100\tan\left(\frac{2\pi}{8} \times l'\right) = j100\sqrt{3}$$

解得

$$l' = \frac{4}{3}\,\mathrm{m}$$

相当于无损线的长度为 $\dfrac{4}{3}\mathrm{m}$。等效终端短路，终端电压为 0，距等效终端 $x' = k\dfrac{\lambda}{2}$ 处，电压为 0。电压为 0 的点距终端的距离为

$$x = x' - l' = k\frac{\lambda}{2} - \frac{4}{3} = 4k - \frac{4}{3} \quad (k=1,2,3,4)$$

当长度为 18m 时，电流始终为 0 的点距终端的距离为

$$x = 2.667\text{m} \ \text{或} \ 6.667\text{m} \ \text{或} \ 10.667\text{m} \ \text{或} \ 14.667\text{m}$$

习题【6】解 先计算第二段线路的输入阻抗为

$$\alpha x = \frac{2\pi}{\lambda}l_2 = \frac{2\pi f}{c}l_2 = \pi$$

可得第二段线路的二端口矩阵为

$$\begin{bmatrix} \dot{U} \\ \dot{I} \end{bmatrix} = \begin{bmatrix} \cos\alpha x & jZ_{C2}\sin\alpha x \\ j\dfrac{\sin\alpha x}{Z_{C2}} & \cos\alpha x \end{bmatrix}\begin{bmatrix} \dot{U} \\ 200\dot{I}_3 \end{bmatrix} \Rightarrow \begin{bmatrix} \dot{U} \\ \dot{I} \end{bmatrix} = \begin{bmatrix} -1 & 0 \\ 0 & -1 \end{bmatrix}\begin{bmatrix} 200\dot{I}_3 \\ \dot{I}_3 \end{bmatrix} \Rightarrow Z_{eq} = 200\Omega$$

再计算第三段线路的输入阻抗为

$$\alpha x = \frac{2\pi}{\lambda}l_3 = \frac{2\pi f}{c}l_3 = \frac{\pi}{4}$$

$$\begin{bmatrix} \dot{U} \\ \dot{I} \end{bmatrix} = \begin{bmatrix} \cos\alpha x & jZ_{C3}\sin\alpha x \\ j\dfrac{\sin\alpha x}{Z_{C3}} & \cos\alpha x \end{bmatrix}\begin{bmatrix} \dot{U}_{4-4'} \\ 0 \end{bmatrix} \Rightarrow \begin{bmatrix} \dot{U} \\ \dot{I} \end{bmatrix} = \begin{bmatrix} \dfrac{\sqrt{2}}{2} & j100\dfrac{\sqrt{2}}{2} \\ j\dfrac{\sqrt{2}/2}{100} & \dfrac{\sqrt{2}}{2} \end{bmatrix}\begin{bmatrix} \dot{U}_{4-4'} \\ 0 \end{bmatrix} \Rightarrow Z_{eq} = -j100\Omega$$

因此 2-2′处的输入阻抗为

$$Z = 200 // 200 // (j100) // (-j100) = 100\Omega$$

最后求第一段线路的输入阻抗为

$$\alpha x = \frac{2\pi}{\lambda}l_1 = \frac{2\pi f}{c}l_1 = \frac{\pi}{2}$$

$$\begin{bmatrix} \dot{U}_{1-1'} \\ \dot{I}_1 \end{bmatrix} = \begin{bmatrix} \cos\alpha x & jZ_{C1}\sin\alpha x \\ j\dfrac{\sin\alpha x}{Z_{C1}} & \cos\alpha x \end{bmatrix}\begin{bmatrix} \dot{U}_{2-2'} \\ \dot{I}_2 \end{bmatrix} \Rightarrow \begin{bmatrix} 100-100\dot{I}_1 \\ \dot{I}_1 \end{bmatrix} = \begin{bmatrix} 0 & j200 \\ j\dfrac{1}{200} & 0 \end{bmatrix}\begin{bmatrix} 100\dot{I}_2 \\ \dot{I}_2 \end{bmatrix}$$

$$\Rightarrow \begin{cases} Z_{l_1} = 400\Omega \\ \dot{U}_{2-2'} = -40j\text{V} \end{cases}$$

再计算第三段线路为

$$\begin{bmatrix} -40j \\ 0.4 \end{bmatrix} = \begin{bmatrix} \dfrac{\sqrt{2}}{2} & j100\dfrac{\sqrt{2}}{2} \\ j\dfrac{\sqrt{2}/2}{100} & \dfrac{\sqrt{2}}{2} \end{bmatrix}\begin{bmatrix} \dot{U}_{4-4'} \\ 0 \end{bmatrix} \Rightarrow \dot{U}_{4-4'} = -40\sqrt{2}j\text{V}$$

习题【7】解 （1）稳态传输线本质是二端口问题，先求从 2-2′向右侧看进去的等效阻抗为

$$\beta x = \frac{2\pi}{\lambda} \cdot \frac{\lambda}{4} = \frac{\pi}{2} \Rightarrow \begin{bmatrix} \dot{U}_2 \\ \dot{I}_2 \end{bmatrix} = \begin{bmatrix} \cos\beta x & jZ_C\sin\beta x \\ \dfrac{j\sin\beta x}{Z_C} & \cos\beta x \end{bmatrix} \begin{bmatrix} \dot{U}_3 \\ \dot{I}_3 \end{bmatrix} = \begin{bmatrix} 0 & j200 \\ \dfrac{j}{200} & 0 \end{bmatrix} \begin{bmatrix} 0 \\ \dot{I}_3 \end{bmatrix}$$

$$\Rightarrow Z_{eq} = \infty$$

再求第一段传输线的传输参数矩阵为

$$\beta x = \frac{2\pi}{\lambda} \cdot \frac{\lambda}{6} = \frac{\pi}{3} \Rightarrow \begin{bmatrix} 100\angle 0° \\ \dot{I}_1 \end{bmatrix} = \begin{bmatrix} \cos\beta x & jZ_C\sin\beta x \\ \dfrac{j\sin\beta x}{Z_C} & \cos\beta x \end{bmatrix} \begin{bmatrix} \dot{U}_2 \\ \dot{I}_2 \end{bmatrix} = \begin{bmatrix} \dfrac{1}{2} & j100\dfrac{\sqrt{3}}{2} \\ \dfrac{j\sqrt{3}/2}{100} & \dfrac{1}{2} \end{bmatrix} \begin{bmatrix} \dot{U}_2 \\ 0 \end{bmatrix}$$

解得

$$\begin{cases} \dot{U}_2 = 200\text{V} \\ \dot{I}_1 = \sqrt{3}\text{jA} \end{cases}$$

（2）A-2 传输线的二端口矩阵为

$$\beta x = \frac{2\pi}{\lambda} \times \frac{\lambda}{12} = \frac{\pi}{6} \Rightarrow \begin{bmatrix} \dot{U}_A \\ \dot{I}_A \end{bmatrix} = \begin{bmatrix} \cos\beta x & jZ_C\sin\beta x \\ \dfrac{j\sin\beta x}{Z_C} & \cos\beta x \end{bmatrix} \begin{bmatrix} \dot{U}_2 \\ \dot{I}_2 \end{bmatrix} = \begin{bmatrix} \dfrac{\sqrt{3}}{2} & j100\dfrac{1}{2} \\ \dfrac{j1/2}{100} & \dfrac{\sqrt{3}}{2} \end{bmatrix} \begin{bmatrix} 200 \\ 0 \end{bmatrix}$$

$$\Rightarrow \begin{cases} \dot{U}_A = 100\sqrt{3}\text{ V} \\ \dot{I}_A = j\text{A} \end{cases}$$

有效值 $U_A = 100\sqrt{3}$ V，$I_A = 1$A。

（3）由于从 2-2′向右侧看进去的等效阻抗为无穷大，因此 $I_2 = 0$，根据第二段传输线的二端口矩阵可得

$$\begin{bmatrix} 200 \\ 0 \end{bmatrix} = \begin{bmatrix} 0 & j200 \\ \dfrac{j}{200} & 0 \end{bmatrix} \begin{bmatrix} 0 \\ \dot{I}_3 \end{bmatrix} \Rightarrow \dot{I}_3 = -j \Rightarrow I_3 = 1\text{A}$$

习题【8】解 对于第一段线路有

$$\alpha x = \frac{2\pi}{\lambda} \times \frac{\lambda}{8} = \frac{\pi}{4}$$

根据稳态传输线的 T 参数矩阵可得

$$\begin{bmatrix} 100\angle 0° \\ \dot{I}_1 \end{bmatrix} = \begin{bmatrix} \cos\alpha x & jZ_{C1}\sin\alpha x \\ j\dfrac{\sin\alpha x}{Z_{C1}} & \cos\alpha x \end{bmatrix} \begin{bmatrix} \dot{I}_2'R \\ \dot{I}_2' \end{bmatrix} \Rightarrow \begin{bmatrix} 100\angle 0° \\ \dfrac{100\angle 0°}{200} \end{bmatrix} = \begin{bmatrix} \dfrac{\sqrt{2}}{2} & j200\dfrac{\sqrt{2}}{2} \\ j\dfrac{\sqrt{2}/2}{200} & \dfrac{\sqrt{2}}{2} \end{bmatrix} \begin{bmatrix} \dot{I}_2'R \\ \dot{I}_2' \end{bmatrix}$$

$$\Rightarrow \begin{cases} R = 200\Omega \\ \dot{I}_2' = 0.5\angle -45°\text{A} \\ \dot{I}_2 = 0.25\angle -45°\text{A} \end{cases}$$

从 2-2′向右侧看进去的输入电阻为 400Ω，现在分析第二段线路，即

$$\alpha x = \frac{2\pi}{\lambda} \times \frac{\lambda}{4} = \frac{\pi}{2}$$

根据第二段线路的 T 参数矩阵可得

$$\begin{bmatrix} 100\angle -45° \\ 0.25\angle -45° \end{bmatrix} = \begin{bmatrix} \cos\alpha x & jZ_{C2}\sin\alpha x \\ j\dfrac{\sin\alpha x}{Z_{C2}} & \cos\alpha x \end{bmatrix} \begin{bmatrix} \dot{I}_R R_2 \\ \dot{I}_R \end{bmatrix}$$

$$\Rightarrow \begin{bmatrix} 100\angle -45° \\ 0.25\angle -45° \end{bmatrix} = \begin{bmatrix} 0 & jZ_{C2} \\ j\dfrac{1}{Z_{C2}} & 0 \end{bmatrix} \begin{bmatrix} \dot{I}_R 100 \\ \dot{I}_R \end{bmatrix} \Rightarrow \begin{cases} Z_{C2} = 200\Omega \\ \dot{I}_R = 0.5\angle -135°\text{A} \end{cases}$$

习题【9】解　（1）先求从 2-2′向右侧端口看进去的输入阻抗为

$$\beta x = \frac{2\pi}{\lambda} \times \frac{\lambda}{8} = \frac{\pi}{4} \Rightarrow \begin{bmatrix} \dot{U}_2 \\ \dot{I}_2 \end{bmatrix} = \begin{bmatrix} \cos\beta x & jZ_{C2}\sin\beta x \\ j\dfrac{\sin\beta x}{Z_{C2}} & \cos\beta x \end{bmatrix} \begin{bmatrix} \dot{U}_3 \\ 0 \end{bmatrix}$$

从 1-1′向右侧看进去的输入阻抗为

$$\beta x = \frac{2\pi}{\lambda} \times \frac{\lambda}{8} = \frac{\pi}{4} \Rightarrow \begin{bmatrix} \dot{U}_1 \\ \dot{I}_1 \end{bmatrix} = \begin{bmatrix} \cos\beta x & jZ_{C1}\sin\beta x \\ j\dfrac{\sin\beta x}{Z_{C1}} & \cos\beta x \end{bmatrix} \begin{bmatrix} \dot{U}_2 \\ \dot{I}_4 \end{bmatrix}$$

$$\Rightarrow \begin{bmatrix} \dot{U}_1 \\ \dot{I}_1 \end{bmatrix} = \begin{bmatrix} \dfrac{\sqrt{2}}{2} & j100\sqrt{2} \\ j\dfrac{\sqrt{2}}{400} & \dfrac{\sqrt{2}}{2} \end{bmatrix} \begin{bmatrix} \dot{U}_2 \\ \dot{I}_4 \end{bmatrix} \Rightarrow Z_{eq} = \frac{\dot{U}_1}{\dot{I}_1} = \frac{\dfrac{\sqrt{2}}{2}\dot{U}_2 + j100\sqrt{2}\dot{I}_4}{j\dfrac{\sqrt{2}}{400}\dot{U}_2 + \dfrac{\sqrt{2}}{2}\dot{I}_4} = 200\Omega \Rightarrow \frac{\dot{U}_2}{\dot{I}_4} = 200\Omega$$

因此，可知

$$Z_{C2} = X_L = 400\Omega$$

（2）对于第一段线路，即

$$\begin{bmatrix} 600 \\ \dot{I}_1 \end{bmatrix} = \begin{bmatrix} \dfrac{\sqrt{2}}{2} & j100\sqrt{2} \\ j\dfrac{\sqrt{2}}{400} & \dfrac{\sqrt{2}}{2} \end{bmatrix} \begin{bmatrix} 200\,\dot{I}_4 \\ \dot{I}_4 \end{bmatrix} \Rightarrow \begin{cases} \dot{I}_4 = 3\angle -45°\text{A} \\ \dot{U}_2 = 200\,\dot{I}_4 = 600\angle -45°\text{V} \end{cases}$$

（3）对于第二段线路，即

$$\begin{bmatrix} 600\angle -45° \\ \dot{I}_2 \end{bmatrix} = \begin{bmatrix} \dfrac{\sqrt{2}}{2} & j200\sqrt{2} \\ j\dfrac{\sqrt{2}}{800} & \dfrac{\sqrt{2}}{2} \end{bmatrix} \begin{bmatrix} \dot{U}_3 \\ 0 \end{bmatrix} \Rightarrow \dot{U}_3 = 600\sqrt{2}\angle -45°\text{V}$$

习题【10】解　如习题【10】解图所示。

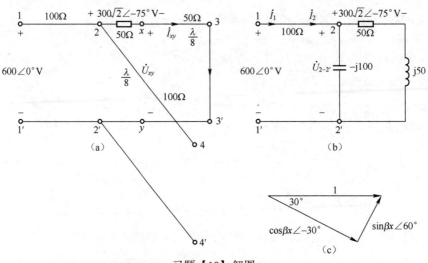

习题【10】解图

（1）先求从端口 xy 向右侧看进去的输入阻抗，即

$$\begin{cases} \beta x = \dfrac{2\pi}{\lambda} \times \dfrac{\lambda}{8} = \dfrac{\pi}{4} \\[2mm] \begin{bmatrix} \dot{U}_{xy} \\ \dot{I}_{xy} \end{bmatrix} = \begin{bmatrix} \cos\beta x & jZ_{\mathrm{C}}\sin\beta x \\ j\dfrac{\sin\beta x}{Z_{\mathrm{C}}} & \cos\beta x \end{bmatrix} \begin{bmatrix} \dot{U}_{3-3'} \\ \dot{I}_{3-3'} \end{bmatrix} \end{cases} \Rightarrow \begin{bmatrix} \dot{U}_{xy} \\ \dot{I}_{xy} \end{bmatrix} = \begin{bmatrix} \dfrac{\sqrt{2}}{2} & j50\dfrac{\sqrt{2}}{2} \\ j\dfrac{\sqrt{2}/2}{50} & \dfrac{\sqrt{2}}{2} \end{bmatrix} \begin{bmatrix} 0 \\ \dot{I}_{3-3'} \end{bmatrix}$$

$$\Rightarrow Z_{\mathrm{eq}} = \dfrac{j50\dfrac{\sqrt{2}}{2}}{\dfrac{\sqrt{2}}{2}} = j50\,(\Omega)$$

（2）再求从 $2-2'$ 向右侧看进去的输入阻抗为

$$\begin{cases} \beta x = \dfrac{2\pi}{\lambda} \times \dfrac{\lambda}{8} = \dfrac{\pi}{4} \\[2mm] \begin{bmatrix} \dot{U}_{2-2'} \\ \dot{I}_{2-2'} \end{bmatrix} = \begin{bmatrix} \cos\beta x & jZ_{\mathrm{C}}\sin\beta x \\ j\dfrac{\sin\beta x}{Z_{\mathrm{C}}} & \cos\beta x \end{bmatrix} \begin{bmatrix} \dot{U}_{4-4'} \\ \dot{I}_{4-4'} \end{bmatrix} \end{cases} \Rightarrow \begin{bmatrix} \dot{U}_{2-2'} \\ \dot{I}_{2-2'} \end{bmatrix} = \begin{bmatrix} \dfrac{\sqrt{2}}{2} & j100\dfrac{\sqrt{2}}{2} \\ j\dfrac{\sqrt{2}/2}{100} & \dfrac{\sqrt{2}}{2} \end{bmatrix} \begin{bmatrix} \dot{U}_{4-4'} \\ 0 \end{bmatrix} \Rightarrow Z_{\mathrm{eq}} = -j100\,\Omega$$

（3）从 $2-2'$ 向右侧看进去的等效电路可等效为习题【10】解图（b），求得

$$\begin{cases} \dot{U}_{2-2'} = \dfrac{300\sqrt{2}\angle -75^\circ}{50} \times (50+j50) = 600\angle -30^\circ\,(\mathrm{V}) \\[2mm] \dot{I}_2 = \dfrac{300\sqrt{2}\angle -75^\circ}{50} + \dfrac{\dot{U}_{2-2'}}{-j100} = 6\angle -30^\circ\,(\mathrm{A}) \end{cases}$$

（4）对于第一段线路，列写二端口方程为

$$\begin{bmatrix} 600\angle 0^\circ \\ \dot{I}_1 \end{bmatrix} = \begin{bmatrix} \cos\beta x & j100\sin\beta x \\ j\dfrac{\sin\beta x}{100} & \cos\beta x \end{bmatrix} \begin{bmatrix} 600\angle -30^\circ \\ 6\angle -30^\circ \end{bmatrix}$$

$$\Rightarrow 600\angle 0° = 600\angle -30° \cdot \cos\beta x + 6\angle -30° \cdot \mathrm{j}100\sin\beta x$$

$$\Rightarrow 1 = \cos\beta x\angle -30° + \sin\beta x\angle 60°$$

（5）通过向量图求解此方程，如习题【10】解图（c）所示，即

$$\begin{cases} \sin\beta x = \dfrac{1}{2} \\ \cos\beta x = \dfrac{\sqrt{3}}{2} \end{cases} \Rightarrow \beta x = \dfrac{\pi}{6} + 2k\pi = \dfrac{2\pi}{\lambda}\cdot l_1 \Rightarrow l_1 = \dfrac{\lambda}{12} + k\lambda \Rightarrow l_{1\min} = \dfrac{\lambda}{12}$$

习题【11】解　先求入射波电压为

$$u_{1+} = u_S\frac{Z_{C1}}{R_S + Z_{C1}} = 40\mathrm{V}$$

当入射波到达 2-2′时，根据三要素可求得电容电压为

$$\begin{cases} u_C(0+) = 0\mathrm{V} \\ u_C(\infty) = 40\mathrm{V} \\ \tau = RC = 200\times 5\times 10^{-6} = 10^{-3}\mathrm{s} \end{cases} \Rightarrow u_C(t) = 40(1-\mathrm{e}^{-1000t})\mathrm{V}\,(t>0)$$

入射波电流为

$$i_{2+} = \frac{u_C}{800} = 0.05(1-\mathrm{e}^{-1000t})\mathrm{A}\,(t>0)$$

根据入射波与反射波电压之间的关系可得

$$u_{1+} + u_{1-} = u_C \Rightarrow \begin{cases} u_{1-} = u_C - u_{1+} = -40\mathrm{e}^{-1000t}\mathrm{V}\,(t>0) \\ i_{1-} = \dfrac{u_{1-}}{Z_{C1}} = -0.1\mathrm{e}^{-1000t}\mathrm{A}\,(t>0) \end{cases}$$

习题【12】解　如习题【12】解图所示。
第一条无损线上的入射行波电压幅值为

$$u_{1+} = u_S\frac{Z_{C1}}{R_S + Z_{C1}} = 28.5\mathrm{kV}$$

入射波电流为

$$i_{1+} = \frac{u_{1+}}{Z_{C1}} = 38\mathrm{A}$$

根据柏德生法则可绘制第一段线路末端的等效电路，如习题【12】解图（b）所示，为二阶电路，采用拉氏变换求解，列写节点方程可得

$$U_1(s)\left(\frac{1}{s+750} + \frac{1}{400} + \frac{s}{10^6} + \frac{1}{400}\right) = \frac{57/s}{s+750}$$

$$\Rightarrow U_1(s) = \frac{57\times 10^6}{s(s+1000)(s+4750)} = \frac{12}{s} - \frac{15.2}{s+1000} + \frac{3.2}{s+4750}$$

$$U_{2\lambda}(s) = \left(\frac{U_\varphi}{400} + \frac{U_\varphi}{400} + \frac{U_\varphi}{\dfrac{10^6}{s}}\right)s + U_\varphi$$

$$u_{2\lambda}(t) = (60.8\mathrm{e}^{-1000t} - 3.8\mathrm{e}^{-4750t})\mathrm{kV}$$

$$i_{2\lambda}(t) = \frac{u_{2\lambda}(t)}{Z_{C1}} = (81.01e^{-1000t} - 5.07e^{-4750t}) \, A$$

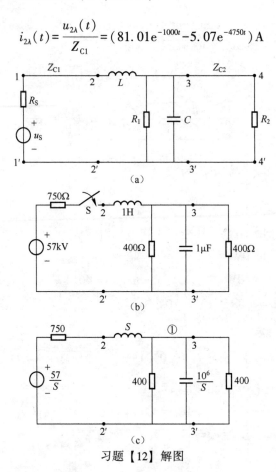

习题【12】解图

拉氏逆变换后可得透射波电压为

$$u_{3+}(t) = (12 - 15.2e^{-1000t} + 3.2e^{-4750t}) \, kV$$

透射波电流为

$$i_{3+}(t) = \frac{u_{3+}(t)}{Z_{C2}} = (30 - 38e^{-1000t} + 8e^{-4750t}) \, A$$

习题【13】解 当入射波到达两条无损线交界处时，入射波会发生反射与透射，柏德生电路如习题【13】解图（a）所示，可求得

$$u_1 = 18 \times \frac{200}{200 + 200} = 9(kV), \quad i_1 = \frac{18000}{400} = 45(A)$$

第二条无损线的透射波电压为

$$u_3 = u_1 \times \frac{200}{100 + 200} = 6kV$$

为了求第二条无损线末端的电压与电流，再次绘制柏德生等效电路，如习题【13】解图（b）所示，此电路为一阶暂态电路，可根据三要素计算电路响应为

$$\begin{cases} u_C(\infty) = 4kV \\ \tau = RC = \frac{200}{3} \times 10^{-6} = \frac{2}{3} \times 10^{-4}(s) \end{cases} \Rightarrow \begin{cases} u_2 = u_C(t) = 4 \times (1 - e^{-1.5 \times 10^4 t}) \, kV \\ i_2 = (12 - u_2)/200 = (40 + 20e^{-1.5 \times 10^4 t}) \, A \end{cases}$$

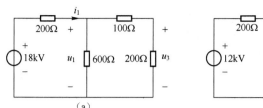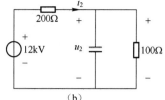

习题【13】解图

习题【14】解 （1）在连接点处，根据柏德生法则可得习题【14】解图所示电路，即

$$i_L(\infty) = \frac{30000}{300} = 100(\text{A}), \qquad R_{\text{eq}} = 300\Omega, \qquad \tau = \frac{L}{R_{\text{eq}}} = \frac{0.6}{300}\text{s}$$

$$\Rightarrow i_L(t) = 100(1-\text{e}^{-500t})\text{A}, \qquad u_2(t) = 200i_L(t) = 20(1-\text{e}^{-500t})\text{kV}$$

（2）由图可知

$$u_1(t) = 30-100i_L(t) = 20+10\text{e}^{-500t} = u_{1-}(t)+u_{1+}(t) \Rightarrow u_{1-}(t) = 5+10\text{e}^{-500t}\text{kV}$$

（3）（1）中所求电压就是透射波电压，即

$$u_{2+}(t) = 20(1-\text{e}^{-500t})\text{kV}$$

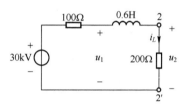

习题【14】解图

习题【15】解 根据柏德生法则可知，当入射波到达连接点时，可得如习题【15】解图所示电路，易知

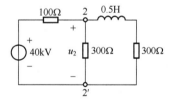

习题【15】解图

$$\begin{cases} i_L(\infty) = \frac{1}{2} \times \frac{40000}{100+300//300} = 80(\text{A}) \\ R_{\text{eq}} = 300//100+300 = 375(\Omega) \Rightarrow i_L(t) = 80(1-\text{e}^{-750t})\text{A} \\ \tau = \frac{L}{R_{\text{eq}}} = \frac{1}{750}\text{s} \end{cases}$$

进而可得

$$\begin{cases} u_2(t) = u_L + 300i_L = 24 + 6e^{-750t}\,\text{kV} \\ u_{\varphi3}(t) = 300i_L = 24(1 - e^{-750t})\,\text{kV} \end{cases}$$

习题【16】解 当入射波到达连接点 2-2′处时，根据柏德生法则可得如习题【16】解图所示电路，即

$$\begin{cases} u_C(\infty) = 30 \times \dfrac{200}{100+200} = 20\,(\text{kV}) \\ R_{eq} = 400 // 400 // 100 = \dfrac{200}{3}\,\Omega \Rightarrow u_C(t) = u_{2\text{-}2'}(t) = 20(1 - e^{-5000t})\,\text{kV} \\ \tau = R_{eq}C = 2 \times 10^{-4}\,(\text{s}) \end{cases}$$

进而可得

$$u_{1+}(t) + u_{1-}(t) = u_{2\text{-}2'}(t) \Rightarrow u_{1-}(t) = u_{2\text{-}2'}(t) - u_{1+}(t) = 5 - 20e^{-5000t}\,\text{kV}$$

$$i_{2+}(t) = \frac{u_{2\text{-}2'}(t)}{Z_{C2}} = 50(1 - e^{-5000t})\,\text{A}$$

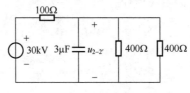

习题【16】解图

习题【17】解 根据柏德生法则可知，当入射波到达 2-2′时，可得如习题【17】解图所示电路，即

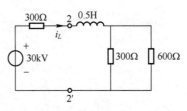

习题【17】解图

$$\begin{cases} i_L(\infty) = \dfrac{30000}{300 + 300 // 600} = 60\,(\text{A}) \\ R_{eq} = 300 + 300 // 600 = 500\,\Omega \Rightarrow i_L(t) = 60(1 - e^{-1000t})\,\text{A} \\ \tau = \dfrac{L}{R_{eq}} = \dfrac{0.5}{500} = \dfrac{1}{1000}\,(\text{s}) \end{cases}$$

进而可得反射波电流为

$$i_{1+} - i_{1-} = i \Rightarrow i_{1-} = i_{1+} - i = \frac{15000}{300} - 60(1 - e^{-1000t}) = -10 + 60e^{-1000t}\,\text{A}$$

透射波电流为

$$i_{2+}(t) = i_L(t) \cdot \frac{300}{300 + 600} = 20(1 - e^{-1000t})\,\text{A}$$